Mastery of Mathe

数学Ⅱ

Basic編

基本大全

学びエイド 香川 亮 著

受験研究社

この本の執筆にあたって

数学や算数を「好き」と答える学生の割合は，年齢が上がるにつれて減っていくそうです。それは，数学が**積み上げの学問**であることに他ならないからでしょう。だからこそ，基礎となる部分の学びは数学の学習の上では最も重要になります。では，基礎の学びを充実させる秘訣はなにか？それは問題を解くときに**「お！できる！楽しい！」と感じる体験**を積み重ねることです。そのためには暗記ではなく，「なるほど！」と理解し，納得することが重要です。本書では，**「なるほど！」**となる手助けになるように全ページに動画も準備しました。ぜひ活用してください。

ただし，この「なるほど！」は頭の中の話しで，本当の実力にはなっていませんし，テストで高得点も狙えません。例題や演習問題を必ず**自分の手で解く**という作業を欠かさないようにしてください。自分の手で答えを導き出せるようになって初めて自分の実力になるのです。

また，本書の大きな目標は，「答えを出す」だけではなく，**「合理的な解き方で答えを導く力」**を読者の皆さんに身につけてもらうことです。登山に例えるならば，難しい問題を解くというのは険しい道のりの山に挑むようなものです。今後の大学入試では，いかにしてその山の頂上までたどり着いたかという，その途中経過も問われる時代になっています。登り方をじっくり考える，そういった読み方を心掛けて欲しいと思います。

最後になりましたが，本書の出版にあたっては，編集部の皆さんには根気強く自分のこだわりに付き合って頂きました。また，内容の校正などでは，東寿朗先生，吉村葵先生に大変お世話になりました。そして何よりも本書の出版を応援してくれた家族に感謝しています。

本書が読者の皆さんの充実した数学学習の手助けとなれば幸いです。さあ，ページをめくってさっそく始めていきましょう！

学びエイド　香川 亮

Akira Kagawa

特長と使い方

Point 1　学習内容や学習順序は「基本大全」におまかせ！

初めて数学を学ぶ方がいちばん悩むのが

“「何」を「どこまで」学べばよいのか？”

という点です。数学は奥の深い学問の１つです。学べば学ぶほど様々な知識や問題が湧き出てきます。でも１つのことにこだわってしまうとなかなか先に進むことができません。かといって飛ばして進めていいものかどうか…。
適切なアドバイザーがいないと見極めが難しいところです。

「基本大全」では，学習順序について悩むことがないように，
「Basic 編」「Core 編」の２分冊で構成されています。

「Basic 編」…基本の考え方や公式・定理の習得を目的としています。
「Core 編」…入試によく出る典型問題の考え方の習得を目的としています。

これら２冊を**「Basic 編」→「Core 編」**の順で，飛ばさずに進めていくことで無理なく効果的に力をつけることができます。
また，学習進度や理解度に応じて学習内容を厳選することで，学習意欲を落とさず，効率的に学んでいくことができます。
例えば，第１章 式と証明の「相加平均と相乗平均の不等式」の学習において，
Basic 編では基本的な公式の扱い方を解説していますが，Core 編では公式を扱うときの注意点など，さらに一歩踏み込んだ内容を解説しています。

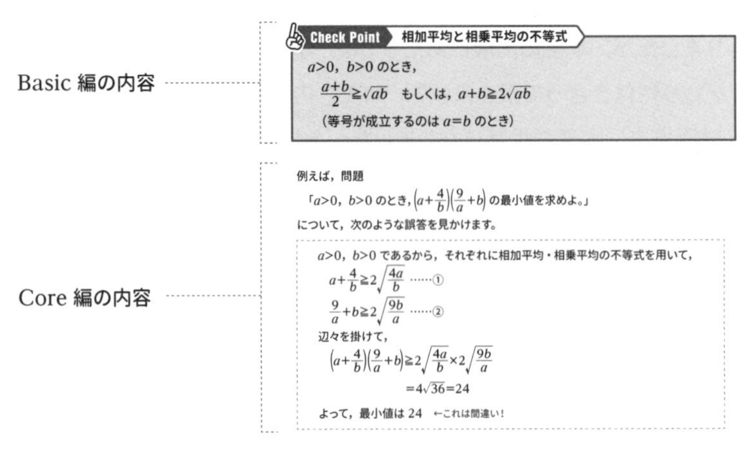

Basic 編の内容

Check Point　相加平均と相乗平均の不等式

$a>0$，$b>0$ のとき，

$\dfrac{a+b}{2} \geqq \sqrt{ab}$　もしくは，$a+b \geqq 2\sqrt{ab}$

（等号が成立するのは $a=b$ のとき）

Core 編の内容

例えば，問題

「$a>0$，$b>0$ のとき，$\left(a+\dfrac{4}{b}\right)\left(\dfrac{9}{a}+b\right)$ の最小値を求めよ。」

について，次のような誤答を見かけます。

$a>0$，$b>0$ であるから，それぞれに相加平均・相乗平均の不等式を用いて，

$a+\dfrac{4}{b} \geqq 2\sqrt{\dfrac{4a}{b}}$ ……①

$\dfrac{9}{a}+b \geqq 2\sqrt{\dfrac{9b}{a}}$ ……②

辺々を掛けて，

$\left(a+\dfrac{4}{b}\right)\left(\dfrac{9}{a}+b\right) \geqq 2\sqrt{\dfrac{4a}{b}} \times 2\sqrt{\dfrac{9b}{a}}$

$=4\sqrt{36}=24$

よって，最小値は 24　←これは間違い！

Point 2　疑問に答えるイントロダクション

演習問題に取り組む前に，演習問題で扱う公式や定理などをくわしく学べるようになっています。また，必要に応じて例題とその考え方を掲載しています。

 必ず覚えておきたい重要な公式，定理などを載せています。

 大切なポイントや補足事項などを載せています。

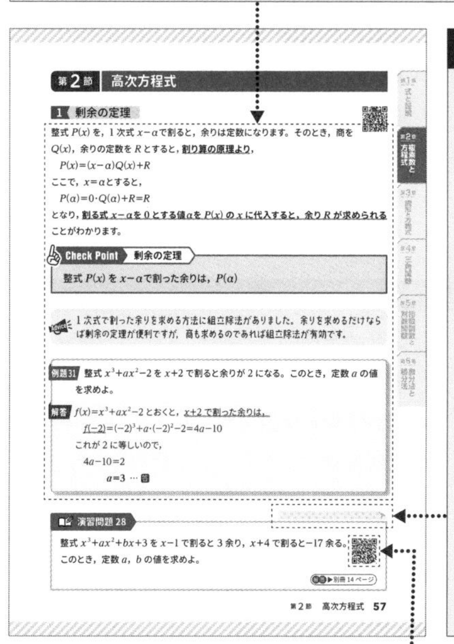

第2節　高次方程式

1　剰余の定理

整式 $P(x)$ を，1次式 $x-\alpha$ で割ると，余りは定数になります。そのとき，商を $Q(x)$，余りの定数を R とすると，**割り算の原理より，**

$P(x)=(x-\alpha)Q(x)+R$

ここで，$x=\alpha$ とすると，

$P(\alpha)=0\cdot Q(\alpha)+R=R$

となり，**割る式 $x-\alpha$ を0とする値 α を $P(x)$ の x に代入すると，余り R が求められる**ことがわかります。

Check Point　剰余の定理

整式 $P(x)$ を $x-\alpha$ で割った余りは，$P(\alpha)$

Advice　1次式で割った余りを求める方法に組立除法がありました。余りを求めるだけならば剰余の定理が便利ですが，商も求めるのであれば組立除法が有効です。

例題31　整式 x^3+ax^2-2 を $x+2$ で割ると余りが2になる。このとき，定数 a の値を求めよ。

解答　$f(x)=x^3+ax^2-2$ とおくと，$x+2$ で割った余りは，

$f(-2)=(-2)^3+a\cdot(-2)^2-2=4a-10$

これが2に等しいので，

$4a-10=2$

$a=3$ … 答

演習問題 28

整式 x^3+ax^2+bx+3 を $x-1$ で割ると3余り，$x+4$ で割ると-17余る。このとき，定数 a，b の値を求めよ。

▶別冊14ページ

第2節　高次方程式　57

Point 3　付箋を貼って上手にインプット

この部分には，解説動画の最後に述べている**まとめのコメント**を，付箋に書きこんで貼りつけておきましょう。
このようにすることで知識の定着をはかることができます。また，付箋を貼っておくことで，自分がどこまで勉強したかの確認などが後からできます。

り，$x+4$ で割る

割る式が1次式の余りは剰余の定理！商も必要なら組立除法！

Point 4　解説動画で理解が深まる

各ページのQRコードから著者の香川先生の解説動画を視聴することができます。

QRコードを読み取る → シリアル番号「622789」を入力 → 動画を視聴

また，動画の一覧から選んで視聴することもできます。

下のQRコードを読み取るか，URLを入力する →「動画を見る」をクリック
→ シリアル番号「622789」を入力 → 視聴したい動画をクリック

https://www.manabi-aid.jp/service/gyakuten

推奨環境	(PC) OS：Windows10 以降 あるいは macOS Big Sur 以降 Web ブラウザ：Chrome / Edge / Firefox / Safari (スマートフォン / タブレット) iPhone / iPad iOS14 以降の Safari / Chrome Android 6 以降の Chrome

目　次

本書に関する最新情報は，小社ホームページにある**本書の「サポート情報」**をご覧ください。（開設していない場合もございます。）
なお，この本の内容についての責任は小社にあり，内容に関するご質問は直接小社におよせください。

式と証明

第1節 整式と分数式

1 3乗の展開公式

$(x+y)^3$ を展開するとき，$(x+y)^2$ の展開公式を利用します。

$(x+y)^3=(x+y)^2\times(x+y)$ ←2乗と1乗に分ける

$=(x^2+2xy+y^2)(x+y)$ ←2乗の展開公式を用いる

$=x^3+2x^2y+y^2x+x^2y+2xy^2+y^3$ ←分配法則で展開

$=x^3+3x^2y+3xy^2+y^3$

以上を公式としてまとめます。

Check Point 3乗の展開公式 ①

$$(x+y)^3=x^3+3x^2y+3xy^2+y^3$$

y を $-y$ に変えれば，次の式も成り立つことがわかります。

Check Point 3乗の展開公式 ②

$$(x-y)^3=x^3-3x^2y+3xy^2-y^3$$

$(x+y)^3$ の公式は，次のような立方体・直方体の体積として考えても説明することができます。

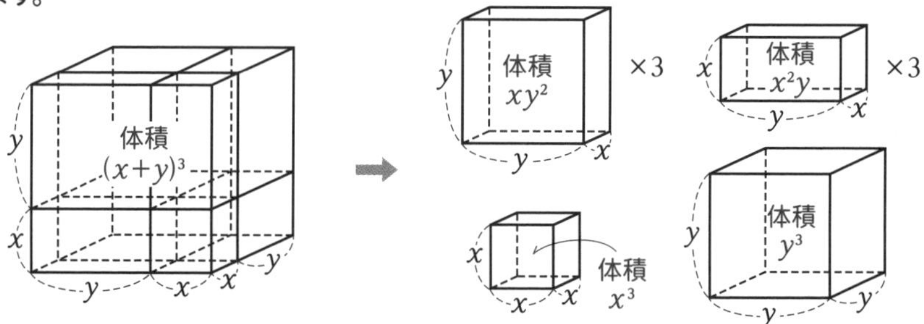

演習問題 1

次の式を展開せよ。

(1) $(x+1)^3$　　(2) $(x-2)^3$

(3) $(2x+3)^3$　　(4) $(3x-2y)^3$

解答▶別冊1ページ

2 3乗の和・差をつくる展開公式

$(x+y)(x^2-xy+y^2)$ を展開することを考えます。

$$(x+y)(x^2-xy+y^2)=x^3-x^2y+xy^2+x^2y-xy^2+y^3 \quad \leftarrow \text{分配法則で展開}$$
$$=x^3+y^3$$

以上を公式としてまとめます。

Check Point 3乗の和をつくる展開公式

$$(x+y)(x^2-xy+y^2)=x^3+y^3$$

y を $-y$ に変えれば，次の式も成り立つことがわかります。

Check Point 3乗の差をつくる展開公式

$$(x-y)(x^2+xy+y^2)=x^3-y^3$$

Advice ちょっとした覚え方は動画のほうで紹介しています。

演習問題 2

次の式を展開せよ。

(1) $(x+2)(x^2-2x+4)$

(2) $(x-3)(x^2+3x+9)$

(3) $(2x+y)(4x^2-2xy+y^2)$

解答▶別冊1ページ

3 和の3乗と差の3乗の因数分解

3乗の展開公式

$$(x+y)^3=x^3+3x^2y+3xy^2+y^3$$

の逆

$$x^3+3x^2y+3xy^2+y^3=(x+y)^3$$

が，因数分解の公式になります。

Check Point 和の3乗の因数分解

$$x^3+3x^2y+3xy^2+y^3=(x+y)^3$$

y を $-y$ に変えれば，次の式も成り立つことがわかります。

Check Point 差の3乗の因数分解

$$x^3-3x^2y+3xy^2-y^3=(x-y)^3$$

4つの項があって，いちばん前といちばん後ろの2つの項が3乗で表される整式の場合，和の3乗や差の3乗の因数分解を疑うのがよいでしょう。例えば，

$$x^3+9x^2+27x+27$$

の場合，x^3 と $27(=3^3)$ は3乗で表される項なので $(x+3)^3$ を予想し，実際に展開してみると，

$$(x+3)^3=x^3+9x^2+27x+27$$

となり，予想が正しいことがわかります。そこで改めて，

$$x^3+9x^2+27x+27=(x+3)^3$$

として，因数分解するわけです。

$x^2+2xy+y^2=(x+y)^2$ の因数分解と同じ考え方です。（「基本大全 数学I・A Basic 編」に解説があります。）

演習問題3

次の式を因数分解せよ。

(1) $x^3-6x^2+12x-8$　　(2) $\frac{1}{8}x^3+\frac{3}{4}x^2+\frac{3}{2}x+1$

解答▶別冊1ページ

4 3乗の和・差の因数分解

展開公式

$$(x+y)(x^2-xy+y^2)=x^3+y^3$$

の逆

$$x^3+y^3=(x+y)(x^2-xy+y^2)$$

が因数分解の公式になります。

Check Point 3乗の和の因数分解

$$x^3+y^3=(x+y)(x^2-xy+y^2)$$

y を $-y$ に変えれば，次の式も成り立つことがわかります。

Check Point 3乗の差の因数分解

$$x^3-y^3=(x-y)(x^2+xy+y^2)$$

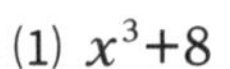
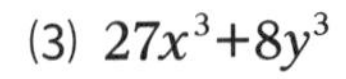

演習問題 4

次の式を因数分解せよ。

(1) x^3+8　　(2) $64x^3-y^3$

(3) $27x^3+8y^3$　　(4) $\frac{1}{8}x^3-8y^3$

解答▶別冊1ページ

5　2文字の対称式・交代式

対称式とは，**文字を入れかえても変わらない式**のことです。

例えば，x^2+y^2 などは，x, y を入れかえても y^2+x^2 となり，もとの式と同じになるので，対称式であるといえます。

2つの文字 x，y の対称式の中でも特に**和 $x+y$** と**積 xy** を基本対称式といいます。

2つの文字を含む対称式は必ず基本対称式で表せることがわかっています。

3次の対称式 x^3+y^3 は次のように基本対称式で表すことができます。

展開公式より $(x+y)^3=x^3+y^3+3x^2y+3xy^2$ であるから，移項することにより，

$$\begin{aligned}x^3+y^3&=(x+y)^3-3x^2y-3xy^2\\&=(x+y)^3-3xy(x+y)\end{aligned}$$

また，x^3-y^3 のように，2つの文字を入れかえると，もとの式と符号だけが変わる式を交代式といいます。

x^3+y^3 と同様に，x^3-y^3 は次のように表すことができます。

展開公式より $(x-y)^3=x^3-y^3-3x^2y+3xy^2$ であるから，移項することにより，

$$\begin{aligned}x^3-y^3&=(x-y)^3+3x^2y-3xy^2\\&=(x-y)^3+3xy(x-y)\end{aligned}$$

Check Point　2文字の対称式・交代式

$x^2+y^2=(x+y)^2-2xy$　←数学Ⅰで学びました

$(x-y)^2=(x+y)^2-4xy$　←数学Ⅰで学びました

$x^3+y^3=(x+y)^3-3xy(x+y)$

$x^3-y^3=(x-y)^3+3xy(x-y)$

（y を $-y$ に変えたもの）

参考　交代式については，「基本大全 Core 編」でくわしく解説します。

演習問題 5

$x+y=6$，$xy=7$ のとき，次の式の値を求めよ。

(1) x^3+y^3　　(2) x^6+y^6　　(3) x^5+y^5

解答▶別冊2ページ

6 二項定理と係数

$(a+b)^n$ の展開式を表したものを二項定理といいます。

具体的に $(a+b)^3$ の展開式を考えてみましょう。

$$(a+b)^3=(a+b)\times(a+b)\times(a+b)$$

と考えるのがポイントです。

この式を展開するとき，3 個のかっこのそれぞれから，a または b のどちらかを取り出して掛け合わせていきます。よって，**$(a+b)^3$の展開式で考えられる項は a^3，a^2b，ab^2，b^3のいずれか**となります。

(i) **a^3 の項は，3 個のかっこのうち，3 個のかっこから a，0 個のかっこから b を取り出すとき**

その取り出し方は 3 個のかっこから a を取るかっこ 3 個を選ぶ選び方に等しいので，

$${}_3C_3=1\text{（通り）}$$

よって，a^3 の係数は 1 とわかります。

(ii) **a^2b の項は，3 個のかっこのうち，2 個のかっこから a，1 個のかっこから b を取り出すとき**

その取り出し方は 3 個のかっこから a を取るかっこ 2 個を選ぶ選び方に等しいので，

$${}_3C_2=3\text{（通り）}$$

よって，a^2b の係数は 3 とわかります。

(iii) **ab^2 の項は，3 個のかっこのうち，1 個のかっこから a，2 個のかっこから b を取り出すとき**

その取り出し方は 3 個のかっこから a を取るかっこ 1 個を選ぶ選び方に等しいので，

$${}_3C_1=3\text{（通り）}$$

よって，ab^2 の係数は 3 とわかります。

(iv) **b^3 の項は，3 個のかっこのうち，0 個のかっこから a，3 個のかっこから b を取り出すとき**

その取り出し方は 3 個のかっこから a を取るかっこ 0 個を選ぶ選び方に等しいので，

$${}_3C_0=1\text{（通り）}$$

↑a を取り出さない

よって，b^3 の係数は 1 とわかります。

(i)～(iv)ですべてなので，$(a+b)^3$ の展開式は，

$$(a+b)^3=\underset{\text{(i)}}{\underline{a^3}}+\underset{\text{(ii)}}{\underline{3a^2b}}+\underset{\text{(iii)}}{\underline{3ab^2}}+\underset{\text{(iv)}}{\underline{b^3}}$$

$(a+b)^n$ の展開式も同様に考えることができます。

展開したときの **a^rb^{n-r} $(r=0,\ 1,\ 2,\ \cdots,\ n)$ の係数は，n 個のかっこから a を取るかっこ r 個を選ぶ選び方 ${}_nC_r$ に等しい**ことになります。

Check Point　$(a+b)^n$ の展開式の項

$(a+b)^n$ の展開式における項は，次のように表される。

${}_n\mathrm{C}_r \cdot a^r b^{n-r}$ $(r=0,\ 1,\ 2,\ \cdots,\ n)$　←a を r 個，b を $(n-r)$ 個取り出した項

これらのことから，$(a+b)^n$では，n 個のかっこから a を取るかっこを n 個，$(n-1)$ 個，$(n-2)$ 個，…，2 個，1 個，0 個選ぶ選び方をそれぞれ考えればよいことになります。

よって，$(a+b)^n$ の展開式全体について，次のことがいえます。

Check Point　二項定理

$$(a+b)^n = {}_n\mathrm{C}_n a^n b^0 + {}_n\mathrm{C}_{n-1} a^{n-1} b^1 + {}_n\mathrm{C}_{n-2} a^{n-2} b^2 + \cdots$$
$$+ {}_n\mathrm{C}_2 a^2 b^{n-2} + {}_n\mathrm{C}_1 a^1 b^{n-1} + {}_n\mathrm{C}_0 a^0 b^n$$

二項定理における係数 ${}_n\mathrm{C}_r$ を二項係数といいます。

参考　一般に二項定理は，

$$(a+b)^n = {}_n\mathrm{C}_0 a^n + {}_n\mathrm{C}_1 a^{n-1} b + {}_n\mathrm{C}_2 a^{n-2} b^2 + \cdots$$
$$+ {}_n\mathrm{C}_{n-2} a^2 b^{n-2} + {}_n\mathrm{C}_{n-1} a b^{n-1} + {}_n\mathrm{C}_n b^n$$

と表されますが，この本では考えやすいように少し式を変形しています。

例題 1　次の問いに答えよ。

(1) $(x+4)^7$ の展開式における x^5 の係数を求めよ。

(2) $(2x-3)^4$ の展開式における x^2 の係数を求めよ。

解答 (1) 7 個のかっこから x を取る 5 個を選ぶ選び方が ${}_7\mathrm{C}_5$ 通りあるので，x^5 の項は，

${}_7\mathrm{C}_5 \cdot x^5 \cdot 4^2 = 21 \cdot x^5 \cdot 16 = 336x^5$　よって，x^5 の係数は **336** … 答

(2) $(2x-3)^4 = \{(2x)+(-3)\}^4$と考える。

4 個のかっこから $2x$ を取る 2 個を選ぶ選び方が ${}_4\mathrm{C}_2$ 通りあるので，x^2 の項は，

${}_4\mathrm{C}_2 \cdot (2x)^2 \cdot (-3)^2 = 6 \cdot 4x^2 \cdot 9 = 216x^2$　よって，x^2 の係数は **216** … 答

また，$(a+b)^n$ の展開式の係数に着目してみます。$(a+b)^n$ の展開式の係数を，上から順に $n=1, 2, 3 \cdots$ の場合について次のように並べたものをパスカルの三角形といいます。

n	パスカルの三角形	
$n=1$	1　1	$\leftarrow (a+b)^1=a+b$
$n=2$	1　2　1	$\leftarrow (a+b)^2=a^2+2ab+b^2$
$n=3$	1　3　3　1	$\leftarrow (a+b)^3=a^3+3a^2b+3ab^2+b^3$
$n=4$	1　4　6　4　1	$\leftarrow (a+b)^4=a^4+4a^3b+6a^2b^2+4ab^3+b^4$
$n=5$	1　5　10　10　5　1	$\leftarrow (a+b)^5=a^5+5a^4b+10a^3b^2+10a^2b^3+5ab^4+b^5$

パスカルの三角形には次のような特徴があります。

Check Point　パスカルの三角形の特徴

①左右対称に並び，両端の数は1である。

②両端以外の数は，左上と右上の数の和に等しい。

例題 2　上のパスカルの三角形を利用して，$(a+b)^6$ の展開式を答えよ。

考え方〉左から，a の次数は6から順に減り，b の次数は0から順に増えます。

解答　$(a+b)^5$ の展開式の係数に着目して，

$$(a+b)^6=\boldsymbol{a^6+6a^5b+15a^4b^2+20a^3b^3+15a^2b^4+6ab^5+b^6} \cdots \text{答}$$

演習問題 6

次の問いに答えよ。

(1) $(a+b)^5$ を二項定理を用いて展開せよ。

(2) $(a+1)^6$ の展開式における a^3 の係数を求めよ。

(3) $(3x-2)^5$ の展開式における x^2 の係数を求めよ。

(4) $(2a-b^2)^8$ の展開式における a^3b^{10} の係数を求めよ。

(5) $(3x-2y)^6$ を二項定理を用いて展開したときの，中央の項の係数を求めよ。

7 多項定理

かっこの中の項が3つ以上の展開式について表したものを多項定理といいます。基本は二項定理と同じです。

$(a+b+c)^n$ の展開式における $a^pb^qc^r(p+q+r=n)$ の項の係数は，**n 個のかっこから a を取るかっこ p 個を選ぶ選び方が ${}_n\mathrm{C}_p$ 通り，残り $(n-p)$ 個のかっこから b を取るかっこ q 個を選ぶ選び方が ${}_{n-p}\mathrm{C}_q$ 通り，さらに残り $(n-p-q)$ 個，つまり r 個のかっこから c を取るかっこ r 個を選ぶ選び方が ${}_r\mathrm{C}_r=1$ 通りある**と考えます。最後の文字 c の選び方は必ず1通りになるのでかっこの中の項が3つの場合は，2つの項の選び方を考えればよいことがわかります。よって，次のことがいえます。

Check Point 多項定理

$(a+b+c)^n$ の展開式における項は，次のように表される。

${}_n\mathrm{C}_p \cdot {}_{n-p}\mathrm{C}_q \cdot a^pb^qc^r$（ただし，$p+q+r=n$）

例題 3 $(a+b+c)^7$ の展開式における $a^2b^3c^2$ の係数を求めよ。

解答 7個のかっこから a を取るかっこ2個を選ぶ選び方が ${}_7\mathrm{C}_2$ 通り，残り5個から b を取るかっこ3個を選ぶ選び方が ${}_5\mathrm{C}_3$ 通りある。よって，$a^2b^3c^2$ の項は，

$$\begin{aligned}{}_7\mathrm{C}_2\cdot{}_5\mathrm{C}_3a^2b^3c^2&=21\cdot10a^2b^3c^2\\&=210a^2b^3c^2\end{aligned}$$

よって，$a^2b^3c^2$ の係数は **210** … 答

演習問題 7

次の問いに答えよ。

(1) $(x+y+z)^7$ の展開式における $x^3y^2z^2$ の項の係数を求めよ。

(2) $(x+y+z)^7$ の展開式における x^3y^4 の項の係数を求めよ。

(3) $(a+2b+3c)^5$ の展開式における a^2b^2c の係数を求めよ。

(4) $(x-2y-4z)^6$ の展開式における $x^2y^2z^2$ の項の係数を求めよ。

解答▶別冊2ページ

8 恒等式

$(a-b)^2=a^2-2ab+b^2$ のように，**文字にどのような値を代入しても左辺と右辺の値が等しい式**を恒等式といいます。

例えば x についての 2 次式では，

$ax^2+bx+c=a'x^2+b'x+c'$ が x についての恒等式ならば，$a=a'$，$b=b'$，$c=c'$

$ax^2+bx+c=0$ が x についての恒等式ならば，$a=0$，$b=0$，$c=0$

といった性質が成り立ちます。

「何を代入しても左辺と右辺が同じ値になる＝左辺と右辺がまったく同じ式」と考えましょう。

逆に，$x^2-1=0$ では，$x=1$ または $x=-1$ のときのみ成立します。

このように，**特定の値のときのみ左辺と右辺の値が等しくなる式は方程式**といいます。

恒等式の未知の係数を決定する問題では，次のような解法があります。

Check Point 恒等式

［解法Ⅰ］係数比較法…同じ次数の項の係数を比較

［解法Ⅱ］数値代入法…適当な数値を代入して連立方程式を作成

ただし，［解法Ⅱ］の数値代入法では，特定の値での連立方程式となっているので，**逆に求めた定数の値を代入して恒等式になっていることを確認する必要があります。**

例題4 次の問いに答えよ。

(1) 等式 $(k+1)x-(3k+2)y+2k+7=0$ が，k についての恒等式であるとき，定数 x，y の値を求めよ。

(2) 等式 $a(x-3)(x-1)+bx(x+1)+cx(x-1)=x^2+3$ が，どんな x でも成り立つように，定数 a，b，c の値を定めよ。

(3) 等式 $\dfrac{1}{x^2-5x+6}=\dfrac{a}{x-2}+\dfrac{b}{x-3}$ が x についての恒等式となるように，定数 a，b の値を定めよ。

考え方 (2)の「どんな x でも成り立つ」とは「x についての恒等式である」と考えます。

解答 (1) kについての恒等式であるから，kについて整理すると，

$(x-3y+2)k+x-2y+7=0$

これがkについての恒等式であるから，［解法Ⅰ］より，

$x-3y+2=0$ かつ $x-2y+7=0$　←右辺を $0\cdot k+0$ と考える

よって，

$\boldsymbol{x=-17,\ y=-5}$ … 答

(2) xについての恒等式であるから，［解法Ⅱ］より，

$x=0$ を代入して，$3a=3$……①
$x=1$ を代入して，$2b=4$……②
$x=-1$ を代入して，$8a+2c=4$……③

（恒等式は何を代入しても成り立つので，0となる項が出るように代入する）

①，②，③より $a=1,\ b=2,\ c=-2$

逆にこのとき，等式の左辺を計算すると，

$(\text{左辺})=1\cdot(x-3)(x-1)+2x(x+1)-2x(x-1)=x^2+3$

となり，右辺と等しくなるので，与式は恒等式となる。

よって，

$\boldsymbol{a=1,\ b=2,\ c=-2}$ … 答

別解 ［解法Ⅰ］で求めることもできる。

左辺をxについて整理すると，

$(a+b+c)x^2+(-4a+b-c)x+3a=x^2+3$

xについての恒等式であるから，

$a+b+c=1,\ -4a+b-c=0,\ 3a=3$

よって，$\boldsymbol{a=1,\ b=2,\ c=-2}$ … 答

(3) $\dfrac{1}{(x-2)(x-3)}=\dfrac{a}{x-2}+\dfrac{b}{x-3}$

$1=a(x-3)+b(x-2)$……①　（両辺に $(x-2)(x-3)$ を掛ける）

xについての恒等式であるから，xについて整理すると，

$1=(a+b)x-3a-2b$

これがxについての恒等式であるから，［解法Ⅰ］より，

$a+b=0$ かつ $-3a-2b=1$　←左辺を $0\cdot x+1$ と考える

よって，

$\boldsymbol{a=-1,\ b=1}$ … 答

別解 [解法II]で求めることもできる。

①において，

$x=3$ を代入して，$1=b$
$x=2$ を代入して，$1=-a$
恒等式は何を代入しても成り立つので，0 となる項が出るように代入する

よって，$a=-1$，$b=1$

逆にこのとき，①の右辺を計算すると，

$$-(x-3)+(x-2)=1$$

となり，左辺と等しくなるので，①は恒等式となる。よって，

$a=-1$，$b=1$ … 答

例題 4 の(3)では逆の確認をしないと，$x=0$，1，-1 では成り立つがその他の値では不明であるので，すべての x で成り立つとはいえないことになります。ただし，2 次関数がグラフの通る 3 点で決定できるように，2 次式は代入した 3 つの値で決定できることが知られています。よって，この問題では逆の確認がなくても成立することになります。

演習問題 8

次の問いに答えよ。

(1) 等式 $(2x+1)(x+a)=bx^2+5x+c-a$ が x についての恒等式となるように，定数 a，b，c の値を定めよ。

(2) 等式 $\dfrac{3x}{2x^2-5x+2}=\dfrac{a}{x-2}+\dfrac{b}{2x-1}$ が x についての恒等式となるように，定数 a，b の値を定めよ。

(3) $a^2x+4ay-b^2(x-y)-5x=0$ が x, y についての恒等式となるように，定数 a，b の値を定めよ。

(4) 等式 $2x^2-7x-1=a(x-1)^2+b(x-1)+c$ が x についての恒等式となるように定数 a，b，c の値を定めよ。

解答▶別冊 3 ページ

9 整式の除法

整式の割り算は，整数の割り算と同様に扱うことができます。

まず，整数の筆算を考えてみましょう。

$$
\begin{array}{r}
21\\
121\,\overline{)\,2561}\\
\underline{242}\\
141\\
\underline{121}\\
20
\end{array}
$$

この式を，位取りがわかるように書き直すと次のようになります。

$$
\begin{array}{rl}
2\cdot 10\ +1 & \longleftarrow \text{商}\\
1\cdot 10^2+2\cdot 10+1\,\overline{)\,2\cdot 10^3+5\cdot 10^2+6\cdot 10+1} & \\
\underline{2\cdot 10^3+4\cdot 10^2+2\cdot 10} & \\
1\cdot 10^2+4\cdot 10+1 & \\
\underline{1\cdot 10^2+2\cdot 10+1} & \\
2\cdot 10 & \longleftarrow \text{余り}
\end{array}
$$

この 10 を x に変えると，次のように整式の割り算が成立します。

$$
\begin{array}{rl}
2x\ +1 & \longleftarrow \text{商}\\
x^2+2x+1\,\overline{)\,2x^3+5x^2+6x+1} & \\
\underline{2x^3+4x^2+2x} & \\
x^2+4x+1 & \\
\underline{x^2+2x+1} & \\
2x & \longleftarrow \text{余り}
\end{array}
$$

このことから，整式 $2x^3+5x^2+6x+1$ を整式 x^2+2x+1 で割ったときの商は $2x+1$，余りは $2x$ とわかります。つまり，整式の割り算の筆算は，整数のときと同様に扱えばよいことがわかります。

演習問題 9

次の問いに答えよ。

(1) 整式 x^3+4x^2+4x+4 を整式 x^2+x+1 で割ったときの商と余りを求めよ。

(2) 整式 $2x^3-13x-12$ を整式 $2x^2+4x+5$ で割ったときの商と余りを求めよ。

(3) 整式 $x^3-3ax+a^3+1$ を整式 $x+a+1$ で割ったときの商と余りを求めよ。

解答▶別冊 3 ページ

10 整式の除法の応用

一般に整数 a，b については，a を b で割った商を q，余りを r とすると，

$a=bq+r$（ただし，$0\leqq r<b$） ←割られる数＝割る数×商＋余り

が成り立ちます。これは，整式でも同様のことがいえます。

Check Point　割り算の原理

整式 A を整式 B で割ったときの商を Q，余りを R とすると，

$A=B\cdot Q+R$ ←割られる式＝割る式×商＋余り

（ただし R は 0，または B より次数の低い整式）

例題 5　整式 $3x^3-5x^2+6x+6$ を整式 A で割ると，商が $3x-2$，余りが $x+8$ である。このときの整式 A を求めよ。

解答　割り算の原理より，

$3x^3-5x^2+6x+6=A\cdot(3x-2)+x+8$

↑割られる式＝割る式×商＋余り

$3x^3-5x^2+5x-2=A\cdot(3x-2)$

$A=(3x^3-5x^2+5x-2)\div(3x-2)$

ここで，右のように整式の割り算を実行すると商が

A に等しいので，$\boldsymbol{A=x^2-x+1}$ … 答

$$
\begin{array}{r}
x^2-\ \ x\ +1 \ \longleftarrow \text{商} \\
3x-2\,\big)\,\overline{3x^3-5x^2+5x-2} \\
\underline{3x^3-2x^2} \\
-3x^2+5x-2 \\
\underline{-3x^2+2x} \\
3x-2 \\
\underline{3x-2} \\
0
\end{array}
$$

演習問題 10

次の問いに答えよ。

(1) 整式 $6x^4-x^3-16x^2+5x$ をある整式 P で割ったところ，商 $3x^2-2x-4$，余り $5x-8$ を得たという。整式 P を求めよ。

(2) 整式 x^3+ax^2+b が x^2+2x+2 で割り切れるとき，定数 a，b の値を求めよ。

(3) 整式 $6x^4+x^3+ax^2+2x+b$ を整式 $3x^2+2x+1$ で割った余りが $-x+1$ となる。このときの定数 a，b の値を求めよ。

(4) a を定数とする。整式 x^3+ax^2-5x+7 を整式 $P(x)$ で割ると商が $x-1$ で余りが $3x+a$，また $P(x)$ を $x-1$ で割ると余りは -1 である。このとき，a の値と整式 $P(x)$ を求めよ。

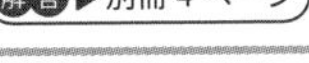
解答▶別冊 4 ページ

11 組立除法

整式を**1次式で割ったときの商や余り**は，次のように考えることができます。

整式 ax^2+bx+c を1次式 $x-\alpha$ で割ったときの商を $lx+m$，余りを r とすると，割り算の原理より，

$$ax^2+bx+c=(x-\alpha)(lx+m)+r$$

右辺を展開すると，

$$ax^2+bx+c=lx^2+(m-l\alpha)x-m\alpha+r$$

この式は x の恒等式であるので係数を比較すると，

$a=l$ …①，$b=m-l\alpha$ …②，$c=-m\alpha+r$ …③

よって，余り r は③より，

$$r=c+m\alpha$$

となり，r を求めるには m の値が必要であることがわかります。その m は②より，

$$m=b+l\alpha$$

となり，m を求めるには l の値が必要であることがわかります。その l は①より，

$$l=a$$

であるから，l，m，r は次のような計算方法で順に求めることができます。

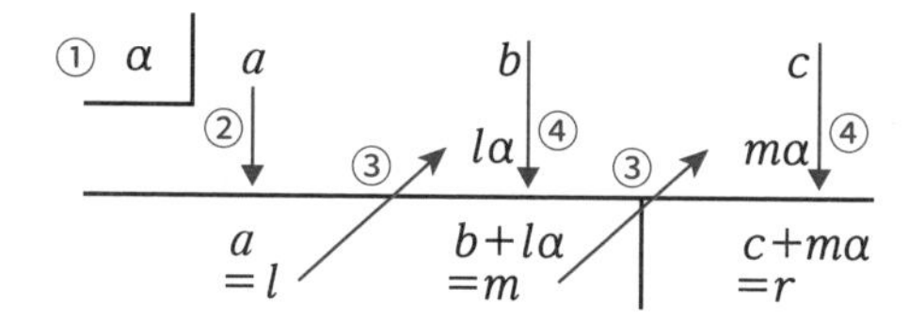

① $x-\alpha=0$ の解 α を左上に書き，その横に係数 a，b，c を書きます。

②最高次の係数はそのまま下ろす。

③下ろした数に α を掛けた値を次の次数の係数の下に書く。

④上下に並んだ数字を加える。

③，④を繰り返し行ったとき，**右下に出た数字が余り r で，余りの左側に並んだ数字が商の係数 l，m を表しています。**

このような計算方法を組立除法といいます。

1次式で割った商や余りであれば，筆算より組立除法のほうが非常に簡潔に求められます。

例題 6 次の問いに答えよ。

(1) 整式 x^3-4x^2+6x-7 を，1 次式 $x-1$ で割ったときの商と余りを求めよ。

(2) 整式 $3x^3-4x+5$ を，1 次式 $x+2$ で割ったときの商と余りを求めよ。

解答 (1) 組立除法を用いると，

$$
\begin{array}{r|rrr|r}
1 & 1 & -4 & 6 & -7 \\
 & & 1 & -3 & 3 \\
\hline
 & 1 & -3 & 3 & -4
\end{array}
$$

よって，**商は x^2-3x+3，余りは -4** … 答

(2) $3x^3-4x+5$ の x^2 の係数は 0 であることに注意する。

組立除法を用いると，

$$
\begin{array}{r|rrr|r}
-2 & 3 & 0 & -4 & 5 \\
 & & -6 & 12 & -16 \\
\hline
 & 3 & -6 & 8 & -11
\end{array}
$$

←位取りに注意

よって，**商は $3x^2-6x+8$，余りは -11** … 答

演習問題 11

次の除法の商と余りを求めよ。

(1) $(x^3+4x^2+2x-24)\div(x-2)$

(2) $(x^4+x^2+3x-1)\div(x-1)$

(3) $(8x^3+4x^2-2x+5)\div(2x+1)$

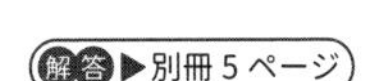

12 分数式の乗法・除法

2 つの多項式 A，B によって，$\dfrac{A}{B}$ の形に表され，B に文字を含む式を**分数式**といいます。

分数式は，分数と同様に扱うことができます。特に，分数式では，**分母と分子に 0 以外の同じ式を掛けても，分母と分子を共通な因数で割っても，もとの式と等しい**という性質を利用します。

例題 7 $\dfrac{35x^2y^5}{14x^3y^4}$ を簡単にせよ。

考え方 まず，分母も分子も分解して考えます。

解答

素因数分解

$$\frac{35x^2y^5}{14x^3y^4}=\frac{5\cdot7\cdot x\cdot x\cdot y\cdot y\cdot y\cdot y\cdot y}{2\cdot7\cdot x\cdot x\cdot x\cdot y\cdot y\cdot y\cdot y}$$

$$=\frac{5\cdot\cancel{7}\cdot\cancel{x}\cdot\cancel{x}\cdot y\cdot\cancel{y}\cdot\cancel{y}\cdot\cancel{y}\cdot\cancel{y}}{2\cdot\cancel{7}\cdot x\cdot\cancel{x}\cdot\cancel{x}\cdot\cancel{y}\cdot\cancel{y}\cdot\cancel{y}\cdot\cancel{y}}$$ ←分母と分子を $7\cdot x\cdot x\cdot y\cdot y\cdot y\cdot y$ で割る

$$=\boldsymbol{\frac{5y}{2x}}$$ … 答 ←慣れてきたら，直接答えを求めましょう

例題 7 では，分母と分子を共通な因数 $(7\cdot x\cdot x\cdot y\cdot y\cdot y\cdot y)$，つまり公約数で割っています。このような計算を分数式を**約分する**といいます。

例題 8 $\dfrac{x-1}{x^3-1}$ を約分せよ。

解答 **分母を因数分解する**と，

$x^3-1=(x-1)(x^2+x+1)$ ← $x^3-y^3=(x-y)(x^2+xy+y^2)$

であるから，

$$\frac{x-1}{x^3-1}=\frac{\cancel{x-1}}{\cancel{(x-1)}(x^2+x+1)}$$

$$=\boldsymbol{\frac{1}{x^2+x+1}}$$ … 答

$x-1$ で約分

分数と同様に，分数式の積は，**分子どうし，分母どうしを掛けて**計算することができます。また，分数式の商は，**逆数を掛けて**計算します。

例題 9　次の式を計算せよ。

(1) $\dfrac{x^2-3x+2}{x^2+6x+8}\times\dfrac{x+4}{x-2}$

(2) $\dfrac{x+3}{2x+1}\div\dfrac{x^2-3x-18}{2x^2+9x+4}$

解答

(1) $\dfrac{x^2-3x+2}{x^2+6x+8}\times\dfrac{x+4}{x-2}=\dfrac{(x-1)\cancel{(x-2)}}{(x+2)\cancel{(x+4)}}\times\dfrac{\cancel{x+4}}{\cancel{x-2}}$　因数分解をして，$x-2$，$x+4$ で約分

$=\boldsymbol{\dfrac{x-1}{x+2}}$ … 答

(2) $\dfrac{x+3}{2x+1}\div\dfrac{x^2-3x-18}{2x^2+9x+4}$

$=\dfrac{x+3}{2x+1}\times\dfrac{2x^2+9x+4}{x^2-3x-18}$　商は逆数を掛ける

$=\dfrac{\cancel{x+3}}{\cancel{2x+1}}\times\dfrac{\cancel{(2x+1)}(x+4)}{\cancel{(x+3)}(x-6)}$　因数分解をして，$x+3$，$2x+1$ で約分

$=\boldsymbol{\dfrac{x+4}{x-6}}$ … 答

演習問題 12

次の式を計算せよ。

(1) $\left(-\dfrac{2x^2}{y^3}\right)^3\div\left(-\dfrac{x^2}{y^2}\right)^2$

(2) $\dfrac{x^2-4x+4}{x^2-x-6}\times\dfrac{x^2+x-12}{x^2+2x-8}$

(3) $\dfrac{x^2-1}{x^2-5x+6}\times\dfrac{2x^2-3x-9}{x^2+5x-6}$

(4) $\dfrac{x^3-9x}{x^3+8}\div\dfrac{x^2-3x+2}{4x^2-8x+16}\times\dfrac{x^2-4}{2x^2-6x}$

解答▶別冊 5 ページ

13 分数式の加法・減法 ①

複数の分数式の分母をそろえることを通分するといいます。

通分するときは分母の最小公倍数を考えることになりますが，このとき，整式も因数と考えて処理します。

例題10 2 つの分数式 $\dfrac{1}{x^2-1}$，$\dfrac{3}{x^2+3x-4}$ を通分せよ。

考え方 まず，分母を因数分解します。

解答 2つの分数式の分母をそれぞれ因数分解すると，

$$\frac{1}{(x+1)(x-1)},\quad \frac{3}{(x+4)(x-1)}$$

各因数の指数が大きいほうを選んで掛けたものが最小公倍数なので，分母の最小公倍数は $(x+1)(x-1)(x+4)$ である。左の分数には分母と分子に $x+4$，右の分数には分母と分子に $x+1$ を掛ければよい。

よって，通分した分数式はそれぞれ

$$\boldsymbol{\frac{x+4}{(x+1)(x-1)(x+4)},\quad \frac{3(x+1)}{(x+1)(x-1)(x+4)}}\ \cdots 答$$

分数と同様に，分数式どうしの和・差は**通分して分母をそろえてから分子どうしを計算**します。

例題11 次の式を計算せよ。

(1) $\dfrac{1}{x-1}-\dfrac{1}{x+5}$

(2) $\dfrac{2}{x^2+2x}+\dfrac{1}{x^2+5x+6}$

解答 (1)

$$\frac{1}{x-1}-\frac{1}{x+5}$$

分母を最小公倍数の $(x+5)(x-1)$ で通分

$$=\frac{x+5}{(x-1)(x+5)}-\frac{x-1}{(x+5)(x-1)}$$

分子どうしを引く

$$=\frac{(x+5)-(x-1)}{(x+5)(x-1)}$$

$$=\boldsymbol{\frac{6}{(x+5)(x-1)}}\ \cdots 答$$

(2) $\dfrac{2}{x^2+2x}+\dfrac{1}{x^2+5x+6}$

$=\dfrac{2}{x(x+2)}+\dfrac{1}{(x+2)(x+3)}$ 　分母を最小公倍数の $x(x+2)(x+3)$ で通分

$=\dfrac{2(x+3)}{x(x+2)(x+3)}+\dfrac{x}{x(x+2)(x+3)}$ 　分子どうしを加える

$=\dfrac{2(x+3)+x}{x(x+2)(x+3)}$

$=\dfrac{3(x+2)}{x(x+2)(x+3)}$ 　$x+2$ で約分

$=\boldsymbol{\dfrac{3}{x(x+3)}}$ … 答

演習問題 13

次の式を計算せよ。

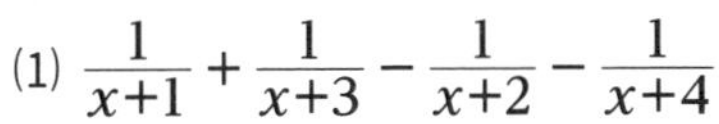

(1) $\dfrac{1}{x+1}+\dfrac{1}{x+3}-\dfrac{1}{x+2}-\dfrac{1}{x+4}$

(2) $\dfrac{x^3}{x-1}+\dfrac{1}{x+1}-\dfrac{x^2}{x+1}-\dfrac{1}{x-1}$

(3) $\dfrac{1}{a-b}+\dfrac{1}{a+b}+\dfrac{2a}{a^2+b^2}+\dfrac{4a^3}{a^4+b^4}$

(4) $\dfrac{2}{2x^2-7x-4}-\dfrac{4}{6x^2-x-2}-\dfrac{1}{3x^2-14x+8}$

(5) $\left(x-3-\dfrac{5}{x+1}\right)\left(x-2+\dfrac{3}{x+2}\right)$

解答▶別冊 6 ページ

14 分数式の加法・減法 ②

分数式の加法・減法で，分子の次数が分母と同じ，または分母より大きい場合は，**分子を分母で割って分子の次数を下げてから処理を行う**と計算が楽になる場合があります。

例題 12 次の分数式を，分子の次数が分母の次数より小さい形になるように変形せよ。

(1) $\dfrac{x^2+3x+5}{x+1}$　　(2) $\dfrac{2x-1}{x-1}$

解答 (1) x^2+3x+5 を $x+1$ で割る。

$$\begin{array}{r l} & x+2 \\ x+1 \,) & x^2+3x+5 \\ & x^2+\ \ x \\ \hline & \quad 2x+5 \\ & \quad 2x+2 \\ \hline & \qquad\ \ 3 \end{array}$$

〈組立除法では〉

$$\begin{array}{r|rrr} -1 & 1 & 3 & 5 \\ & & -1 & -2 \\ \hline & 1 & 2 & 3 \end{array}$$

商が $x+2$，余りが 3 であるから，割り算の原理を用いて，

$$\frac{x^2+3x+5}{x+1}=\frac{(x+1)(x+2)+3}{x+1}$$ ←割られる式＝割る式×商＋余り

$$=\frac{(x+1)(x+2)}{x+1}+\frac{3}{x+1}$$

$$=\boldsymbol{x+2+\frac{3}{x+1}}$$ … 答

(2) $2x-1$ を $x-1$ で割る。

$$\begin{array}{r l} & 2 \\ x-1 \,) & 2x-1 \\ & 2x-2 \\ \hline & \qquad 1 \end{array}$$

〈組立除法では〉

$$\begin{array}{r|rr} 1 & 2 & -1 \\ & & 2 \\ \hline & 2 & 1 \end{array}$$

商が 2，余りが 1 であるから，割り算の原理を用いて，

$$\frac{2x-1}{x-1}=\frac{(x-1)\cdot 2+1}{x-1}$$ ←割られる式＝割る式×商＋余り

$$=\frac{(x-1)\cdot 2}{x-1}+\frac{1}{x-1}$$

$$=\boldsymbol{2+\frac{1}{x-1}}$$ … 答

例題 13 $2x+1-\dfrac{2x^2+3x-2}{x+1}$ を計算せよ。

解答 分数式において筆算より，

$$\begin{array}{r} 2x\ +1 \\ x+1\,\overline{)\,2x^2+3x-2} \\ \underline{2x^2+2x\quad} \\ x-2 \\ \underline{x+1} \\ -3 \end{array}$$

〈組立除法では〉

$$\begin{array}{r|rrr} -1 & 2 & 3 & -2 \\ & & -2 & -1 \\ \hline & 2 & 1 & -3 \end{array}$$

よって，

$2x^2+3x-2=(x+1)(2x+1)+(-3)$ ←割られる式＝割る式×商＋余り

となる。以上より，

$$2x+1-\frac{2x^2+3x-2}{x+1}$$

$$=2x+1-\frac{(x+1)(2x+1)+(-3)}{x+1}$$

$$=2x+1-\left\{\frac{(x+1)(2x+1)}{x+1}-\frac{3}{x+1}\right\}$$

$$=2x+1-\left(2x+1-\frac{3}{x+1}\right)$$ ←分子の次数が分母より小さくなるように変形

$$=\frac{3}{x+1}$$ … 答

例題 13 のように通分で解ける計算も，分子の次数を下げてから計算すると，計算が楽になる場合が多いです。

演習問題 14

次の式を計算せよ。

(1) $\dfrac{x+6}{x+5}-\dfrac{x+8}{x+3}+\dfrac{x+7}{x+2}-\dfrac{x+1}{x}$

(2) $\dfrac{2x-5}{x-4}-\dfrac{2x^2+9x-38}{x^2+2x-24}$

解答▶別冊 7 ページ

15 繁分数式の計算

分母や分子に分数式を含む式を**繁分数式**といいます。

繁分数式を簡単にするときは，**分母と分子に同じ式を掛けて，分母を払っていきます。**

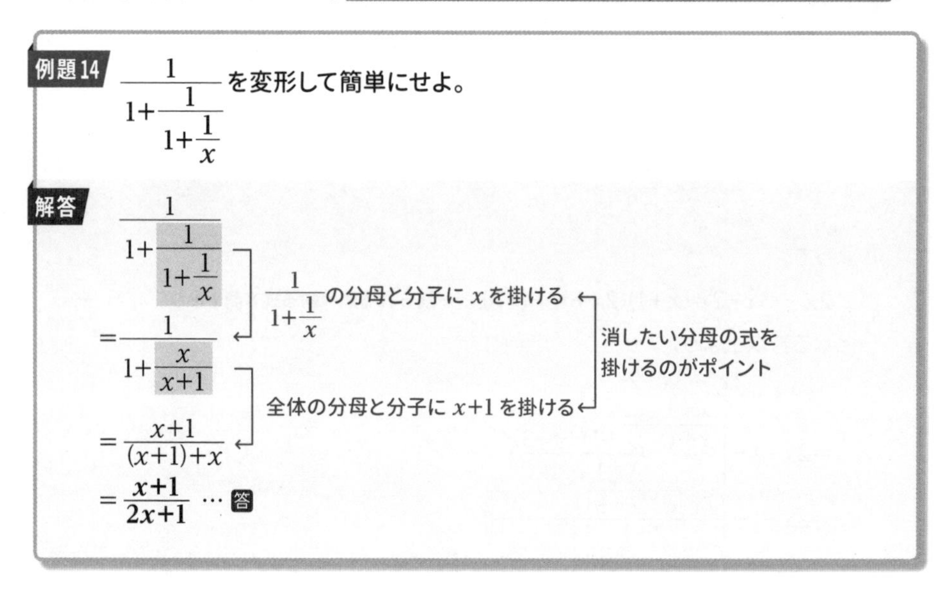

例題 14 $\dfrac{1}{1+\dfrac{1}{1+\dfrac{1}{x}}}$ を変形して簡単にせよ。

解答

$$\frac{1}{1+\dfrac{1}{1+\dfrac{1}{x}}}$$

$\dfrac{1}{1+\dfrac{1}{x}}$ の分母と分子に x を掛ける

$$=\frac{1}{1+\dfrac{x}{x+1}}$$

全体の分母と分子に $x+1$ を掛ける

$$=\frac{x+1}{(x+1)+x}$$

$$=\frac{x+1}{2x+1} \cdots \text{答}$$

消したい分母の式を掛けるのがポイント

演習問題 15

次の式を簡単にせよ。

(1) $\dfrac{1}{1-\dfrac{1}{1+\dfrac{1}{x-1}}}$

(2) $\dfrac{\dfrac{1}{x+y}-\dfrac{1}{x}}{\dfrac{1}{x}-\dfrac{1}{x-y}}$

解答▶別冊 7 ページ

16 比例式と式の値

比 $a:b$ について $\dfrac{a}{b}$ を比の値といい，$\dfrac{a}{b}=\dfrac{c}{d}$ のように比の値が等しいことを示す式を**比例式**といいます。$\dfrac{a}{b}=\dfrac{c}{d}$ は $a:c=b:d$ のような形で表すこともあります。

Check Point 比例式

比例式では「$=k$」とおいて，k を用いた式に分割する。

例題15 $\dfrac{x}{3}=\dfrac{y}{4}=\dfrac{z}{2}\ (\neq 0)$ のとき，$\dfrac{x^2+y^2}{y^2+z^2}$ の値を求めよ。

解答

$\dfrac{x}{3}=\dfrac{y}{4}=\dfrac{z}{2}=k$ とおくと，

$x=3k$，$y=4k$，$z=2k$ であるから，← k を用いた式に分割

$$\frac{x^2+y^2}{y^2+z^2}=\frac{9k^2+16k^2}{16k^2+4k^2}=\frac{25k^2}{20k^2}=\mathbf{\frac{5}{4}}\ \cdots\ 答$$

$\dfrac{a}{x}=\dfrac{b}{y}=\dfrac{c}{z}$ であることは，$a:b:c=x:y:z$ と表すことができます。$a:b:c$ を a，b，c の**連比**といいます。

演習問題 16

次の問いに答えよ。

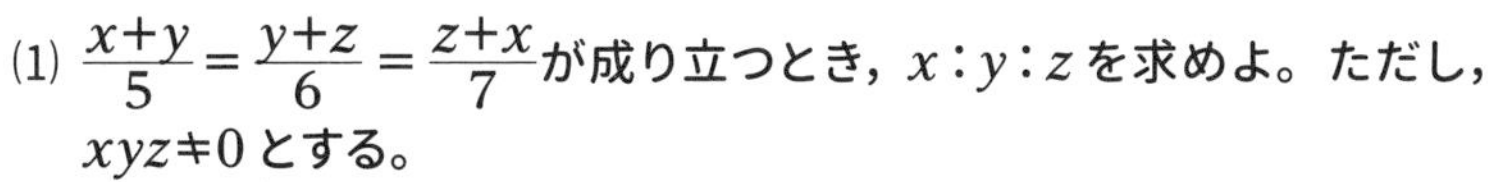

(1) $\dfrac{x+y}{5}=\dfrac{y+z}{6}=\dfrac{z+x}{7}$ が成り立つとき，$x:y:z$ を求めよ。ただし，$xyz\neq 0$ とする。

(2) $\dfrac{x+y}{8}=\dfrac{2y-3z}{4}=\dfrac{4z-x}{5}\ (\neq 0)$ のとき，$\dfrac{xyz}{x^3+y^3+z^3}$ の値を求めよ。

(3) $x:y:z=3:4:5$ のとき，$\dfrac{xy+yz+zx}{x^2+y^2+z^2}$ の値を求めよ。

第2節 等式と不等式の証明

1 等式の証明

等式 $A=B$ の証明方法には，次のようなものがあります。

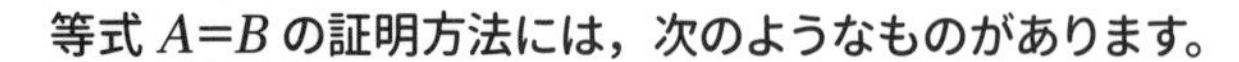

Check Point 等式 $A=B$ の証明方法

［解法Ⅰ］片方の式を変形して，もう一方と同じ式になることを示す。
（$A \to B$ となる，または，$B \to A$ となることを示す。）

［解法Ⅱ］両辺をそれぞれ変形して，同じ式になることを示す。
（$A \to C$ となる，かつ，$B \to C$ となることを示す。）

［解法Ⅲ］差をとり，0 となることを示す。
（$A-B=0$ となることを示す。）

例題16 次の等式を証明せよ。

(1) $(a^2+ab+b^2)(a^2-ab+b^2)=a^4+a^2b^2+b^4$

(2) $(a^2+b^2)(c^2+d^2)=(ac+bd)^2+(ad-bc)^2$

解答 (1) ［解法Ⅰ］の考え方を用いる。

$$(\text{左辺})=\{(a^2+b^2)+ab\}\{(a^2+b^2)-ab\}$$
$$=(a^2+b^2)^2-(ab)^2$$
$$=a^4+a^2b^2+b^4 \quad \leftarrow \text{右辺に等しい}$$

よって，$(a^2+ab+b^2)(a^2-ab+b^2)=a^4+a^2b^2+b^4$ 〔証明終わり〕

(2) ［解法Ⅱ］の考え方を用いる。

$$(\text{左辺})=(a^2+b^2)(c^2+d^2)$$
$$=a^2c^2+a^2d^2+b^2c^2+b^2d^2$$
$$(\text{右辺})=(ac+bd)^2+(ad-bc)^2$$
$$=(a^2c^2+2abcd+b^2d^2)+(a^2d^2-2abcd+b^2c^2)$$
$$=a^2c^2+b^2d^2+a^2d^2+b^2c^2$$

それぞれの変形結果が等しい

よって，$(a^2+b^2)(c^2+d^2)=(ac+bd)^2+(ad-bc)^2$ 〔証明終わり〕

また，条件式を含む等式の証明では，**条件式を用いて文字を減らすのが基本の解法**になります。

例題17 次の問いに答えよ。

(1) $a+b=c$ のとき，等式 $a^3+3abc+b^3=c^3$ を証明せよ。

(2) $\dfrac{a}{b}=\dfrac{c}{d}$ のとき，等式 $\dfrac{3a+4c}{3b+4d}=\dfrac{3a-4c}{3b-4d}$ を証明せよ。

解答 (1) 条件式より，c に $a+b$ を代入して，c を消去する。

(左辺) $=a^3+3ab(a+b)+b^3=a^3+3a^2b+3ab^2+b^3$

(右辺) $=(a+b)^3=a^3+3a^2b+3ab^2+b^3$

← それぞれの変形結果が等しい

よって，$a+b=c$ のとき，$a^3+3abc+b^3=c^3$ 〔証明終わり〕

(2) $\dfrac{a}{b}=\dfrac{c}{d}=k$ とおくと，$a=bk$，$c=dk$ ←比例式の変形です

このとき，a に bk，c に dk を代入して，a，c を消去する。

(左辺) $=\dfrac{3\cdot bk+4\cdot dk}{3b+4d}=\dfrac{k(3b+4d)}{3b+4d}=k$

(右辺) $=\dfrac{3\cdot bk-4\cdot dk}{3b-4d}=\dfrac{k(3b-4d)}{3b-4d}=k$

← それぞれの変形結果が等しい

よって，$\dfrac{a}{b}=\dfrac{c}{d}$ のとき，$\dfrac{3a+4c}{3b+4d}=\dfrac{3a-4c}{3b-4d}$ 〔証明終わり〕

演習問題 17

1 次の等式を証明せよ。

(1) $a^4+4b^4=\{(a+b)^2+b^2\}\{(a-b)^2+b^2\}$

(2) $a^2(b-c)+b^2(c-a)+c^2(a-b)=bc(b-c)+ca(c-a)+ab(a-b)$

2 $a+b+c=0$ のとき，次の等式を証明せよ。

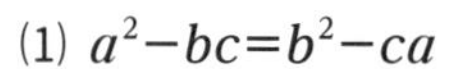

(1) $a^2-bc=b^2-ca$

(2) $a^3+b^3+c^3=3abc$

2 不等式の証明

不等式 $A \geqq B$ の証明方法には，次のようなものがあります。

Check Point 不等式 $A \geqq B$ の証明方法

［解法Ⅰ］ $A-B \geqq 0$ を示す。

［解法Ⅱ］ $A \geqq 0$，$B \geqq 0$ ならば，$A^2 \geqq B^2$，すなわち $A^2-B^2 \geqq 0$ を示す。
　↑両辺ともに 0 以上

［解法Ⅲ］ 相加平均と相乗平均の不等式やコーシー・シュワルツの不等式などの絶対不等式の利用
　↑p.40 で学びます　↑「基本大全 Core 編」で扱っています

［解法Ⅳ］ グラフの上下関係を利用　← p.264 で学びます

［解法Ⅰ］の $A-B \geqq 0$ や［解法Ⅱ］の $A^2-B^2 \geqq 0$ であることを示すには，**平方完成や因数分解を行うのが基本**です。

［解法Ⅲ］の絶対不等式とは，**文字がどのような実数であっても成り立つような不等式**を指します。

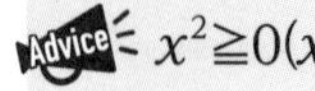

$x^2 \geqq 0$（x は実数）などは絶対不等式の簡単な例といえますね。

例題18 次の問いに答えよ。

(1) 不等式 $a^2+b^2 \geqq 2(a-b-1)$ を証明せよ。また，等号が成立するときはどのようなときか。

(2) $a>0$，$b>0$ のとき，不等式 $a^3+b^3 \geqq ab(a+b)$ を証明せよ。また，等号が成立するときはどのようなときか。

考え方 ［解法Ⅰ］の考え方を用います。また，2 乗があれば平方完成，それがダメならば因数分解を考えます。

解答 (1) $(a^2+b^2)-2(a-b-1)=(a^2-2a+1)+(b^2+2b+1)$
$=(a-1)^2+(b+1)^2 \geqq 0$　←平方完成

よって，$(a^2+b^2)-2(a-b-1) \geqq 0$

すなわち $a^2+b^2 \geqq 2(a-b-1)$　〔証明終わり〕

また，**等号が成立するのは** $(a-1)^2+(b+1)^2=0$ のときで，$\boldsymbol{a=1,\ b=-1}$ **のときである**。← $0^2+0^2=0$ のとき

(2) $a^3+b^3-ab(a+b)=a(a^2-b^2)-b(a^2-b^2)$

$$=(a^2-b^2)(a-b)$$
$$=(a+b)(a-b)\times(a-b)$$
$$=(a+b)(a-b)^2$$

因数分解

$a>0$，$b>0$ より $a+b>0$，また $(a-b)^2\geqq 0$ であるから，

$(a+b)(a-b)^2\geqq 0$

よって，$a^3+b^3-ab(a+b)\geqq 0$

すなわち $a^3+b^3\geqq ab(a+b)$ 〔証明終わり〕

また，**等号が成立するのは** $(a+b)(a-b)^2=0$ のときで，$\boldsymbol{a=b}$ **のとき**である。

根号(ルート)や絶対値を含む不等式は，2 乗してから証明を考えます。
つまり，[解法II]の考え方を用います。絶対値を含む不等式の証明では次の結論を用いることが多いです。

Check Point 絶対値を用いた絶対不等式

実数 x，y に対して，$|xy|\geqq xy$

絶対値は必ず 0 以上ですが，右辺は負の可能性もありますね。よって，左辺のほうが大きいか等しいことは明らかです。

例題19 次の問いに答えよ。

(1) $a>0$，$b>0$ のとき，不等式 $3\sqrt{a}+2\sqrt{b}\leqq\sqrt{5(3a+2b)}$ を証明せよ。また，等号が成立するときはどのようなときか。

(2) 不等式 $|a+b|\leqq|a|+|b|$ を証明せよ。

考え方〉[解法II]の考え方を用います。

解答 (1) 両辺はともに正であるから，$(3\sqrt{a}+2\sqrt{b})^2\leqq(\sqrt{5(3a+2b)})^2$ を証明すればよい。

$(\sqrt{5(3a+2b)})^2-(3\sqrt{a}+2\sqrt{b})^2=5(3a+2b)-(9a+12\sqrt{ab}+4b)$

$=6a-12\sqrt{ab}+6b$

$=6\{(\sqrt{a})^2-2\sqrt{a}\sqrt{b}+(\sqrt{b})^2\}$ 平方完成

$=6(\sqrt{a}-\sqrt{b})^2\geqq 0$

よって，$(\sqrt{5(3a+2b)})^2-(3\sqrt{a}+2\sqrt{b})^2\geqq 0$

すなわち，$(3\sqrt{a}+2\sqrt{b})^2\leqq(\sqrt{5(3a+2b)})^2$

これより，$3\sqrt{a}+2\sqrt{b}\leqq\sqrt{5(3a+2b)}$ 〔証明終わり〕

また，**等号が成立するのは** $6(\sqrt{a}-\sqrt{b})^2=0$ のときで，$\boldsymbol{a=b}$ **のとき**である。

(2) 両辺はともに 0 以上であるから，$|a+b|^2\leqq(|a|+|b|)^2$を証明すればよい。

$(|a|+|b|)^2-|a+b|^2=(a^2+b^2+2|ab|)-(a+b)^2$ ← $|X|^2=X^2$

$=2(|ab|-ab)$

ここで，$|ab|\geqq ab$ であるから，$2(|ab|-ab)\geqq 0$

よって，$(|a|+|b|)^2-|a+b|^2\geqq 0$ すなわち，$|a+b|^2\leqq(|a|+|b|)^2$

これより，$|a+b|\leqq|a|+|b|$ 〔証明終わり〕

参考 (2)の不等式は**三角不等式**と呼ばれる有名な不等式です。

実数 x，y に対して，$|x+y|\leqq|x|+|y|$

条件式を含む不等式の証明では，等式の証明と同様に**条件式を用いて文字を減らすのが基本の解法**になります。

例題 20 $a+b=1$ のとき，不等式 $a^2+b^2\geqq\frac{1}{2}$ を証明せよ。また，等号が成立する a，b の値を求めよ。

考え方 まず，b を消去することを考えます。

解答 $a+b=1$ より，$b=1-a$ であるから，

$a^2+(1-a)^2\geqq\frac{1}{2}$

を示せばよい。

$a^2+(1-a)^2-\frac{1}{2}=2a^2-2a+\frac{1}{2}$

$=2\left(a-\frac{1}{2}\right)^2\geqq 0$ ……① 平方完成

よって，$a^2+(1-a)^2-\frac{1}{2}\geqq 0$　すなわち，$a^2+(1-a)^2\geqq\frac{1}{2}$

これより，$a^2+b^2\geqq\frac{1}{2}$　〔証明終わり〕

また，**等号が成立するのは**，①より $\boldsymbol{a=\frac{1}{2}}$ … 答

このとき，$a+b=1$ より，$\boldsymbol{b=\frac{1}{2}}$ … 答

演習問題 18

1 次の不等式を証明せよ。また，(1)，(3)，(4)，(6)において等号が成立するのはどのようなときか。

(1) $(x+y)^2+(x-y)^2\geqq 4xy$

(2) $a>b>0$ のとき，$a^2+a^2b>ab^2+b^2$

(3) $a>0$，$b>0$ のとき，$\sqrt{ab}\geqq\frac{2ab}{a+b}$

(4) $a\geqq 0$，$b\geqq 0$ のとき，$\sqrt{2(a+b)}\geqq\sqrt{a}+\sqrt{b}$

(5) $|a|<1$, $|b|<1$ のとき，$|1+ab|>|a+b|$

(6) a，b が実数であるとき，$||a|-|b||\leqq|a+b|$

2 $a>0$，$b>0$，$a+b=1$ であるとき，不等式 $ax^2+by^2\geqq(ax+by)^2$ を証明せよ。また，等号が成立するのはどのようなときか。

3 相加平均と相乗平均の不等式

相加平均とは，**和の値を変えずにその１つ１つの値を等しくしたときの値のこと**です。算術平均ともいいます。

例えば，

$1+3+5+3=12 \Longrightarrow x+x+x+x=12$

このときの x（この場合は $x=4$）が相加平均です。

相乗平均とは，**積の値を変えずにその１つ１つの値を等しくしたときの正の値のこと**です。幾何平均ともいいます。

例えば，

$1\times2\times3\times6=36 \Longrightarrow x\times x\times x\times x=36$

このときの正の x（この場合は $x=\sqrt{6}$）が相乗平均です。

正の２変数 a，b の場合の相加平均と相乗平均を求めてみましょう。

相加平均を A とすると，

$a+b=A+A$

つまり，$A=\dfrac{a+b}{2}$

相乗平均を $P(P>0)$ とすると，

$a\times b=P\times P$

つまり，$P=\sqrt{ab}$

相加平均と相乗平均は，次のような関係が成り立ちます。

Check Point　相加平均と相乗平均の不等式

$a>0$，$b>0$ のとき，

$\dfrac{a+b}{2}\geqq\sqrt{ab}$　もしくは，$a+b\geqq2\sqrt{ab}$

（等号が成立するのは $a=b$ のとき）

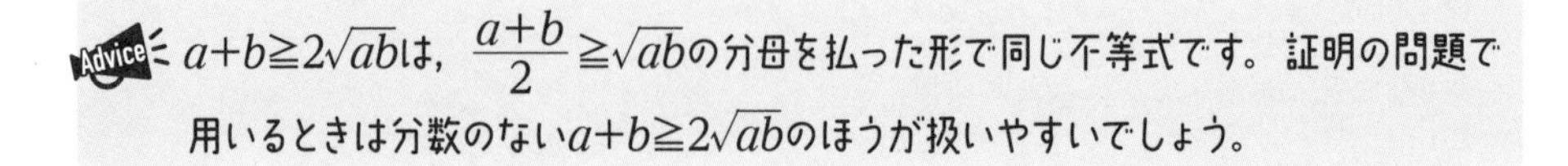

Advice $a+b\geqq2\sqrt{ab}$は，$\dfrac{a+b}{2}\geqq\sqrt{ab}$の分母を払った形で同じ不等式です。証明の問題で用いるときは分数のない$a+b\geqq2\sqrt{ab}$のほうが扱いやすいでしょう。

証明 「$a>0$，$b>0$ のとき，$a+b \geqq 2\sqrt{ab}$」を証明する。

両辺ともに正であるから，$(a+b)^2 \geqq (2\sqrt{ab})^2$を示せばよい。

$$(a+b)^2-(2\sqrt{ab})^2=a^2+2ab+b^2-4ab$$
$$=a^2-2ab+b^2$$
$$=(a-b)^2 \geqq 0$$

平方完成

よって，

$$(a+b)^2-(2\sqrt{ab})^2 \geqq 0 \Longleftrightarrow (a+b)^2 \geqq (2\sqrt{ab})^2$$

これより，

$$a+b \geqq 2\sqrt{ab}$$

〔証明終わり〕

また，等号が成立するのは $(a-b)^2=0$ のときで，$a=b$ のときである。

相加平均と相乗平均は図形的にも説明できます。

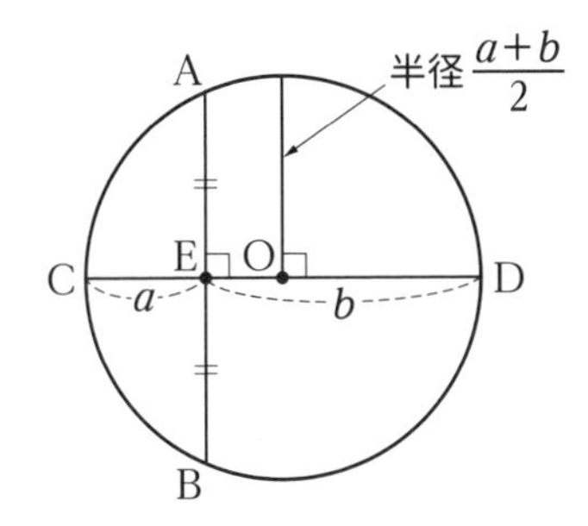

証明 上の図で O を円の中心とする。直径 $CD=a+b$ より，

半径は $\dfrac{a+b}{2}$ ←相加平均

また，方べきの定理より，

$a \times b=AE \times EB$

$ab=AE^2$

$AE=\sqrt{ab}$ ←相乗平均

円周上の点から直径 CD に下ろした垂線の中で最も長いのは半径なので，

$\dfrac{a+b}{2} \geqq \sqrt{ab}$ が成り立つことがわかる。

〔証明終わり〕

等号が成立するのは AE が半径に等しいとき，つまり $a=b$ のときである。

例題21 $x>0$ のとき，$x+\dfrac{4}{x}\geqq 4$ を証明せよ。また，等号が成立するときの x の値も求めよ。

考え方 $x+\dfrac{\square}{x}$ のような形があるときは，x と $\dfrac{\square}{x}$ の積をとると，変数が打ち消されることから相加平均と相乗平均の不等式が有効です。

解答 $x>0,\ \dfrac{4}{x}>0$ であるから，相加平均と相乗平均の不等式より，

$$x+\frac{4}{x}\geqq 2\sqrt{x\times\frac{4}{x}}$$

よって，

$$x+\frac{4}{x}\geqq 2\sqrt{4}=4$$

〔証明終わり〕

等号が成立するのは $x=\dfrac{4}{x}$ のときであるから，$x+\dfrac{4}{x}=4$ に代入して，

$$x+x=4$$

よって，$\boldsymbol{x=2}$ … 答

参考 等号が成立するときの x の値は，次のように求めても構いませんが，次数が大きくなるので，上記の解法がおすすめです。

$x=\dfrac{4}{x}$ より，$x^2=4$　$x>0$ であるから，$x=2$

演習問題 19

次の不等式を証明せよ。また，等号が成り立つときの文字の値も求めよ。

(1) $x>0$ のとき，$2x+\dfrac{6}{x}\geqq 4\sqrt{3}$

(2) $a>0,\ b>0$ のとき，$(2a+b)\left(\dfrac{2}{a}+\dfrac{1}{b}\right)\geqq 9$

解答▶別冊 10 ページ

4 大小比較

2 つの式の大小は，2 つの式の差が正の値をとるか負の値をとるかで判断できます。

Check Point 大小比較

2 つの式 A，B において，

$A-B \geqq 0$ ならば，$A \geqq B$

$A-B \leqq 0$ ならば，$A \leqq B$

Advice 考え方は，不等式のときと一緒です。引いた結果が正なのか負なのかわからないだけですね。

例題22 $0<a<b$ のとき，$\dfrac{a+b}{2}$，$\dfrac{2ab}{a+b}$，$\sqrt{\dfrac{a^2+b^2}{2}}$ の大小を比較せよ。

考え方 まず，a，b に適当な値を代入して大小関係を予測しておきましょう。

解答

$a=1$，$b=2$ とすると，

$$\frac{a+b}{2}=\frac{3}{2},\ \frac{2ab}{a+b}=\frac{4}{3},\ \sqrt{\frac{a^2+b^2}{2}}=\sqrt{\frac{5}{2}}=\frac{\sqrt{10}}{2}$$

であるから，$\underbrace{\dfrac{2ab}{a+b}<\dfrac{a+b}{2}}_{\text{(ii)}}<\sqrt{\dfrac{a^2+b^2}{2}}$ であると予測できる。（$\dfrac{a+b}{2}<\sqrt{\dfrac{a^2+b^2}{2}}$ が (i)）

(i) $$\left(\sqrt{\frac{a^2+b^2}{2}}\right)^2-\left(\frac{a+b}{2}\right)^2=\frac{a^2+b^2}{2}-\frac{(a+b)^2}{4}$$ ←隣り合う 2 つの大小を比較する

$\sqrt{\ }$ を含むから平方の差をとる

$$=\frac{a^2-2ab+b^2}{4}$$

$$=\frac{(a-b)^2}{4}>0$$ 平方完成

$\sqrt{\dfrac{a^2+b^2}{2}}>0$，$\dfrac{a+b}{2}>0$ であるから，$\sqrt{\dfrac{a^2+b^2}{2}}>\dfrac{a+b}{2}$ ……①

(ii) $$\frac{a+b}{2}-\frac{2ab}{a+b}=\frac{(a+b)^2-4ab}{2(a+b)}$$ ←隣り合う 2 つの大小を比較する

$$=\frac{a^2-2ab+b^2}{2(a+b)}$$

$$=\frac{(a-b)^2}{2(a+b)}>0$$ 平方完成

よって，$\dfrac{a+b}{2} > \dfrac{2ab}{a+b}$ ……②

①，②より，

$$\frac{2ab}{a+b} < \frac{a+b}{2} < \sqrt{\frac{a^2+b^2}{2}}$$ … 答

3つ以上の式の大小を調べるとき，いちばん大きい式といちばん小さい式の大小比較は意味がありません。(「基本大全 数学I・A Basic 編」に解説があります。)
あらかじめ，具体的な数値を代入して大小の予測をしておくことで，隣り合う2つの式で大小比較を行うことができます。

演習問題 20

1 x，y，z が正の数であり，かつ $x<z$ のとき，$(x+y)^3+z^3$ と $x^3+(y+z)^3$ の大小を調べよ。

2 $0<a<b<c<d$ のとき，$\dfrac{c}{b}$，$\dfrac{a+c}{b+d}$，$\dfrac{ac}{bd}$ の大小を比較せよ。

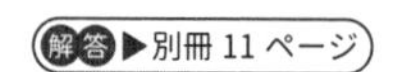

解答▶別冊 11 ページ

複素数と方程式

第1節 複素数

1 複素数の計算

実数は2乗すると必ず正の数か0になるので，方程式 $x^2=-1$ の解は実数の範囲にはありません。そこで，2乗すると-1になる数を新たに考え，これを記号 i で表します。i を虚数単位といい，$i^2=-1$ と定義します。

Check Point 虚数単位と負の数の平方根

[1] $i^2=-1\ (i=\sqrt{-1})$

[2] $a>0$ のとき，$\sqrt{-a}=\sqrt{a}i$

$a<0$，$b<0$ のとき，**$\sqrt{a}\times\sqrt{b}=\sqrt{ab}$が成り立たない**点に注意します。

例えば，「$\sqrt{-2}\times\sqrt{-3}$」では，

$$\begin{aligned}\sqrt{-2}\times\sqrt{-3}&=\sqrt{(-2)\times(-3)}\\&=\sqrt{6}\end{aligned}$$

としがちですが，これは誤りです。

正しくは，

$$\begin{aligned}\sqrt{-2}\times\sqrt{-3}&=\sqrt{2}i\times\sqrt{3}i\\&=\sqrt{6}i^2\\&=\sqrt{6}\times(-1)\\&=-\sqrt{6}\ \cdots\text{答}\end{aligned}$$

となります。**根号の中が負のときは，まずそれを i を用いた形にしてから計算します。**

また，**実数 a，b を用いて，$a+bi$ の形で表される数**を複素数といいます。複素数 $a+bi$ において，a を実部，b を虚部といいます。

また，複素数で，$b=0$ のときを実数，$b\neq0$ のときを虚数といいます。特に $a=0$，$b\neq0$ のとき，つまり bi の形の虚数を純虚数といいます。高校数学で扱われるすべての数は複素数で表すことができます。

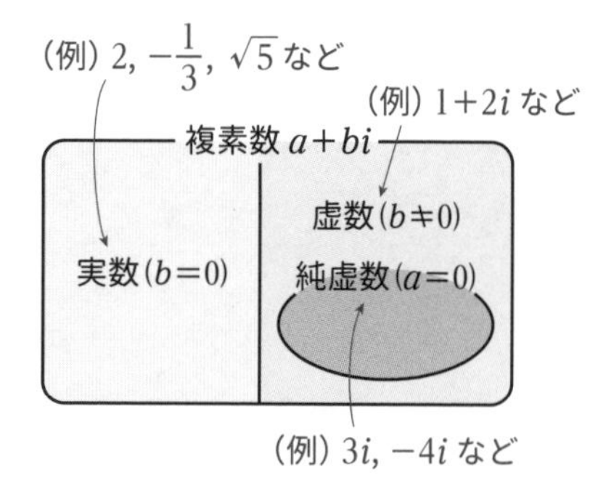

複素数 $z=a+bi$ に対して，**虚部の符号が異なる複素数** $a-bi$ を z と**共役**（きょうやく）**な複素数**といい，$\overline{z}$ で表します。

例題23 次の複素数と共役な複素数を求めよ。

(1) $1+2i$　　(2) $3i$

(3) $\dfrac{3-7i}{5}$　　(4) -2

解答 (1) $\mathbf{1-2i}$　　(2) $\mathbf{-3i}$

(3) $\mathbf{\dfrac{3+7i}{5}}$　　(4) $\mathbf{-2}$

共役な複素数は虚部の符号を変えるだけなので，(4)のように**ある実数と共役な複素数は，ある実数そのもの**になります。

また，a，b，c，d を実数とするとき，複素数の計算は次のように行います。

$$(a+bi)+(c+di)=(a+c)+(b+d)i$$

$$(a+bi)-(c+di)=(a-c)+(b-d)i$$

$$\begin{aligned}(a+bi)(c+di)&=ac+(ad+bc)i+bdi^2\\&=ac-bd+(ad+bc)i\end{aligned}$$

i は今までの文字と同じように扱い，$i^2=-1$ を用いて簡単にします。

例題24 次の計算をして，$a+bi$（a，b は実数）の形で答えよ。

(1) $(2+3i)-(5-4i)$　　(2) $(4-3i)(7-i)$

(3) $(3+2i)^3$　　(4) $\dfrac{2+3i}{1-2i}$

解答 (1) $(2+3i)-(5-4i)=(2-5)+\{3-(-4)\}i$

$=\mathbf{-3+7i}$ … 答

(2) $(4-3i)(7-i)=28-4i-21i+3i^2$

$=28-25i+3\cdot(-1)$

$=\mathbf{25-25i}$ … 答

(3) $(3+2i)^3=3^3+3\cdot3^2\cdot2i+3\cdot3\cdot(2i)^2+(2i)^3$

$=27+54i+36i^2+8i\cdot i^2$

$=27+54i+36\cdot(-1)+8i\cdot(-1)$

$=27+54i-36-8i$

$=\mathbf{-9+46i}$ … 答

(4) 分母に i を含む式は，無理数の分母の有理化と同じように計算します。

$\dfrac{2+3i}{1-2i}=\dfrac{(2+3i)(1+2i)}{(1-2i)(1+2i)}$ ←分母の共役な複素数 $1+2i$ を分母と分子に掛ける

$=\dfrac{2+7i+6i^2}{1-4i^2}$

$=\dfrac{2+7i+6\cdot(-1)}{1-4\cdot(-1)}$

$=\mathbf{-\dfrac{4}{5}+\dfrac{7}{5}i}$ … 答

分母の複素数を実数に直すので，**分母の実数化**といいます。

i を解答に残してよいのは 1 次の i のみで，2 次以上の i は必ず変形をして 1 次以下の i で表します。

演習問題 21

次の計算をせよ。

(1) $(2-i)(3+2i)$

(2) $\dfrac{2-i}{3+i}-\dfrac{5+10i}{1-3i}$

(3) $\dfrac{4}{1-\sqrt{3}i}+\dfrac{4}{1+\sqrt{3}i}$

(4) $1+i+i^2+i^3+\cdots+i^{10}$

(5) $(1+i)^{16}$

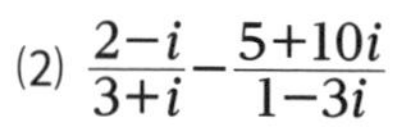

解答▶別冊 12 ページ

2 複素数の相等

2つの複素数が等しいのは，実部と虚部がともに等しいときです。

Check Point　複素数の相等

a，b，c，d を実数とするとき，$a+bi=c+di \Longleftrightarrow a=c$，$b=d$

特に，$a+bi=0 \Longleftrightarrow a=0$，$b=0$　← $a+bi=0+0\cdot i$ と考える

証明 （背理法を利用）$b \neq d$ であると仮定する。← $a=c$ は $b=d$ であることが証明できれば，下の①のように示すことができるので，$b \neq d$ のみを仮定しています

$a+bi=c+di$

$a-c=(d-b)i$

ここで，$b \neq d$ より $d-b \neq 0$ であるから，$\dfrac{a-c}{d-b}=i$ ← a，b，c，d は実数より，$\dfrac{a-c}{d-b}$ も実数

となり，実数と虚数が等しいことを表しているので正しくない。

よって，仮定が誤りとなるので $b=d$ である。

$b=d$ を $a+bi=c+di$ に代入すると，$a+bi=c+bi$

$a=c$　①

よって，$a=c$，$b=d$ が示された。〔証明終わり〕

例題25 等式 $(1-i)^2+(1-i)x+y=0$ を満たす実数 x，y の値を求めよ。

考え方〉実部と虚部に分けて考えます。

解答 $(1-i)^2+(1-i)x+y=0 \Longleftrightarrow (1-2i+i^2)+(1-i)x+y=0$

$\Longleftrightarrow (x+y)+(-2-x)i=0$

x，y は実数であるから，$x+y$，$-2-x$ も実数である。←「実数である」宣言を忘れないように

よって，$x+y=0$，$-2-x=0$

これを解いて，$\boldsymbol{x=-2}$，$\boldsymbol{y=2}$ … 答

演習問題 22

次の等式を満たす実数 a，b の値を求めよ。

(1) $(1+3i)a+(1+2i)b=-1$　(2) $(1+i)(a+bi)=3+i$

(3) $(1+i)a^2-(1-3i)b-2(1-i)=0$

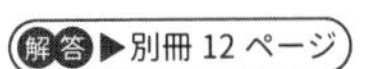
解答▶別冊 12 ページ

3 2次方程式の解の公式

$a \neq 0$として，a，b，cが実数である2次方程式$ax^2+bx+c=0$は，次のように変形できます。

$$ax^2+bx+c=0$$
$$a\left(x^2+\frac{b}{a}x\right)+c=0$$
$$a\left(x+\frac{b}{2a}\right)^2-\frac{b^2}{4a}+c=0$$

平方完成

$$\left(x+\frac{b}{2a}\right)^2=\frac{b^2-4ac}{4a^2}$$
$$x+\frac{b}{2a}=\pm\frac{\sqrt{b^2-4ac}}{2a}$$

数の範囲を複素数にまで広げて考えると，$b^2-4ac<0$の場合でも平方根を求めることができる

$$x=\frac{-b\pm\sqrt{b^2-4ac}}{2a}$$

Check Point　2次方程式の解の公式

2次方程式$ax^2+bx+c=0$の解は，$x=\dfrac{-b\pm\sqrt{b^2-4ac}}{2a}$

特に，2次方程式$ax^2+2Bx+c=0$の解は，$x=\dfrac{-B\pm\sqrt{B^2-ac}}{a}$

↑$b=2B$として約分したもの

方程式の解で，実数であるものを**実数解**といい，虚数であるものを**虚数解**といいます。今後は，指示がない限り方程式の解は虚数解も含むことになります。

例題26　2次方程式$x^2+3x+3=0$の解を求めよ。

解答　解の公式より，

$\sqrt{-1}=i$

$$x=\frac{-3\pm\sqrt{3^2-4\cdot1\cdot3}}{2}=\frac{-3\pm\sqrt{-3}}{2}=\frac{-3\pm\sqrt{3}i}{2}$$ …答

演習問題 23

次の2次方程式を解け。

(1) $3x^2-2x+5=0$　　(2) $4(x-2)^2+4(x-2)+3=0$

解答▶別冊12ページ

4 複素数の範囲での因数分解

a，b，c を実数とする。x の 2 次式 ax^2+bx+c を複素数の範囲で因数分解するときは，2 次方程式 $ax^2+bx+c=0$ の 2 つの解を α，β とすると，

$$ax^2+bx+c=\underline{a}(x-\alpha)(x-\beta)$$ ←$x=\alpha$，β で 0 に等しくなりますね

とできることを利用します。

右辺の先頭に x^2 の係数 a がある点に注意しましょう。

例題27 x の 2 次式 $2x^2+2x+7$ を，複素数の範囲で因数分解せよ。

解答 まず，2 次方程式 $2x^2+2x+7=0$ の解を求める。

解の公式より，

$$x=\frac{-1\pm\sqrt{1^2-2\cdot7}}{2}$$
$$=\frac{-1\pm\sqrt{-13}}{2}$$
$$=\frac{-1\pm\sqrt{13}i}{2}$$

よって，$2x^2+2x+7$ を因数分解すると，

$$2x^2+2x+7=\underline{\mathbf{2}\left(x-\frac{-1+\sqrt{13}i}{2}\right)\left(x-\frac{-1-\sqrt{13}i}{2}\right)}$$ …答

↑$ax^2+bx+c=a(x-\alpha)(x-\beta)$

Advice x^2 の係数に着目して，先頭の 2 を忘れないようにしましょう。

演習問題 24

次の x の 2 次式を複素数の範囲で因数分解せよ。

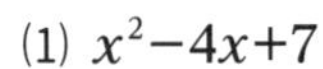

(1) x^2-4x+7

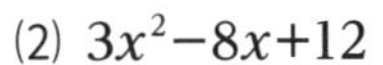

(2) $3x^2-8x+12$

(3) $\frac{1}{2}x^2+\frac{1}{3}x+\frac{1}{4}$

解答▶別冊 13 ページ

5　2次方程式の解の判別

数学Ⅰで学んだように，解の公式のルートの中 b^2-4ac を判別式といい，解の個数は判別式の符号で判別できます。

数学Ⅱでは**ルートの中が負の場合，虚数解をもつ**と考えます。

Check Point　判別式と解の判別

2次方程式 $ax^2+bx+c=0$ の判別式を $D=b^2-4ac$ とすると，

$D>0$ のとき，異なる2つの実数解をもつ

$D=0$ のとき，重解をもつ

$D<0$ のとき，異なる2つの虚数解をもつ

つまり複素数の範囲では，重解を実数解2つが同じ値である場合と考えれば，

「2次方程式の解は判別式の符号に関わらず常に2つ存在する」

ことになります。

さらに，解の公式の形から，

「虚数解をもつときは，互いに共役な複素数を解にもつ」

こともわかります。

もちろん，数学Ⅰと同様にして，2次方程式 $ax^2+2Bx+c=0$ の場合は，4で割った判別式

$$\frac{D}{4}=B^2-ac$$

も用いることができます。

例題28　2次方程式 $4x^2-(a+1)x+1=0$ が異なる2つの虚数解をもつような a の値の範囲を求めよ。

解答　判別式を D とすると，

$$D=(a+1)^2-4\cdot4\cdot1=a^2+2a-15=(a+5)(a-3)$$

$D<0$ となればよいので，$(a+5)(a-3)<0$

よって，$\boldsymbol{-5<a<3}$ … 答

演習問題 25

1 次の 2 次方程式の解を判別せよ。

(1) $4x^2-4x+1=0$

(2) $2x^2+4x+1=0$

(3) $3x^2+x+3=0$

2 a を定数とする。x についての 2 次方程式 $x^2-ax+a^2+a-1=0$ が虚数解をもつような a の値の範囲を求めよ。

3 x の 2 次方程式 $x^2+ax+a+3=0$ の解を a の値で判別せよ。

解答▶別冊 13 ページ

6 2次方程式の解と係数の関係

2次方程式 $ax^2+bx+c=0$ の2つの解がα，βであるとき，

$$ax^2+bx+c=\underline{a}(x-\alpha)(x-\beta) \quad \text{←右辺の先頭に } x^2 \text{ の係数 } a \text{ が出る点に注意}$$
$$=ax^2-a(\alpha+\beta)x+a\alpha\beta$$

と表せます。

これが，x についての恒等式となるので，係数を比較すると，

$$\begin{cases} b=-a(\alpha+\beta) \\ c=a\alpha\beta \end{cases} \iff \begin{cases} \alpha+\beta=-\dfrac{b}{a} \\ \alpha\beta=\dfrac{c}{a} \end{cases}$$

←左辺は解，右辺は係数でまとめます

このように，2次方程式の2つの解の和と積は，方程式の係数を用いて表すことができます。これを2次方程式の**解と係数の関係**といいます。

Check Point 2次方程式の解と係数の関係

2次方程式 $ax^2+bx+c=0$ の2つの解をα，βとすると，

$$\alpha+\beta=-\frac{b}{a},\quad \alpha\beta=\frac{c}{a}$$

↑符号に注意

つまり，2つの解の和と積は，もとの2次方程式の係数で求められる，ということです。

例題29 2次方程式 $2x^2+3x+5=0$ の2つの解をα，βとするとき，次の式の値を求めよ。

(1) $\alpha+\beta$，$\alpha\beta$　(2) $\alpha^2+\beta^2$　(3) $\alpha^3+\beta^3$

(4) $\dfrac{1}{\alpha}+\dfrac{1}{\beta}$　(5) $\dfrac{\beta^2}{\alpha}+\dfrac{\alpha^2}{\beta}$

考え方 (2)〜(5)のような対称式（文字を入れかえても変わらない式）は和と積で表せることを利用し，解と係数の関係を用いると，α，βを直接求める必要がないので，楽に式の値を求めることができます。

解答 (1) 解と係数の関係より，

$$\alpha+\beta=-\frac{3}{2},\quad \alpha\beta=\frac{5}{2} \cdots \text{答}$$

(2) $\underline{\alpha^2+\beta^2=(\alpha+\beta)^2-2\alpha\beta}$ ←対称式の変形(**p.14** 参照)

$$=\left(-\frac{3}{2}\right)^2-2\cdot\frac{5}{2}$$

$$=-\frac{\mathbf{11}}{\mathbf{4}} \cdots \text{答}$$

(3) $\underline{\alpha^3+\beta^3=(\alpha+\beta)^3-3\alpha\beta(\alpha+\beta)}$ ←対称式の変形(**p.14** 参照)

$$=\left(-\frac{3}{2}\right)^3-3\cdot\frac{5}{2}\cdot\left(-\frac{3}{2}\right)$$

$$=\frac{\mathbf{63}}{\mathbf{8}} \cdots \text{答}$$

(4) $\dfrac{1}{\alpha}+\dfrac{1}{\beta}=\dfrac{\beta+\alpha}{\alpha\beta}$ ←まず通分

$$=\frac{-\frac{3}{2}}{\frac{5}{2}}$$

$$=-\frac{\mathbf{3}}{\mathbf{5}} \cdots \text{答}$$

(5) $\dfrac{\beta^2}{\alpha}+\dfrac{\alpha^2}{\beta}=\dfrac{\beta^3+\alpha^3}{\alpha\beta}$ ←まず通分

$$=\frac{\frac{63}{8}}{\frac{5}{2}}$$ ←(3)の結果を用いる

$$=\frac{\mathbf{63}}{\mathbf{20}} \cdots \text{答}$$

演習問題 26

2 次方程式 $x^2-4x+1=0$ の 2 つの解をα，βとするとき，次の式の値を求めよ。

(1) $\alpha^2+\beta^2$　(2) $\alpha^3+\beta^3$　(3) $(\alpha-\beta)^2$

(4) $(\alpha+1)(\beta+1)$　(5) $\dfrac{1}{\alpha}+\dfrac{1}{\beta}$

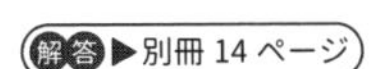
解答▶別冊 14 ページ

7 2数を解とする2次方程式

x^2 の係数が1である2次方程式の2つの解がα，βであるとき，その方程式の1つは，

$(x-\alpha)(x-\beta)=0$　つまり，$x^2-(\alpha+\beta)x+\alpha\beta=0$
　　　　　　　　　　　　　↑符号に注意

と表せます。

よって，**2つの解の和$\alpha+\beta$と積$\alpha\beta$で，もとの2次方程式を求めることができます。**

例題30 $-\dfrac{3}{2}$，$\dfrac{1}{6}$を解とする整数係数の2次方程式を1つ求めよ。

解答 2つの解の和は，

$$-\frac{3}{2}+\frac{1}{6}=-\frac{4}{3}$$

2つの解の積は，

$$-\frac{3}{2}\times\frac{1}{6}=-\frac{1}{4}$$

よって，$-\dfrac{3}{2}$，$\dfrac{1}{6}$を解とする2次方程式は，

$$x^2-\left(-\frac{4}{3}\right)x+\left(-\frac{1}{4}\right)=0$$

↑符号に注意

整数係数の方程式を求めるので，両辺を12倍して，

$\mathbf{12x^2+16x-3=0}$ … 答

整数係数であればよいので最後に24倍して，答えを $24x^2+32x-6=0$ としても正解です。

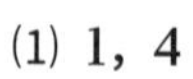

演習問題 27

次の2数を解とする整数係数の2次方程式を1つ求めよ。

(1) 1，4　　(2) 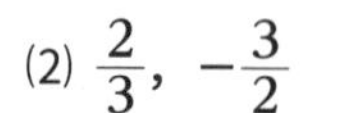 $\dfrac{2}{3}$，$-\dfrac{3}{2}$　　(3) $\dfrac{3+\sqrt{5}}{2}$，$\dfrac{3-\sqrt{5}}{2}$

解答▶別冊14ページ

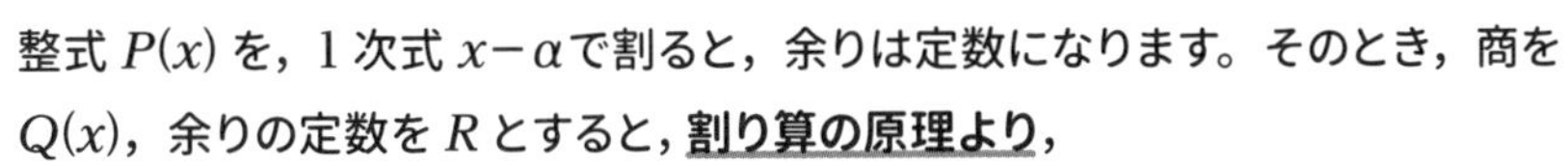

第2節 高次方程式

1 剰余の定理

整式 $P(x)$ を，1 次式 $x-\alpha$ で割ると，余りは定数になります。そのとき，商を $Q(x)$，余りの定数を R とすると，**割り算の原理より**，

$P(x)=(x-\alpha)Q(x)+R$

ここで，$x=\alpha$ とすると，

$P(\alpha)=0\cdot Q(\alpha)+R=R$

となり，**割る式 $x-\alpha$ を 0 とする値 α を $P(x)$ の x に代入すると，余り R が求められる**ことがわかります。

Check Point　剰余の定理

整式 $P(x)$ を $x-\alpha$ で割った余りは，$P(\alpha)$

1 次式で割った余りを求める方法に組立除法がありました。余りを求めるだけならば剰余の定理が便利ですが，商も求めるのであれば組立除法が有効です。

例題31 整式 x^3+ax^2-2 を $x+2$ で割ると余りが 2 になる。このとき，定数 a の値を求めよ。

解答 $f(x)=x^3+ax^2-2$ とおくと，$x+2$ で割った余りは，

$f(-2)=(-2)^3+a\cdot(-2)^2-2=4a-10$

これが 2 に等しいので，

$4a-10=2$

$\boldsymbol{a=3}$ … 答

演習問題 28

整式 x^3+ax^2+bx+3 を $x-1$ で割ると 3 余り，$x+4$ で割ると-17 余る。このとき，定数 a，b の値を求めよ。

解答▶別冊 14 ページ

2 因数定理

剰余の定理より，整式 $P(x)$ を $x-\alpha$ で割った余りは $P(\alpha)$ でした。

割り切れるときは，余りが 0 になるときなので，次の定理が成り立ちます。

Check Point 因数定理 ①

整式 $P(x)$ が $x-\alpha$ で割り切れるとき，$P(\alpha)=0$

例題32 3 次式 x^3+kx^2+6x+4 が $x-2$ で割り切れるとき，定数 k の値を求めよ。

解答 $f(x)=x^3+kx^2+6x+4$ とおく。

$x-2$ で割り切れるので $f(2)=0$ となる。

よって，

$f(2)=2^3+k\cdot2^2+6\cdot2+4=0$

$4k+24=0$

$\boldsymbol{k=-6}$ … 答

演習問題 29

3 次式 x^3+ax^2+bx+c は $x+2$ で割ると 5 余り，$x+1$ と $x-3$ で割り切れる。定数 a，b，c の値を求めよ。

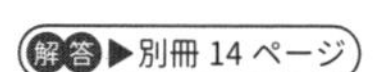
解答▶別冊 14 ページ

3 因数定理と因数分解

「整式 $P(x)$ が $x-\alpha$ で割り切れるとき，$P(\alpha)=0$」

は，次のように逆も成り立ちます。

「$P(\alpha)=0$ ならば，整式 $P(x)$ は $x-\alpha$ で割り切れる」

よって，$x-\alpha$ で割ったときの商を $Q(x)$ とすると，割り算の原理より，

$P(x)=(x-\alpha)Q(x)$

となるので，整式 $P(x)$ は因数分解すると $x-\alpha$ を因数にもつことがわかります。

Check Point　因数定理 ②

$P(\alpha)=0$

$\Longleftrightarrow$ 整式 $P(x)$ は $x-\alpha$ で割り切れる

$\Longleftrightarrow$ 整式 $P(x)$ は $x-\alpha$ を因数にもつ

方程式の解は因数分解で求めます。因数を求める際に因数定理を用います。

例題33 $x^3-x^2-8x+12$ を実数の範囲で因数分解せよ。

解答 $f(x)=x^3-x^2-8x+12$ とおく。このとき，代入して 0 となる x の値を，小さい整数から順に代入して探していく。

$f(1)=1-1-8+12\neq 0$

$f(-1)=-1-1+8+12\neq 0$

となり，$x=\pm 1$ では成り立たない。

$f(2)=2^3-2^2-8\cdot 2+12=0$

であるから，$f(x)$ は $x-2$ を因数にもつことがわかる。

よって，次のように $f(x)$ を $x-2$ で割ると，

$$
\begin{array}{r}
x^2+x-6 \\
x-2\,\big)\,\overline{x^3-x^2-8x+12} \\
\underline{x^3-2x^2} \\
x^2-8x+12 \\
\underline{x^2-2x} \\
-6x+12 \\
\underline{-6x+12} \\
0
\end{array}
$$

〈組立除法では〉

$$
\begin{array}{c|cccc}
2 & 1 & -1 & -8 & 12 \\
  &   & 2 & 2 & -12 \\
\hline
  & 1 & 1 & -6 & 0
\end{array}
$$

商は x^2+x-6 であるから，割り算の原理より，

$$x^3-x^2-8x+12=(x-2)(x^2+x-6)$$ ←まだ因数分解できる！

$$=(x-2)(x+3)(x-2)$$

$$=(x-2)^2(x+3)$$ … 答

参考 **例題 33** で α の値は試行錯誤を繰り返して求めましたが，定数項の約数に着目して見つける方法があります。詳しくは「基本大全 Core 編」で扱っています。

演習問題 30

次の式を因数分解せよ。

(1) $x^3-6x^2+11x-6$

(2) $x^4-6x^3+7x^2+6x-8$

解答▶別冊 15 ページ

4 高次方程式

3 次以上の方程式を高次方程式といいます。

高次方程式でも，**解法の基本は因数分解**です。

例題34 次の方程式を解け。

(1) $x^3+1=0$　　　　(2) $2x^4+5x^2+2=0$

解答 (1) $x^3+1=0$

$(x+1)(x^2-x+1)=0$　← 因数分解 $a^3+b^3=(a+b)(a^2-ab+b^2)$

よって，$x+1=0$ または，$x^2-x+1=0$

$x=-1,\ \dfrac{1\pm\sqrt{-3}}{2}$　←解の公式で求めた

$\sqrt{-1}=i$

$\boldsymbol{x=-1,\ \dfrac{1\pm\sqrt{3}i}{2}}$ … 答

(2) $x^2=X$ とおくと，

$2X^2+5X+2=0$

$(2X+1)(X+2)=0$

すなわち，

$(2x^2+1)(x^2+2)=0$

← x^2 をひとかたまりとみて因数分解（たすき掛け）

よって，$2x^2+1=0$ または $x^2+2=0$

つまり，$x^2=-\dfrac{1}{2}$ または $x^2=-2$

これを解くと，$x=\pm\sqrt{-\dfrac{1}{2}}$，$\pm\sqrt{-2}$

$\sqrt{-1}=i$

$\boldsymbol{x=\pm\dfrac{1}{\sqrt{2}}i,\ \pm\sqrt{2}i}$ … 答

p.50 で説明したように，虚数も解に含めます。

演習問題 31

次の方程式を解け。

(1) $8x^3-12x^2-2x+3=0$　　　(2) $x^4-5x^2-36=0$

(3) $x^6=1$

解答▶別冊 15 ページ

5 因数定理と高次方程式

高次方程式で，因数分解の公式やおき換えがうまく利用できない場合は，**因数定理を用いて因数分解を考えます。**

つまり，

「$P(\alpha)=0$ ならば，整式 $P(x)$ は $x-\alpha$ を因数にもつ」

を利用することを考えます。← **p.59** も参照して下さい

例題35 x の3次方程式 $x^3-3x^2-5x+7=0$ を解け。

解答 左辺を $f(x)$ とおくと，

$f(1)=1-3-5+7=0$

であるから，左辺は $x-1$ を因数にもつ。

$f(x)$ を $x-1$ で割った商を筆算で求めると，

$$
\begin{array}{r|l}
 & x^2-2x-7 \\
x-1 & x^3-3x^2-5x+7 \\
 & x^3-x^2 \\ \hline
 & -2x^2-5x+7 \\
 & -2x^2+2x \\ \hline
 & -7x+7 \\
 & -7x+7 \\ \hline
 & 0
\end{array}
$$

〈組立除法では〉

1	1	−3	−5	7
		1	−2	−7
	1	−2	−7	0

商は x^2-2x-7 であるから，割り算の原理より，

$x^3-3x^2-5x+7=0$

$(x-1)(x^2-2x-7)=0$

よって，$x-1=0$ または $x^2-2x-7=0$

すなわち，$\boldsymbol{x=1,\ 1\pm2\sqrt{2}}$ … 答

参考 高次方程式では，因数分解の手間を省くことも重要です。3次方程式で因数定理によって因数の1次式を求めたあと，整式の割り算をせずに商を求めることができます。

まず，次のように因数分解の形を想像します。

$x^3-3x^2-5x+7=(x-1)(x$ の2次式$)$

左辺の x^3 の項と定数項から，**x の2次式の部分の最高次数の項が x^2 であり，定数項が -7 である**ことがわかります。

x^3 が欲しい

$$x^3-3x^2-5x+7=(x-1)(x^2\quad -7)$$

7 が欲しい

次に，**展開して x の係数が−5 になるように，x の 2 次式の部分の x の係数を考えると−2 である**ことがわかります。

−7x が出てくる

$$x^3-3x^2-5x+7=(x-1)(x^2-2x-7)$$

← x^2 の係数が−3 であることに着目しても求められます

2x が欲しい

このようにして，商を求めることもできます。

演習問題 32

次の方程式を解け。

(1) $2x^3-7x^2+2x+3=0$

(2) $2x^3-3x^2-4=0$

解答▶別冊 16 ページ

6 剰余の定理と整式の除法

整式の除法の余りを求める問題で，実際に割り算をして余りを求めることができないときは，割り算の原理や剰余の定理を利用して考えます。
また，**余りの次数が，割る式の次数より低い点**に着目します。

Check Point　余りの次数

① n 次式（n は 2 以上の自然数）で割った余り⇒ $(n-1)$ 次以下の整式
② 1 次式で割った余り⇒定数

例題36 整式 $P(x)$ を $x+2$ で割ると 7 余り，$x-3$ で割ると 22 余る。$P(x)$ を x^2-x-6 で割ったときの余りを求めよ。

考え方 $P(x)$ が不明なので直接割ることができません。まず，剰余の定理を利用します。

解答 $x+2$ で割ると 7 余り，$x-3$ で割ると 22 余るので，剰余の定理より，

$P(-2)=7$，$P(3)=22$…①

$P(x)$ を $x^2-x-6=(x+2)(x-3)$ で割った商を $Q(x)$ とおき，割る式が 2 次式であるから余りを $ax+b$ とおくと，←余りは 1 次式もしくは定数

$P(x)=(x+2)(x-3)Q(x)+ax+b$

$P(-2)=-2a+b$ であるから，①より，

$7=-2a+b$ ……②

$P(3)=3a+b$ であるから，①より，

$22=3a+b$ ……③

（$Q(x)$ を消去する）

②，③を連立して解くと，

$a=3$，$b=13$

よって，余りは $\mathbf{3x+13}$ … 答

Check Point で余りは $(n-1)$ 次以下とありますが，計算するときは $(n-1)$ 次式として処理します。よって，**例題 36** のように，2 次式で割った余りは 1 次式 $ax+b$ とおきます。もし余りが定数であった場合は 1 次の項の係数 a が 0 と求まるので心配いりません。**考えられる最も次数の高い式でおくのがポイント**です。

演習問題 33

次の問いに答えよ。

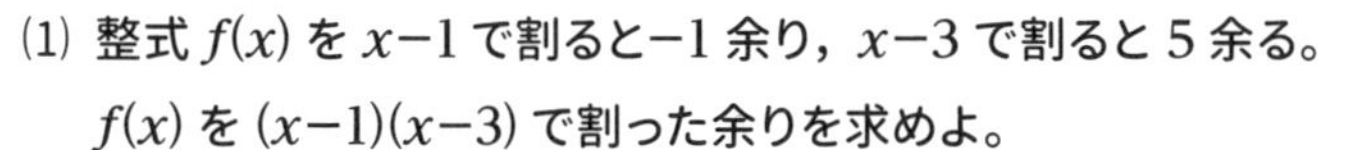

(1) 整式 $f(x)$ を $x-1$ で割ると-1余り，$x-3$ で割ると 5 余る。
$f(x)$ を $(x-1)(x-3)$ で割った余りを求めよ。

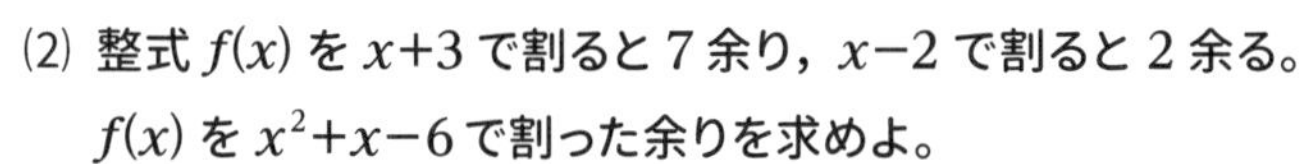

(2) 整式 $f(x)$ を $x+3$ で割ると 7 余り，$x-2$ で割ると 2 余る。
$f(x)$ を x^2+x-6 で割った余りを求めよ。

解答▶別冊 16 ページ

7 高次方程式の係数決定

高次方程式の係数を求める問題では，

「**方程式 $f(x)=0$ がαを解にもつ$\Longleftrightarrow f(\alpha)=0$**」

つまり，「解はその方程式に代入できる」を利用して係数に関する方程式を立式します。

例題37 方程式 $x^3+ax^2+bx-4=0$ の解の1つが $1-i$ であるとき，実数の係数 a，b の値を求めよ。

考え方〉解を代入して，実部と虚部に分けて比較します。

解答 $x=1-i$ が解であるから，方程式に代入すると，

$$(1-i)^3+a(1-i)^2+b(1-i)-4=0$$

$$(1-3i-3+i)+a(1-2i-1)+b(1-i)-4=0$$

$(1-i)^3=1^3-3i+3i^2-i^3$
$=1-3i+3\cdot(-1)-(-1)\cdot i$
$(1-i)^2=1-2i+i^2=1-2i+(-1)$

$$(-6+b)+(-2-2a-b)i=0$$

a，b は実数であるから，$-6+b$ も$-2-2a-b$ も実数である。よって，

$$\begin{cases} -6+b=0 \\ -2-2a-b=0 \end{cases}$$

複素数の相等

これを解くと，$\boldsymbol{a=-4}$，$\boldsymbol{b=6}$ … 答

方程式 $f(x)=0$ の解が $x=\alpha$であるとき，$f(x)$ は $x-\alpha$ を因数にもつということですから，筆算を用いて計算することも考えられますが，αが虚数の場合は筆算が難しいため，あまりうまくいきません。

演習問題 34

方程式 $x^3+ax^2+bx-10=0$ の解の1つが $1-3i$ であるとき，実数の係数 a，b の値と方程式の他の2つの解を求めよ。

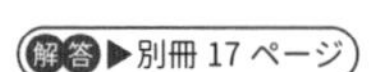

8 1の虚数の3乗根

1の3乗根(3乗して1になる数)，つまり $x^3=1$ ……①の虚数解を考えてみます。虚数解の1つを ω(「オメガ」と読みます)とすると，ωは①の解であるから，x に代入して，

$$\omega^3=1$$

が成り立つことがわかります。

また，①を変形して，

$$x^3=1$$

$$x^3-1=0$$

$$(x-1)(x^2+x+1)=0$$

$a^3-b^3=(a-b)(a^2+ab+b^2)$

虚数解であるから，$\omega \neq 1$，つまり**ωは $x^2+x+1=0$ の解であるから**，x に代入して，

$$\omega^2+\omega+1=0$$

が成り立つことがわかります。

ちなみに，方程式 $x^2+x+1=0$ を解くと，$x=\dfrac{-1\pm\sqrt{3}i}{2}$ となります。これがωの正体です。

Check Point 1の虚数の3乗根

1の3乗根のうち，虚数解の1つをωとするとき，

$$\omega^3=1,\ \omega^2+\omega+1=0$$

例題38 $x^3=1$ の解のうち，虚数であるものの1つをωとするとき，次の値を求めよ。

(1) $\omega^{10}+\omega^5+2$

(2) $(1+\omega-\omega^2)(1-\omega+\omega^2)$

考え方 3次以上の式が出たら $\omega^3=1$，2次以下の式が出たら $\omega^2+\omega+1=0$ を用いると考えます。

解答 $x^3=1$ の解のうち，虚数であるものの1つをωとしているので，

$$\omega^3=1,\ \omega^2+\omega+1=0$$

が成り立つ。

(1) $\omega^{10}+\omega^5+2=(\omega^3)^3\cdot\omega+\omega^3\cdot\omega^2+2$　←3次以上なので$\omega^3=1$を利用

$=1^3\cdot\omega+1\cdot\omega^2+2$

$=\omega+\omega^2+2$

ここで，$\omega^2+\omega+1=0 \iff \omega^2=-\omega-1$であるから，

$\omega^2+\omega+2=(-\omega-1)+\omega+2$　←2次以下なので$\omega^2+\omega+1=0$を利用

$=\mathbf{1}$ … 答

(2) $\omega^2+\omega+1=0 \iff \omega^2=-\omega-1$である。

$(1+\omega-\omega^2)(1-\omega+\omega^2)$

$=\{1+\omega-(-\omega-1)\}\{1-\omega+(-\omega-1)\}$　←2次以下なので$\omega^2+\omega+1=0$を利用

$=2(1+\omega)(-2\omega)$

$=-4(\omega+\omega^2)$

ここで，$\omega^2+\omega+1=0 \iff \omega^2=-\omega-1$であるから，

$-4(\omega^2+\omega)=-4\cdot(-\omega-1+\omega)$　←2次以下なので$\omega^2+\omega+1=0$を利用

$=\mathbf{4}$ … 答

演習問題 35

3次方程式$x^3-1=0$の虚数解の1つをωとするとき，次の値を求めよ。

(1) $\omega^3+3\omega^2+3\omega+1$

(2) $(1+\omega)(1+\omega^2)(1+\omega^3)(1+\omega^4)(1+\omega^5)$

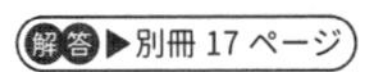

図形と方程式

第1節 点

1 数直線上の2点間の距離

数直線上の点Pの位置を表す値を点Pの座標といい，座標が a である点Pを $\mathrm{P}(a)$ で表します。

$|a|$とは，数直線上の原点Oと a を表す点との距離を表します。

例えば，$|3|$ とは，原点Oと3を表す点との距離であり，それは3です。

つまり，

$|3|=3$

同様にして，$|-3|$ とは，原点Oと-3を表す点との距離であり，それは3です。

つまり，

$|-3|=3$

一般に，$a \geqq 0$ のとき，$|a|$ とは，原点Oと点 $\mathrm{P}(a)$ との距離であり，それは a です。つまり，

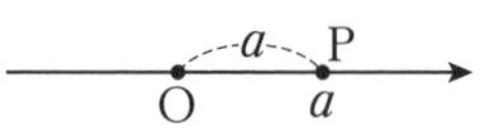

$|a|=a$

また，$a<0$ のとき，$|a|$ とは，原点Oと点 $\mathrm{P}(a)$ との距離であり，それは$-a$ です。つまり，

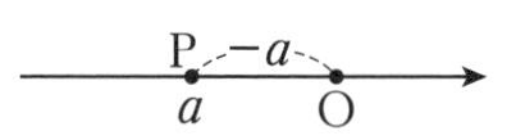

$|a|=-a$

Check Point　数直線上の2点間の距離 ①

数直線上の原点Oと点 $\mathrm{P}(a)$ の間の距離OPは，

$\mathrm{OP}=|a|$

右の図のような数直線上の2点 $\mathrm{A}(a)$，$\mathrm{B}(b)$ の間の距離は，**2点のいずれかが原点にくるように平行移動させて考えます。**

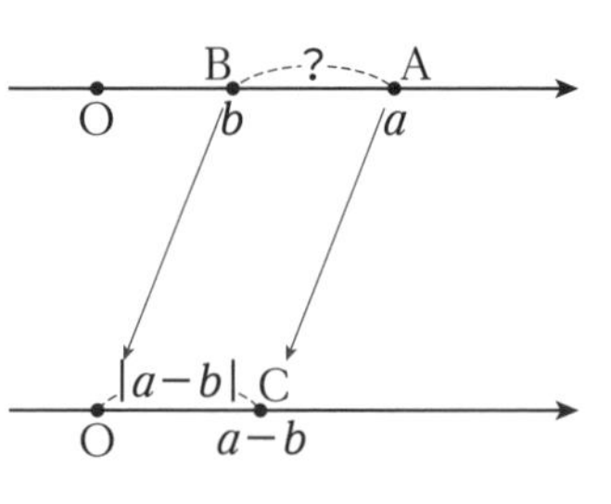

例えば，点Bが原点Oにくるように a，b それぞれから b を引くと，右の図のように点Aは点Cとなり，点Bは原点Oとなります。

原点Oと点 $C(a-b)$ の距離は，2点 $A(a)$，$B(b)$ の間の距離に等しいので，

$AB=OC=|a-b|$

と表せます。

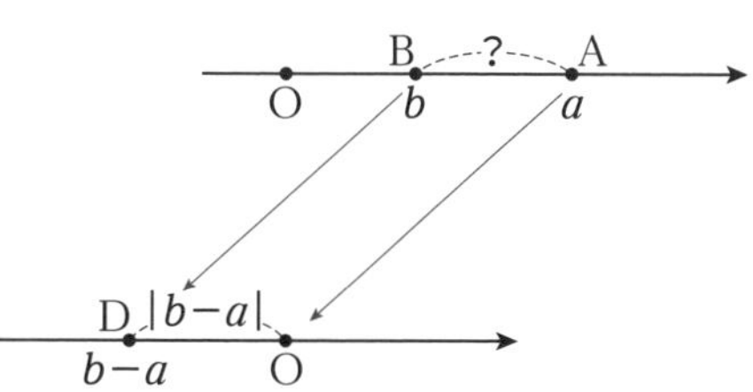

a，b それぞれから a を引いた場合は，右の図のように，点Aは原点Oとなり，点Bは点Dとなります。

よって，

$AB=OD=|b-a|$

絶対値ですからこれも同じ値を表していることがわかりますね。

Check Point　数直線上の2点間の距離 ②

数直線上の2点 $A(a)$，$B(b)$ 間の距離ABは，

$AB=|a-b|=|b-a|$

例題39 次の2点A，B間の距離を求めよ。

(1) $A\left(\frac{1}{9}\right)$，$B\left(\frac{4}{9}\right)$　　(2) $A(-2)$，$B(6)$

解答

(1) $AB=\left|\frac{4}{9}-\frac{1}{9}\right|=\left|\frac{3}{9}\right|=\mathbf{\frac{1}{3}}$ … 答

└大きい値から小さい値を引くほうが楽に求められます

(2) $AB=|6-(-2)|=|8|=\mathbf{8}$ … 答

演習問題 36

次の数直線上の2点A，B間の距離を求めよ。

(1) $A\left(\frac{2}{3}\right)$，$B(4)$　　(2) $A(-2)$，$B(4)$

(3) $A(\sqrt{5})$，$B(2\sqrt{45})$

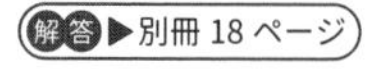

2 数直線上の内分点・外分点

線分 AB 上に，AP：PB$=m$：n(m，n は正の数)となる点 P があるとき，P は線分 AB を m：n に**内分**するといい，点 P を**内分点**といいます。**点 P が線分 AB の延長上**にあるとき，点 P は線分 AB を m：n に**外分**するといい，点 P を**外分点**といいます。ただし，外分の場合では $m \neq n$ です。

点 P が線分 AB を 2：1 に内分

点 P が線分 AB を 1：2 に内分

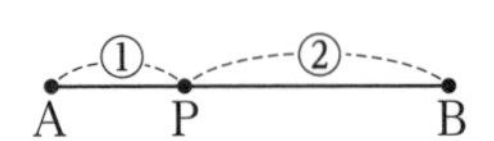

点 P が線分 AB を 3：1 に外分

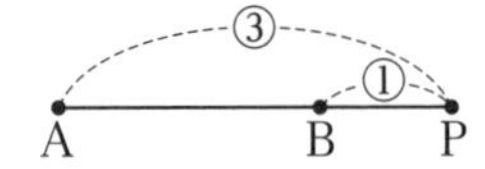

点 P が線分 AB を 2：3 に外分

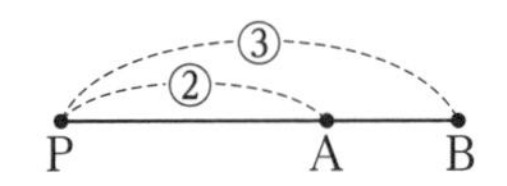

右の図のように，$a<b$ のときの数直線上の 2 点 A(a)，B(b) に対して，線分 AB を m：n に内分する点 P(x) の座標を考えてみましょう。

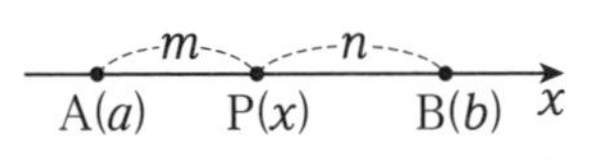

図より，

$$\mathrm{AP}:\mathrm{PB}=m:n$$

$$(x-a):(b-x)=m:n$$

← $x>a$ より AP$=|x-a|=x-a$，$b>x$ より BP$=|b-x|=b-x$

$$n(x-a)=m(b-x)$$

← 外側どうしの積＝内側どうしの積

$$(m+n)x=na+mb$$

$$x=\frac{na+mb}{m+n}$$

この結果は，$a>b$ のときも同様です。

Check Point　数直線上の内分点の座標

数直線上の点 A(a)，B(b) に対して，

線分 AB を m：n に内分する点 P(x) の座標は，

$$x=\frac{na+mb}{m+n}$$ ←分子は遠いほうの比を掛けて足す

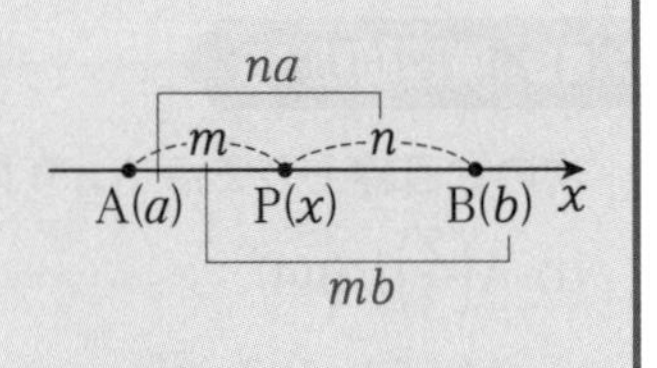

また，$m=n$ のとき，つまり線分 AB を 1：1 に内分するとき，点 P は線分 AB の中点になります。このとき，点 P の座標は，

$$x=\frac{1\cdot a+1\cdot b}{1+1}=\frac{a+b}{2}$$

Check Point　数直線上の線分の中点の座標

数直線上の点 A(a)，B(b) に対して，線分 AB の中点 P(x) の座標は，

$$x=\frac{a+b}{2}$$ ←足して 2 で割る

右の図のように，$a<b$ のときの線分 AB を $m:n$(ただし，$m>n$) に外分する点 P(x) の座標を考えてみましょう。

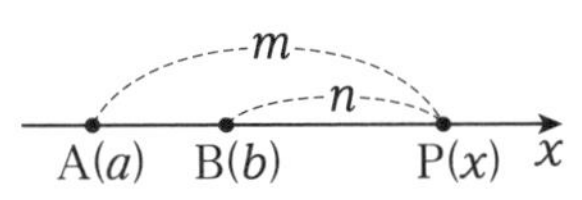

図より，

$$\mathrm{AP}:\mathrm{PB}=m:n$$

$$(x-a):(x-b)=m:n$$ ← $x>a$ より $\mathrm{AP}=|x-a|=x-a$，$x>b$ より $\mathrm{BP}=|x-b|=x-b$

$$n(x-a)=m(x-b)$$ ← 外側どうしの積＝内側どうしの積

$$(m-n)x=-na+mb$$

$$x=\frac{-na+mb}{m-n}$$

この結果は，$a>b$ や $m<n$ のときも同様です。また，この式の分母と分子に-1 を掛けることにより，

$$x=\frac{na-mb}{-m+n}$$

と表すこともできます。

Check Point　数直線上の外分点の座標

数直線上の点 A(a)，B(b) に対して，
線分 AB を $m:n$ ($m\neq n$) に外分する点 P(x) の座標は，

$$x=\frac{-na+mb}{m-n}$$ ←内分点の公式の n を$-n$ に変えたもの

内分点の公式の n を$-n$ に変えたものなので，$m:n$ に外分する点は $m:(-n)$ に**内分する点**と考えることができます。また，$x=\dfrac{na-mb}{-m+n}$ でもあるので，$-m:n$ に**内分する点**と考えることもできます。

例題40 数直線上の 2 点 A(2)，B(6) に対して，次の点の座標を求めよ。

(1) 線分 AB を 3：2 に内分する点 C

(2) 線分 AB の中点 D

(3) 線分 AB を 1：2 に外分する点 E

解答

(1) 内分点の座標の公式より，$\dfrac{2\cdot 2+3\cdot 6}{3+2}=\dfrac{22}{5}$

よって，$\mathbf{C}\left(\dfrac{22}{5}\right)$ … 答

(2) 中点の座標の公式より，$\dfrac{2+6}{2}=4$

よって，**D(4)** … 答

(3) $-1:2$ に内分すると考ええて，

↑1：(−2) でもよい

$$\frac{2\cdot 2+(-1)\cdot 6}{-1+2}=-2$$

よって，**E(−2)** … 答

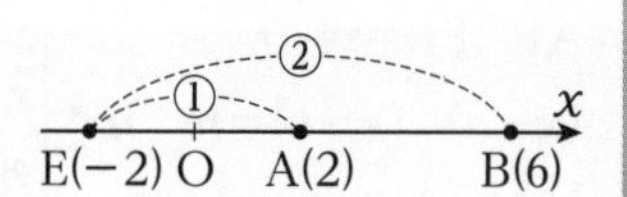

別解 外分点の座標の公式より，

$$\frac{-2\cdot 2+1\cdot 6}{1-2}=-2$$

よって，**E(−2)** … 答

演習問題 37

数直線上の 2 点 A，B を結ぶ線分 AB について，次の点の座標を求めよ。

(1) 2 点 A(4)，B(1) を結ぶ線分 AB を 2：1 に内分する点

(2) 2 点 A(3)，B(−5) を結ぶ線分 AB を 1：3 に内分する点

(3) 2 点 A(−1)，B(−6) を結ぶ線分 AB の中点

(4) 2 点 A(4)，B(8) を結ぶ線分 AB を 2：3 に外分する点

3　2 点間の距離

右の図のように，**座標平面上の 2 点間の距離は，三平方の定理を用います。** $A(x_1,\ y_1)$，$B(x_2,\ y_2)$ とするとき，

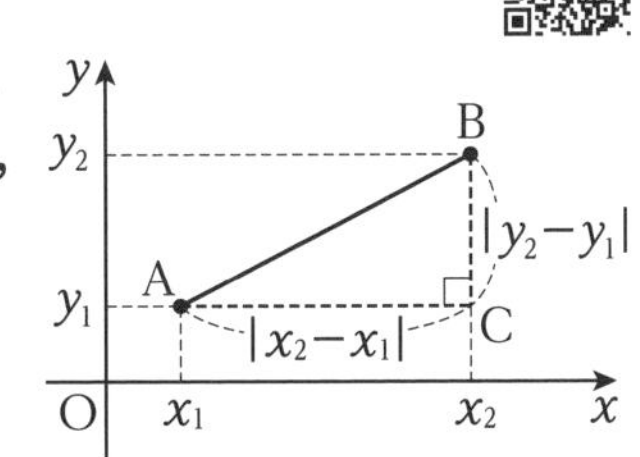

$$AB^2=AC^2+BC^2$$
$$=|x_2-x_1|^2+|y_2-y_1|^2$$

平方根をとると，

$$AB=\sqrt{|x_2-x_1|^2+|y_2-y_1|^2}$$
$$=\sqrt{(x_2-x_1)^2+(y_2-y_1)^2}$$

$|A|^2=A^2$

Check Point　座標平面上の 2 点間の距離

2 点 $A(x_1,\ y_1)$，$B(x_2,\ y_2)$ 間の距離は，

$$AB=\sqrt{(x_2-x_1)^2+(y_2-y_1)^2}$$

特に，点 $A(x_1,\ y_1)$ と原点 O の距離は，

$$OA=\sqrt{{x_1}^2+{y_1}^2}$$

例題 41　次の 2 点 A，B 間の距離を求めよ。

(1) $A(-4,\ 1)$，$B(-5,\ 2)$　　(2) $A(-7,\ -1)$，$B(-3,\ 2)$

解答

(1) $\sqrt{\{-5-(-4)\}^2+(2-1)^2}=\sqrt{1+1}=\sqrt{2}$ …答

(2) $\sqrt{\{-7-(-3)\}^2+(-1-2)^2}=\sqrt{16+9}=5$ …答

2 乗するのでかっこ内の差の順序は逆でも問題ありません

演習問題 38

次の 2 点 A，B 間の距離を求めよ。

(1) $A(1,\ 4)$，$B(2,\ 7)$

(2) $A(1,\ 3)$，$B(4,\ -1)$

(3) $A(1,\ -3)$，$B(-3,\ -4)$

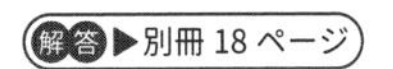
解答▶別冊 18 ページ

4 平面上の内分点・外分点の座標

座標平面上での内分点の座標を求めるときは，**x 座標と y 座標を別々に考えて計算します。**

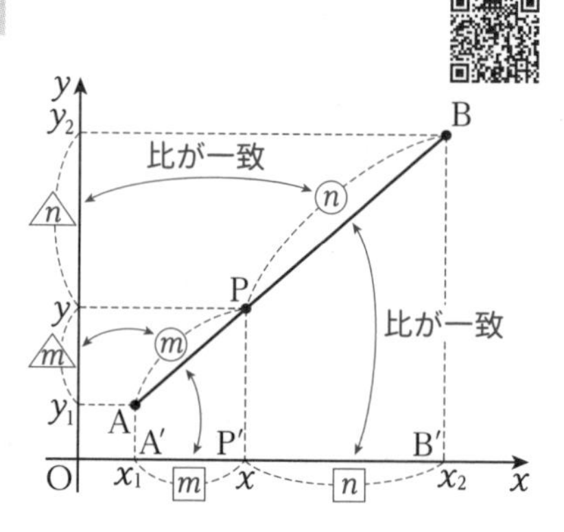

右の図のように，2 点 $A(x_1, y_1)$，$B(x_2, y_2)$ を結ぶ線分 AB を $m:n$ に内分する点を $P(x, y)$ とします。点 A，B，P から x 軸に垂線 AA′，BB′，PP′を下ろすと，点 P′は線分 A′B′を $m:n$ に内分する点であるので，**数直線上の内分点と同様に x 座標を求めることができます。y 座標も同様に考えることができます。**

Check Point　平面上の内分点の座標

2 点 $A(x_1, y_1)$，$B(x_2, y_2)$ に対して，
線分 AB を $m:n$ に内分する点の座標は，

$$\left(\frac{nx_1+mx_2}{m+n},\ \frac{ny_1+my_2}{m+n}\right)$$

←x 座標も y 座標も，数直線上の内分点の公式

特に，線分 AB の中点の座標は，

$$\left(\frac{x_1+x_2}{2},\ \frac{y_1+y_2}{2}\right)$$

←足して 2 で割る

外分点の座標も同様に考えて求めることができます。

Check Point　平面上の外分点の座標

2 点 $A(x_1, y_1)$，$B(x_2, y_2)$ に対して，
線分 AB を $m:n$ に外分する点の座標は，

$$\left(\frac{-nx_1+mx_2}{m-n},\ \frac{-ny_1+my_2}{m-n}\right)$$

←内分点の公式の n を $-n$ に変えたもの

もちろん，数直線上の外分点の座標で説明した通り，内分点の座標の m を $-m$ に変えて，$\left(\frac{nx_1-mx_2}{-m+n},\ \frac{ny_1-my_2}{-m+n}\right)$ と考えても結果は同じです。

例題42 2点 A(3, 5), B(−2, 3) を結ぶ線分 AB を 2：1 に内分する点Cと, 1：3 に外分する点 D の座標を求めよ。

解答 内分点の座標の公式より,

$\left(\dfrac{1\cdot3+2\cdot(-2)}{2+1},\ \dfrac{1\cdot5+2\cdot3}{2+1}\right)$ すなわち, $\mathbf{C}\left(-\dfrac{1}{3},\ \dfrac{11}{3}\right)$ … 答

外分点の座標は, (−1)：3 に内分すると考えて, ←1：(−3) でもよい

$\left(\dfrac{3\cdot3+(-1)\cdot(-2)}{-1+3},\ \dfrac{3\cdot5+(-1)\cdot3}{-1+3}\right)$ すなわち, $\mathbf{D}\left(\dfrac{11}{2},\ 6\right)$ … 答

別解 外分点の座標の公式より,

$\left(\dfrac{-3\cdot3+1\cdot(-2)}{1-3},\ \dfrac{-3\cdot5+1\cdot3}{1-3}\right)$ すなわち, $\mathbf{D}\left(\dfrac{11}{2},\ 6\right)$ … 答

演習問題 39

1 2点 A, B を結ぶ線分 AB について, 次の点の座標を求めよ。

(1) 2点 A(0, 7), B(3, −8) を結ぶ線分 AB を 3：1 に内分する点

(2) 2点 A(−2, −5), B(−5, 1) を結ぶ線分 AB を 2：3 に内分する点

(3) 2点 A(−3, 2), B(−5, −5) を結ぶ線分 AB を 3：2 に外分する点

2 A(2, 1) のとき, 線分 AB を 2：1 に外分する点の座標が (1, 1) である。点 B の座標を求めよ。

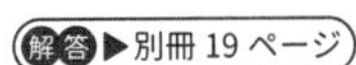

解答▶別冊 19 ページ

5 三角形の重心の座標

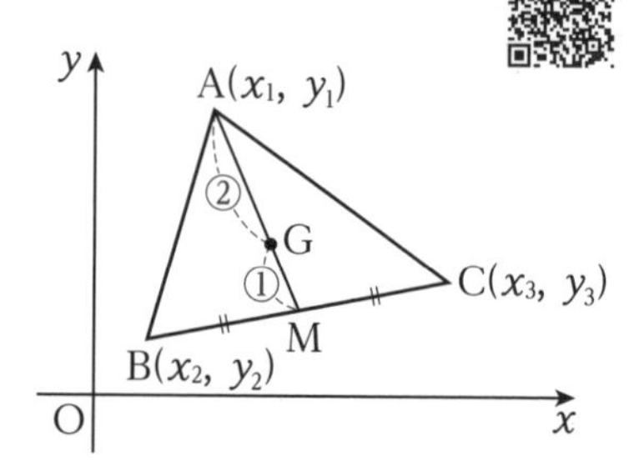

右の図のような3点 A(x_1, y_1), B(x_2, y_2), C(x_3, y_3) を頂点とする△ABC の重心 G の座標を求めます。

辺 BC の中点を M とすると，その座標は，

$\left(\dfrac{x_2+x_3}{2},\ \dfrac{y_2+y_3}{2}\right)$

重心Gは線分AMを2：1に内分する点であるから，点 G の座標は，

（点 M の x 座標↓，点 M の y 座標↓）

$$\left(\dfrac{1\cdot x_1+2\cdot\dfrac{x_2+x_3}{2}}{2+1},\ \dfrac{1\cdot y_1+2\cdot\dfrac{y_2+y_3}{2}}{2+1}\right)$$ すなわち，$\left(\dfrac{x_1+x_2+x_3}{3},\ \dfrac{y_1+y_2+y_3}{3}\right)$

Check Point 三角形の重心の座標

3点 A(x_1, y_1), B(x_2, y_2), C(x_3, y_3) を頂点とする△ABC の重心 G の座標は，

$\left(\dfrac{x_1+x_2+x_3}{3},\ \dfrac{y_1+y_2+y_3}{3}\right)$ ←足して 3 で割る

例題43 3点 A(3, 1), B(−3, −3), C(5, 6) を頂点とする△ABC の重心 G の座標を求めよ。

解答 $\left(\dfrac{3+(-3)+5}{3},\ \dfrac{1+(-3)+6}{3}\right)$ すなわち，G$\left(\dfrac{5}{3},\ \dfrac{4}{3}\right)$ … 答

演習問題 40

座標平面上の3点 A(4, 2), B(3, −5), C(−1, 3) がある。△ABD の重心が点 C であるとき，点 D の座標を求めよ。

解答▶別冊 19 ページ

第2節 直線

1 直線の方程式

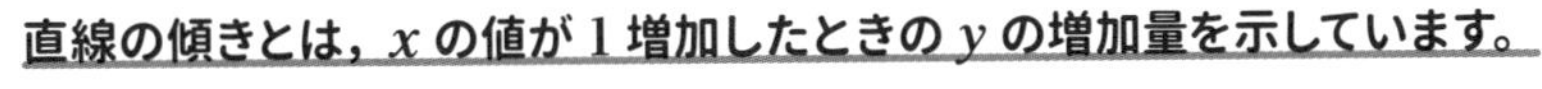

直線の傾きとは，x の値が 1 増加したときの y の増加量を示しています。

次の図は，直線の傾きが m であることを表しています。

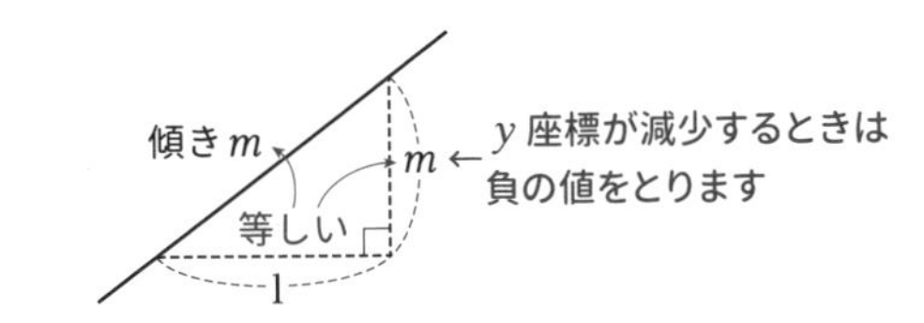

2 点 A$(x_1,\ y_1)$，B$(x_2,\ y_2)$ を通る直線の傾きは，次のように考えます。

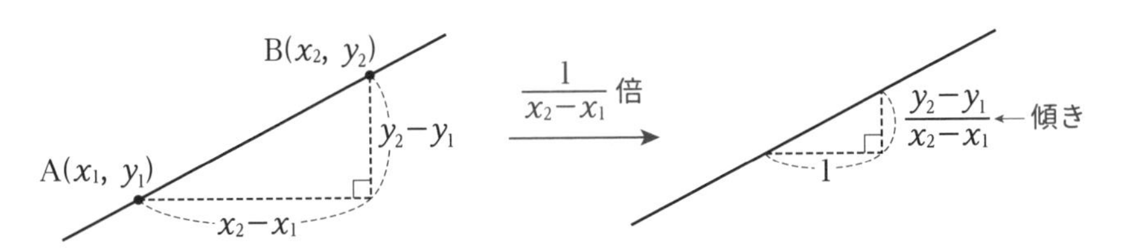

上の図のように，x 座標の差 x_2-x_1 と y 座標の差 y_2-y_1 をそれぞれ$\dfrac{1}{x_2-x_1}$倍すると，

x 座標の差が 1，y 座標の差が$\dfrac{y_2-y_1}{x_2-x_1}$の相似な直角三角形ができます。

よって，この直線の傾きは$\dfrac{y_2-y_1}{x_2-x_1}$とわかります。

直線の傾きの値は，直線上のどの 2 点で計算しても同じ値になります。

Check Point　直線の傾き

2 点 $(x_1,\ y_1)$，$(x_2,\ y_2)$ を通る直線の傾きは，

$$\frac{y_2-y_1}{x_2-x_1} \quad \leftarrow \frac{y\ \text{の増加量}}{x\ \text{の増加量}}$$

ただし，$x_1 \neq x_2$

上の式は$\dfrac{y_1-y_2}{x_1-x_2}$でも構いませんが，$\dfrac{y_2-y_1}{x_1-x_2}$などとしてはいけません。分子と分母で引く順番はそろえておく必要があります。

直線の方程式は，傾きをもつ場合と，傾きをもたない（y 軸に平行な）場合があります。

＜傾きをもつ直線の方程式＞

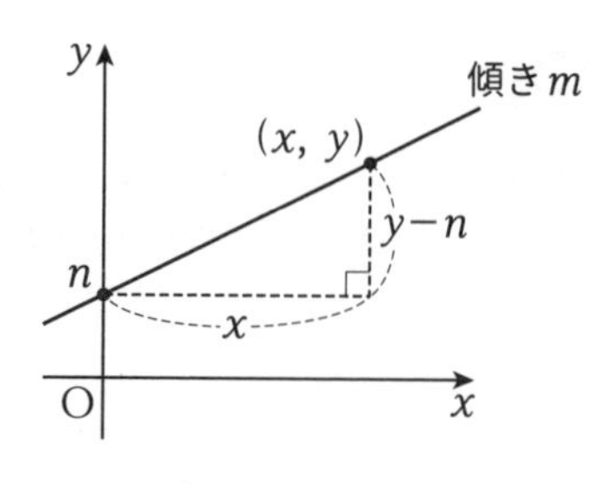

右の図のように，y 切片が n で，傾き m の直線上の点を $(x,\ y)$ とします（ただし，$x \neq 0$）。

傾きに着目すると，直線上の点 $(x,\ y)$ では次の式が常に成り立ちます。

$$\frac{y-n}{x}=m$$

よって，

$y=mx+n$（$x=0$ のときも $y=n$ で成り立つ）

Advice つまり，「点 $(x,\ y)$ が直線上を動くときはこの条件式が常に成り立つ」ということです。

Check Point　直線の方程式 ①

傾き m，y 切片 n の直線の方程式は，

$$y=mx+n$$

次に，y 切片以外の点を通る直線の方程式を考えてみましょう。

右の図のように，点 $(a,\ b)$ を通り，傾き m の直線上の点を $(x,\ y)$ とします（ただし，$x \neq a$）。

傾きに着目すると，$(a,\ b)$ と異なる直線上の点 $(x,\ y)$ では次の式が常に成り立ちます。

$$\frac{y-b}{x-a}=m$$

よって，

$y-b=m(x-a)$（$x=a$ のときも $y=b$ で成り立つ）

Check Point　直線の方程式 ②

点 $(a,\ b)$ を通り，傾き m の直線の方程式は，

$$y-b=m(x-a)$$

<傾きをもたない直線の方程式>

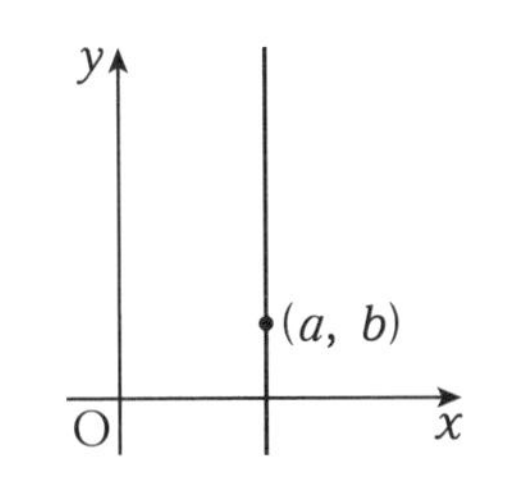

傾きをもたない直線は，y 軸に平行な直線です。
右の図のように，点 $(a,\ b)$ を通り，**y 軸に平行な直線は，直線上のすべての点の x 座標が常に a に等しい**ことから，直線の方程式は $x=a$ と表すことができます。

Check Point　直線の方程式 ③

点 $(a,\ b)$ を通り，y 軸に平行な直線の方程式は，$x=a$

「傾きが 0」と「傾きをもたない」は意味が異なります。
簡単にいえば**「傾きが 0」とは x 軸に平行な直線，「傾きをもたない」とは y 軸に平行な直線**です。

例題44　次の直線の方程式を求めよ。

(1) $(-2,\ 3)$ を通り，傾きが -3　　(2) 2 点 $(3,\ 1)$，$(-1,\ -7)$ を通る

(3) 2 点 $(2,\ 1)$，$(2,\ -5)$ を通る

考え方　直線は「通る 1 点と傾き」または「通る 2 点」のいずれかで求めることができます。

解答　(1)「直線の方程式②」より，

$y-3=(-3)\cdot\{x-(-2)\}$

$\boldsymbol{y=-3x-3}$ … 答

(2) この直線の傾きは，

$\dfrac{1-(-7)}{3-(-1)}=2$

点 $(3,\ 1)$ を通るので，「直線の方程式②」より，

$y-1=2(x-3)$

$\boldsymbol{y=2x-5}$ … 答

(3) 2 点の x 座標がともに 2 であるから，この直線は y 軸に平行である。

よって，「直線の方程式③」より，

$\boldsymbol{x=2}$ … 答

また，a，b，c を実数の定数とするとき，**直線の方程式には $ax+by+c=0$ の形があり，この形を一般形といいます。**

$b \neq 0$ のとき，$ax+by+c=0$ は，

直線 $y=-\frac{a}{b}x-\frac{c}{b}$ ←「標準形」といいます

を表し，$a \neq 0$，$b=0$ のとき，$ax+by+c=0$ は，

y 軸に平行な直線 $x=-\frac{c}{a}$

を表します。よって，**一般形は傾きをもつ場合の直線も傾きをもたない場合の直線も1つの形で表せる**ことがわかります。

Check Point 直線の方程式 ④

一般に，すべての直線は次の形の1次方程式で表される。

$ax+by+c=0$

（ただし，a，b，c は定数で，$a \neq 0$ または $b \neq 0$）

ただし，a，b，c を定数とするとき，$ax+by+c=0$ が必ず直線を表すわけではありません。$a=0$ かつ $b=0$ のときは x も y もない式なので直線を表しません。

演習問題 41

1 次の条件を満たす直線の方程式を求めよ。

(1) 傾きが-5，点 $(-4,\ 18)$ を通る

(2) 2点 $(4,\ 23)$，$(2,\ 13)$ を通る

(3) 2点 $(-1,\ -2)$，$(-2,\ 2)$ を通る

(4) 2点 $(-1,\ -9)$，$(2,\ -9)$ を通る

(5) 2点 $(6,\ 2)$，$(6,\ -12)$ を通る

2 次の直線の傾きを求め，図示せよ。

(1) $2x-y+1=0$　　(2) $3x+5y-11=0$

(3) $2y-7=0$　　(4) $5x-9=0$

解答▶別冊 19 ページ

2　2直線の位置関係

2直線の位置関係はそれぞれの傾きに着目します。

2直線が平行であるとき，傾きは等しくなります。逆に傾きが等しいとき，2直線は平行になります。ただし，**2直線が一致する(重なる)ときも平行に含める**点に注意しましょう。

次に，傾きが m の直線 l_1 に垂直な直線 l_2 の傾きについて考えます。

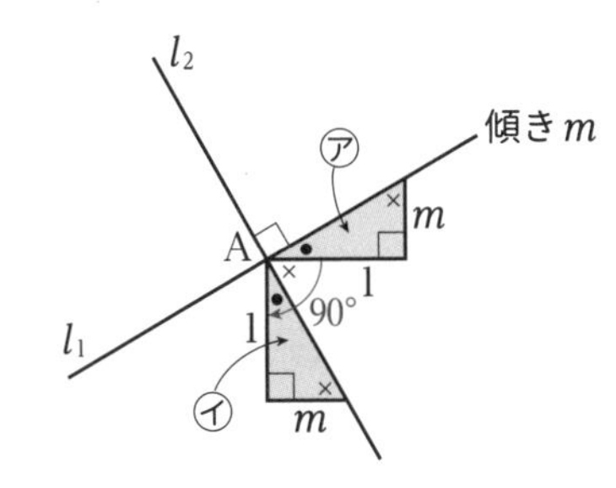

上の図のように，直角三角形㋐を交点Aを中心に時計回りに90°回転させると，直角三角形㋑に重なります。

直角三角形㋑より，直線 l_2 の傾きは，

$\frac{-1}{m}=-\frac{1}{m}$　←x が m 増加すると，y が1減少する

よって，直線 l_1 と直線 l_2 の傾きの積は，

$m\times\left(-\frac{1}{m}\right)=-1$

つまり，**2直線が垂直であるとき，傾きの積は m の値に関係なく-1になります。**逆に，傾きの積が-1のとき，2直線は垂直になります。

Check Point　2直線の位置関係

傾きが m_1 と m_2 である2直線があるとき，

2直線が平行 $\Longleftrightarrow m_1=m_2$

↑2直線が一致する場合も含みます

2直線が垂直 $\Longleftrightarrow m_1\times m_2=-1$

傾きをもたない直線の場合は，図形的に考えます。

例題45 次の直線の方程式を求めよ。

(1) 直線 $y=3x-2$ に平行で，点 $(1,\ 4)$ を通る直線

(2) 2点 $(2,\ 3)$，$(-1,\ 6)$ を通る直線に平行で，点 $(-3,\ -2)$ を通る直線

(3) 直線 $y=\frac{1}{2}x+1$ に垂直で，点 $(-2,\ 1)$ を通る直線

解答 (1) 直線 $y=3x-2$ に平行であるから，求める直線の傾きは 3 である。点 $(1,\ 4)$ を通るので，求める直線の方程式は，

$$y-4=3(x-1)$$

よって，$\boldsymbol{y=3x+1}$ … 答

(2) 2点 $(2,\ 3)$，$(-1,\ 6)$ を通る直線の傾きは，

$$\frac{3-6}{2-(-1)}=-1$$

2点 $(2,\ 3)$，$(-1,\ 6)$ を通る直線に平行であるから，求める直線の傾きは-1 である。点 $(-3,\ -2)$ を通るので，求める直線の方程式は，

$$y-(-2)=(-1)\cdot\{x-(-3)\}$$

よって，$\boldsymbol{y=-x-5}$ … 答

(3) 求める直線の傾きを m とすると，直線 $y=\frac{1}{2}x+1$ に垂直であるから，

$$m\times\frac{1}{2}=-1 \quad \text{←傾きの積が}-1$$

よって，$m=-2$

点 $(-2,\ 1)$ を通るので，求める直線の方程式は，

$$y-1=(-2)\cdot\{x-(-2)\}$$

よって，$\boldsymbol{y=-2x-3}$ … 答

演習問題 42

次の直線の方程式を求めよ。

(1) 点 $(-1,\ 4)$ を通り，直線 $y=3x-2$ に平行な直線

(2) 点 $(5,\ 1)$ を通り，2点 $(-2,\ 3)$，$(1,\ -4)$ を通る直線に平行な直線

(3) 点 $(4,\ -2)$ を通り，直線 $4x-5y-20=0$ に垂直な直線

(4) $\mathrm{A}(-2,\ 1)$，$\mathrm{B}(4,\ -3)$ とするとき，線分 AB の垂直二等分線

解答▶別冊 20 ページ

3 直線に関する対称点

ある直線 l に関して対称な点とは，l で平面を折り返したときに一致する点の関係を指します。その点の座標を求めるときは，次の 2 つの性質を利用します。

Check Point　直線に関する対称点

2 点 A，B が直線 l に関して対称であるとき，

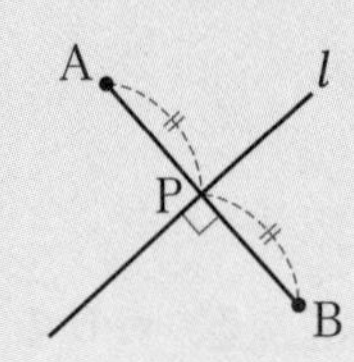

①線分 AB の中点 P が l 上にある

② $AB\perp l$

例題46 直線 $y=2x-1$ に関して，点 A(4，2) と対称な点 B の座標を求めよ。

解答 直線 $y=2x-1$ を l，点 B の座標を $(p,\ q)$ とする。

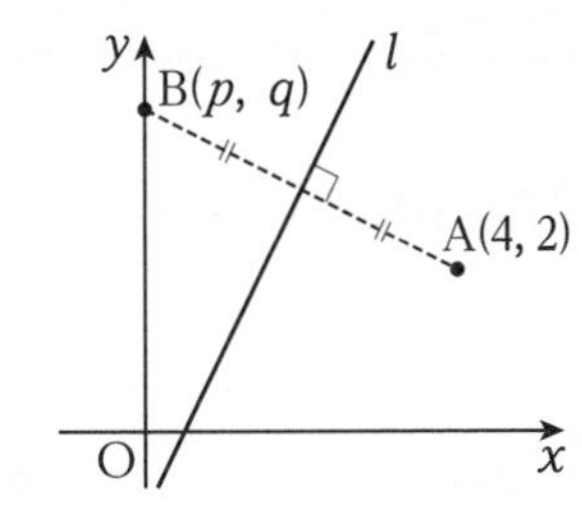

線分 AB の中点 $\left(\dfrac{p+4}{2},\ \dfrac{q+2}{2}\right)$ は l 上にあるので，

直線 l の方程式に代入して，

$$\frac{q+2}{2}=2\cdot\frac{p+4}{2}-1$$

$q=2p+4$ ……①

直線 AB の傾きは $\dfrac{q-2}{p-4}$ であるから，$l\perp AB$ より，

$\dfrac{q-2}{p-4}\times2=-1$　←傾きの積が -1

$p=8-2q$ ……②

①，②より，$p=0$，$q=4$

よって，**B(0，4)** … 答

別解 直線 $y=2x-1$ のように，対称軸の方程式が簡単な式であれば，垂直な直線の方程式を求めて解く方法もある。

直線 l の傾きが 2 であるから，直線 AB の傾きは$-\frac{1}{2}$である。A(4, 2) を通るので，直線 AB の方程式は，

$$y-2=-\frac{1}{2}(x-4)$$

$$y=-\frac{1}{2}x+4$$

この直線と直線 l の方程式を連立して解くと，

$x=2$，$y=3$

よって，交点の座標は (2，3) であり，これが線分 AB の中点になる。点 B の座標を $(p,\ q)$ とすると，

$$\left(\frac{4+p}{2},\ \frac{2+q}{2}\right)=(2,\ 3)$$

これを解くと，$p=0$，$q=4$

よって，**B(0，4)** … 答

例題 46 の別解は，直線の方程式に文字定数を含むような場合，計算が煩雑になる可能性もあります。

演習問題 43

直線 $y=-x+3$ に関して，点 A(1，10) と対称な点 B の座標を求めよ。

解答▶別冊 21 ページ

4 点と直線の距離

距離とは，最短経路の長さのことを指します。点と直線を結ぶ線分で最短のものは点から直線に下ろした垂線の長さなので，点 $(x_1,\ y_1)$ と直線 $ax+by+c=0$ の距離 d は，次の図のように，**点 $(x_1,\ y_1)$ から直線 $ax+by+c=0$ に引いた垂線の長さを表します。**

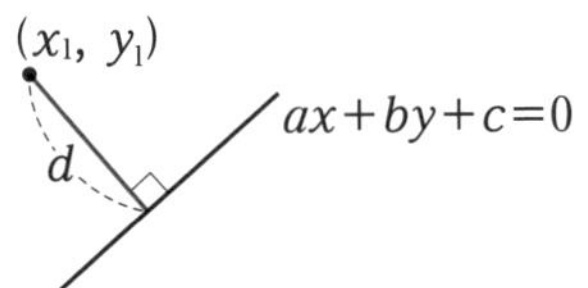

Check Point　点と直線の距離

点 $(x_1,\ y_1)$ と直線 $ax+by+c=0$ の距離 d は，

$$d=\frac{|ax_1+by_1+c|}{\sqrt{a^2+b^2}}$$

証明　まず，原点Oと直線 $px+qy+r=0$（p，q，r は実数の定数）の距離を考える。

$p \neq 0$ かつ $q \neq 0$ のとき，直線の方程式は，← 0 でない傾きをもつ直線のとき

$$y=-\frac{p}{q}x-\frac{r}{q}\ \cdots\cdots①$$

よって，原点を通り，この直線に垂直な直線の方程式は，

$$y=\frac{q}{p}x\ \cdots\cdots②$$

傾きの積 $-\dfrac{p}{q}\times\dfrac{q}{p}=-1$

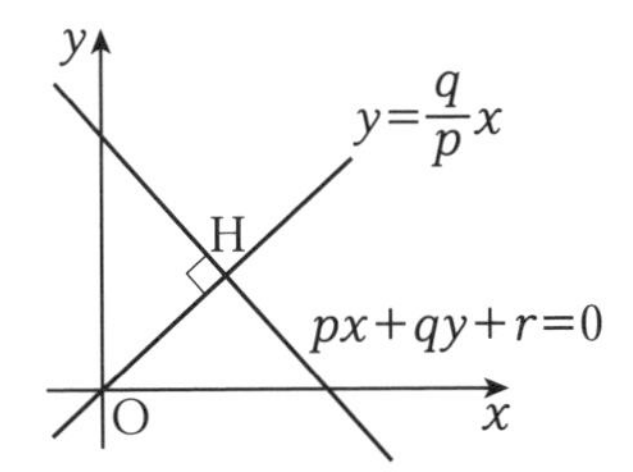

2直線の交点Hの座標は，①，②の連立方程式を解いて求められるから，

$$\mathrm{H}\left(\frac{-rp}{p^2+q^2},\ \frac{-rq}{p^2+q^2}\right)$$

よって，原点Oと直線 $px+qy+r=0$ の距離OHは，

$$\mathrm{OH}=\sqrt{\left(\frac{-rp}{p^2+q^2}\right)^2+\left(\frac{-rq}{p^2+q^2}\right)^2}=\frac{\sqrt{r^2}}{\sqrt{p^2+q^2}}=\frac{|r|}{\sqrt{p^2+q^2}}$$

この結果は，p，q のいずれかが 0 のときも成立する。

↑直線が y 軸に平行，または x 軸に平行なとき

次に，点 $(x_1,\ y_1)$ と直線 $ax+by+c=0$ の距離 d を考える。

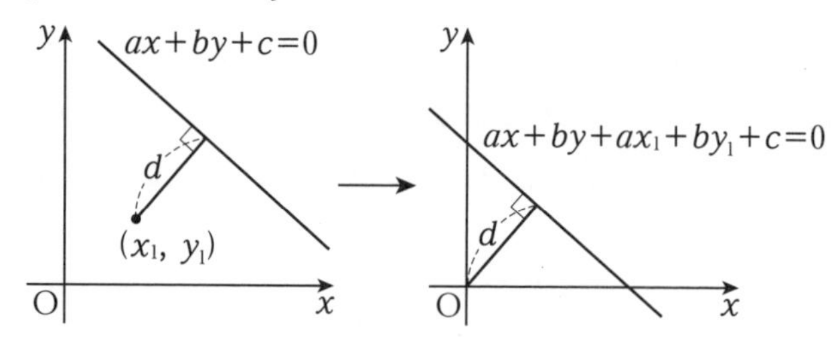

点 $(x_1,\ y_1)$ と直線 $ax+by+c=0$ を x 軸方向に$-x_1$，y 軸方向に$-y_1$ だけ平行移動すると，点 $(x_1,\ y_1)$ は原点 O になり，直線 $ax+by+c=0$ は，

$a\{x-(-x_1)\}+b\{y-(-y_1)\}+c=0$　← x，y からそれぞれ$-x_1$，$-y_1$ を引く

つまり，$ax+by+ax_1+by_1+c=0$ となります。

先ほどの直線 $px+qy+r=0$ と比べると，

$p \to a,\ q \to b,\ r \to ax_1+by_1+c$

となっているから，点 $(x_1,\ y_1)$ と直線 $ax+by+c=0$ の距離 d は，

$$d=\frac{|ax_1+by_1+c|}{\sqrt{a^2+b^2}}$$

〔証明終わり〕

参考 その他の証明方法は「基本大全 Core 編」で紹介しています。

例題 47 点 $(3,\ -4)$ と直線 $y=\frac{3}{4}x-\frac{15}{4}$ の距離を求めよ。

解答 直線の方程式は $3x-4y-15=0$ であるから，「点と直線の距離」の公式より，

↑ $ax+by+c=0$ の形に直す

$$\frac{|3\cdot3-4\cdot(-4)-15|}{\sqrt{3^2+(-4)^2}}=\frac{10}{5}=2$$ … 答

演習問題 44

次の点と直線の距離を求めよ。

(1) 原点 $(0,\ 0)$ と直線 $3x-2y-8=0$

(2) 点 $(-3,\ 3)$ と直線 $y=2x-1$

(3) 点 $(2,\ 4)$ と直線 $x=-3$

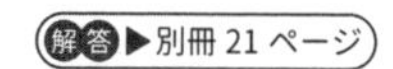

5 三角形の面積

次の図のように，頂点の1つが原点Oである△OABの面積を求めることを考えてみましょう。**三角形の高さは頂点から向かい合う辺に下ろした垂線の長さ**であるから，点と直線の距離の公式を用いて求めることができます。

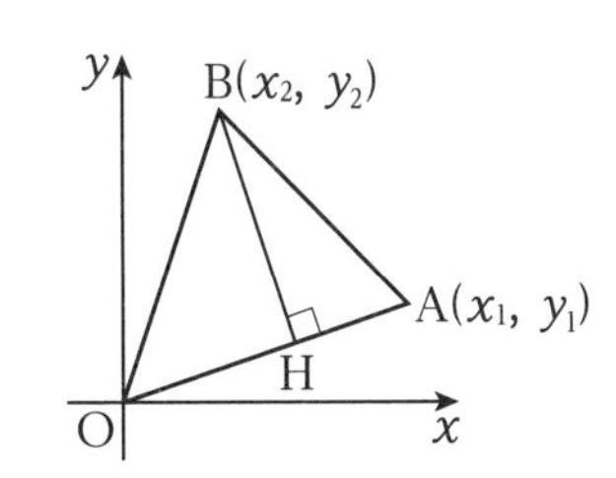

直線OAの方程式の傾きは，

$$\frac{y_1-0}{x_1-0}=\frac{y_1}{x_1}$$

であるから，直線OAの方程式は，

$$y=\frac{y_1}{x_1}x \quad つまり \quad y_1x-x_1y=0$$

点BからOAに下ろした垂線とOAの交点をHとします。このとき，OAを底辺とみるとBHが△OABの高さになります。点B(x_2, y_2)と直線$y_1x-x_1y=0$の距離BHは，

$$\mathrm{BH}=\frac{|y_1x_2-x_1y_2|}{\sqrt{y_1{}^2+(-x_1)^2}}$$

底辺の長さは2点OとAの距離であるから，

$$\mathrm{OA}=\sqrt{x_1{}^2+y_1{}^2}$$

以上より，△OABの面積は，

$$\frac{1}{2}\times\sqrt{x_1{}^2+y_1{}^2}\times\frac{|y_1x_2-x_1y_2|}{\sqrt{y_1{}^2+x_1{}^2}}=\frac{1}{2}|x_1y_2-x_2y_1|$$

Check Point 三角形の面積

3点O(0,0)，A(x_1, y_1)，B(x_2, y_2)を頂点とする△OABの面積は，

$$\triangle\mathrm{OAB}=\frac{1}{2}|x_1y_2-x_2y_1|$$ ←掛ける相手に注意

いずれの頂点も原点でない場合，平行移動して頂点の1つを原点に一致させることで公式を用いることができます。

例題48 次の 3 点を頂点とする三角形の面積 S を求めよ。

(1) O(0, 0), A(2, 1), B(3, 6)

(2) A(1, 1), B(−2, −3), C(−3, 5)

解答 (1)「三角形の面積」の公式より,

$$S=\frac{1}{2}|2\cdot6-1\cdot3|$$
$$=\frac{1}{2}|9|$$
$$=\mathbf{\frac{9}{2}}\ \cdots\ \text{答}$$

(2) 3 点を x 軸方向に−1, y 軸方向に−1 平行移動すると, ←Aを原点に一致させた

A′(0, 0), B′(−3, −4), C′(−4, 4)

△ABC の面積 S は△A′B′C′の面積に等しいので,

$$S=\frac{1}{2}|(-3)\cdot4-(-4)\cdot(-4)|$$
$$=\frac{1}{2}|-28|$$
$$=\mathbf{14}\ \cdots\ \text{答}$$

演習問題 45

次の 3 点を頂点とする三角形の面積を求めよ。

(1) O(0, 0), A(−4, −11), B(4, −9)

(2) A(2, 5), B(−4, −1), C(6, −3)

解答▶別冊 22 ページ

6 定点を通る直線

係数に文字を含む直線が常に決まった点（定点）を通るとき，**恒等式の考え方を用いて，常に通る定点の座標を求めます**。

例題49 直線 $(2a+1)x-(a-1)y-5a+2=0$ は，a の値に関係なく定点を通る。その定点の座標を求めよ。

考え方 「a の値に関係なく定点 $(x,\ y)$ を通る」$\Longleftrightarrow$

「a の値に関係なく代入して成り立つ x，y が存在する」$\Longleftrightarrow$

「a についての恒等式」

解答 a について整理すると，

$(2x-y-5)a+x+y+2=0$

これがどんな a の値に対しても成り立てばよいので，a についての恒等式と考えると，

$2x-y-5=0$，かつ，$x+y+2=0$

この連立方程式を解くと，$x=1$，$y=-3$

よって，定点の座標は $(1,\ -3)$ … 答

上の**例題49**で，a の値に関係なく $(x,\ y)=(1,\ -3)$ を代入して式が成り立つこと，すなわち，a の値に関係なく直線が点 $(1,\ -3)$ を通るということがわかりました。実際に a にいろいろな値を入れた式を図示すると右のようになります。

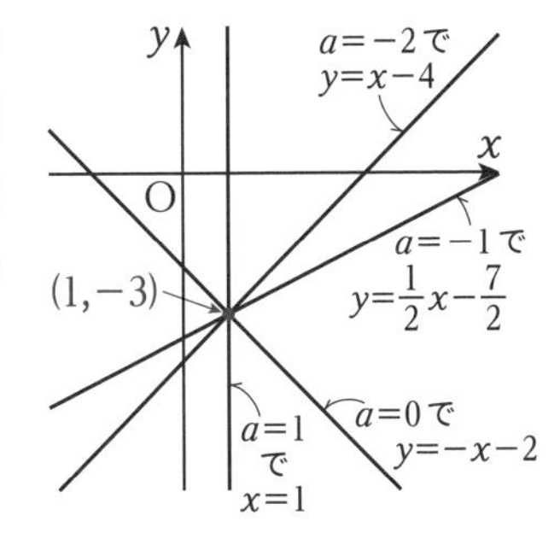

演習問題 46

直線 $(3a+1)x+(4a-3)y+6a+2=0$ は，a の値に関係なく定点を通る。その定点の座標を求めよ。

解答▶別冊 22 ページ

第3節 円

1 円の方程式

円では，中心から円周上の点までの距離が一定です。

中心を A$(a,\ b)$，半径を r とする円の**円周上の点を P$(x,\ y)$ とすると**，

　$AP=r$

が常に成り立ちます。

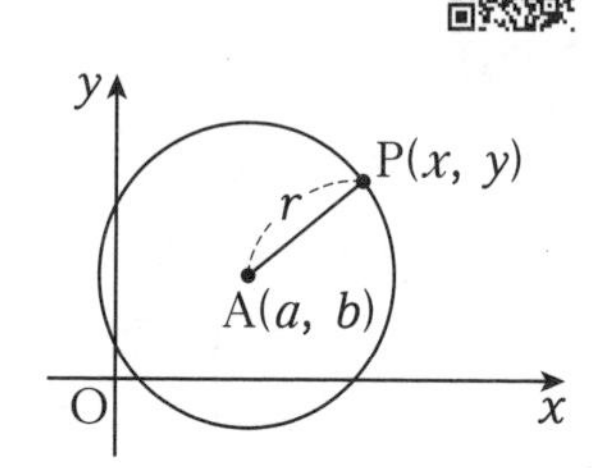

よって，

$$\sqrt{(x-a)^2+(y-b)^2}=r \quad \cdots\cdots ①$$

が常に成り立ちます。

Advice つまり，「点 P が円周上を動くときはこの条件式が常に成り立つ」ということです。

①の式の両辺を 2 乗することで，円の方程式が得られます。

Check Point 円の方程式

点 $(a,\ b)$ を中心とする半径 r の円の方程式は，

$$(x-a)^2+(y-b)^2=r^2$$

特に，原点を中心とする半径 r の円の方程式は，$a=b=0$ のときで，

$$x^2+y^2=r^2$$

例題50 円 $x^2+y^2-8x+2y+1=0$ について，次の問いに答えよ。

(1) 中心の座標を求めよ。

(2) この円と同じ中心をもち，点 $(1,\ 3)$ を通る円の方程式を求めよ。

考え方 円の中心や半径を求めるためには，平方完成が必要です。

解答 (1) $x^2+y^2-8x+2y+1=0$

$(x-4)^2-4^2+(y+1)^2-1^2+1=0$　← x，y それぞれを平方完成

$(x-4)^2+(y+1)^2=16$

よって，中心の座標は，$(4,\ -1)$ … 答

(2) 求める円の中心は (4, −1) であるから，半径を r とすると，求める円の方程式は，

$$(x-4)^2+(y+1)^2=r^2$$

また，点 (1, 3) を通るから代入して，

$$(1-4)^2+(3+1)^2=r^2$$

$$r^2=25$$

よって，$(x-4)^2+(y+1)^2=25$ … 答

円の方程式 $(x-a)^2+(y-b)^2=r^2$ は展開すると，

$$x^2+y^2\underline{-2a}x\underline{-2b}y+\underline{a^2+b^2-r^2}=0$$

となるので，l，m，n を定数として，

$$x^2+y^2+\underline{l}x+\underline{m}y+\underline{n}=0$$ ←$-2a=l$，$-2b=m$，$a^2+b^2-r^2=n$ とおいた

の形で表すこともできます。（一般形といいます。）

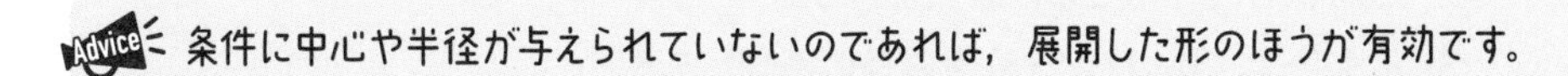

条件に中心や半径が与えられていないのであれば，展開した形のほうが有効です。

例題51 3点 (0, 0)，(1, −2)，(2, 1) を通る円の方程式を求めよ。また，円の中心の座標と半径を求めよ。

考え方〉中心や半径は与えられていないので，展開した形の円の方程式を利用します。

解答 求める円の方程式を $x^2+y^2+lx+my+n=0$ とする。

3点 (0, 0)，(1, −2)，(2, 1) を通るので，それぞれ代入すると，

$$\begin{cases} n=0 \\ l-2m+n+5=0 \\ 2l+m+n+5=0 \end{cases}$$

これを解くと，$l=-3$，$m=1$，$n=0$

よって，**円の方程式は，**

$$x^2+y^2-3x+y=0$$ … 答

すなわち，$\left(x-\dfrac{3}{2}\right)^2+\left(y+\dfrac{1}{2}\right)^2=\dfrac{5}{2}$ … 答

（どちらを解答としても構いません）

よって，**中心の座標は，**$\left(\dfrac{3}{2},\ -\dfrac{1}{2}\right)$ … 答，　**半径は，**$\sqrt{\dfrac{5}{2}}=\dfrac{\sqrt{10}}{2}$ … 答

Advice $x^2+y^2+lx+my+n=0$ の式は，**必ず円を表すわけではありません**。実際，平方完成により中心の座標と半径を調べてみると，

$$\left(x+\frac{l}{2}\right)^2+\left(y+\frac{m}{2}\right)^2=\frac{l^2+m^2-4n}{4}$$

つまり，$l^2+m^2-4n \leqq 0$ の場合は半径が存在しないことになるので，円の方程式を表していません。

演習問題 47

1 次のような円の方程式を求めよ。

(1) 中心が $(2,\ -3)$，半径が 3

(2) 点 $(1,\ 1)$ を中心とし，原点を通る円

(3) 2 点 $(-1,\ 3)$，$(1,\ -5)$ を直径の両端とする円

(4) 点 $(-4,\ 5)$ を中心とし，y 軸に接する円

(5) 3 点 $(1,\ 0)$，$(2,\ -1)$，$(3,\ -3)$ を通る円

2 次の方程式で表される円の中心と半径を求めよ。

(1) $x^2+y^2-8x+7=0$

(2) $x^2+y^2-2\sqrt{3}x+y-1=0$

(3) $2x^2+2y^2-x-3y=0$

解答▶別冊 22 ページ

2 円と直線の位置関係

円と直線の位置関係は，**円の半径 r と，円の中心と直線の距離 d の大小で，次のように分類できます。**

Check Point 円と直線の位置関係

円の半径を r，円の中心と直線の距離を d とすると，

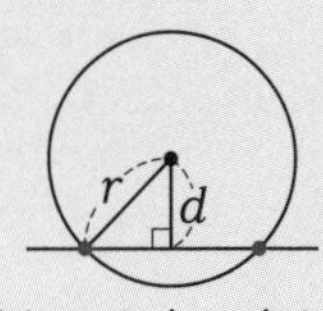

異なる2点で交わる

$d<r$

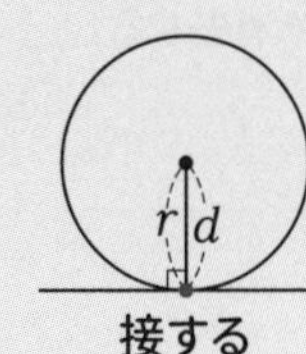

接する

$d=r$

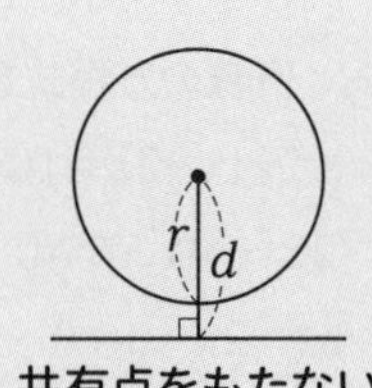

共有点をもたない

$d>r$

覚えるより，図をかいて判断できるようになりましょう。

例題52 円 $x^2+y^2-2x+6y+6=0$ と直線 $y=-2x+1$ の共有点の個数を求めよ。

解答 $x^2+y^2-2x+6y+6=0$ より，

$(x-1)^2+(y+3)^2=4$

であるから，中心の座標 $(1,\ -3)$，半径 2 の円である。

$y=-2x+1$ より，$2x+y-1=0$

円の中心 $(1,\ -3)$ と直線 $2x+y-1=0$ の距離は，

$$\frac{|2\cdot1+(-3)-1|}{\sqrt{2^2+1^2}}=\frac{|-2|}{\sqrt{5}}=\frac{2\sqrt{5}}{5}<2$$

↑半径

よって，円と直線は次の図のようになるので，共有点の個数は **2 個** … 答

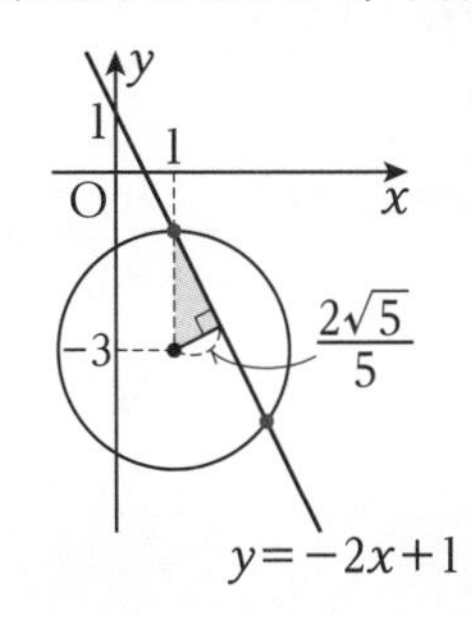

次の例題 53 のように，**円と直線の方程式を連立し，y を消去して得られる 2 次方程式の判別式より，共有点の個数を考えることもできます。**共有点の座標も求めるのであれば，連立して 2 次方程式を求めたほうが効率がよくなります。

例題53 円 $x^2+y^2=10$ と直線 $y=x-2$ の共有点の個数を求めよ。また，共有点がある場合はその座標も求めよ。

解答 円と直線の方程式を連立し，y を消去すると，

$x^2+(x-2)^2=10$

$2x^2-4x-6=0$

$x^2-2x-3=0$ ……①

この 2 次方程式の判別式を D とすると，

$\frac{D}{4}=(-1)^2-1\cdot(-3)=4>0$

異なる 2 つの実数解をもつから，円と直線は異なる 2 点で交わる。

よって，**共有点は 2 個** … 答

また，①の解は共有点の x 座標である。①より $(x+1)(x-3)=0$ であるから，共有点の x 座標は，$x=-1,\ 3$

y 座標は直線 $y=x-2$ に代入して求められるので，共有点の座標は，

$(-1,\ -3)$，$(3,\ 1)$ … 答

演習問題 48

1 次の円と直線の共有点の個数を求めよ。

(1) $x^2+y^2=10$，$y=2x-3$

(2) $(x-3)^2+(y+5)^2=5$，$y=2x-6$

(3) $x^2+y^2+8x-2y+13=0$，$x+5y-15=0$

2 円 $x^2+y^2=9$ と直線 $x+2y-2k=0$ の位置関係を，定数 k の値によって分類して答えよ。

解答 ▶別冊 23 ページ

3 円によって切り取られる弦の長さ

次の図のように，円と直線が異なる 2 点で交わっているとき，**交点と中心を結ぶ三角形は二等辺三角形になります。**

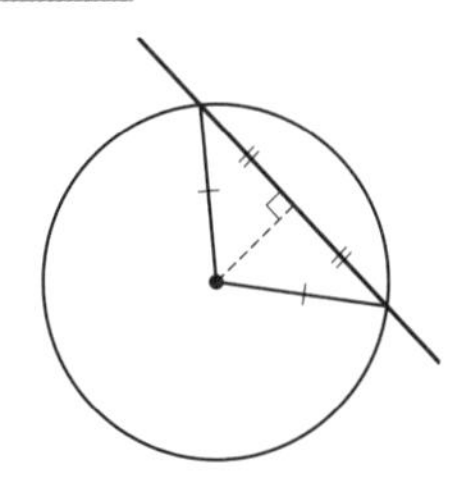

円によって切り取られる弦の長さの問題では，二等辺三角形の「頂角（等しい 2 辺にはさまれた角）から底辺に下ろした垂線は底辺を 2 等分する」性質と三平方の定理を利用することを考えます。

Check Point　円によって切り取られる弦

交点と中心を結ぶ二等辺三角形に着目する
→二等辺三角形の性質と三平方の定理の利用

例題 54 直線 $y=mx$ と円 $x^2+y^2-x-3y-2=0$ がある。直線が円によって切り取られる弦の長さが 4 であるときの $m(m \geqq 0)$ の値を求めよ。

解答 $x^2+y^2-x-3y-2=0$ より，

$$\left(x-\frac{1}{2}\right)^2+\left(y-\frac{3}{2}\right)^2=\frac{9}{2}$$

次の図のように，円の中心を A，円と直線との交点を P，中心から直線に下ろした垂線と直線の交点を H とする。

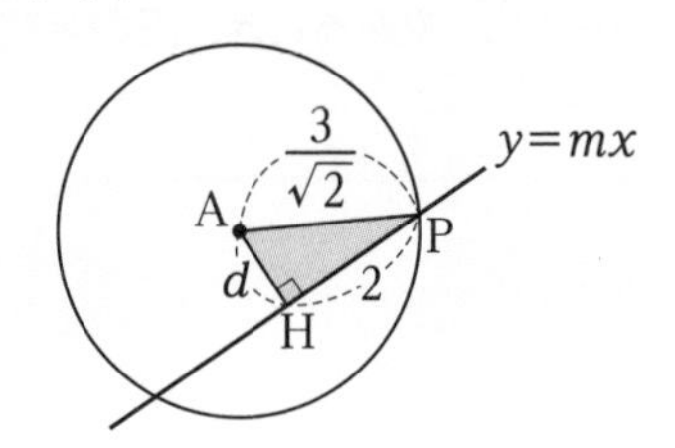

このとき，H は 2 つの交点を結ぶ線分の中点になっているので，

$$\mathrm{PH}=\frac{4}{2}=2$$

$y=mx$ より，$mx-y=0$

中心 $\mathrm{A}\left(\frac{1}{2},\ \frac{3}{2}\right)$ と直線 $mx-y=0$ の距離 $d(=\mathrm{AH})$ は，

$$d=\frac{\left|m\cdot\frac{1}{2}-1\cdot\frac{3}{2}\right|}{\sqrt{m^2+(-1)^2}}=\frac{|m-3|}{2\sqrt{m^2+1}}$$

ここで，△AHP において，三平方の定理を用いて，

$$\left(\frac{3}{\sqrt{2}}\right)^2=d^2+2^2$$

$$\frac{9}{2}=\frac{(m-3)^2}{4(m^2+1)}+4$$

$$\frac{1}{2}=\frac{(m-3)^2}{4(m^2+1)}$$

$$2(m^2+1)=(m-3)^2$$

$$m^2+6m-7=0$$

$$(m+7)(m-1)=0$$

$m\geqq 0$ であるから，$\boldsymbol{m=1}$ … 答

演習問題 49

1 円 $x^2+y^2=5$ と直線 $x+y+2=0$ において，直線が円によって切り取られる弦の長さを求めよ。

2 直線 $4x+3y-5=0$ が円 $(x+2)^2+(y-1)^2=r^2$ $(r>0)$ によって切り取られる弦の長さが $2\sqrt{2}$ であるとき，円の半径 r の値を求めよ。

解答▶別冊 24 ページ

4 円の接線

Check Point 円の接線の方程式 ①

原点が中心，半径が r である円 $x^2+y^2=r^2$ 上の点 $(a,\ b)$ における接線の方程式は，

$ax+by=r^2$

（a, b）：2 乗の片方に接点の座標を代入

証明 (i) $a \neq 0$，$b \neq 0$ のとき，点 $(a,\ b)$ と原点を結ぶ直線の傾きは $\dfrac{b}{a}$ である。接線はこの直線に垂直であるから，傾きは $-\dfrac{a}{b}$ である。

（傾きの積が -1 になる値）

点 $(a,\ b)$ を通るので，接線の方程式は，

$$y-b=-\frac{a}{b}(x-a) \iff ax+by=a^2+b^2 \quad \cdots\cdots ①$$

ここで，点 $(a,\ b)$ は円 $x^2+y^2=r^2$ 上の点であるから代入して，

$$a^2+b^2=r^2 \cdots\cdots (*)$$

これを，①の右辺に代入して，$ax+by=r^2$ ……②

(ii) $a=0$ のとき，接点は $(0,\ r)$ または $(0,\ -r)$

つまり，$b=\pm r$ であるから接線の方程式は，$y=r$ または $y=-r$

(iii) $b=0$ のとき，接点は $(r,\ 0)$ または $(-r,\ 0)$

つまり，$a=\pm r$ であるから接線の方程式は，$x=r$ または $x=-r$

よって，(ii)と(iii)の場合も②の式で表されるので，$x^2+y^2=r^2$ 上の点 $(a,\ b)$ における接線の方程式は，$ax+by=r^2$ 〔証明終わり〕

(*)印の立式に気づかない人をよく見かけます。「円 $x^2+y^2=r^2$ の周上の点 (a, b)」と書いただけでは数式に反映されていません。**円 $x^2+y^2=r^2$ に代入した式 $a^2+b^2=r^2$ を示すことで「(a, b) は円周上の点である」ということを数式で述べたことになります。**

例題55 円 $x^2+y^2=5$ 上の点 $(1,\ 2)$ における接線の方程式を求めよ。

解答 「円の接線の方程式①」の公式より，

$1 \cdot x+2 \cdot y=5$　よって，$\boldsymbol{x+2y=5}$ … 答

（2 乗の片方に $(1,\ 2)$ を代入）

また，中心が $(p,\ q)$，半径が r である円 $(x-p)^2+(y-q)^2=r^2$ 上の点 $(a,\ b)$ における接線は，まず全体を x 軸方向に$-p$，y 軸方向に$-q$ 平行移動して，円 $x^2+y^2=r^2$ 上の点 $(a-p,\ b-q)$ における接線として考えます。

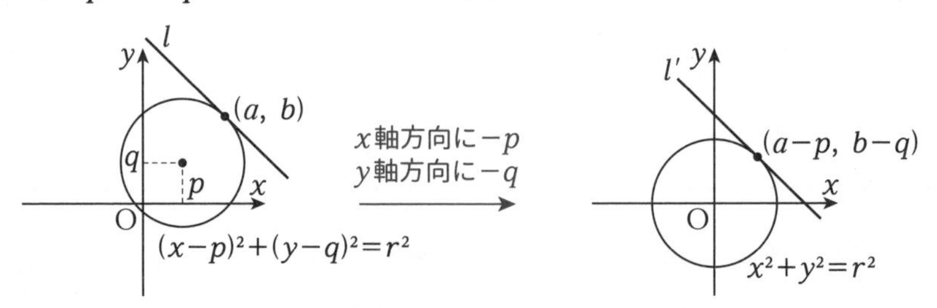

「円の接線の方程式 ①」の公式より，$(a-p,\ b-q)$ における接線の方程式は，

$(a-p)\cdot x+(b-q)\cdot y=r^2$　←2 乗の片方に接点の座標を代入

これを，**x 軸方向に p，y 軸方向に q 平行移動して戻せば**，円 $(x-p)^2+(y-q)^2=r^2$ 上の点 $(a,\ b)$ における接線の方程式になります。

x を $x-p$，y を $y-q$ に書きかえて，$(a-p)(x-p)+(b-q)(y-q)=r^2$

Check Point　円の接線の方程式 ②

点 $(p,\ q)$ が中心，半径が r である円 $(x-p)^2+(y-q)^2=r^2$ 上の点 $(a,\ b)$ における接線の方程式は，

$$(a-p)(x-p)+(b-q)(y-q)=r^2$$

2 乗の片方に接点の座標を代入

例題56　円 $(x-1)^2+(y+2)^2=5$ 上の点 $(3,\ -3)$ における接線の方程式を求めよ。

解答　「円の接線の方程式 ②」の公式より，

$(3-1)\cdot(x-1)+(-3+2)\cdot(y+2)=5$　よって，$\boldsymbol{2x-y-9=0}$ … 答

2 乗の片方に $(3,\ -3)$ を代入

演習問題 50

次の円において，与えられた円上の点における接線の方程式を求めよ。

(1) $x^2+y^2=5$，点 $(1,\ -2)$　　(2) $x^2+y^2-4x-4y+6=0$，点 $(1,\ 3)$

解答▶別冊 25 ページ

5 接点が与えられていない円の接線

接点が与えられていない円の接線の方程式を求める場合，いろいろな方法が考えられます。状況に応じて，解法は選択する必要があります。

Check Point　接点が与えられていない円の接線

[解法Ⅰ]「中心と接線の距離＝半径」を考える

[解法Ⅱ] 接点の座標を文字で表し，公式の利用を考える

[解法Ⅲ] 接線の方程式を文字で表し，円の方程式と連立して重解をもつ条件を調べる

例題57 点 $(-1,\ 3)$ から円 $x^2+y^2=5$ に引いた接線の方程式を求めよ。

解答 $(x,\ y)=(-1,\ 3)$ は $x^2+y^2=5$ を満たさない。つまり，点 $(-1,\ 3)$ は円周上の点ではない。

[解法Ⅰ] 円の半径が $\sqrt{5}$ で，$(-1,\ 3)$ を通る接線であるから，下の図のように，接線は y 軸に平行ではない。よって，接線の傾きを m とすると接線の方程式は，

↑傾きが存在する直線であることを確認

$y-3=m(x+1)$　すなわち，$mx-y+m+3=0$ ……①

中心 $(0,\ 0)$ と接線の距離は半径 $\sqrt{5}$ に等しいので，

$$\frac{|m\cdot 0-0+m+3|}{\sqrt{m^2+(-1)^2}}=\sqrt{5}$$

$|m+3|=\sqrt{5(m^2+1)}$

$(m+3)^2=5(m^2+1)$　←両辺は負でないから 2 乗できる

$4m^2-6m-4=0$　$2m^2-3m-2=0$

$(m-2)(2m+1)=0$　よって，$m=2,\ -\dfrac{1}{2}$

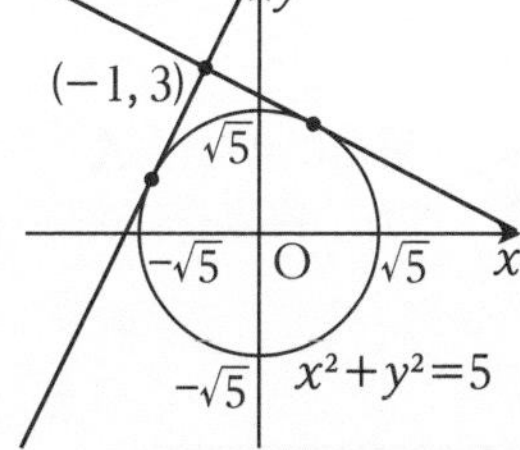

これを①に代入して，接線の方程式を求めると，

$\mathbf{2x-y+5=0,\ x+2y-5=0}$ … 答

[解法Ⅱ] 接点の座標を $(a,\ b)$ とすると，接線の方程式は，$ax+by=5$

この接線が $(-1,\ 3)$ を通るので代入すると，$-a+3b=5$ ……②

また，接点の座標 $(a,\ b)$ は円 $x^2+y^2=5$ 上の点であるから代入して，

↑$(a,\ b)$ が円周上である条件

$a^2+b^2=5$ ……③

②より，$a=3b-5$ これを③に代入して，

$(3b-5)^2+b^2=5$

$10b^2-30b+20=0$

$(b-1)(b-2)=0$

②を利用して，$(a, b)=(-2, 1), (1, 2)$ ←接点の座標も求められる

よって，接線の方程式は，$\boldsymbol{-2x+y=5}$**，または，**$\boldsymbol{x+2y=5}$ … 答 ← $ax+by=5$ に代入した

[解法Ⅲ] 求める接線は y 軸に平行ではないから，傾きを m とすると接線の方程式は，

$y-3=m(x+1)$ すなわち，$y=mx+m+3$ ……④

この式を円の方程式 $x^2+y^2=5$ に代入して，

$x^2+(mx+m+3)^2=5$

$(1+m^2)x^2+2m(m+3)x+m^2+6m+4=0$

接するのは，この方程式が重解をもつときであるから，判別式を D とすると，

$\frac{D}{4}=m^2(m+3)^2-(1+m^2)(m^2+6m+4)=4m^2-6m-4$

$=2(2m+1)(m-2)=0$

であるから，

$m=2, -\frac{1}{2}$

これを④に代入して，$\boldsymbol{y=2x+5}$**，**$\boldsymbol{y=-\frac{1}{2}x+\frac{5}{2}}$ … 答

[解法Ⅲ]は計算量が多いですね。基本的には傾きを求める[解法Ⅰ]が求めやすいですが，接点も求めるのであれば[解法Ⅱ]が効果的であることがわかりますね。

演習問題 51

次の問いに答えよ。

(1) 円の外部の点 $(0, 3)$ から円 $x^2+y^2=1$ に引いた接線の方程式を求めよ。

(2) 円の外部の点 $(4, 6)$ から円 $x^2+y^2=16$ に引いた接線の方程式を求めよ。

(3) 直線 $y=2x+k$ が円 $x^2+y^2=4$ の接線になるときの定数 k の値を求めよ。

解答▶別冊 25 ページ

6 2円の位置関係

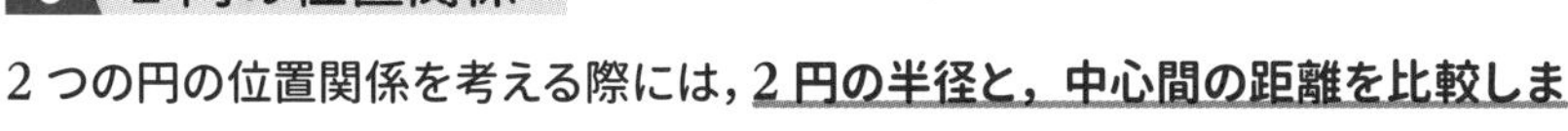

2つの円の位置関係を考える際には，**2円の半径と，中心間の距離を比較します**。

Check Point　2円の位置関係

2円の半径を r，r' $(r>r')$，中心間の距離を d とする。

①共有点をもたない
（一方が他方の外部にある）

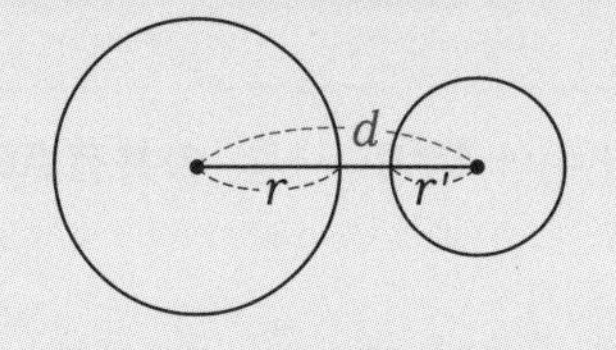

$d>r+r'$

②接する（外接する）

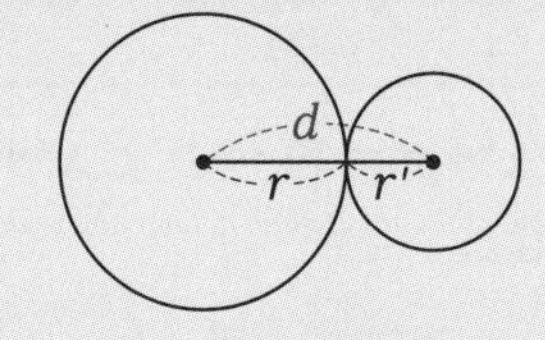

$d=r+r'$

③共有点を2つもつ

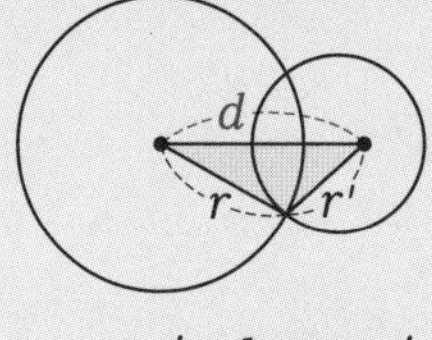

$r-r'<d<r+r'$

↑色のついた三角形の成立条件と同じです

④接する（内接する）

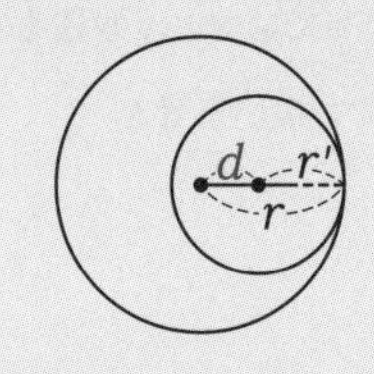

$d=r-r'$

⑤共有点をもたない

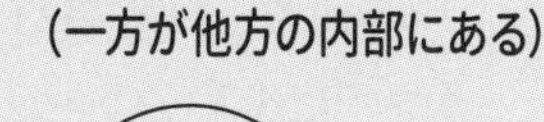

（一方が他方の内部にある）

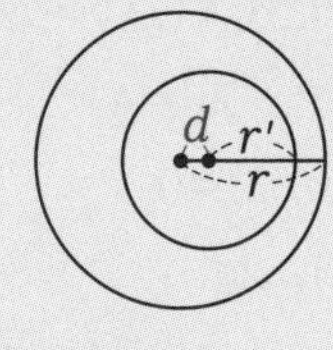

$d<r-r'$

例題58 2つの円 $C_1: x^2+y^2=25$，$C_2: x^2+y^2+12x-16y+64=0$ が異なる2点で交わることを示せ。

解答 C_1 の中心の座標は $(0,\ 0)$，半径は5である

$C_2: x^2+y^2+12x-16y+64=0$

$(x+6)^2+(y-8)^2=36$

であるから，C_2 の中心の座標は $(-6,\ 8)$，半径は6である。

2つの円の中心間の距離は，

$\sqrt{(-6-0)^2+(8-0)^2}=10$

2つの円の半径の和は，

$6+5=11>10$

↑中心間の距離

2つの円の半径の差は，

$6-5=1<10$

↑中心間の距離

Check Point
「2円の位置関係」③

であるから，C_1 と C_2 は異なる2点で交わる。

〔証明終わり〕

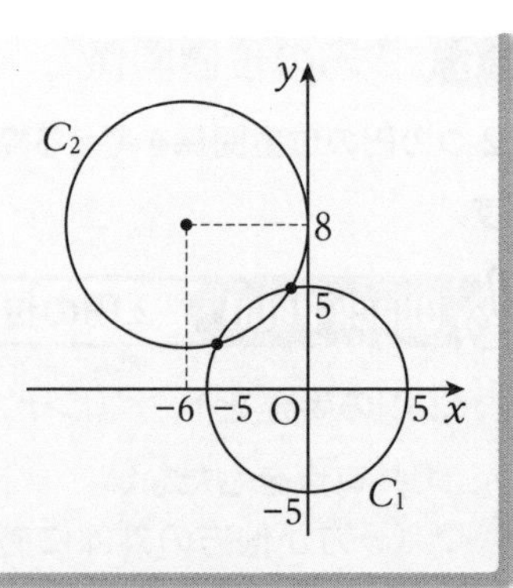

例題59 2つの円 $x^2+y^2=4$……① と $x^2+y^2-4x+4y+4=0$……② の共有点の座標を求めよ。

解答 ①－②より，

$4x-4y-8=0$

$y=x-2$……③　←1回の加減だけでは x と y が残るので，もう一度加減か代入を考えます

③を①に代入して，←②に代入しても構いません

$x^2+(x-2)^2=4$

$2x(x-2)=0$

$x=0,\ 2$

y 座標は③に代入して求められるので，共有点の座標は，$(0,\ -2)$，$(2,\ 0)$ … 答

参考 ③の式は，2つの円①，②の共有点を通る直線を表します。（くわしくは「基本大全 Core 編」で説明します。）

演習問題 52

(1) 点 A(3, 4) と円 $C_1: x^2+y^2=4$ について，A を中心とし，円 C_1 に接する円の半径を求めよ。また，A を中心とし円 C_1 と共有点をもたないような円の半径の値の範囲を求めよ。

(2) 2円 $C_1: x^2+y^2-8x-12y+3=0$ と $C_2: (x-1)^2+(x-2)^2=r^2 (r>0)$ が接するときの r の値を求めよ。

解答▶別冊26ページ

第4節 軌 跡

1 軌跡(距離の比が一定)

与えられた条件を満たす点が動いてできる図形を，その条件を満たす点の軌跡といいます。

例えば，「点 O$(a,\ b)$ から一定の距離 r にある」という条件を満たす点 P の軌跡を考えます。点 P の座標を $(x,\ y)$ とすると，**p.92**「円の方程式」で学んだように，

$$\sqrt{(x-a)^2+(y-b)^2}=r$$

両辺を 2 乗して，

$$(x-a)^2+(y-b)^2=r^2$$

となります。

つまり，点 P の軌跡は，中心 O$(a,\ b)$，半径 r の円であることがわかります。

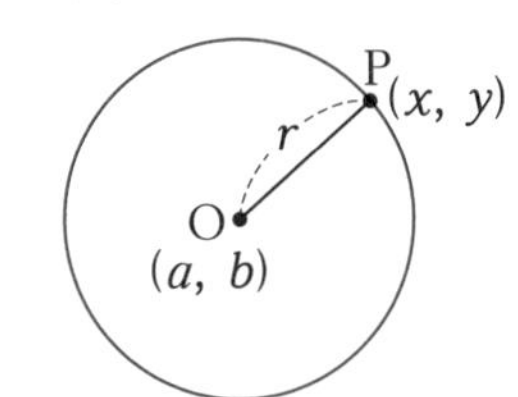

Check Point 軌跡を求める手順

1 動点の座標を $(X,\ Y)$ とする。

2 条件より，X，Y のみの式をつくる。

3 得られる方程式の表す図形を求める。

4 その図形のすべての点が条件を満たすかどうか確認する。

4の「その図形のすべての点が条件を満たすかどうか確認する」はなぜ必要なのでしょうか。

例えば，動点 P$(X,\ Y)$ の条件から円の方程式 $X^2+Y^2=1$ が得られたとします。このとき，条件を満たす点 P がすべて円 $X^2+Y^2=1$ 上にあることは示されましたが，円 $X^2+Y^2=1$ 上のすべての点が条件を満たすかどうかは確認できていません（もしかしたら，条件を満たすのは円 $X^2+Y^2=1$ の $Y \geqq 0$ の部分，つまり円の上半分だけかもしれません）。ですから，方程式の表す図形を求めただけでは軌跡を正確に求めたことにはならないわけです。

例題60 2点O(0, 0)，A(3, 6)からの距離の比が1：2である点Pの軌跡を求めよ。

解答 動点を$P(X, Y)$とすると，←[1]（**Check Point**「軌跡を求める手順」）

OP：AP=1：2　←Pの満たす条件

よって，AP=2OP

両辺を2乗して，

$AP^2=4OP^2$

$(X-3)^2+(Y-6)^2=4(X^2+Y^2)$　←[2]

$3X^2+3Y^2+6X+12Y-45=0$

$X^2+Y^2+2X+4Y-15=0$

$(X+1)^2+(Y+2)^2=20$……①　←軌跡の形がわかるように式を変形します

よって，条件を満たす点Pは，円①上にある。←[3]

逆に，円①上のすべての点Pは条件を満たす。←[4]

以上より，点Pの軌跡は，**中心$(-1, -2)$，半径$2\sqrt{5}$の円である。**… 答

参考　[4]は次のように示すことができますが，計算を逆にたどるだけなので省略しています。

逆に，円$(X+1)^2+(Y+2)^2=20$上の任意の点を(X, Y)とする。

$(X+1)^2+(Y+2)^2=20$より，$X^2+Y^2+2X+4Y-15=0$

3倍して，$3X^2+3Y^2+6X+12Y-45=0$

変形して，$(X-3)^2+(Y-6)^2=4(X^2+Y^2)$

よって，$AP^2=4OP^2$

AP>0，OP>0より，AP=2OP

したがって，OP：AP=1：2

また，円周上のすべての点がOP：AP=1：2を満たすことは，次の図からもわかります。

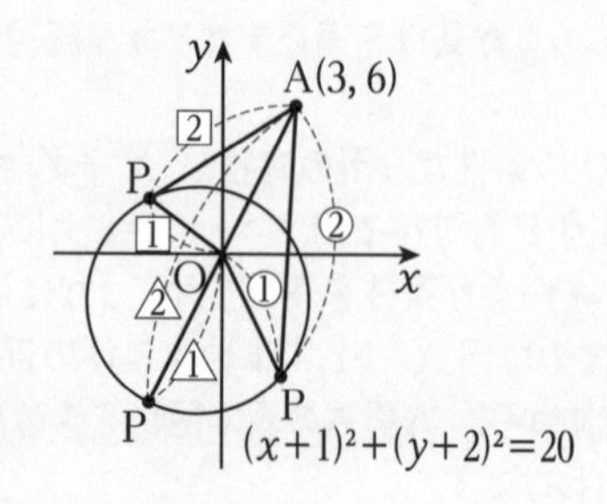

例題 60 の答えは「円 $(x+1)^2+(y+2)^2=20$」としても構いませんが，その際，用いる文字は小文字で表す点に注意します。xy 平面上の軌跡ですから，x，y で表さないといけません。
X，Y を用いているのは，もともと与えられている x，y の式があった場合に混同することを防ぐためです。この例題では，もともと与えられている x，y の式はないので，最初から $\mathrm{P}(x,\ y)$ としても問題ありません。

2 定点 A，B からの距離の比が $a:b(a \neq b)$ で一定である点 P の軌跡は，**線分 AB を $a:b$ に内分する点と外分する点を直径の両端とする円**になることがわかっています。この円を**アポロニウスの円**といいます。

証明　次の図のように，直線 AB と点 P において，直線上に AQ：BQ=AP：BP となる AB の内分点 Q と AR：BR=AP：BP となる AB の外分点 R を考える。

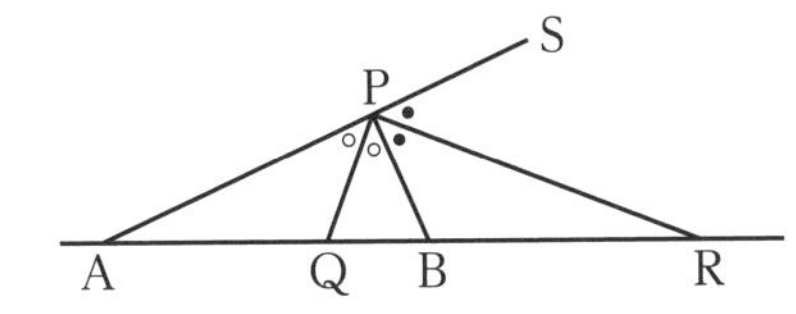

角の二等分線と辺の比の性質より，PQ は∠APB の内角の二等分線，PR は∠APB の外角の二等分線となる。

このとき，

$$\begin{aligned}\angle \mathrm{QPR}&=\angle \mathrm{QPB}+\angle \mathrm{BPR}\\&=\frac{1}{2}\angle \mathrm{APB}+\frac{1}{2}\angle \mathrm{BPS}\\&=\frac{1}{2}(\angle \mathrm{APB}+\angle \mathrm{BPS})\\&=\frac{1}{2}\times 180^\circ\\&=90^\circ\end{aligned}$$

よって，∠QPR は 90°で一定であるから，点 P は線分 QR を直径とする円周上にあることがわかる。
↑円周角と中心角の関係
〔証明終わり〕

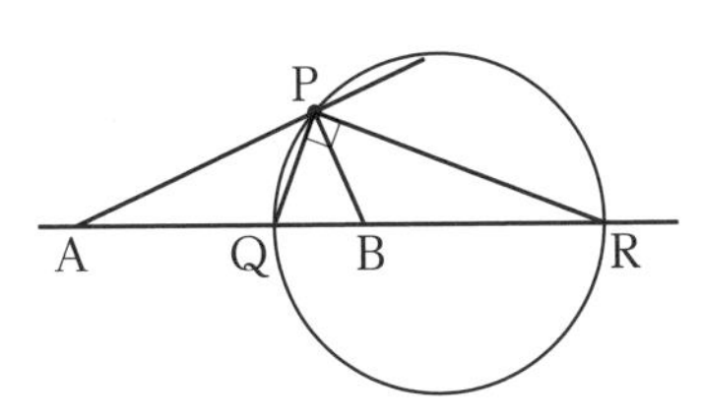

アポロニウスの円を利用すると，**例題 60** の軌跡を次のように求めることができます。

OP：AP=1：2 であるから OAを1：2に内分する点Bと外分する点Cの座標を求めると，

$$B\left(\frac{2\cdot0+1\cdot3}{1+2},\ \frac{2\cdot0+1\cdot6}{1+2}\right)=(1,\ 2)$$

$$C\left(\frac{2\cdot0+(-1)\cdot3}{-1+2},\ \frac{2\cdot0+(-1)\cdot6}{-1+2}\right)=(-3,\ -6)$$

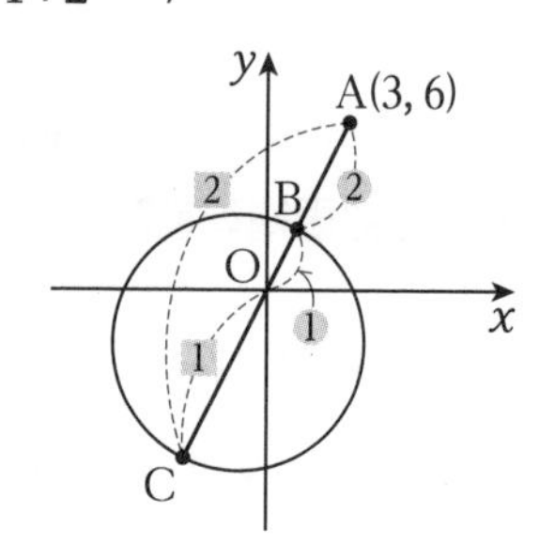

よって，点 P の軌跡は，

OAを1：2に内分する点 B(1，2) と外分する点 C(−3，−6) を直径の両端とした円である。 … 答

ちなみに，円の中心は線分 BC の中点であるから，

$$\left(\frac{1+(-3)}{2},\ \frac{2+(-6)}{2}\right)=(-1,\ -2)$$

半径は点 B から円の中心 (−1，−2) までの長さであるから，←点 C から円の中心までの長さでもよい

$$\sqrt{\{1-(-1)\}^2+\{2-(-2)\}^2}=2\sqrt{5}$$

演習問題 53

次の点 P の軌跡を求めよ。

(1) 2 点 A(−2，4)，B(2，1) から等距離にある点 P

(2) 点 A(0，3) と B(9，0) からの距離の比が 1：2 となるような点 P

(3) 直線 $y=-1$ からの距離と，点 A(0，1) からの距離が等しい点 P

解答▶別冊 27 ページ

2 軌跡（放物線の頂点，円の中心）

放物線の方程式に変数が含まれているとき，変数の値によって頂点の位置は変わります。このような放物線の頂点の軌跡を求めるとき，動点 $(X,\ Y)$ は頂点の座標を表すので，まずは，**与えられた放物線の式を平方完成して頂点の座標を調べます**。

例題61 a が正の実数値をとって変化するとき，放物線 $y=x^2+2ax+3$ の頂点の軌跡を求めよ。

考え方 放物線の頂点の座標を a で表します。

解答 放物線の方程式より，

$$y=x^2+2ax+3$$
$$=(x+a)^2-a^2+3$$

よって，頂点は $(-a,\ -a^2+3)$ と表される。動点の座標を $(X,\ Y)$ とすると，←[1]

$$\begin{cases} X=-a \\ Y=-a^2+3 \end{cases}$$

$a=-X$ ……①として Y の式に代入し，a を消去すると，

$Y=-(-X)^2+3$　つまり，$Y=-X^2+3$ ……②　←[2]

よって，条件を満たす点は，放物線②上にある。←[3]

また，a は正の実数値をとるので，$a>0$

①より，$a=-X>0$　つまり，$X<0$　←[4]

以上より，頂点の軌跡は，

放物線 $y=-x^2+3$ の $x<0$ の部分 … 答

参考 図示すると，右のようになります。

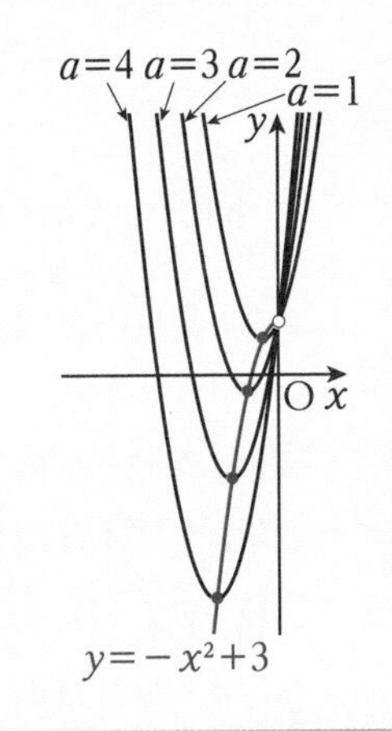

演習問題 54

次の問いに答えよ。

(1) t がすべての正の実数値をとるとき，放物線 $y=x^2-4tx$ の頂点 P の軌跡を求めよ。

(2) t がすべての負の実数値をとるとき，円 $x^2+y^2-6tx+2(t+2)y=0$ の中心 P の軌跡を求めよ。

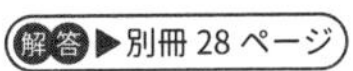
解答▶別冊 28 ページ

3 軌跡(動点が 2 つ)

動点が 2 つあるときは，それぞれを文字で表して軌跡を考えます。**X，Y のみの式をつくるには，軌跡を求める動点の関係式だけでなく，もう 1 つの動点の関係式が必要になります**から，問題からどのような関係式が成立するかをよく考えましょう。

例題62 点 A$(-3,\ -1)$ がある。点 P が円 $x^2+y^2=9$ 上を動くとき，AP の中点 Q の軌跡を求めよ。

考え方 軌跡を求める動点は中点 Q ですが，点 P も動くので文字で表す必要があります。その際，P について成り立つ関係式も考えないといけません。

解答 Q$(X,\ Y)$ とする。また，点 P も動くので P$(a,\ b)$ とする。←[1]

まず，Q は AP の中点であるから，

$$\begin{cases} X=\dfrac{a-3}{2} \\ Y=\dfrac{b-1}{2} \end{cases}$$ ←点 Q の条件

a，b について解くと，$\begin{cases} a=2X+3 \\ b=2Y+1 \end{cases}$ ……①

また，P は円 $x^2+y^2=9$ 上の点であるから代入すると，

$a^2+b^2=9$ ……② ←a，b を消去するための点 P の条件

②に①を代入して，←a，b を消去

$(2X+3)^2+(2Y+1)^2=9$ ←[2]

$\left(X+\dfrac{3}{2}\right)^2+\left(Y+\dfrac{1}{2}\right)^2=\dfrac{9}{4}$ ……③

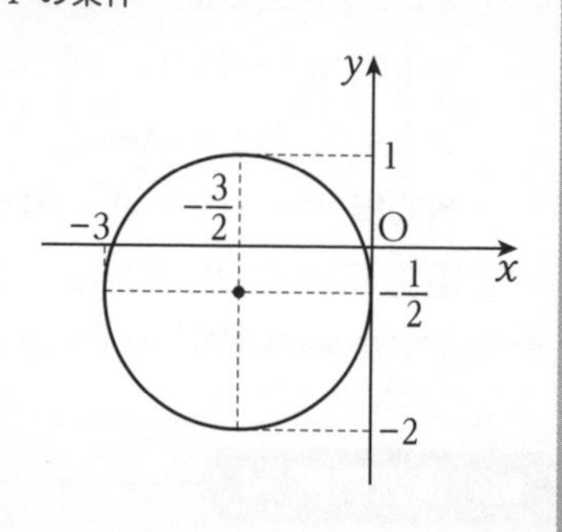

よって，点 Q は円③上にある。←[3]

また，②より P は円 $x^2+y^2=9$ 上の点なので，

$-3\leqq a\leqq 3$，$-3\leqq b\leqq 3$

であり，①より，

$-3\leqq 2X+3\leqq 3$，$-3\leqq 2Y+1\leqq 3$

つまり，$-3\leqq X\leqq 0$，$-2\leqq Y\leqq 1$

この範囲は円③上のすべての点が条件を満たすことを表している。←[4]

以上より，AP の中点 Q の軌跡は，

中心 $\left(-\dfrac{3}{2},\ -\dfrac{1}{2}\right)$，半径 $\dfrac{3}{2}$ の円 … 答

参考 図示すると，次のようになります。

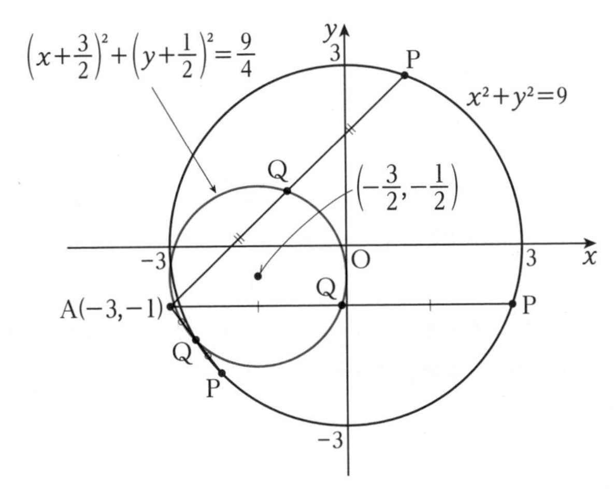

演習問題 55

次の問いに答えよ。

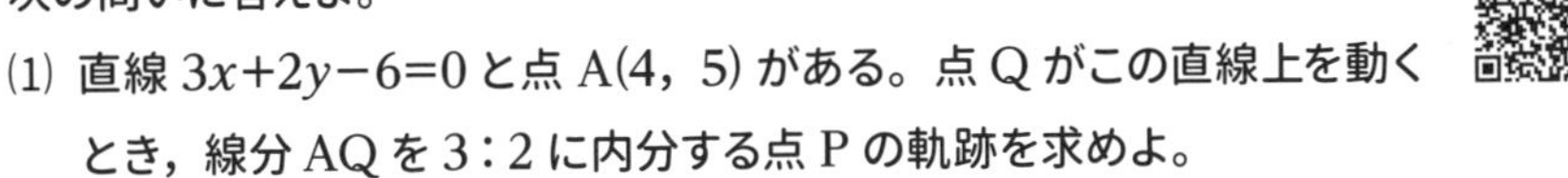

(1) 直線 $3x+2y-6=0$ と点 A(4, 5) がある。点 Q がこの直線上を動くとき，線分 AQ を 3：2 に内分する点 P の軌跡を求めよ。

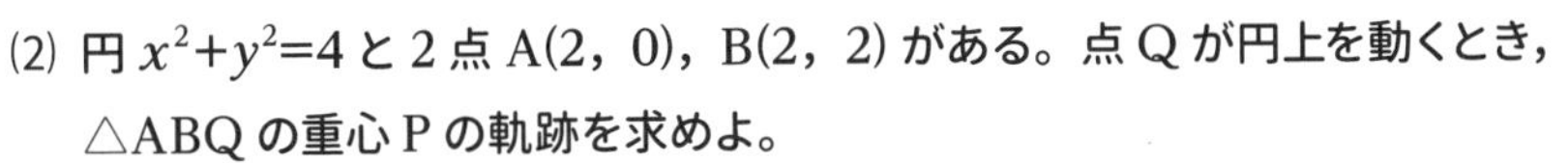

(2) 円 $x^2+y^2=4$ と 2 点 A(2, 0)，B(2, 2) がある。点 Q が円上を動くとき，△ABQ の重心 P の軌跡を求めよ。

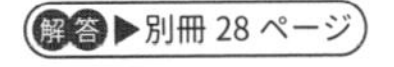

解答▶別冊 28 ページ

4 共有点の中点の軌跡

共有点の中点の軌跡を求める問題は頻出問題の１つです。

この問題も，X，Y のみの式をつくるために文字を消去する必要があります。

また，放物線や円の共有点の中点を求める際には，解と係数の関係を用いると計算を楽に行うことができます。

例題63 放物線 $C:y=x^2$ と直線 $l:y=mx+1$（m は定数）について，次の問いに答えよ。

(1) C と l の共有点の座標を $\mathrm{A}(\alpha,\ \alpha^2)$，$\mathrm{B}(\beta,\ \beta^2)$ とするとき，線分 AB の中点 M の座標を m を用いて表せ。

(2) 中点 M の軌跡を求めよ。

解答 (1) C と l の方程式を連立すると，

$$x^2=mx+1$$

つまり，$x^2-mx-1=0$ ……①

①の２つの解が共有点の x 座標 α，β に等しいので，解と係数の関係より，

$$\alpha+\beta=m,\quad \alpha\beta=-1$$

線分 AB の中点の x 座標は，

$$\frac{\alpha+\beta}{2}=\frac{m}{2}$$

線分 AB の中点は直線 l 上にあるので，y 座標は直線 l の方程式に $x=\dfrac{m}{2}$ を代入して，

$$y=m\cdot\frac{m}{2}+1$$
$$=\frac{m^2}{2}+1$$

以上より，$\mathrm{M}\left(\dfrac{m}{2},\ \dfrac{m^2+2}{2}\right)$ … 答

別解 y 座標も直線 l の方程式に代入せずに，線分 AB の中点として求めることもできる。その際には，対称式の変形が必要になる。

線分 AB の中点の y 座標は，

$$\frac{\alpha^2+\beta^2}{2}=\frac{(\alpha+\beta)^2-2\alpha\beta}{2}$$
$$=\frac{m^2+2}{2}$$

(2) M(X, Y) とすると，(1)より，←[1]

$$\begin{cases} X=\dfrac{m}{2} & \cdots\cdots② \\ Y=\dfrac{m^2+2}{2} & \cdots\cdots③ \end{cases}$$

②より，$m=2X$　これを③に代入すると，← m を消去

$$Y=\frac{(2X)^2+2}{2}$$

$$=2X^2+1 \quad \cdots\cdots④$$ ←[2]

よって，中点 M は放物線④上にある。←[3]

逆に，放物線④上のすべての点は条件を満たす（m はすべての実数値をとるので，②より X もすべての実数値をとることができる）。←[4]

以上より，中点 M の軌跡は，**放物線 $y=2x^2+1$** … 答

演習問題 56

放物線 $y=x^2-3x-1$ と直線 $y=x+k$ が異なる 2 点 A，B で交わるとき，次の問いに答えよ。

(1) 定数 k のとりうる値の範囲を求めよ。

(2) 定数 k の値が変化するとき，線分 AB の中点 P の軌跡を求めよ。

解答▶別冊 29 ページ

第5節 不等式の表す領域

1 領域の図示

次の図のように関数 $y=x$ のグラフより上側にある点を調べてみると，どの点も y 座標が x 座標より大きい，つまり $y>x$ であることがわかります。

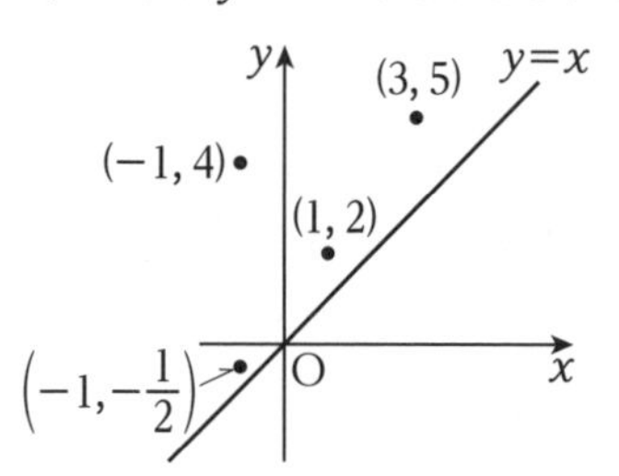

関数 $y=x$ のグラフより上側のすべての点 $(x,\ y)$ で $y>x$ が成り立つのかどうか確かめてみましょう。

次の図のように，$y=x$ のグラフ上では x 座標と y 座標が等しいので，
グラフ上に点 $(x_1,\ y_1)$ をとると，

$y_1=x_1$ ……①

点 $(x_1,\ y_1)$ と x 座標が等しく，上側にある点 $(x_1,\ y_2)$ を考えると，

$y_2>y_1$ ……②

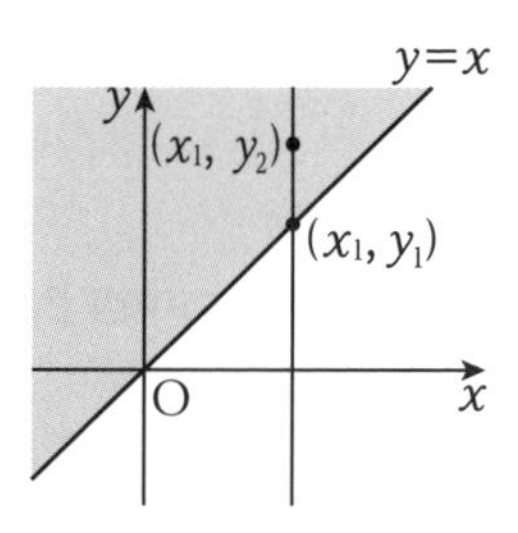

①を②に代入すると，点 (x_1, y_2) において，$y_2>x_1$（y 座標が x 座標より大きい）となります。
よって，**$y=x$ のグラフより上側にあるすべての点 $(x,\ y)$ で $y>x$ が成り立つ**といえます。

関数を $y=f(x)$ に変えても同様のことがいえます。つまり，**関数 $y=f(x)$ のグラフより上側にあるすべての点で $y>f(x)$ が成り立ちます。**
もちろん，**$y=f(x)$ のグラフより下側にある点では $y<f(x)$ が成り立ちます。**

x，y についての不等式があるとき，それを満たす点 $(x,\ y)$ 全体の集合を不等式の表す領域といいます。

Check Point 不等式の表す領域

$y>f(x)$ の表す領域は，関数 $y=f(x)$ のグラフの上側の部分

$y<f(x)$ の表す領域は，関数 $y=f(x)$ のグラフの下側の部分

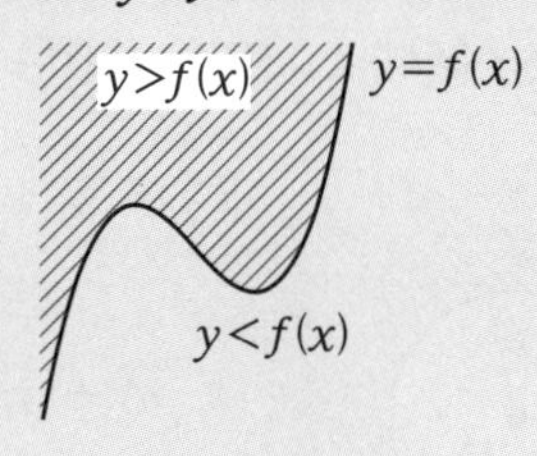

〈x 軸や y 軸に平行な直線で分けられる領域〉

例えば，直線 $x=3$ より右側の部分では，y 座標に関係なく，どの点でも x 座標は 3 より大きくなるので，すべての点で $x>3$ が成り立ちます。つまり，$x>3$ の表す領域は，直線 $x=3$ の右側の部分です。

同様にして，$x<3$ の表す領域は，直線 $x=3$ の左側の部分です。

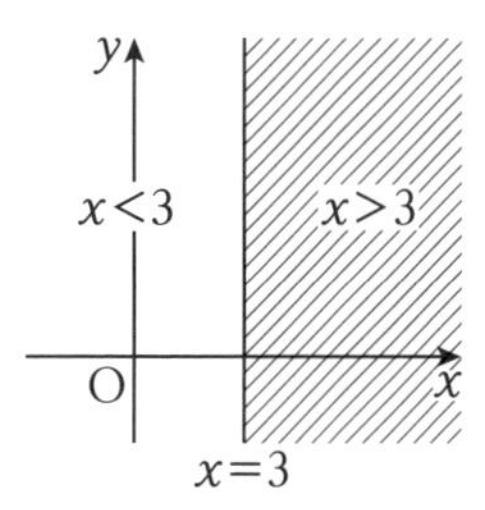

例えば，直線 $y=2$ より上側の部分では，x 座標に関係なく，どの点でも y 座標は 2 より大きくなるので，すべての点で $y>2$ が成り立ちます。つまり，$y>2$ の表す領域は，直線 $y=2$ の上側の部分です。

同様にして，$y<2$ の表す領域は，直線 $y=2$ の下側の部分です。

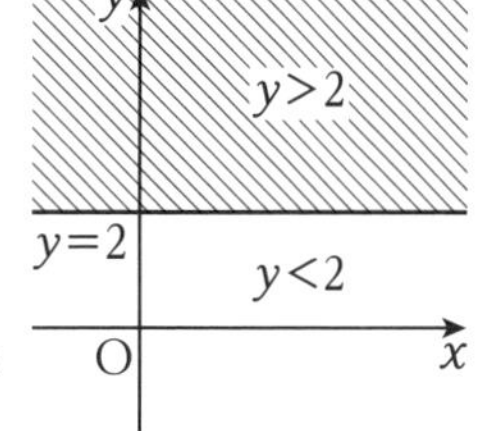

〈円で分けられる領域〉

中心が原点 O，半径が r の円 $x^2+y^2=r^2$ 上の点 $(x_1,\ y_1)$ をとると，$x_1{}^2+y_1{}^2=r^2$ が成り立ちます。

このことから，右の図のように円外の点 $(x_2,\ y_2)$ について考えると，点 $(x_2,\ y_2)$ から中心までの距離は半径よりも長いので，$\sqrt{x_2{}^2+y_2{}^2}>r$，つまり，$x_2{}^2+y_2{}^2>r^2$ がいえます。

よって，**円 $x^2+y^2=r^2$ の外部のすべての点で $x^2+y^2>r^2$ が成り立つ**といえます。逆に，**円 $x^2+y^2=r^2$ の内部のすべての点で $x^2+y^2<r^2$ が成り立ちます。**

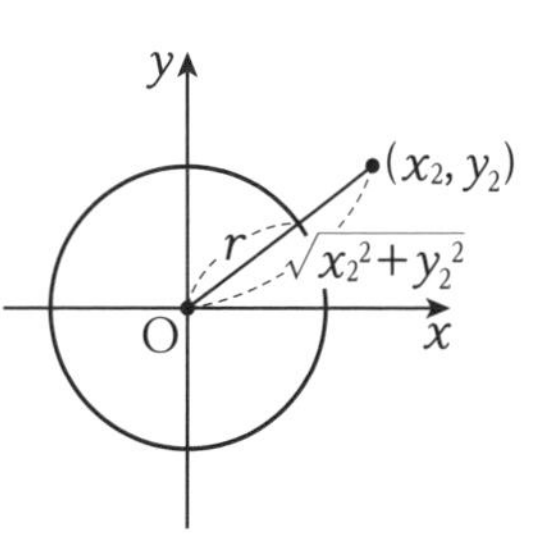

さらに，中心が原点以外の円でも同様で，次のことが成り立ちます。

Check Point　円と領域

$(x-a)^2+(y-b)^2<r^2$ の表す領域は，円 $(x-a)^2+(y-b)^2=r^2$ の内部

$(x-a)^2+(y-b)^2>r^2$ の表す領域は，円 $(x-a)^2+(y-b)^2=r^2$ の外部

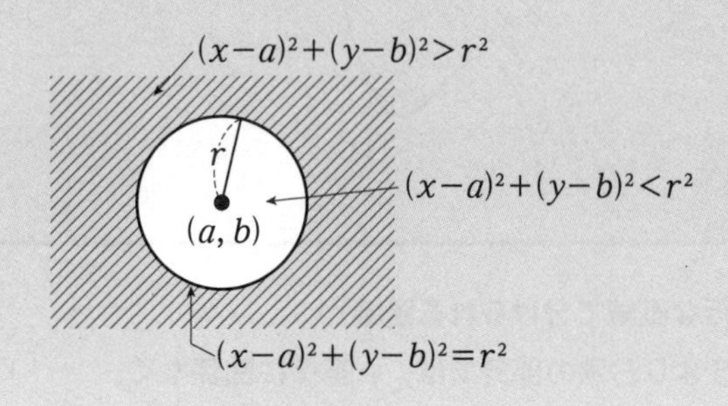

「動点が常に成り立つ等式→軌跡」，「動点が常に成り立つ不等式→領域」とイメージします。

例題64　次の不等式の表す領域を図示せよ。

(1) $2x+3y-6\geqq 0$

(2) $(x-2)^2+(y-1)^2>4$

(3) $y\geqq x^2-4x$

考え方　不等号にイコールを含む場合，領域はその境界線も含みます。

解答

(1) $2x+3y-6\geqq 0$ より，$y\geqq -\frac{2}{3}x+2$

よって，領域は直線 $y=-\frac{2}{3}x+2$ の上側であるから，

右の図の斜線部分。ただし，境界線は含む。

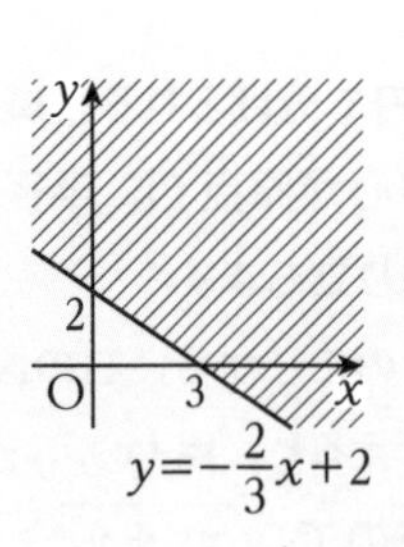

確認　解答の領域より，(0，0) は斜線部分に含まれていません。問題の不等式の左辺に代入すると，

$2\cdot 0+3\cdot 0-6=-6$

左辺が負となり，不等式 $2x+3y-6\geqq 0$ を満たしません。確かに，(0，0) は領域外の点であることが確認できます。

(2) 領域は円 $(x-2)^2+(y-1)^2=4$ の外部であるから，**右の図の斜線部分。ただし，境界線は含まない。**

確認　解答の領域より，(0，0) は斜線部分に含まれています。

問題の不等式の左辺に代入すると，

$(0-2)^2+(0-1)^2=5$

左辺が 4 より大きくなり，不等式 $(x-2)^2+(y-1)^2>4$ を満たします。確かに，(0，0) は領域内の点であることが確認できます。

(3) 領域は放物線 $y=x^2-4x=(x-2)^2-4$ の上側であるから，**右の図の斜線部分。ただし，境界線は含む。**

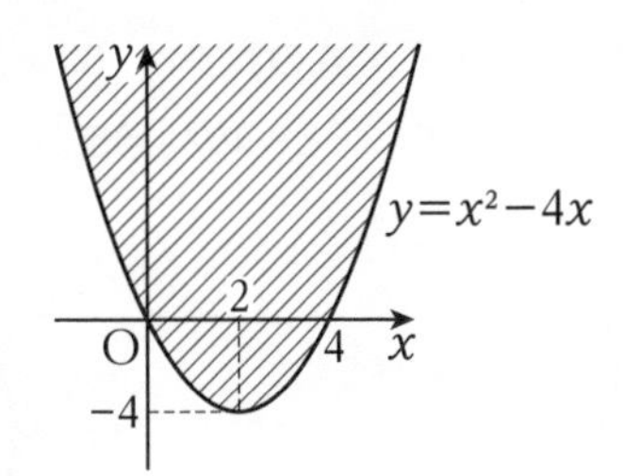

演習問題 57

次の不等式の表す領域を図示せよ。

(1) $y \leqq 2x+1$　　(2) $3x+4y+5>0$

(3) $y<(x-1)^2+2$　　(4) $x \geqq 1$

(5) $y \geqq -1$　　(6) $x^2+y^2 \geqq 4$

(7) $x^2+y^2+2x-2y<0$

考え方　まず，境界線を描きます。

2 連立不等式の表す領域

連立不等式の表す領域とは，それぞれの不等式が表す領域の共通部分を指します。

例題65 連立不等式 $\begin{cases} 2x+y-2\leqq 0 & \cdots\cdots ① \\ x^2+y^2\leqq 4 & \cdots\cdots ② \end{cases}$ の表す領域を図示せよ。

解答 ①より，$y\leqq -2x+2$

$y\leqq -2x+2$ の表す領域は，直線 $y=-2x+2$ の下側の部分である。ただし，境界線は含む。

②の不等式の表す領域は，円 $x^2+y^2=4$ の内部である。ただし，境界線は含む。

よって，①と②の共通部分は**次の図の斜線部分である。ただし，境界線は含む。**

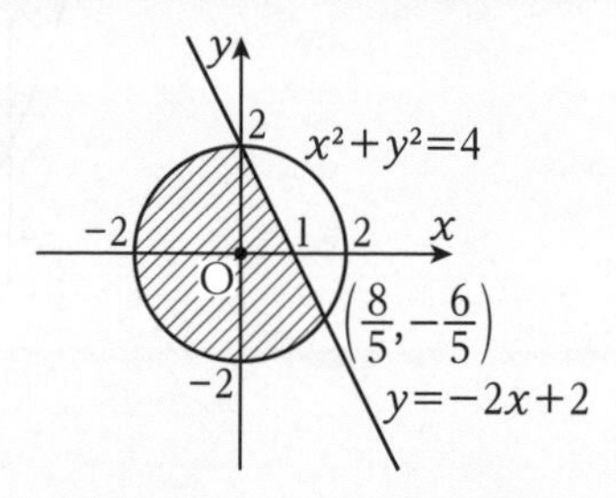

複数のグラフを描く際は，共有点の座標も示しておきましょう。

例題66 不等式 $(x-2y+1)(2x+y-2)<0$ の表す領域を図示せよ。

考え方 展開するとわからなくなってしまいます。この場合はそれぞれのかっこ内の符号で場合を分けて考えます。

解答 この不等式は，

$\begin{cases} x-2y+1>0 \\ 2x+y-2<0 \end{cases}$，または，$\begin{cases} x-2y+1<0 \\ 2x+y-2>0 \end{cases}$

ということと同じである。つまり，

$\begin{cases} y<\frac{1}{2}x+\frac{1}{2} \\ y<-2x+2 \end{cases}$ …①，または，$\begin{cases} y>\frac{1}{2}x+\frac{1}{2} \\ y>-2x+2 \end{cases}$ …②

①の表す領域は $y=\frac{1}{2}x+\frac{1}{2}$ の下側と $y=-2x+2$ の下側の共通部分であるから，次の図の斜線部分。ただし，境界線は含まない。

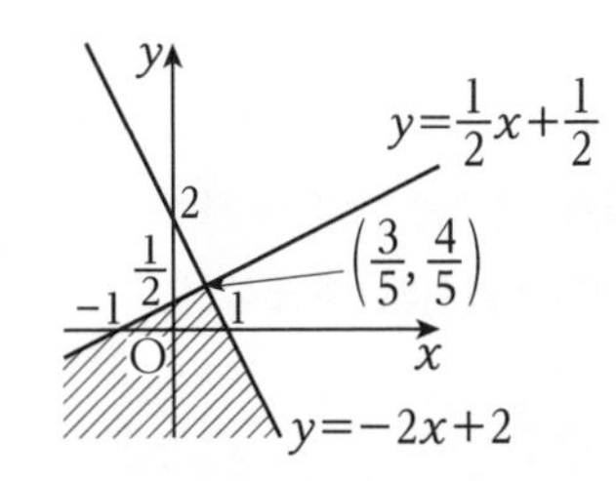

②の表す領域は $y=\frac{1}{2}x+\frac{1}{2}$ の上側と $y=-2x+2$ の上側の共通部分であるから，次の図の斜線部分。ただし，境界線は含まない。

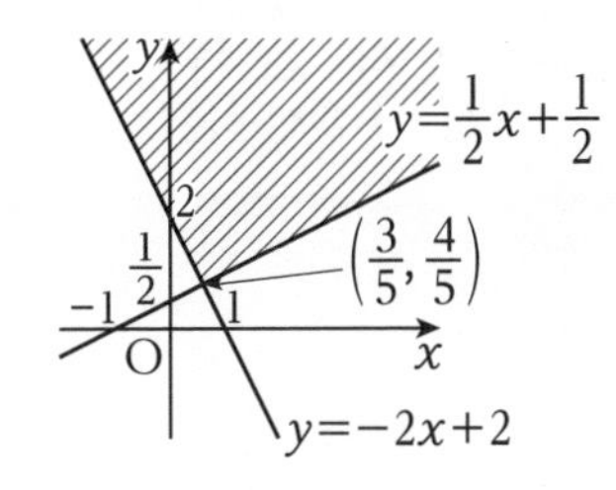

「①または②」であるから，①の領域と②の領域の和集合を考えると，求める領域は**次の図の斜線部分。ただし，境界線は含まない。**

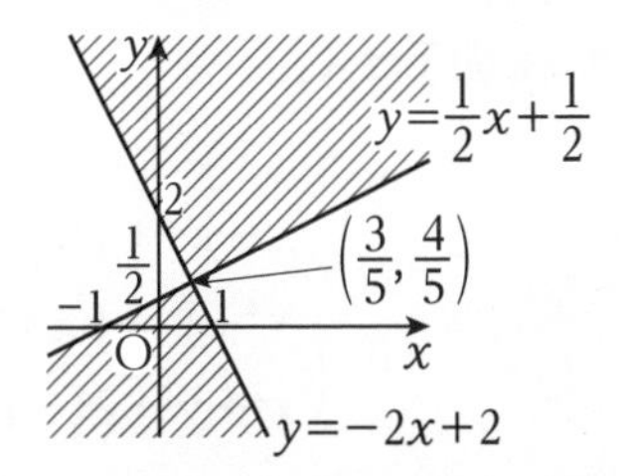

別解 積で表された不等式 ($AB>0$ や $AB<0$) の領域は境界線を境に，斜線で塗る領域（不等式の表す領域）と塗らない領域が交互に並ぶことになる。領域を求める際には，先に境界線を描き，適当な座標を１点用意し，領域の不等式を満たすかどうかを確認する。その点が不等式を満たす（代入して成り立つ）場合，その点を含む領域が塗る領域とわかる。

よって，この問題は次のように考えることができる。

まず，境界線 $y=\frac{1}{2}x+\frac{1}{2}$ と $y=-2x+2$ を描く。

点 (0，0) を不等式の左辺に代入すると，

(左辺)$=(0-0+1)(0+0-2)=-2<0$

よって，点 (0，0) を含む領域は塗る領域であるとわかる。

境界線を越えるたびに塗る領域と塗らない領域が交互に並ぶので，求める領域は

次の図の斜線部分。ただし，境界線は含まない。

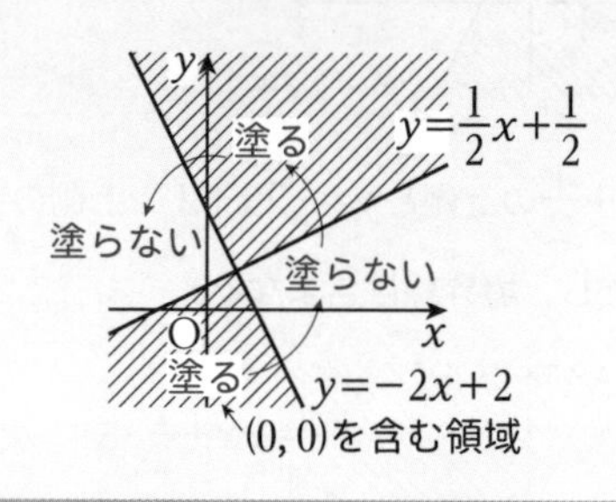

演習問題 58

1 次の連立不等式の表す領域を図示せよ。

(1) $\begin{cases} x+y \leqq 0 \\ x-2y \geqq 6 \end{cases}$　　(2) $\begin{cases} y<x^2-1 \\ x-y+1<0 \end{cases}$

(3) $\begin{cases} (x-2)^2+y^2 \leqq 25 \\ 3x+y<1 \end{cases}$　　(4) $\begin{cases} x^2+y^2+6x+5 \geqq 0 \\ x^2+y^2+2x-15 \leqq 0 \end{cases}$

2 次の不等式の表す領域を図示せよ。

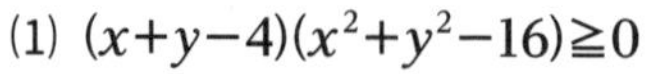

(1) $(x+y-4)(x^2+y^2-16) \geqq 0$

(2) $(x^2+y)(x^2+y^2-2)<0$

解答▶別冊 31 ページ

3 絶対値を含む不等式の表す領域

絶対値を含む領域は，場合分けを行い，絶対値記号のない形で領域を考えます。また，対称性を意識するとより速く解答することもできます。

例題67 不等式 $|x|+|y| \leqq 1$ の表す領域を図示せよ。

解答 x，y の正負で場合を分ける。

(i) $x \geqq 0$，$y \geqq 0$ のとき

$x+y \leqq 1$　つまり，$y \leqq -x+1$

(ii) $x<0$，$y \geqq 0$ のとき

$-x+y \leqq 1$　つまり，$y \leqq x+1$

(iii) $x<0$，$y<0$ のとき

$-x-y \leqq 1$　つまり，$y \geqq -x-1$

(iv) $x \geqq 0$，$y<0$ のとき

$x-y \leqq 1$　つまり，$y \geqq x-1$

(i)〜(iv)の場合分けの範囲に気をつけて図示すると，領域は**次の図の斜線部分。ただし，境界線は含む**。

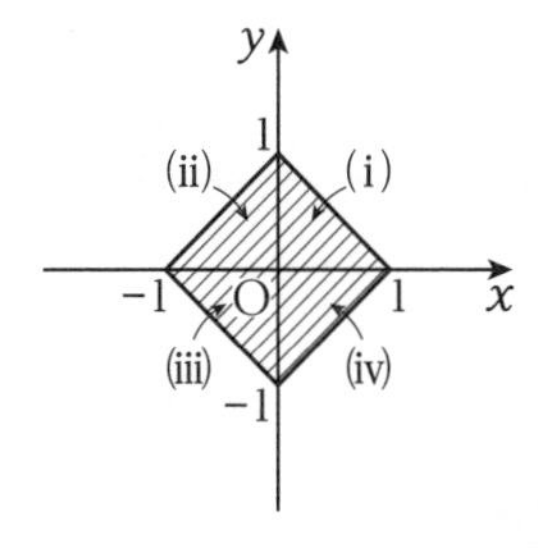

一般に $n>0$ のとき，$|x|+|y|=n$ は，**各軸と $\pm n$ で交わるダイヤモンド型**になります。ぜひ覚えておきたい形です。

絶対値の定義より $|-x|=|x|$ であることから，対称性が成立します。

先ほどの $|x|+|y|=1$ のグラフでは，

x を $-x$ に変えても y の値は変化しないので y 軸対称

また，

y を $-y$ に変えても x の値は変化しないので x 軸対称

よって，$x \geqq 0$ かつ $y \geqq 0$ の部分だけ調べれば，残りの部分は x 軸，y 軸に関して対称になるように折り返すことで解答を求められます。

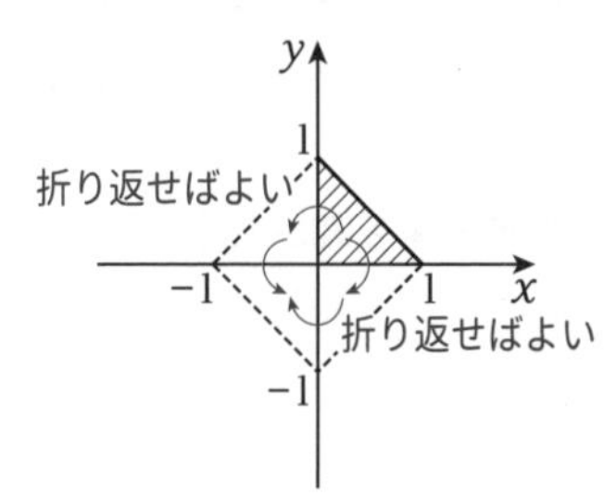

演習問題 59

次の不等式の表す領域を図示せよ。

(1) $|x-y|<1$

(2) $|x^2+y^2-3| \geqq 1$

(3) $|x|+2|y|<1$

解答▶別冊 32 ページ

4 領域と最大・最小

次の図のような等高線のある地図(地図内の単位は m)において，地点 A や地点 B の標高は何 m でしょうか。

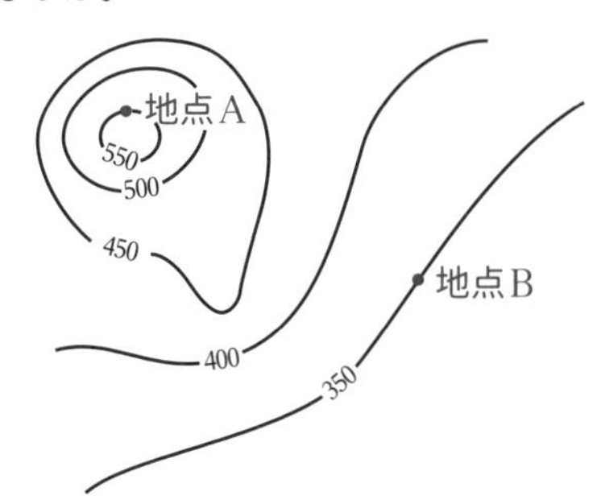

等高線では，その線上の点がすべて同じ標高になります。つまり，**線上の 1 か所に書かれた標高が，その線上すべての点の標高を表している**ことになります。よって，地点 A の標高は 550m，地点 B の標高は 350m だとわかります。
これと同じように，領域と最大・最小の問題を考えてみましょう。

次の 4 つの不等式

$x \geqq 0$，$y \geqq 0$，$y \leqq -2x+12$，$y \leqq -\frac{1}{2}x+6$

の表す領域は，共通部分を図示すると次の図の色のついた部分になります。ただし，境界線は含みます。

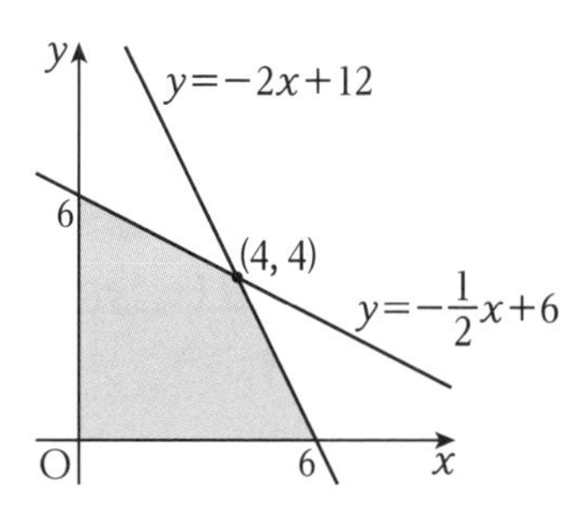

このとき，領域を満たす点 $(x,\ y)$ において $x+y$ の最大値を考えてみましょう。
例えば，x，y がともに整数である場合，領域内で $x+y=2$ となる点は，$(0,\ 2)$，$(1,\ 1)$，$(2,\ 0)$ です。
これらは次の図のように，すべて直線 $x+y=2$ 上，つまり直線 $y=-x+2$ 上に存在します。これは，x，y が整数でないときでも同様です。

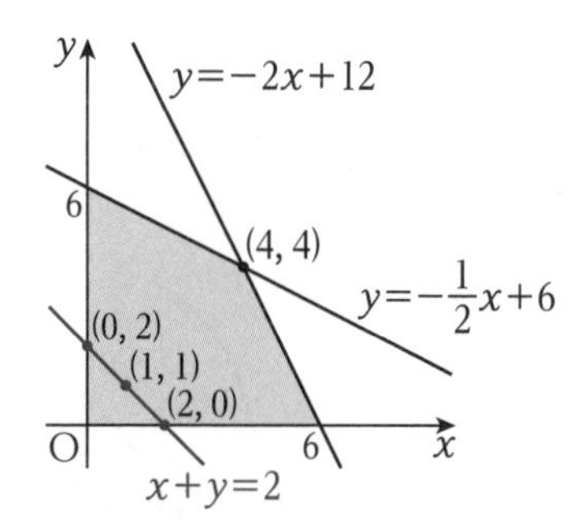

よって，**$x+y=2$ となる点はすべて傾きが -1，y 切片が 2 である直線上にあり，$x+y$ の値は y 切片に等しい**ことがわかります（y 切片が標高を表していると考えると，直線 $y=-x+2$ は標高 2 の等高線であるといえます）。

同様に考えると，**$x+y=7$ となる点はすべて傾きが -1，y 切片が 7 である直線上にあり，$x+y$ の値は y 切片に等しくなります**（直線 $y=-x+7$ は標高 7 の等高線であるといえます）。領域内で $x+y=7$ となる点は，図のように，(2，5)，(3，4)，(4，3)，(5，2) 等があることがわかります。

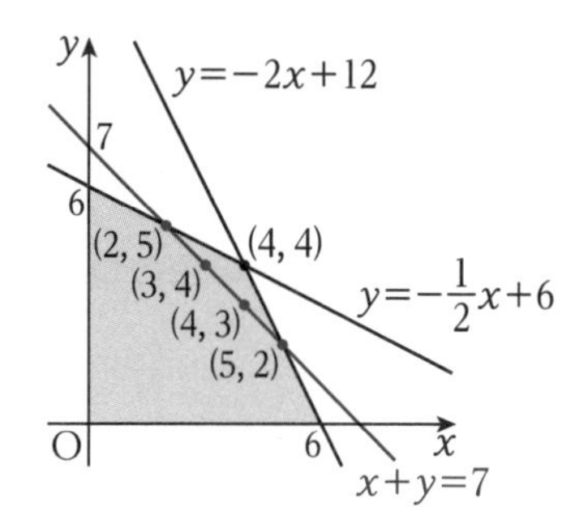

さらに，$x+y=9$ となる点を考えると，図のように，**直線 $x+y=9$ が領域内を通らない**ことから，**$x+y=9$ となるような領域内の座標 (x, y) が存在しない**（領域内では標高が 9 になる点は存在しない）ことがわかります。

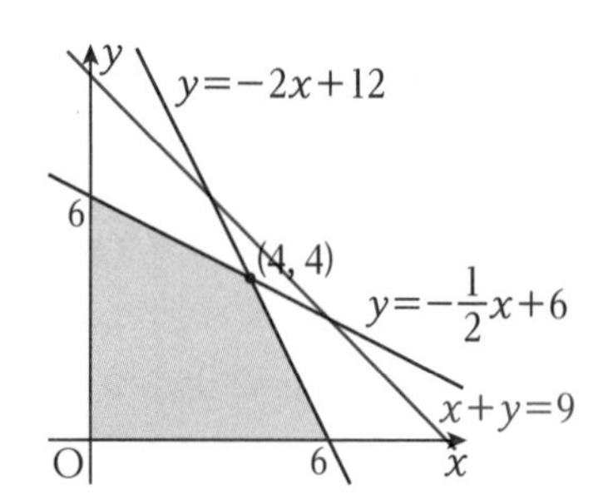

以上より，領域を満たす点 $(x,\ y)$ における $x+y$ の最大値は，

「傾きが-1の直線 $x+y=k$ が領域と共有点をもつような y 切片 k の値の最大値」

↑領域内で標高 k が最も高いところを探す

と言いかえることができます。

図より，点 $(4,\ 4)$ を通るとき，y 切片 k の値が最大になるので，

$k=x+y=4+4=8$ … 答

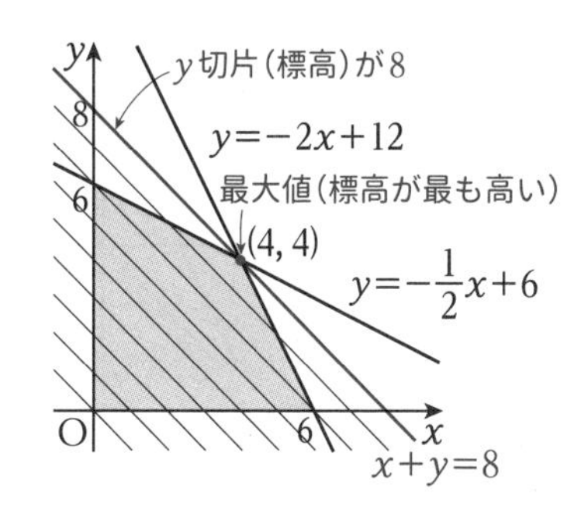

領域と最大・最小の問題の解法をまとめると，次の通りになります。

Check Point 領域の最大・最小問題

1 領域を図示する。

2 （最大・最小を求める式）$=k$ とおく。

3 2の式が，領域と共有点をもつような k の値の最大値・最小値を求める。

ここで大切なのは，$\sim=k$ とおいたとき，**k が図形的に何を表しているのかを調べておくこと**です。これによって，図における何の最大値・最小値を考えればよいのかがはっきりします。

例題68 x，y が 3 つの不等式 $y\geqq x$，$y+2x-3\geqq 0$，$x+2y-6\leqq 0$ を満たすとき，$-2x+y$ の最大値と最小値を求めよ。また，そのときの x，y の値も求めよ。

考え方 「そのときの x，y の値」とは，最大値や最小値をとるときに通る点の座標のことになります。

解答 不等式は $y \geqq x$，$y \geqq -2x+3$，$y \leqq -\frac{1}{2}x+3$ であるから，領域は次の図の色のついた部分。ただし，境界線は含む。←[1]

$-2x+y=k$…①とおく。←[2]

$-2x+y=k$ より $y=2x+k$ であるから，k は傾きが 2 である直線の y 切片を表している。よって，図の領域を通り，傾きが 2 である直線のうち，y 切片が最大，または最小となるものを探せばよい。

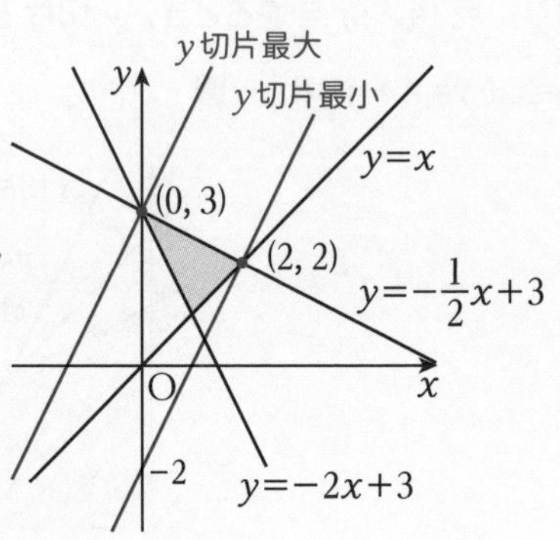

図より，点 (2，2) を通るとき y 切片 k の値は最小になる。①に $x=2$，$y=2$ を代入して，

$k=-2\cdot2+2=-2$ ←[3] **最小値−2，このとき $(x,\ y)=(2,\ 2)$** … 答

図より，点 (0，3) を通るとき y 切片 k の値は最大になる。①に $x=0$，$y=3$ を代入して，

$k=-2\cdot0+3=3$ ←[3] **最大値 3，このとき $(x,\ y)=(0,\ 3)$** … 答

次の例題のように，領域が円の場合もあります。

例題 69 $x^2+y^2 \leqq 10$ のとき，$3x+y$ の最大値と最小値を求めよ。また，そのときの x，y の値も求めよ。

解答 領域は右の図の色のついた部分。ただし，境界線は含む。←[1]

$3x+y=k$ とおく。←[2]

$3x+y=k$ より，$y=-3x+k$ であるから，k は傾きが−3 である直線の y 切片を表している。よって，図の領域を通り，傾きが−3 である直線のうち，y 切片が最大，または最小となるものを探せばよい。

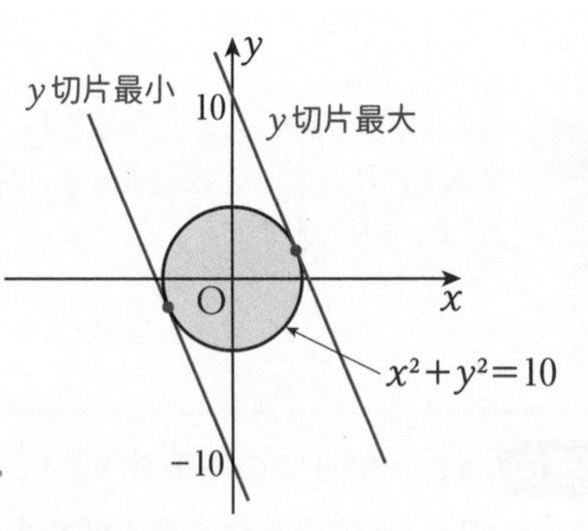

それは，図のように直線と円が接するときである。

$y=-3x+k$ より，$3x+y-k=0$

直線と円が接するとき，中心 $(0,\ 0)$ と直線 $3x+y-k=0$ の距離が円の半径$\sqrt{10}$に等しくなるから，

$\dfrac{|3\cdot0+0-k|}{\sqrt{3^2+1^2}}=\sqrt{10}$　よって，$|k|=10$ であるから，$k=\pm10$　←3

また，$k=\pm10$ のときの x，y の値は接点の座標に等しい。

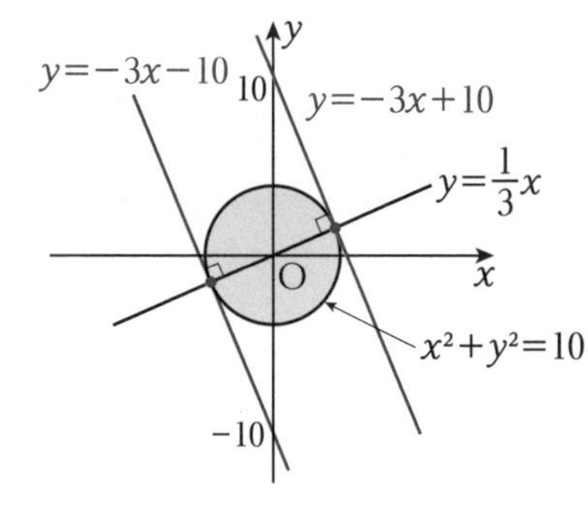

原点を通り，直線 $y=-3x\pm10$ に直交する直線は，$y=\dfrac{1}{3}x$

直線 $y=-3x\pm10$ と直線 $y=\dfrac{1}{3}x$ の共有点が接点であるから，

連立して，

$-3x+10=\dfrac{1}{3}x$ より，$x=3$　　$y=\dfrac{1}{3}x$ より，$y=1$

$-3x-10=\dfrac{1}{3}x$ より，$x=-3$　$y=\dfrac{1}{3}x$ より，$y=-1$

以上より，**最大値 10，このとき $(x,\ y)=(3,\ 1)$** … 答

最小値 -10，このとき $(x,\ y)=(-3,\ -1)$ … 答

さらに次の例題のように，k が半径を表す場合もあります。

例題70 $x^2+y^2\leqq1$ のとき，$(x-2)^2+y^2$ の最大値と最小値を求めよ。また，そのときの x，y の値も求めよ。

解答 領域は右の図の色のついた部分。ただし，境界線は含む。←1

$(x-2)^2+y^2=k$ ……①とおく。←2

k は中心が $(2,\ 0)$ である円の半径の 2 乗を表している（半径が$\sqrt{k}$ である）。よって，図の領域を通り，中心が $(2,0)$ である円のうち，半径が最大，または最小となるものを探せばよい。

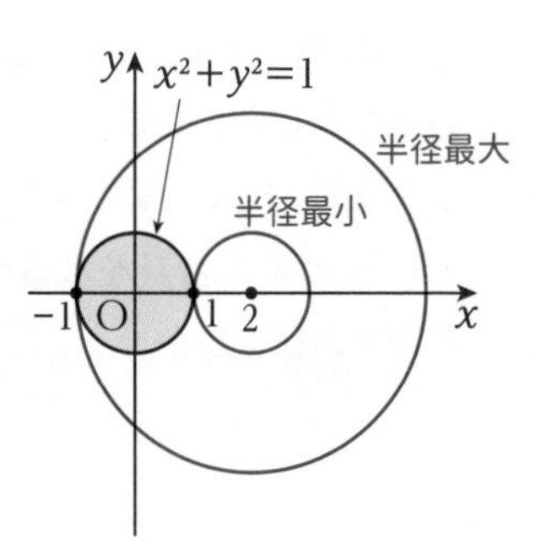

図のように，(1，0) で接しているとき半径は最小であるから，半径の2乗 k も最小になる。①に $x=1$，$y=0$ を代入して，

$k=(1-2)^2+0^2=1$ ←③ **最小値 1，このとき $(x,\ y)=(1,\ 0)$** … 答

図のように，(−1，0) で接しているとき半径は最大であるから，半径の2乗 k も最大になる。①に $x=-1$，$y=0$ を代入して，

$k=(-1-2)^2+0^2=9$ ←③ **最大値 9，このとき $(x,\ y)=(-1,\ 0)$** … 答

演習問題 60

1 次の問いに答えよ。

(1) 実数 x, y が不等式 $2x+y\geqq 4$, $y-x\leqq 4$, $3x-y\leqq 6$ を満たすとき，$x+2y$ のとりうる最大値と最小値を求めよ。また，そのときの x，y の値も求めよ。

(2) 実数 x，y が不等式 $x^2+y^2\leqq 4$，$y\geqq 2-x$ を満たすとき，$2x+y$ のとりうる最大値と最小値を求めよ。また，そのときの x，y の値も求めよ。

(3) 実数 x，y が不等式 $(x-3)^2+(y-2)^2\leqq 1$ を満たすとき，x^2+y^2 のとりうる最大値と最小値を求めよ。

2 2種類のサプリメント A,B について，1g 当たりのカルシウムとビタミン C の量が表に示してある。

	カルシウム	ビタミン C
A	3mg	2mg
B	2mg	3mg

サプリメント A，B だけでカルシウムもビタミン C も 60mg 以上摂取するとき，A と B の量の合計をなるべく少なくするためには A，B それぞれを何 g ずつ摂取すればよいか。

解答▶別冊 33 ページ

三角関数

第1節 三角関数の定義

1 一般角と象限

数学Iでは，角の範囲が 0°から 180°までの三角比について学びました。三角関数では，角の範囲には制限がなくなり，360°より大きい角や負の角についても考えていきます。

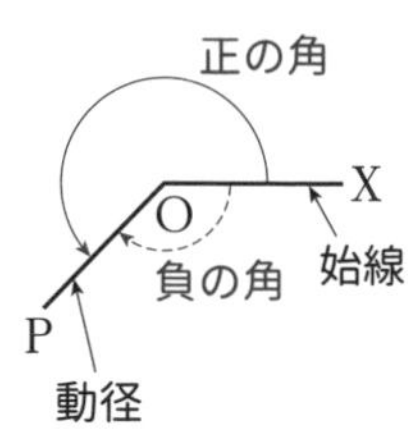

右の図のように，点 O を中心として回転する半直線 OP を動径といい，動径の始めの位置を示す半直線 OX を始線といいます。一般に始線は x 軸の正の部分を用います。
動径の回転には 2 つの向きがあり，**時計の針の回転と反対の向き**を正の向き，**時計の針の回転と同じ向き**を負の向きといいます。また，正の向きの回転の角を**正の角**，負の向きの回転の角を**負の角**といいます。
例えば，動径が正の向きに 60°回転したときの角は 60° (+60°)，負の向きに 30°回転したときの角は−30°と，正負をつけて表します。このように，回転の向きと大きさを表した角を**一般角**といいます。

角を回転の量として考える(符号付きで考える)ことで，360° より大きい角や負の角も考えることができるようになります。

また，座標平面を x 軸と y 軸で 4 つの領域に分けたとき，$x>0$，$y>0$ である領域を第 1 象限といい，そこから時計の針と反対回りに第 2 象限，第 3 象限，第 4 象限といいます。なお，軸上は象限に含みません。

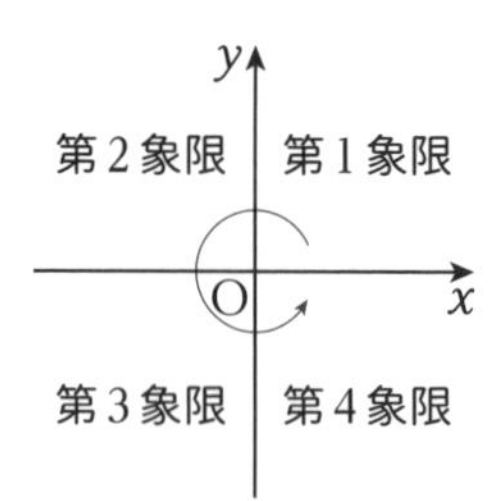

例題 71 次の角は第何象限の角か。

(1) 135°　　(2) 330°　　(3) −120°

解答 それぞれの角の動径を座標平面上に図示すると，右のようになる。

動径のある象限を確認して答えを求めると，

(1) **第 2 象限**, (2) **第 4 象限**, (3) **第 3 象限** … 答

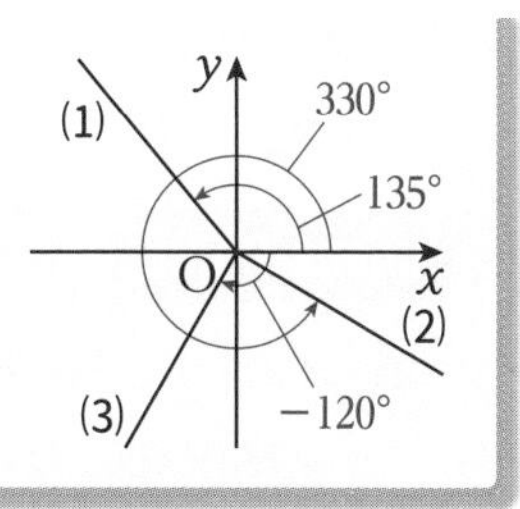

360°を超える一般角，もしくは−360°を下回る一般角は 0°から 360°までの一般角のいずれかの位置と等しくなります。

例えば，400°の動径とは正の向きに 400°回転した動径ですが，360°で 1 周するので 40°の動径と同じ位置にくることがわかります。つまり，

$400° = 40° + 360°$　← 1 周と 40°

ということです。同様に 760°を考えると，

$760° = 40° + 360° \times 2$　← 2 周と 40°

ですから，**40°と 400°と 760°は動径が同じ位置にある**とわかります。

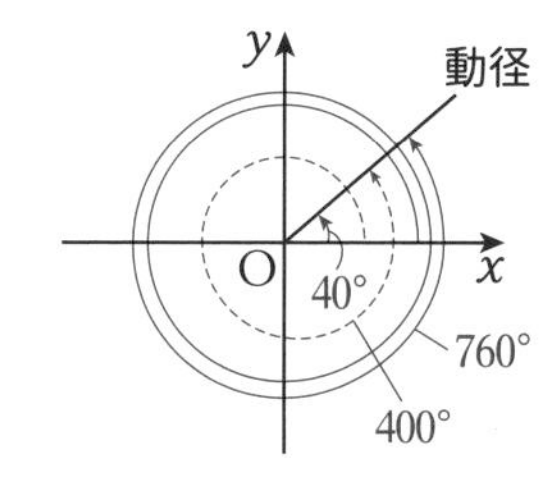

負の角も同様です。−680°ならば，680÷360=1 余り 320 であるから，

$$
\begin{aligned}
-680° &= -320° + 360° \times (-1) \\
&= -320° + 360° - 360° + 360° \times (-1) \quad \leftarrow 360°を足して引く \\
&= 40° + 360° \times (-2) \quad \leftarrow 40°から時計回りに 2 周するイメージ
\end{aligned}
$$

とできるので，**−680°も 40°と動径が同じ位置にある**とわかります。

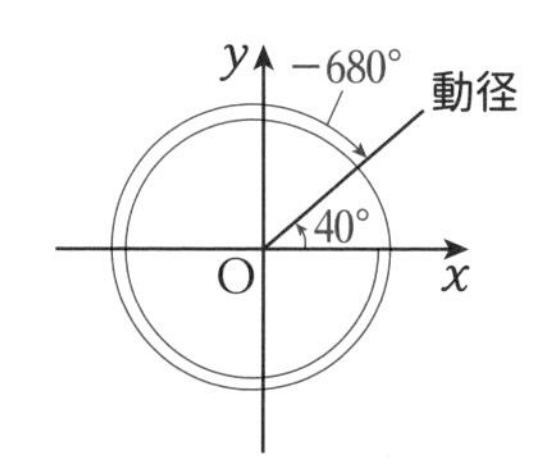

以上より，40°，400°，760°，−680°はいずれも動径が同じ位置にある一般角といえます。よって，次のことがいえます。

Check Point　動径の表す一般角

角α（$0° \leqq \alpha < 360°$）の動径の表す一般角は，

$\alpha + 360° \times k$（k は整数）

Advice「$\alpha + 360° \times k$」と「α」で表される角は同じ位置にある，ということです。

例題72 次の角を，$\alpha + 360° \times k$（k は整数）の形で表せ。また，その角は第何象限の角であるか。ただし，$0° \leqq \alpha < 360°$とする。

(1) 2670°　　(2) −1125°

解答 (1) $2670 \div 360 = 7$ 余り 150 であるから，

$2670° = \mathbf{150° + 360° \times 7}$ … 答

この角の動径は 150°と同じ位置にあるので，**第 2 象限の角** … 答

(2) $1125 \div 360 = 3$ 余り 45 であるから，

$-1125° = -45° + 360° \times (-3)$

$= -45° + 360° - 360° + 360° \times (-3)$ ←360°を足して引く

$= \mathbf{315° + 360° \times (-4)}$ … 答

この角の動径は 315°と同じ位置にあるので，**第 4 象限の角** … 答

演習問題 61

次の角を，$\alpha + 360° \times k$（k は整数）の形で表せ。また，その角は第何象限の角であるか。ただし，$0° \leqq \alpha < 360°$とする。

(1) 1295°　　(2) 832°　　(3) −657°

解答▶別冊 35 ページ

2 弧度法

扇形では，半径と中心角が定まると弧の長さも定まります。つまり，半径が一定であれば，中心角から弧の長さを決定することができるといえます。逆に考えれば，弧の長さから中心角を決定することができるともいえます。そこで，これまでは度（°）を単位とする**度数法**を用いて角の大きさを表してきましたが，ここでは**弧の長さに着目して角の大きさを表す方法**について学びます。

次の図のように，円の半径と弧の長さが等しいときの中心角を 1 ラジアンと定義します。要するに，1 ラジアンは弧の長さが半径の 1 倍，ということです。

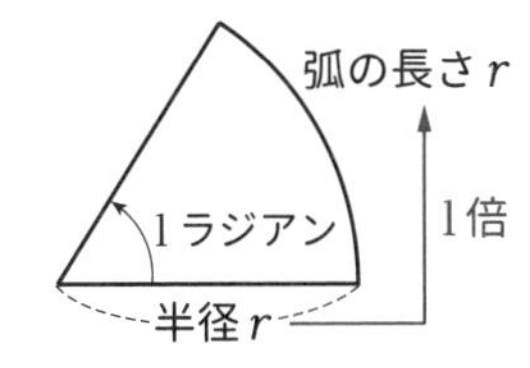

ラジアンを単位とする角度の表し方を**弧度法**といいます。

次の図のように，半径 r の半円では，弧の長さは πr になります（円の周の長さは $2\pi r$ でしたね）。つまり，**弧の長さは半径の π 倍ですから，その中心角は弧度法では π ラジアンになります。**

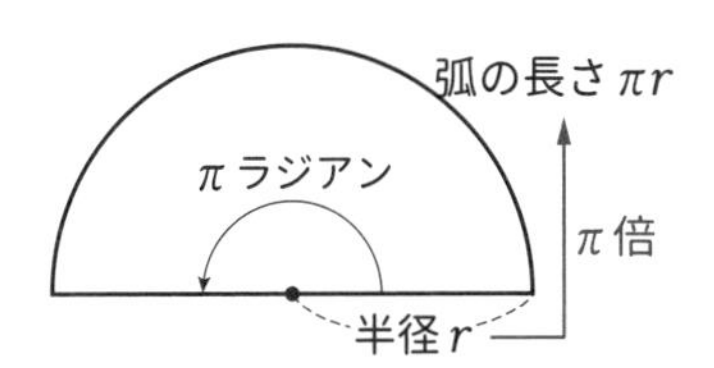

この結果を，弧度法と度数法の変換の式として，次のようにまとめます。

Check Point　弧度法と度数法の変換

π（ラジアン）$=180°$

逆に考えれば，

$180°=\pi$（ラジアン） $\xrightarrow[\text{180 で割ると}]{\text{両辺を}}$ $1°=\dfrac{\pi}{180}$（ラジアン）

Advice 「$\pi=180°$」は$\pi=3.14\cdots$と考えると奇妙な等式に見えますが，この式は，**「180°のとき，弧の長さは半径のπ倍である」**ということを意味しています。そもそも左辺と右辺は単位が異なる点に気をつけてください。
なお，**単位のラジアンは省略するのが一般的です。**

また，次のような有名角も$180°=\pi$の両辺を割って弧度法で表すことができます。よく用いる数値なので覚えておきたいです。

Check Point 有名角の弧度法と度数法の変換

$$90°=\frac{\pi}{2},\quad 60°=\frac{\pi}{3},\quad 45°=\frac{\pi}{4},\quad 30°=\frac{\pi}{6}$$

例題73 次の(1), (2)の角を弧度法で表せ。また，(3), (4)の角を度数法で表せ。

(1) $50°$　　(2) $-40°$

(3) $\frac{7}{4}\pi$　　(4) $\frac{5}{12}\pi$

解答

(1) $1°=\frac{\pi}{180}$であるから，$50°=50\times\frac{\pi}{180}=\boldsymbol{\frac{5}{18}\pi}$ … 答

(2) $1°=\frac{\pi}{180}$であるから，$-40°=-40\times\frac{\pi}{180}=\boldsymbol{-\frac{2}{9}\pi}$ … 答

(3) $\pi=180°$であるから，$\frac{7}{4}\pi=\frac{7}{4}\times180°=\mathbf{315°}$ … 答

(4) $\pi=180°$であるから，$\frac{5}{12}\pi=\frac{5}{12}\times180°=\mathbf{75°}$ … 答

演習問題 62

次の(1)〜(3)の角を弧度法で表せ。また，(4)〜(6)の角を度数法で表せ。

(1) $225°$　　(2) $630°$　　(3) $375°$

(4) $\frac{5}{2}\pi$　　(5) $\frac{14}{3}\pi$　　(6) $\frac{49}{12}\pi$

解答▶別冊 35 ページ

3 扇形の弧の長さと面積

扇形の弧の長さや面積を，弧度法を用いて考えてみましょう。

右の図のような半径 r，中心角 θ（ラジアン）の扇形の弧の長さを l，面積を S とします。

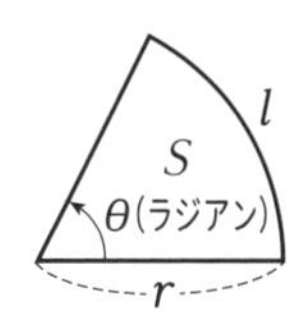

半径が r の円の周の長さは $2\pi r$，中心角は $360°=2\pi$（ラジアン）で，

扇形の弧の長さは中心角に比例するから，

$2\pi r : l = 2\pi : \theta$　←弧の長さの比 = 中心角の比

つまり，$2\pi l = 2\pi r\theta$ であるから，

$$l=\frac{2\pi r\theta}{2\pi}=r\theta$$

半径が r の円の面積は πr^2，中心角は 2π（ラジアン）で，扇形の面積は中心角に比例するから，

$\pi r^2 : S = 2\pi : \theta$　←面積の比 = 中心角の比

つまり，$2\pi S=\pi r^2\theta$ であるから，

$$S=\frac{\pi r^2\theta}{2\pi}=\frac{1}{2}r^2\theta$$

さらに，$l=r\theta$ より，

$$S=\frac{1}{2}r^2\theta=\frac{1}{2}r\cdot r\theta=\frac{1}{2}rl$$

となります。弧度法を用いることで，結論がきれいにまとまりました。

Check Point　扇形の弧の長さと面積

半径 r，中心角 θ（ラジアン）の扇形の弧の長さ l と面積 S は，

$$l=r\theta \quad S=\frac{1}{2}r^2\theta=\frac{1}{2}rl$$

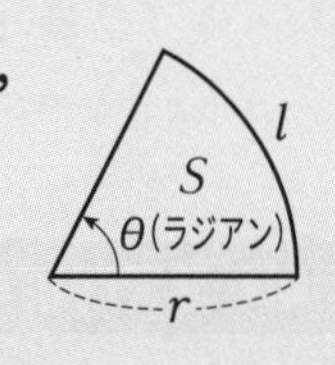

扇形の面積の公式は，右の図のように三角形の面積の公式と同じ形をしているんですね。公式を覚えるときのヒントにしてみましょう。

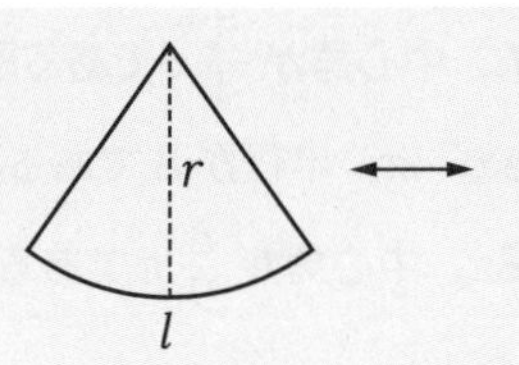

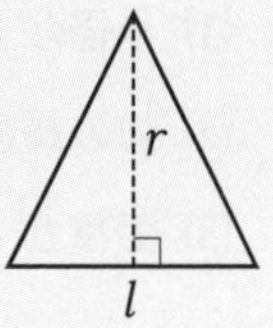

共に，$S=\frac{1}{2}rl$

例題74 次の問いに答えよ。

(1) 半径が 4，中心角が$\frac{3}{4}\pi$である扇形の弧の長さと面積を求めよ。

(2) 半径が 10，弧の長さが 4πである扇形の中心角と面積を求めよ。

解答 扇形の半径を r，中心角をθ，弧の長さを l，面積を Sとして公式を利用する。

(1) $r=4$，$\theta=\frac{3}{4}\pi$であるから，

$$l=r\theta=4\cdot\frac{3}{4}\pi=\mathbf{3\pi}$$ … 答

$$S=\frac{1}{2}r^2\theta=\frac{1}{2}\cdot4^2\cdot\frac{3}{4}\pi=\mathbf{6\pi}$$ … 答

別解 求めた弧の長さを用いて面積を求めると，

$$S=\frac{1}{2}rl=\frac{1}{2}\cdot4\cdot3\pi=\mathbf{6\pi}$$ … 答

(2) $r=10$，$l=4\pi$であるから，

$l=r\theta$より，$\theta=\frac{l}{r}=\frac{4\pi}{10}=\mathbf{\frac{2}{5}}\pi$ … 答

$$S=\frac{1}{2}rl=\frac{1}{2}\cdot10\cdot4\pi=\mathbf{20\pi}$$ … 答

別解 求めた中心角の大きさを用いて面積を求めると，

$$S=\frac{1}{2}r^2\theta=\frac{1}{2}\cdot10^2\cdot\frac{2}{5}\pi=\mathbf{20\pi}$$ … 答

演習問題 63

次の問いに答えよ。

(1) 半径が 6，中心角が $\frac{5}{4}\pi$である扇形の弧の長さと面積を求めよ。

(2) 弧の長さが 4π，半径が 8 である扇形の中心角と面積を求めよ。

(3) 面積が 8π，中心角が $\frac{8}{9}\pi$である扇形の半径と弧の長さを求めよ。

4 三角関数の定義

三角関数の定義は，基本的に数学Ⅰで学習した三角比と同様です。数学Ⅰでは0からπ（0°から180°）までの角について三角比を学びましたが，ここでは一般角に拡張して$\sin\theta$，$\cos\theta$，$\tan\theta$の値を考えます。

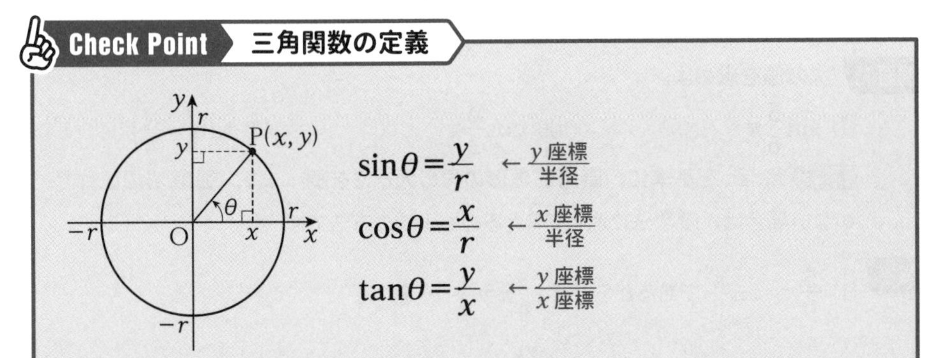

πより大きい角について，三角関数の値を求めるときも，角の動径から直角三角形をつくって考えます。例えば，$\theta=\frac{7}{6}\pi$の場合，右の図のように，動径と円の交点Pから**x軸に垂線を引いて直角三角形をつくります。**円の半径を2とすると，点Pの座標は$(-\sqrt{3}, -1)$となるから，

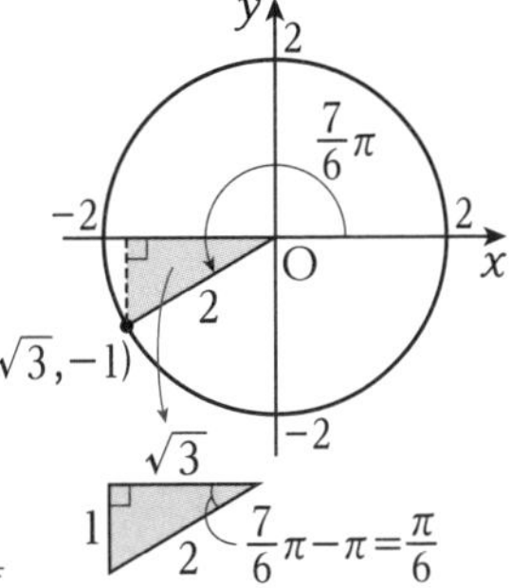

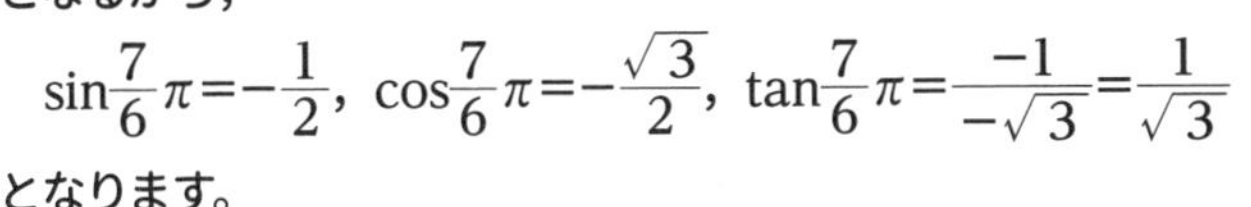

$$\sin\frac{7}{6}\pi=-\frac{1}{2},\ \cos\frac{7}{6}\pi=-\frac{\sqrt{3}}{2},\ \tan\frac{7}{6}\pi=\frac{-1}{-\sqrt{3}}=\frac{1}{\sqrt{3}}$$

となります。

また，次のように三角関数の値の範囲を考えることができます。

上の**Check Point**の図より，$-r \leqq y \leqq r$であるから，

各辺をrで割ると，$-1 \leqq \frac{y}{r} \leqq 1 \Leftrightarrow -1 \leqq \sin\theta \leqq 1$

同様に，$-r \leqq x \leqq r$であるから，

各辺をrで割ると，$-1 \leqq \frac{x}{r} \leqq 1 \Leftrightarrow -1 \leqq \cos\theta \leqq 1$

$\tan\theta=\frac{y}{x}$であるから，直線OPの傾きを表しています。直線OPの傾きはすべての実数値をとることができるので，$\tan\theta$もすべての実数値をとることができます。

Check Point 三角関数のとりうる値の範囲

$-1 \leqq \sin\theta \leqq 1$，$-1 \leqq \cos\theta \leqq 1$，
$\tan\theta$はすべての実数値をとる。

例題75 次の値を求めよ。

(1) $\sin\dfrac{5}{6}\pi$　　(2) $\cos\dfrac{4}{3}\pi$　　(3) $\tan\left(-\dfrac{\pi}{4}\right)$

考え方 π，2πを基準に，直角三角形の角の大きさを調べます。弧度法になれていない場合は，度数法に直して考えるのも1つの方法です。

解答 (1) $\dfrac{5}{6}\pi=\pi-\dfrac{\pi}{6}$ であるから，$\sin\dfrac{5}{6}\pi=\dfrac{1}{2}$ … 答

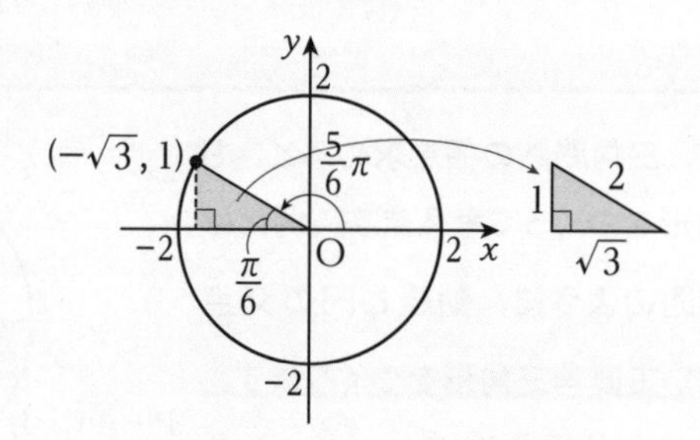

参考 $\dfrac{5}{6}\pi=\dfrac{5}{6}\cdot180°=150°$と考えてもよいでしょう。

(2) $\dfrac{4}{3}\pi=\pi+\dfrac{\pi}{3}$ であるから，$\cos\dfrac{4}{3}\pi=-\dfrac{1}{2}$ … 答

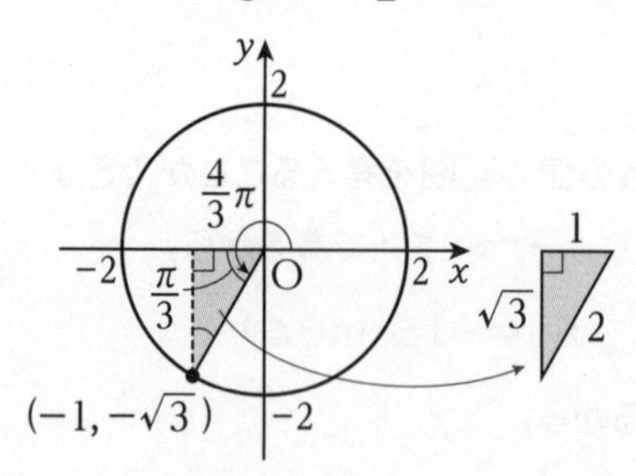

参考 $\dfrac{4}{3}\pi=\dfrac{4}{3}\cdot180°=240°$と考えてもよいでしょう。

(3) $\tan\left(-\dfrac{\pi}{4}\right)=\dfrac{-1}{1}=-1$ … 答

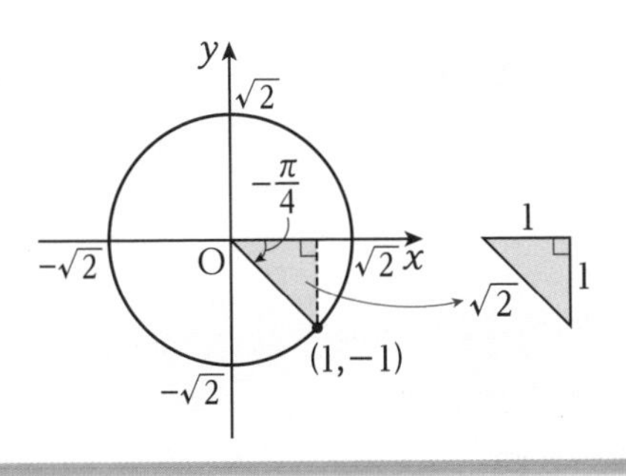

三角関数についても三角比と同様に，次の相互関係が成り立ちます。

Check Point　三角関数の相互関係

$$\sin^2\theta+\cos^2\theta=1,\quad \tan\theta=\frac{\sin\theta}{\cos\theta},\quad 1+\tan^2\theta=\frac{1}{\cos^2\theta}$$

例題 76　三角関数の相互関係を利用して，次の値を求めよ。

(1)　$0<\theta<\frac{\pi}{2}$とする。$\sin\theta=\frac{5}{13}$のときの$\cos\theta$, $\tan\theta$の値

(2)　θを第 3 象限の角とする。$\tan\theta=3$ のときの$\sin\theta$, $\cos\theta$の値

解答　(1)　$\sin^2\theta+\cos^2\theta=1$ であるから，

$$\begin{aligned}\cos^2\theta&=1-\sin^2\theta\\&=1-\left(\frac{5}{13}\right)^2\\&=\frac{13^2-5^2}{13^2}\\&=\frac{(13+5)(13-5)}{13^2}\\&=\frac{4^2\cdot3^2}{13^2}\end{aligned}$$

$a^2-b^2=(a+b)(a-b)$ の利用

$0<\theta<\frac{\pi}{2}$より，$\cos\theta>0$ であるから，

$$\boldsymbol{\cos\theta}=\sqrt{\frac{4^2\cdot3^2}{13^2}}=\boldsymbol{\frac{12}{13}}\ \cdots\ 答$$

また，$\tan\theta=\frac{\sin\theta}{\cos\theta}$であるから，

$$\boldsymbol{\tan\theta}=\frac{\frac{5}{13}}{\frac{12}{13}}=\boldsymbol{\frac{5}{12}}\ \cdots\ 答$$

(2) $\dfrac{1}{\cos^2\theta}=1+\tan^2\theta$ であるから，

$$\frac{1}{\cos^2\theta}=1+3^2$$

$$\cos^2\theta=\frac{1}{10}$$

θ は第 3 象限の角であるから，$\cos\theta<0$

よって，

$$\boldsymbol{\cos\theta=-\frac{1}{\sqrt{10}}}\ \cdots \text{答}$$

また，$\tan\theta=\dfrac{\sin\theta}{\cos\theta}$ であるから，

$$\begin{aligned}\sin\theta&=\tan\theta\cdot\cos\theta\\&=3\cdot\left(-\frac{1}{\sqrt{10}}\right)\\&=\boldsymbol{-\frac{3}{\sqrt{10}}}\ \cdots \text{答}\end{aligned}$$

演習問題 64

1 次の値を求めよ。

(1) $\sin\dfrac{13}{6}\pi$　　(2) $\cos\left(-\dfrac{19}{4}\pi\right)$　　(3) $\tan\dfrac{16}{3}\pi$

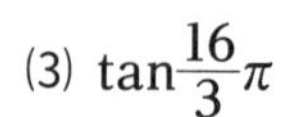

2 三角関数の相互関係を利用して，次の値を求めよ。

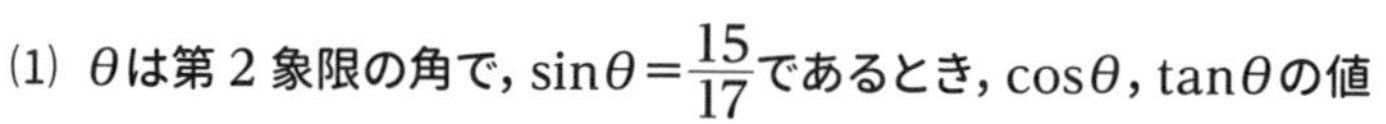

(1) θ は第 2 象限の角で，$\sin\theta=\dfrac{15}{17}$ であるとき，$\cos\theta$，$\tan\theta$ の値

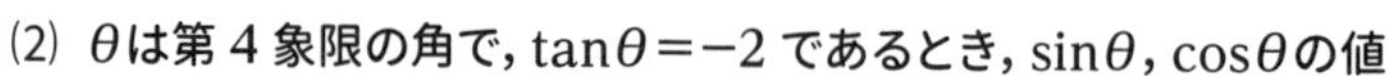

(2) θ は第 4 象限の角で，$\tan\theta=-2$ であるとき，$\sin\theta$，$\cos\theta$ の値

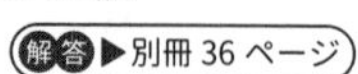

解答▶別冊 36 ページ

5 三角関数の対称式

2 つの文字の対称式は，必ず基本対称式(2 つの文字の和と積)で表すことができます。$\sin\theta$ と $\cos\theta$ の対称式も，和 $\sin\theta+\cos\theta$ と積 $\sin\theta\cos\theta$ で表すことができます。さらに，次のように **$\sin\theta+\cos\theta$ を 2 乗して $\sin^2\theta+\cos^2\theta=1$ を利用することで $\sin\theta\cos\theta$ を $\sin\theta+\cos\theta$ で表すことができます。**

$$(\sin\theta+\cos\theta)^2=\sin^2\theta+2\sin\theta\cos\theta+\cos^2\theta$$
$$=1+2\sin\theta\cos\theta$$

$\sin^2\theta+\cos^2\theta=1$ を利用する

$$\sin\theta\cos\theta=\frac{(\sin\theta+\cos\theta)^2-1}{2}$$

←結果を覚える必要はありません！

Check Point　$\sin\theta$ と $\cos\theta$ の対称式

2 乗することで $\sin\theta+\cos\theta$ の値から $\sin\theta\cos\theta$ の値を求めることができる。

例題 77　$\sin\theta+\cos\theta=\sqrt{2}$ のとき，次の式の値を求めよ。

(1) $\sin\theta\cos\theta$　　(2) $\sin^3\theta+\cos^3\theta$

解答 (1) $\sin\theta+\cos\theta=\sqrt{2}$ の両辺を 2 乗すると，

$$(\sin\theta+\cos\theta)^2=2$$
$$\sin^2\theta+2\sin\theta\cos\theta+\cos^2\theta=2$$
$$1+2\sin\theta\cos\theta=2$$
$$\sin\theta\cos\theta=\frac{1}{2}\ \cdots 答$$

(2) (1)の結果を利用する。

$$\sin^3\theta+\cos^3\theta=(\sin\theta+\cos\theta)^3-3\sin\theta\cos\theta(\sin\theta+\cos\theta)$$

↑$a^3+b^3=(a+b)^3-3ab(a+b)$ の利用

$$=(\sqrt{2})^3-3\cdot\frac{1}{2}\cdot\sqrt{2}$$
$$=\frac{\sqrt{2}}{2}\ \cdots 答$$

別解 $\sin\theta$ と $\cos\theta$ の 3 乗の和は因数分解の公式も有効である。その際に，$\sin^2\theta+\cos^2\theta=1$ も利用する。

$$\sin^3\theta+\cos^3\theta=(\sin\theta+\cos\theta)(\sin^2\theta-\sin\theta\cos\theta+\cos^2\theta)$$

↑$a^3+b^3=(a+b)(a^2-ab+b^2)$ の利用

$$=\sqrt{2}\left(1-\frac{1}{2}\right)$$
$$=\frac{\sqrt{2}}{2}\ \cdots 答$$

演習問題 65

1 $\sin\theta+\cos\theta=\dfrac{4}{3}$のとき，次の式の値を求めよ。

(1) $\sin\theta\cos\theta$

(2) $\sin^3\theta+\cos^3\theta$

(3) $\tan^2\theta+\dfrac{1}{\tan^2\theta}$

2 $\sin\theta-\cos\theta=\sqrt{2}$ のとき，次の式の値を求めよ。

(1) $\sin\theta\cos\theta$

(2) $\sin^3\theta-\cos^3\theta$

解答▶別冊 37 ページ

第2節 三角関数のグラフと性質

1 単位円と $y=\sin\theta$，$y=\cos\theta$ のグラフ

p.137 では，半径 r の円を用いて三角関数を定義しましたが，ここでは，**半径1の円**(単位円といいます)を用いて三角関数を考えます。

Check Point 単位円と三角関数

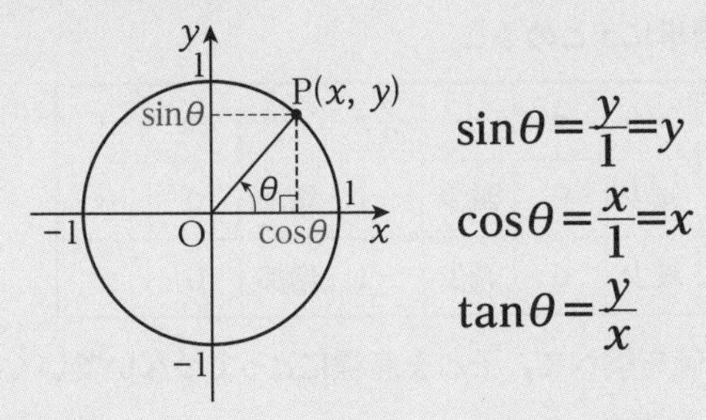

$$\sin\theta=\frac{y}{1}=y$$

$$\cos\theta=\frac{x}{1}=x$$

$$\tan\theta=\frac{y}{x}$$

上の図のように，単位円と角θの動径との交点を $P(x,\ y)$ とすると，**点 P の y 座標が $\sin\theta$の値に等しく，x 座標が $\cos\theta$の値に等しくなります。**

$\tan\theta$は原点と点 $P(x,\ y)$ を結ぶ直線 OP の傾き$\dfrac{y}{x}$に等しくなります。

また，右の図のように，直線 OP と直線 $x=1$ の交点を T とします。

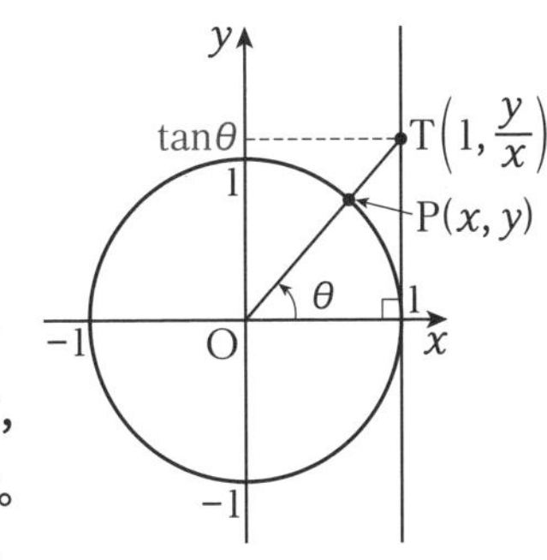

直線の傾きは x が 1 増加したときの y の増加量で示されるので，点 T の座標は $\left(1,\ \dfrac{y}{x}\right)$ になります。よって，**点 T の y 座標が $\tan\theta$の値と一致する**ことがわかります。

半径を 1 とすることで，$\sin\theta$は単位円周上の点 P の y 座標，$\cos\theta$は単位円周上の点 P の x 座標，$\tan\theta$は動径と直線 $x=1$ の交点 T の y 座標に等しくなります。**それぞれの三角関数が，ある 1 つの要素で表される**ことは，三角関数の値の変化を調べるときに大変便利です。

$y=\sin\theta$のグラフを考えてみましょう。単位円で考えるとき，**$\sin\theta$は点 P の y 座標で表される**ので，角θの変化と点 P の y 座標の増減を考えてみると，

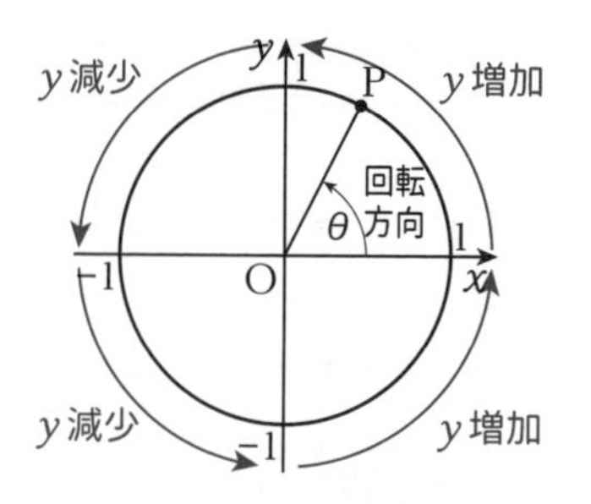

角θの変化と点Pのy座標の増減を簡単にまとめると，

θ	…	0	…	$\frac{\pi}{2}$	…	π	…	$\frac{3}{2}\pi$	…	2π	…
点Pのy座標	…	0	増加	1	減少	0	減少	−1	増加	0	…
$\sin\theta$	…	0	増加	1	減少	0	減少	−1	増加	0	…

と大まかな形が見えてきます。正確な値を調べて，それを座標にとってつないでいくと，次のようなグラフになることがわかっています。

Check Point　$y=\sin\theta$のグラフ

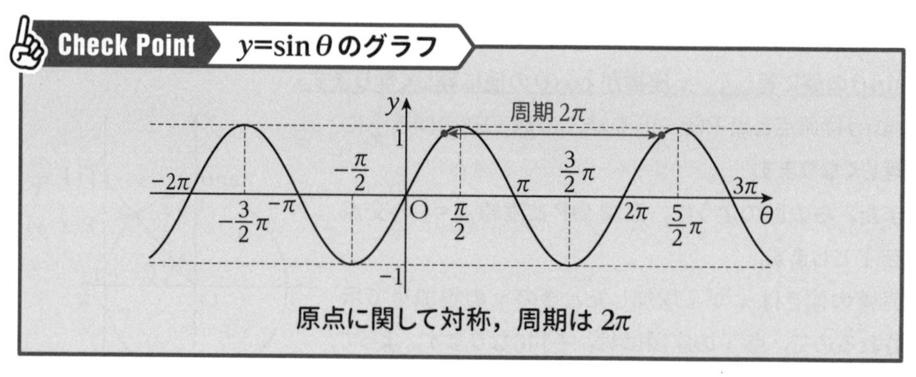

原点に関して対称，周期は 2π

周期とは，関数$y=f(\theta)$において，常に$f(\theta)=f(\theta+p)$となるときの定数$p(p\neq0)$の値のことです。（↑y座標が等しくなる）$y=\sin\theta$の場合，グラフからわかる通り，θを2π増やす前と後でy座標が一致するので周期は2πとなります。例えば，$\sin\frac{\pi}{3}=\sin\left(\frac{\pi}{3}+2\pi\right)$ということです。$\sin\theta$は$4\pi$増やす前と後とでも$y$座標が一致するので，$4\pi$も周期といえます。そのため，ふつう周期といえば「周期のうち最も小さい正の値」を指します。

$y=\cos\theta$のグラフを考えてみましょう。単位円で考えるとき，$\cos\theta$は点Pのx座標で表されるので，角θの変化と点Pのx座標の増減を考えてみると，

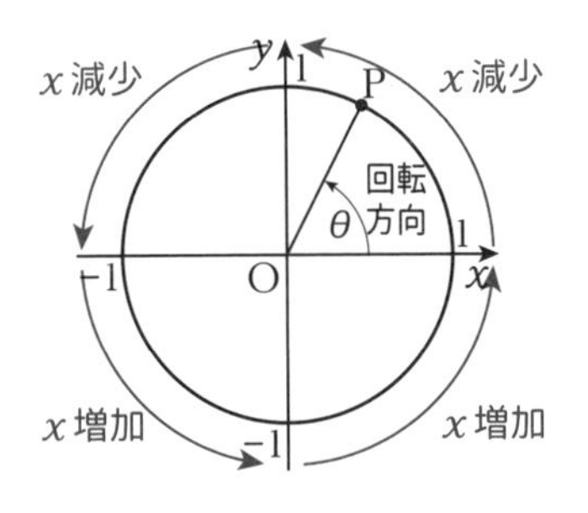

角θの変化と点Pのx座標の増減を簡単にまとめると，

θ	…	0	…	$\frac{\pi}{2}$	…	π	…	$\frac{3}{2}\pi$	…	2π	…
点Pのx座標	…	1	減少	0	減少	-1	増加	0	増加	1	…
‖ $\cos\theta$	…	1	減少	0	減少	-1	増加	0	増加	1	…

と大まかな形が見えてきます。正確な値を調べて，それを座標にとってつないでいくと，次のようなグラフになることがわかっています。

Check Point　$y=\cos\theta$ のグラフ

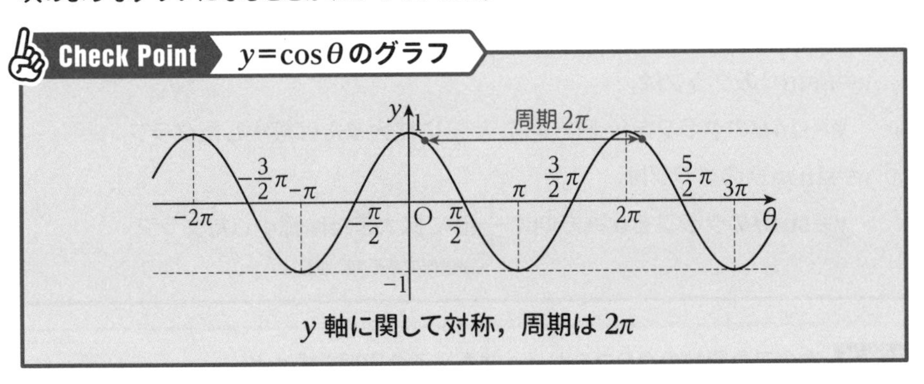

y 軸に関して対称，周期は 2π

Advice　$y=\cos\theta$ のグラフは，$y=\sin\theta$ のグラフを θ 軸方向に平行移動したものなので，2つのグラフは同じ形のグラフです。

2次関数などの他の関数と同様に，$y=\sin\theta$ のグラフを**θ軸方向にα平行移動すると $y=\sin(\theta-\alpha)$ となり，y 軸方向にβ平行移動すると $y-\beta=\sin\theta$** となります。

さらに，$y=\sin\theta$ のグラフを **y 軸方向に k 倍に拡大(または縮小)したグラフの式は $y=k\sin\theta$** となり，**θ軸方向に $\frac{1}{m}$ 倍に拡大(または縮小)したグラフの式は $y=\sin m\theta$** となります。

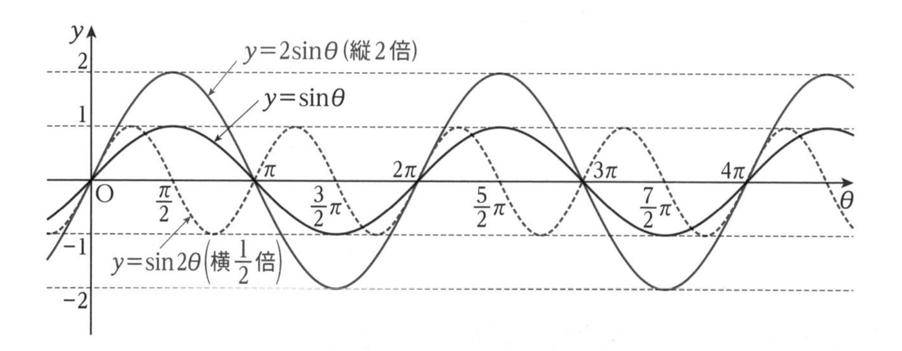

Advice 図のように，$\sin\theta$全体に2を掛けるとy座標が2倍になるので，グラフは縦方向に2倍されます。θに2を掛けると，もとの$\frac{1}{2}$倍のθの値で同じy座標になるので，グラフは横方向に$\frac{1}{2}$倍されます。例えば，$y=\sin\theta$では，$\theta=\frac{\pi}{3}$ で $y=\frac{\sqrt{3}}{2}$となりますが，$y=\sin2\theta$では，$\frac{1}{2}$倍の$\theta=\frac{\pi}{6}$で $y=\frac{\sqrt{3}}{2}$となります。

Check Point　グラフの拡大・縮小

$y=k\sin\theta$のグラフは，

$y=\sin\theta$のグラフをy軸方向にk倍に拡大または縮小したグラフ

$y=\sin m\theta$のグラフは，

$y=\sin\theta$のグラフをθ軸方向に$\frac{1}{m}$倍に拡大または縮小したグラフ

↑逆数倍である点に注意

例題78 次の三角関数のグラフをかけ。また，その周期を求めよ。

(1) $y=-2\sin\theta$　　(2) $y=-2\sin\theta+1$

(3) $y=\cos2\theta$　　(4) $y=\cos2\left(\theta+\frac{\pi}{3}\right)$

解答 (1) $y=-2\sin\theta$のグラフは，$y=\sin\theta$のグラフをy軸方向に−2倍に拡大①したグラフであるから，**グラフは次の図の①**のようになる。

θ軸方向に拡大はしていないので，**周期は 2π** … 答

(2) $y=-2\sin\theta+1$より，$y-1=-2\sin\theta$　←yから引いた数は平行移動した量

このグラフは，$y=\sin\theta$のグラフをy軸方向に−2倍に拡大①し，y軸方向に1平行移動②したグラフであるから，**グラフは次の図の②**のようになる。

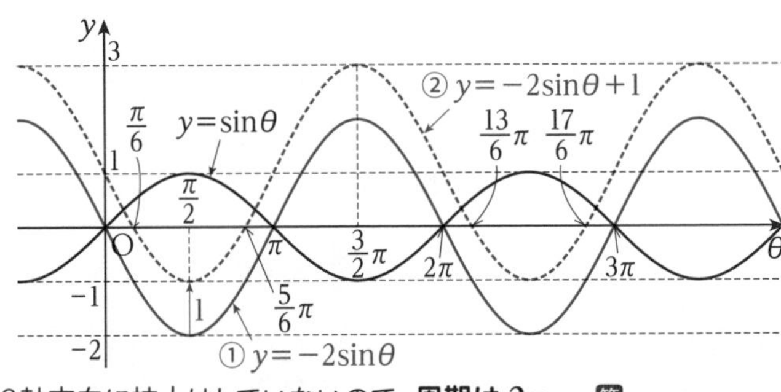

θ軸方向に拡大はしていないので，**周期は 2π** … 答

(3) $y=\cos 2\theta$のグラフは，$y=\cos\theta$のグラフをθ軸方向に$\frac{1}{2}$倍に縮小③したグラフであるから，**グラフは次の図の③のようになる。**

θ軸方向に$\frac{1}{2}$倍に縮小しているので，**周期は $2\pi\times\frac{1}{2}=\pi$** … 答

(4) $y=\cos 2\left(\theta+\frac{\pi}{3}\right)=\cos 2\left\{\theta-\left(-\frac{\pi}{3}\right)\right\}$ ←θから引いた数は平行移動した量

このグラフは，$y=\cos\theta$のグラフをθ軸方向に$\frac{1}{2}$倍に縮小③し，θ軸方向に$-\frac{\pi}{3}$平行移動④したグラフであるから，**グラフは次の図の④のようになる。**

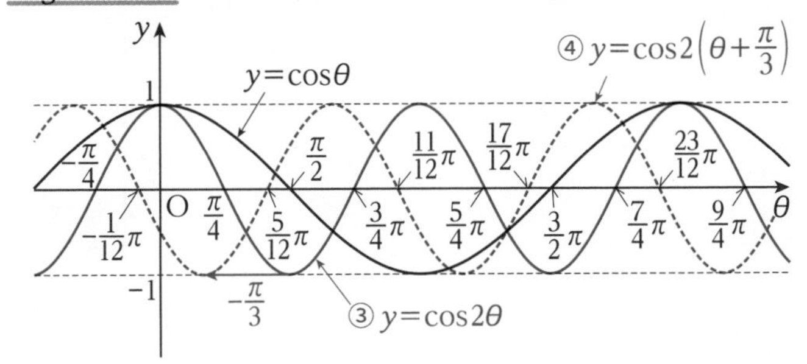

θ軸方向に$\frac{1}{2}$倍に縮小しているので，**周期は $2\pi\times\frac{1}{2}=\pi$** … 答

演習問題 66

次の三角関数のグラフをかけ。また，その周期を求めよ。

(1) $y=\sin\left(\theta-\frac{\pi}{2}\right)+1$　　(2) $y=-2\cos 2\theta$

(3) $y=\sin\left(2\theta-\frac{2}{3}\pi\right)$

解答▶別冊 38 ページ

2 $y=\tan\theta$ のグラフ

$y=\tan\theta$ のグラフを考えてみましょう。**p.143** で説明したように，単位円で考えるとき，**$\tan\theta$ は直線 OP と直線 $x=1$ の交点 T の y 座標(直線 OP の傾き)で表される**ので，角 θ の変化と点 T の y 座標の増減を考えてみると，

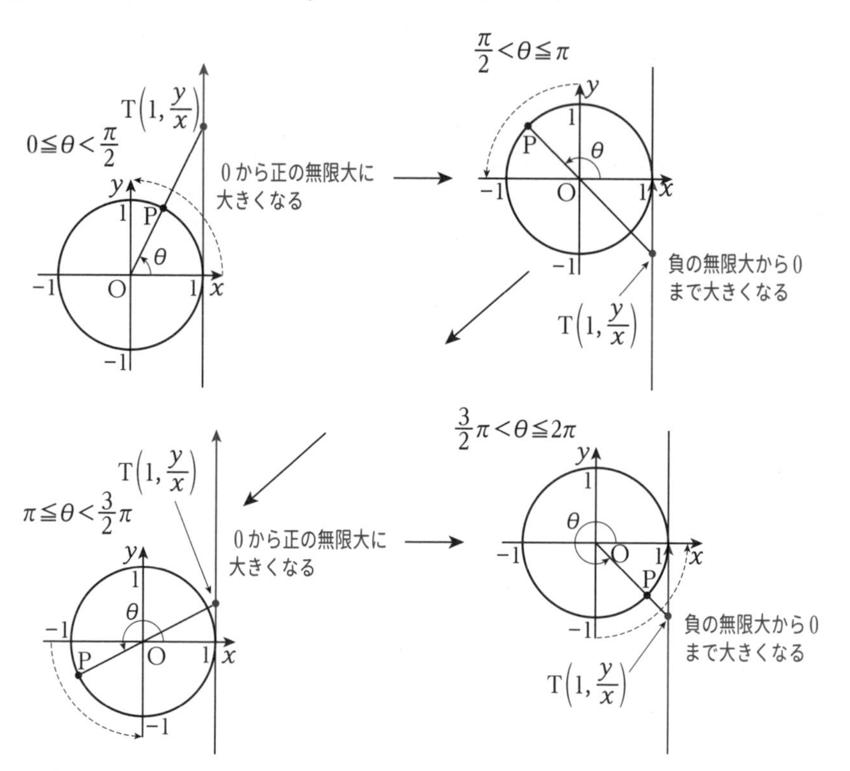

角 θ の変化と，点 T の y 座標の増減を簡単にまとめると，

θ	…	0	…	$\frac{\pi}{2}$	…	π	…	$\frac{3}{2}\pi$	…	2π	…
点Tのy座標(直線OPの傾き)	…	0	増加	存在しない	増加	0	増加	存在しない	増加	0	…
‖ $\tan\theta$	…	0	増加	存在しない	増加	0	増加	存在しない	増加	0	…

と大まかな形が見えてきます。ただし，**$\theta=\frac{\pi}{2}$ や $\theta=\frac{3}{2}\pi$ などでは，分母である x 座標が 0 になるので $\tan\theta$ が定義できない**点に注意しないといけません。つまり，グラフも存在しないということです。正確な値を調べて，それを座標にとってつないでいくと，次のようなグラフになることがわかっています。

Check Point $y=\tan\theta$ のグラフ

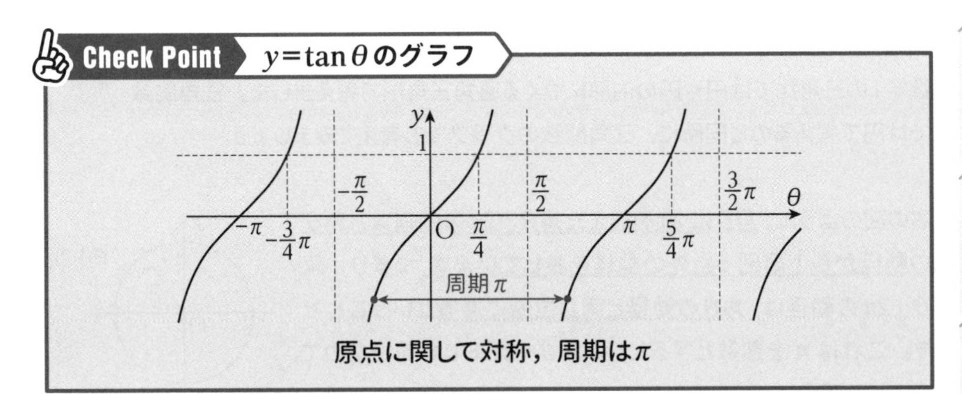

原点に関して対称，周期はπ

$y=\tan\theta$ のグラフは θ が $\frac{\pi}{2}$ に近づくにしたがって，直線 $\theta=\frac{\pi}{2}$ に限りなく近づきます。このように，グラフがある直線に限りなく近づくとき，その直線をグラフの漸近線（ぜんきんせん）といいます。

$y=\tan\theta$ のグラフの漸近線は，$\theta=-\frac{\pi}{2}$，$\theta=\frac{\pi}{2}$，$\theta=\frac{3}{2}\pi$，…などです。

例題79 関数 $y=\tan\frac{\theta}{2}$ のグラフをかけ。また，その周期を求めよ。

考え方 拡大・縮小の倍率に注意しましょう。

解答 $y=\tan\theta$ のグラフを θ 軸方向に 2 倍に拡大したグラフであるから，右の図のようになる。

θ 軸方向に 2 倍に拡大しているので，

周期は $\pi\times2=2\pi$ … 答

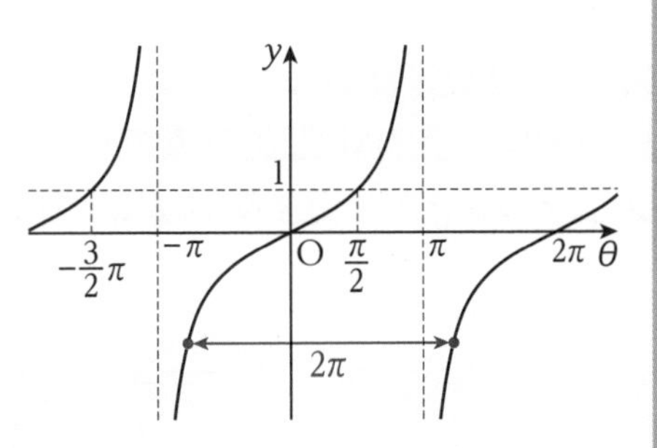

演習問題 67

次の三角関数のグラフをかけ。また，その周期を求めよ。

(1) $y=-2\tan\theta$　　(2) $y=\tan\left(2\theta+\frac{\pi}{2}\right)$

解答▶別冊 38 ページ

3 $\theta+2n\pi$の三角関数

数学Iの三角比では円や円の内部につくる直角三角形で考えました。三角関数では円で考えるのと同時に，三角関数のグラフでも考えてみましょう。

右の図のように，**角θに2πを加えた角$\theta+2\pi$の動径は，角θの動径から1周回った先の動径を表しています。**つまり，角$\theta+2\pi$の動径は，**角θの動径と同じ位置にある**ということです。これはnを整数とするとき，角$\theta+2n\pi$でも同様なので，次のことが成り立ちます。

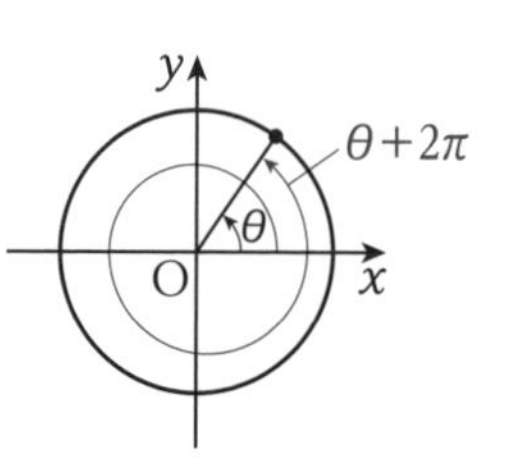

Check Point　$\theta+2n\pi$の三角関数

nを整数とするとき，

$\sin(\theta+2n\pi)=\sin\theta$

$\cos(\theta+2n\pi)=\cos\theta$

$\tan(\theta+2n\pi)=\tan\theta$

また，グラフで考えてみます。$y=\sin(\theta+2\pi)$のグラフは，**$y=\sin\theta$のグラフをθ軸方向に-2π平行移動したもの**です。

$y=\sin\theta$のグラフは周期が2πなので，θ軸方向に-2π平行移動すると，次の図のようにもとのグラフと一致することがわかります。

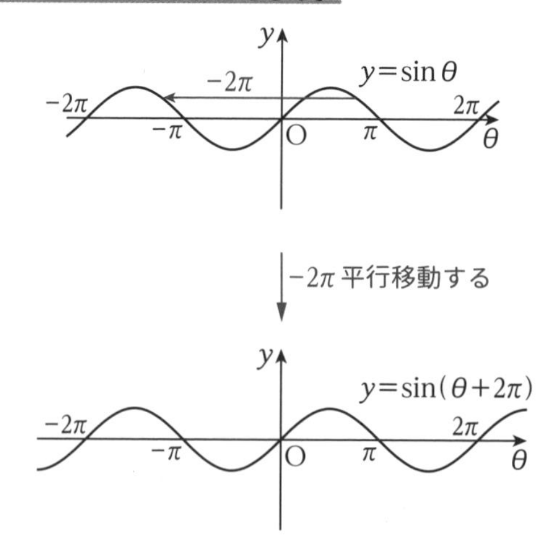

これは，θ軸方向に$-2n\pi$（nは整数）平行移動したときも同様です。
また，$y=\cos\theta$や$y=\tan\theta$のグラフでも同様です。

ちなみに，**$y=\tan\theta$のグラフの周期はπなので，θ軸方向に$-\pi$平行移動しても，もとの$y=\tan\theta$のグラフと一致します。**

Check Point　$\theta+n\pi$のタンジェント

nを整数とするとき，

$$\tan(\theta+n\pi)=\tan\theta$$

円で考えたとき，$\tan\theta$は動径の傾きを表しています。右の図のように**角θの動径と角$(\theta+\pi)$の動径は同じ傾きになる**ことがわかります。

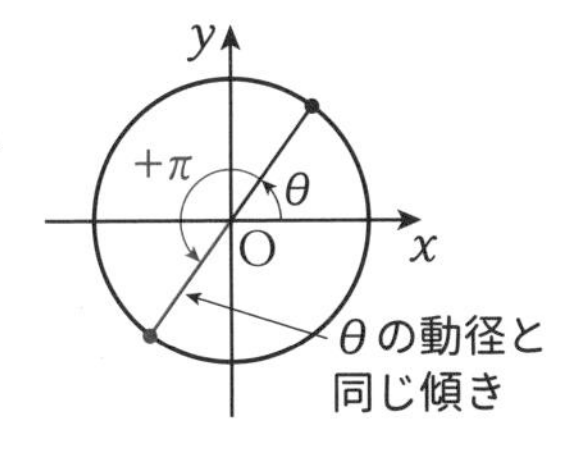

演習問題 68

次の(1)，(2)の三角関数の値を鋭角を用いて表せ。また，(3)〜(5)の値を求めよ。

(1) $\sin\dfrac{32}{15}\pi$　　(2) $\cos\dfrac{63}{10}\pi$

(3) $\sin\dfrac{37}{6}\pi$　　(4) $\cos\dfrac{92}{3}\pi$

(5) $\tan\dfrac{51}{4}\pi$

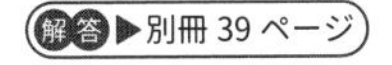
解答▶別冊 39 ページ

4 $-\theta$の三角関数

次の図のように，角θの動径 OP と角$-\theta$の動径 OQ は **x 軸に関して対称になっているので，点 P と点 Q の y 座標の符号は逆になる**ことがわかります。

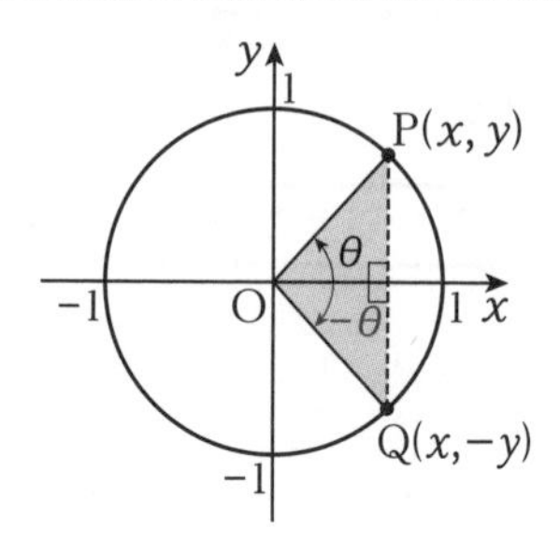

図より，$y=\sin\theta$，$x=\cos\theta$であり，

$$\sin(-\theta)=-y=-\sin\theta$$

$$\cos(-\theta)=x=\cos\theta$$

$$\tan(-\theta)=\frac{-y}{x}=-\tan\theta$$

Check Point　$-\theta$の三角関数

$\sin(-\theta)=-\sin\theta$　　$\cos(-\theta)=\cos\theta$　　$\tan(-\theta)=-\tan\theta$

また，グラフで考えてみます。数学Iの「2 次関数」で学習したように，関数 $y=f(x)$ の x を$-x$ に変えた $y=f(-x)$ のグラフは，$y=f(x)$ のグラフを y 軸に関して対称移動したものになります。これと同様に**θを$-\theta$に変えたグラフは，もとのグラフを y 軸に関して対称移動したものになる**ので，次の図のようになります。

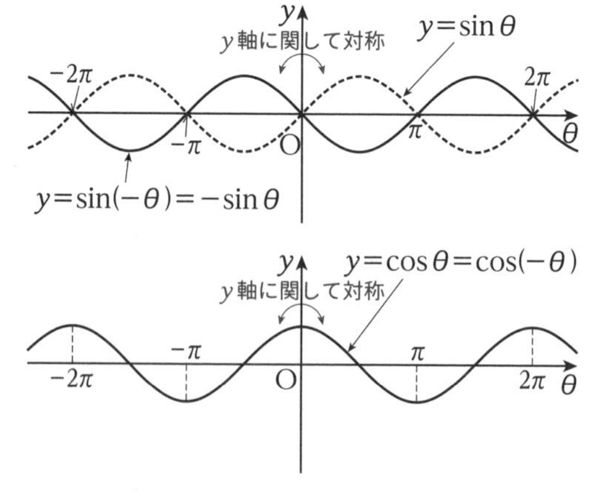

結局，$y=\sin(-\theta)$ **のグラフは，$y=\sin\theta$ のグラフと θ 軸に関しても対称になり，$y=\cos(-\theta)$ のグラフは，$y=\cos\theta$ のグラフと一致する**ことがわかります。

Advice $\tan(-\theta)=\dfrac{\sin(-\theta)}{\cos(-\theta)}=\dfrac{-\sin\theta}{\cos\theta}=-\tan\theta$ と導けるので，$\tan(-\theta)$ は覚える必要はないですね。

演習問題 69

次の値を求めよ。

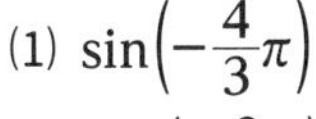

(1) $\sin\left(-\dfrac{4}{3}\pi\right)$　　(2) $\cos\left(-\dfrac{11}{6}\pi\right)$

(3) $\tan\left(-\dfrac{2}{3}\pi\right)$

解答▶別冊 39 ページ

5 $\pi \pm \theta$の三角関数

次の図のように，角θの動径 OP と角$\pi-\theta$の動径 OQ は**y 軸に関して対称になっているので，点 P と点 Q の x 座標の符号は逆になる**ことがわかります。

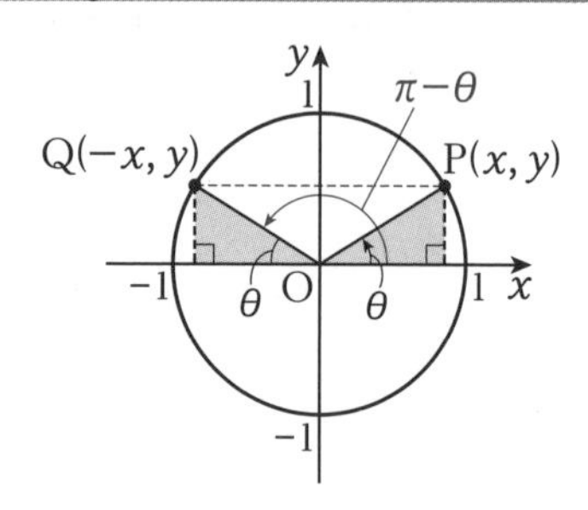

図より，$y=\sin\theta$，$x=\cos\theta$であり，

$\sin(\pi-\theta)=y=\sin\theta$

$\cos(\pi-\theta)=-x=-\cos\theta$

$\tan(\pi-\theta)=\dfrac{y}{-x}=-\tan\theta$

Check Point $\pi-\theta$の三角関数

$\sin(\pi-\theta)=\sin\theta$　　$\cos(\pi-\theta)=-\cos\theta$　　$\tan(\pi-\theta)=-\tan\theta$

また，グラフで考えてみます。$\pi-\theta=-(\theta-\pi)$ より，**p.152，153** で学んだ**θを$-\theta$に変えたグラフをθ軸方向にπ平行移動したグラフになる**ので，次の図のようになります。

↑$\theta\to-\theta\to-(\theta-\pi)$ となる

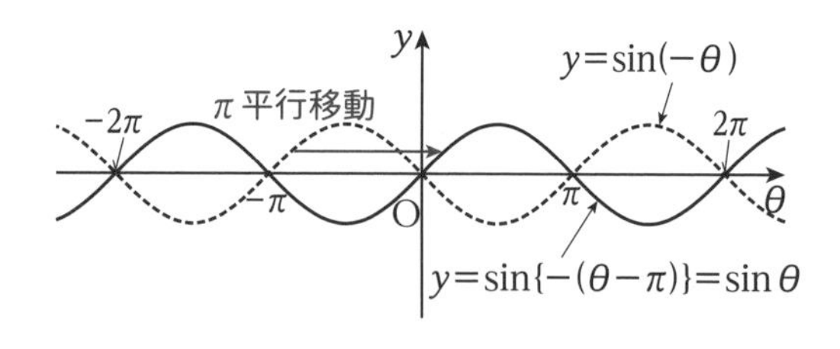

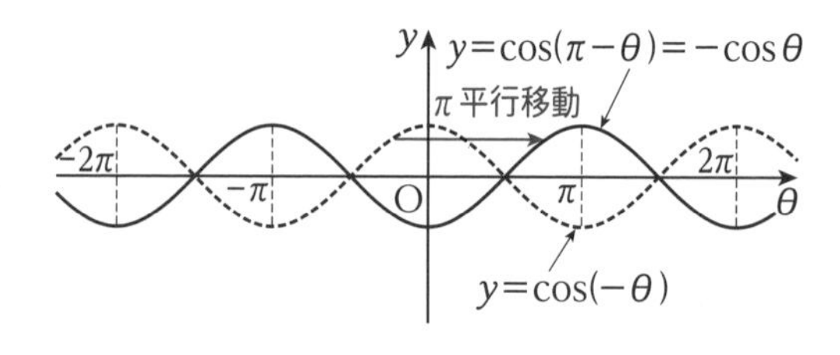

結局，**$y=\sin(\pi-\theta)$ のグラフは，$y=\sin\theta$ のグラフと一致し，$y=\cos(\pi-\theta)$ のグラフは，$y=\cos\theta$ のグラフと θ 軸に関して対称になる**ことがわかります。

注意　$-(\theta-\pi)$ とみたとき，「もとのグラフを θ 軸方向に π 平行移動して，y 軸に関して対称移動する」と考えるのは間違いです。この考え方では，$\theta\to\theta-\pi\to$ **$-\theta-\pi$** になります。

Advice　$\tan(\pi-\theta)=\dfrac{\sin(\pi-\theta)}{\cos(\pi-\theta)}=\dfrac{\sin\theta}{-\cos\theta}=-\tan\theta$ と導けるので，$\tan(\pi-\theta)$ は覚える必要はないですね。

次の図のように，角 θ の動径 OP と角 $\theta+\pi$ の動径は**原点に関して対称になっているので，点 P と点 Q の x 座標，y 座標ともに符号が逆になる**ことがわかります。

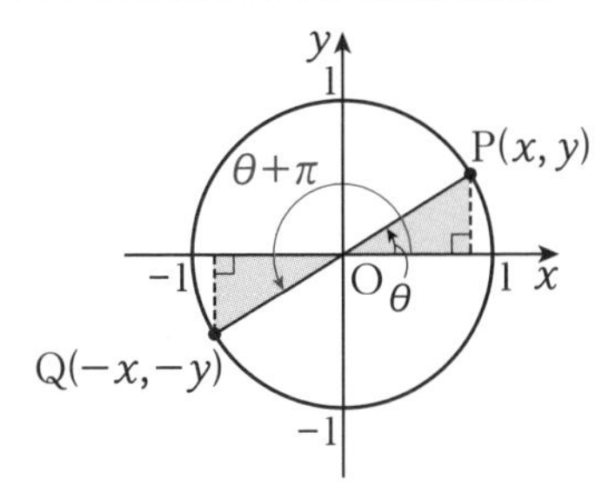

図より，$y=\sin\theta$，$x=\cos\theta$ であり，

$\sin(\theta+\pi)=-y=-\sin\theta$

$\cos(\theta+\pi)=-x=-\cos\theta$

$\tan(\theta+\pi)=\dfrac{-y}{-x}=\tan\theta$

Check Point　$\theta+\pi$ の三角関数

$\sin(\theta+\pi)=-\sin\theta$　　$\cos(\theta+\pi)=-\cos\theta$　　$\tan(\theta+\pi)=\tan\theta$

また，グラフで考えてみます。$\theta+\pi=\theta-(-\pi)$ より，**もとのグラフを θ 軸方向に $-\pi$ 平行移動したグラフになる**ので，次の図のようになります。

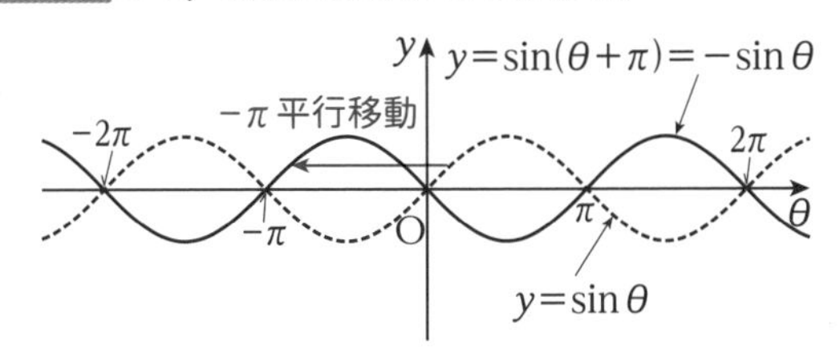

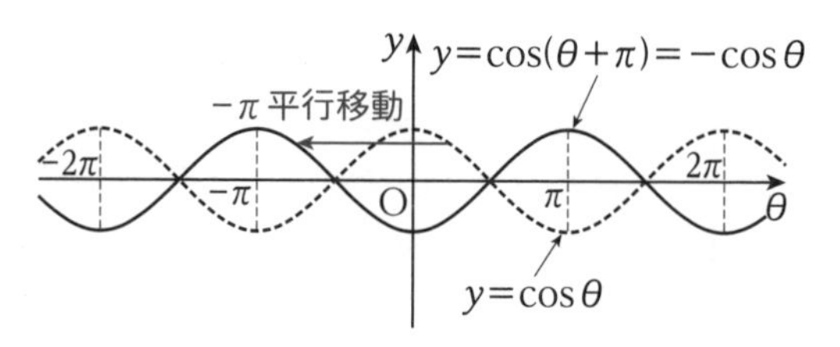

結局，**$y=\sin(\theta+\pi)$ のグラフは $y=\sin\theta$ のグラフと y 軸，θ 軸に関して対称になり，$y=\cos(\theta+\pi)$ のグラフは $y=\cos\theta$ のグラフと θ 軸に関して対称になる**ことがわかります。

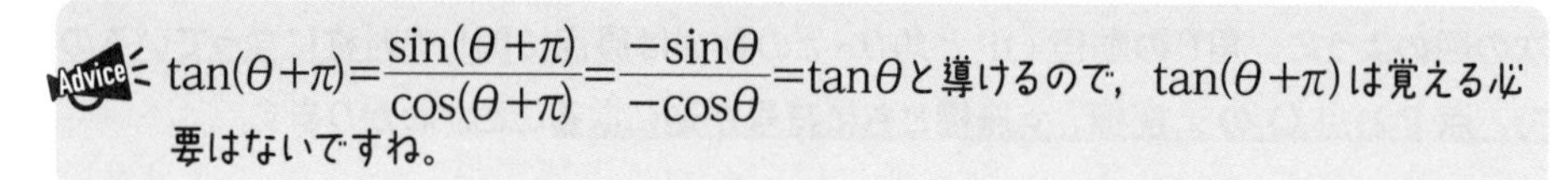

Advice $\tan(\theta+\pi)=\dfrac{\sin(\theta+\pi)}{\cos(\theta+\pi)}=\dfrac{-\sin\theta}{-\cos\theta}=\tan\theta$ と導けるので，$\tan(\theta+\pi)$ は覚える必要はないですね。

演習問題 70

次の式を計算せよ。

(1) $\cos40°+\cos80°+\cos100°+\cos140°$

(2) $\sin\dfrac{8}{7}\pi-\cos\dfrac{\pi}{5}+\cos\dfrac{9}{5}\pi-\cos\dfrac{6}{7}\pi\tan\dfrac{\pi}{7}$

解答▶別冊 39 ページ

6 $\frac{\pi}{2}\pm\theta$の三角関数

次の図のように，角θの動径 OP と角$\frac{\pi}{2}-\theta$の動径 OQ では，**P の座標を $(x,\ y)$ とすると，Q の座標は $(y,\ x)$ になります。直角三角形の向きに注意しましょう。**

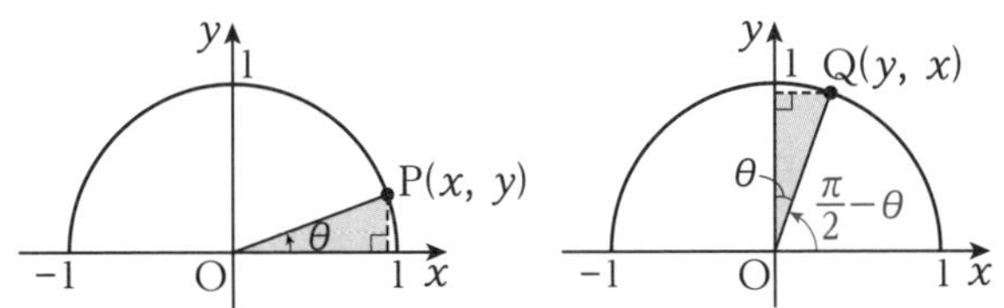

図より，$y=\sin\theta$，$x=\cos\theta$であり，

$\sin\left(\frac{\pi}{2}-\theta\right)=x=\cos\theta$，$\cos\left(\frac{\pi}{2}-\theta\right)=y=\sin\theta$，$\tan\left(\frac{\pi}{2}-\theta\right)=\frac{x}{y}=\frac{1}{\tan\theta}$

Check Point $\frac{\pi}{2}-\theta$の三角関数

$$\sin\left(\frac{\pi}{2}-\theta\right)=\cos\theta \qquad \cos\left(\frac{\pi}{2}-\theta\right)=\sin\theta \qquad \tan\left(\frac{\pi}{2}-\theta\right)=\frac{1}{\tan\theta}$$

Advice 数ある角の変換の公式の中で，特に使用頻度が高い公式です。

また，グラフで考えてみます。$\frac{\pi}{2}-\theta=-\left(\theta-\frac{\pi}{2}\right)$ より，前ページで学んだ**θを$-\theta$に変えたグラフをθ軸方向に $\frac{\pi}{2}$ 平行移動したグラフになる**ので，次の図のようになります。

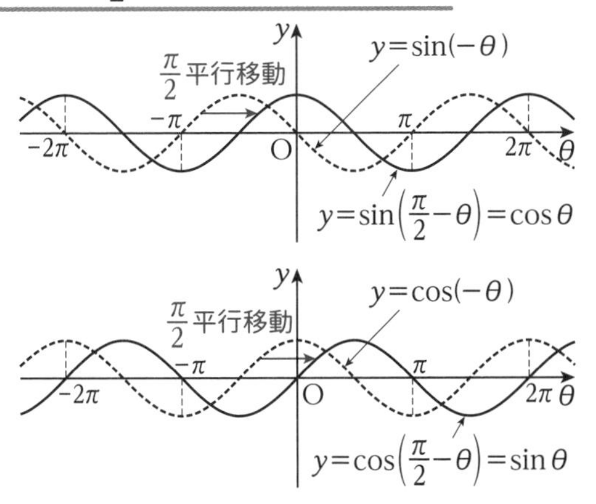

結局，**$y=\sin\left(\frac{\pi}{2}-\theta\right)$ のグラフは，$y=\cos\theta$のグラフと一致し，$y=\cos\left(\frac{\pi}{2}-\theta\right)$ のグラフは，$y=\sin\theta$のグラフと一致する**ことがわかります。

Advice $\tan\left(\frac{\pi}{2}-\theta\right)=\frac{\sin\left(\frac{\pi}{2}-\theta\right)}{\cos\left(\frac{\pi}{2}-\theta\right)}=\frac{\cos\theta}{\sin\theta}=\frac{1}{\tan\theta}$ と導けます。

次の図のように，角θの動径 OP と角$\theta+\frac{\pi}{2}$の動径 OQ では，**P の座標を $(x,\ y)$ とすると，Q の座標は $(-y,\ x)$ になります。直角三角形の向きに注意しましょう。**

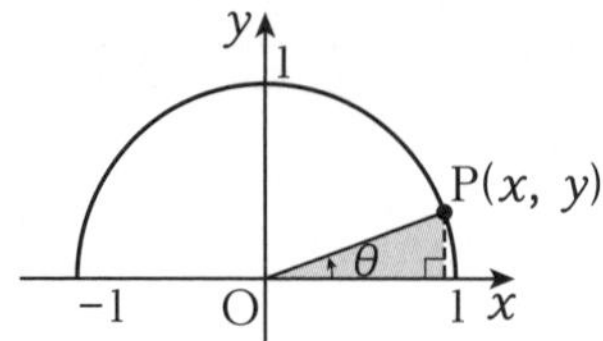

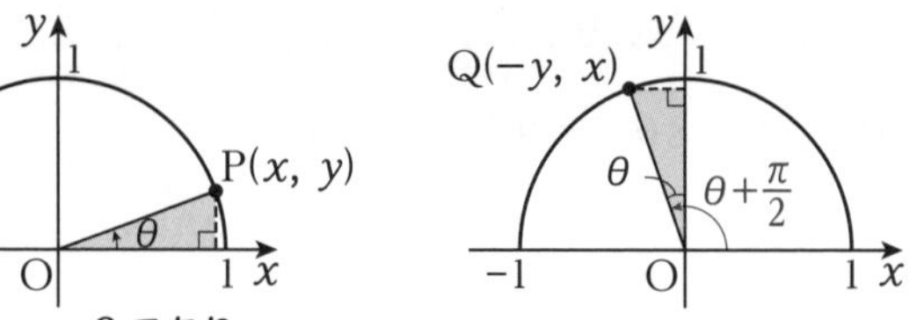

図より，$y=\sin\theta$，$x=\cos\theta$であり，

$\sin\left(\theta+\frac{\pi}{2}\right)=x=\cos\theta$，$\cos\left(\theta+\frac{\pi}{2}\right)=-y=-\sin\theta$，$\tan\left(\theta+\frac{\pi}{2}\right)=\frac{x}{-y}=-\frac{1}{\tan\theta}$

Check Point $\theta+\frac{\pi}{2}$**の三角関数**

$\sin\left(\theta+\frac{\pi}{2}\right)=\cos\theta$　　$\cos\left(\theta+\frac{\pi}{2}\right)=-\sin\theta$　　$\tan\left(\theta+\frac{\pi}{2}\right)=-\frac{1}{\tan\theta}$

また，グラフで考えてみます。$\theta+\frac{\pi}{2}=\theta-\left(-\frac{\pi}{2}\right)$ より，**θのグラフをθ軸方向に$-\frac{\pi}{2}$平行移動したグラフになる**ので，次の図のようになります。

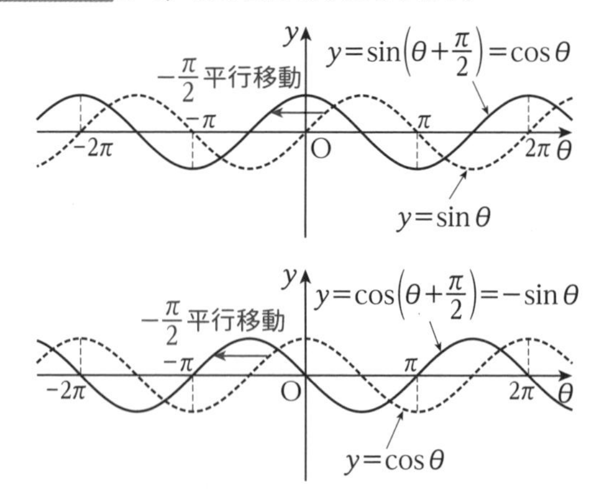

結局，**$y=\sin\left(\theta+\frac{\pi}{2}\right)$ のグラフは $y=\cos\theta$のグラフと一致し，$y=\cos\left(\theta+\frac{\pi}{2}\right)$ のグラフは $y=-\sin\theta$のグラフと一致します。**

Advice $\tan\left(\theta+\frac{\pi}{2}\right)=\dfrac{\sin\left(\theta+\frac{\pi}{2}\right)}{\cos\left(\theta+\frac{\pi}{2}\right)}=-\dfrac{\cos\theta}{-\sin\theta}=-\dfrac{1}{\tan\theta}$ と導けます。

以上，ここまでの三角関数の角の変換についてまとめると，

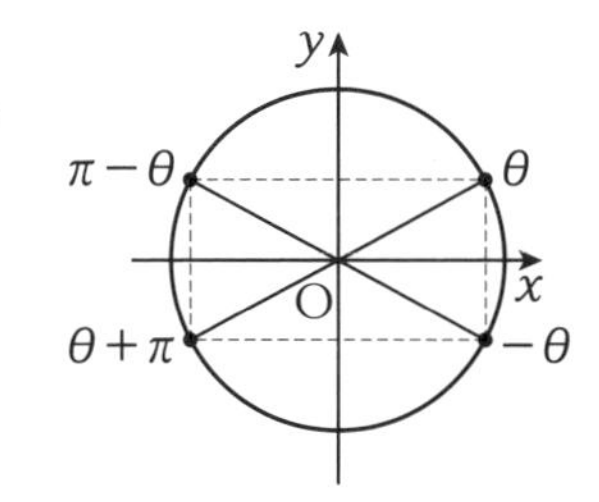

$\theta\to\theta+2n\pi$……動径は同じ位置

$\theta\to-\theta$……動径は x 軸対称

$\theta\to\pi-\theta$……動径は y 軸対称

$\theta\to\theta+\pi$……動径は原点対称

（これらは図形的に理解したいです）

$\theta\to\frac{\pi}{2}-\theta$……sin と cos が逆，tan は逆数 ←これは「逆になる」というキーワードで覚えておきたいです

また，$\theta+\frac{\pi}{2}$は，ここまでの結果を組み合わせて，次のように考えるのも 1 つの方法です。

$$\begin{aligned}\sin\left(\theta+\frac{\pi}{2}\right)&=\sin\left\{\frac{\pi}{2}-(-\theta)\right\}\\&=\cos(-\theta)\\&=\cos\theta\end{aligned}$$

$\sin\left(\frac{\pi}{2}-\theta\right)=\cos\theta$，$\cos(-\theta)=\cos\theta$

$$\begin{aligned}\cos\left(\theta+\frac{\pi}{2}\right)&=\cos\left\{\frac{\pi}{2}-(-\theta)\right\}\\&=\sin(-\theta)\\&=-\sin\theta\end{aligned}$$

$\cos\left(\frac{\pi}{2}-\theta\right)=\sin\theta$，$\sin(-\theta)=-\sin\theta$

演習問題 71

1 次の三角関数の値を $0\leqq\theta\leqq\frac{\pi}{4}$ の範囲内の角を用いて表せ。

(1) $\cos\frac{2}{5}\pi$　(2) $\sin\frac{25}{36}\pi$　(3) $\tan\frac{5}{9}\pi$

2 次の式を計算せよ。

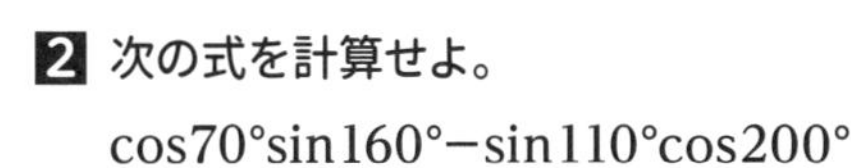
$\cos70^\circ\sin160^\circ-\sin110^\circ\cos200^\circ$

解答▶別冊 40 ページ

第3節 三角関数を含む方程式・不等式

1 三角関数を含む方程式の基本

三角関数を含む方程式は，数学Ⅰの三角比のときと同様に，まず $\sin\theta=\sim$，$\cos\theta=\sim$，$\tan\theta=\sim$ の形に式を変形します。そして，単位円と直角三角形をかいて角を考えます。注意しないといけないのは，**角のとりうる値の範囲が三角比のときよりも広くなっている**点です。

例題80 $0\leqq\theta<2\pi$ のとき，次の方程式を解け。また，その一般解も求めよ。

(1) $2\sin\theta+1=0$　　(2) $2\cos\theta-1=0$　　(3) $3\tan\theta+\sqrt{3}=0$

考え方 一般解とは，θ の値の範囲に制限がないときの解のことです。

解答

(1) 与式より $\sin\theta=-\dfrac{1}{2}$ であるから，単位円周上で y 座標が $-\dfrac{1}{2}$ となる角を考える。

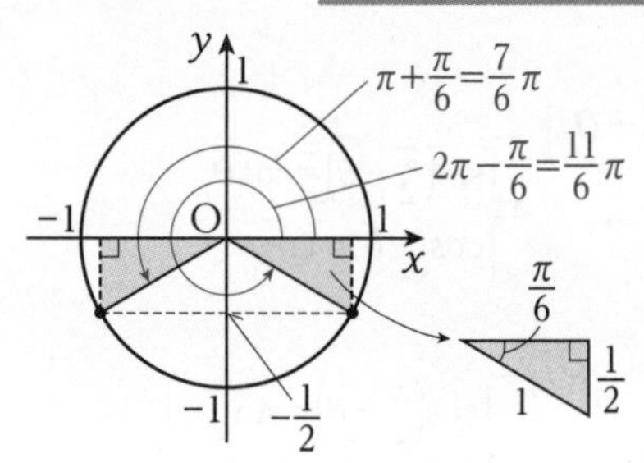

図より，$\boldsymbol{\theta=\dfrac{7}{6}\pi,\ \dfrac{11}{6}\pi}$ … 答

また，$\sin\theta$ の周期は 2π であるから，**一般解は** n を整数として，

$$\boldsymbol{\theta=\frac{7}{6}\pi+2n\pi,\ \frac{11}{6}\pi+2n\pi}\ \cdots\ 答$$

(2) 与式より $\cos\theta=\dfrac{1}{2}$ であるから，単位円周上で x 座標が $\dfrac{1}{2}$ となる角を考える。

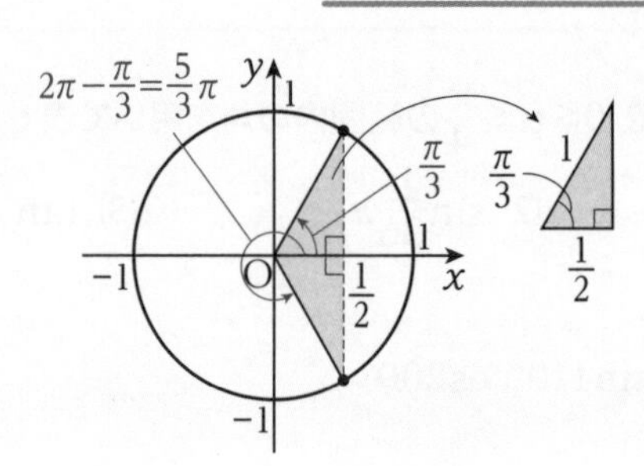

図より，$\boldsymbol{\theta=\frac{\pi}{3},\ \frac{5}{3}\pi}$ … 答

また，$\cos\theta$の周期は 2πであるから，**一般解は** n を整数として，

$$\boldsymbol{\theta=\frac{\pi}{3}+2n\pi,\ \frac{5}{3}\pi+2n\pi}$$ … 答

別解 $\frac{5}{3}\pi$と$-\frac{\pi}{3}$の動径は等しいので，$\frac{5}{3}\pi+2n\pi$は$-\frac{\pi}{3}+2n\pi$と表すこともできます。また，$\frac{\pi}{3}+2n\pi$と合わせて，

$$\boldsymbol{\theta=\pm\frac{\pi}{3}+2n\pi}$$ … 答

とまとめて表すこともできます。

(3) 与式より $\tan\theta=-\frac{\sqrt{3}}{3}=-\frac{1}{\sqrt{3}}$ であるから，直線 $x=1$ 上で y 座標が$-\frac{1}{\sqrt{3}}$となる角を考える。

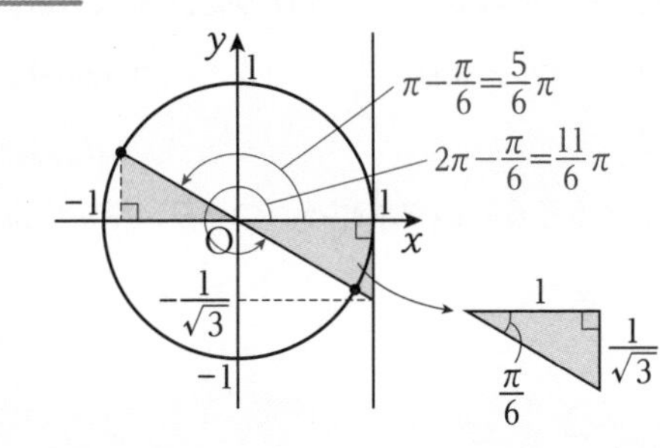

図より，$\boldsymbol{\theta=\frac{5}{6}\pi,\ \frac{11}{6}\pi}$ … 答

また，$\tan\theta$の周期はπであるから，**一般解は** n を整数として，

$$\boldsymbol{\theta=\frac{5}{6}\pi+n\pi}$$ … 答

注意 $\theta=\frac{11}{6}\pi+n\pi$という値は，$\frac{5}{6}\pi+n\pi$の n が奇数の場合に含まれているので不要です。

演習問題 72

$0\leqq\theta<2\pi$のとき，次の方程式を解け。また，その一般解も求めよ。

(1) $2\sin\theta+\sqrt{3}=0$　(2) $\sqrt{2}\cos\theta-1=0$　(3) $3\tan\theta-\sqrt{3}=0$

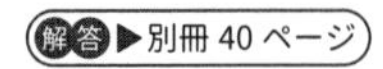
解答▶別冊 40 ページ

2 三角関数を含む不等式の基本

三角関数を含む不等式も，数学Iの三角比のときと同様の考え方です。
まず等号が成立するときの角を求め，次にその角をもとにして不等式を満たす角の範囲を考えます。**三角関数によって，大小を比べるものが異なる点に注意しましょう。**

Check Point 三角関数と不等式

$\sin\theta$の不等式 → y座標の大小を比較
$\cos\theta$の不等式 → x座標の大小を比較
$\tan\theta$の不等式 → 直線$x=1$上のy座標$\left(\text{または傾き}\dfrac{y}{x}\right)$の大小を比較

例題81 $0\leqq\theta<2\pi$のとき，次の不等式を満たすθの範囲を求めよ。

(1) $\sin\theta>\dfrac{1}{\sqrt{2}}$　　(2) $\cos\theta\geqq\dfrac{1}{2}$　　(3) $\tan\theta\geqq1$

解答

(1) まず，$\sin\theta=\dfrac{1}{\sqrt{2}}$となる$\theta$の値を求める。つまり，単位円周上で$y$座標が$\dfrac{1}{\sqrt{2}}$となる角を考える。

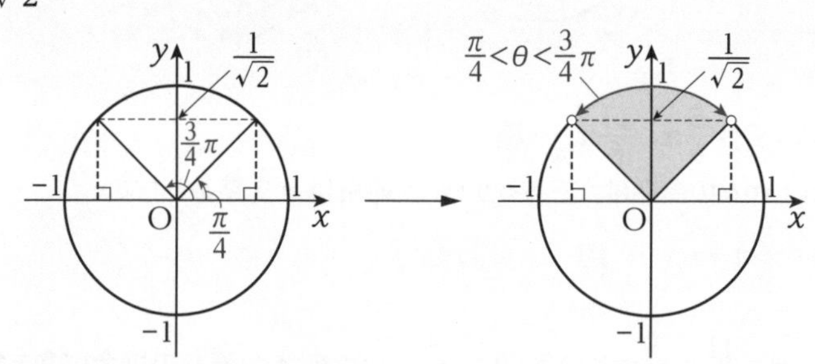

上の左図より，$\theta=\dfrac{\pi}{4},\ \dfrac{3}{4}\pi$

$\sin\theta>\dfrac{1}{\sqrt{2}}$より，求めるのは単位円周上で$y$座標が$\dfrac{1}{\sqrt{2}}$よりも大きくなる$\theta$の範囲であるから，上の右図の色のついた部分である。よって，

$\dfrac{\pi}{4}<\theta<\dfrac{3}{4}\pi$ … 答

(2) まず，$\cos\theta=\dfrac{1}{2}$となるθの値を求める。つまり，単位円周上でx座標が$\dfrac{1}{2}$となる角を考える。

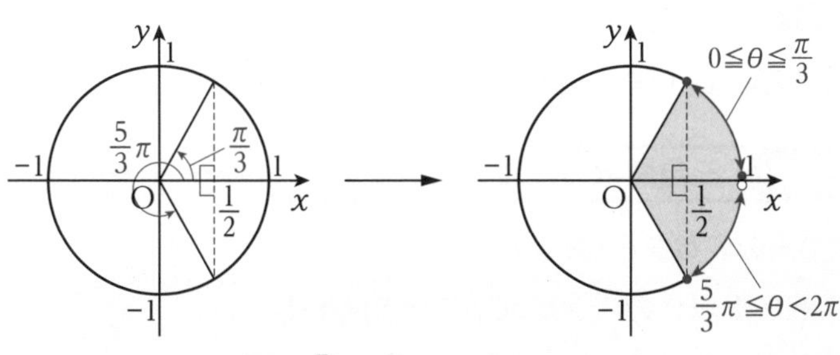

上の左図より，$\theta=\frac{\pi}{3}$，$\frac{5}{3}\pi$

$\cos\theta \geqq \frac{1}{2}$より，求めるのは単位円周上で x 座標が$\frac{1}{2}$以上になるθの範囲であるから，上の右図の色のついた部分である。よって，

$\mathbf{0 \leqq \theta \leqq \frac{\pi}{3}，\frac{5}{3}\pi \leqq \theta < 2\pi}$ … 答

注意 0 ラジアンが x 軸の正の部分なので，**求めるθの範囲が x 軸の正の部分をまたいでいる場合は範囲が 2 つに分かれます。**

(3) まず，$\tan\theta=1$ となるθの値を求める。つまり，直線 $x=1$ 上で y 座標が 1 の点を考える。

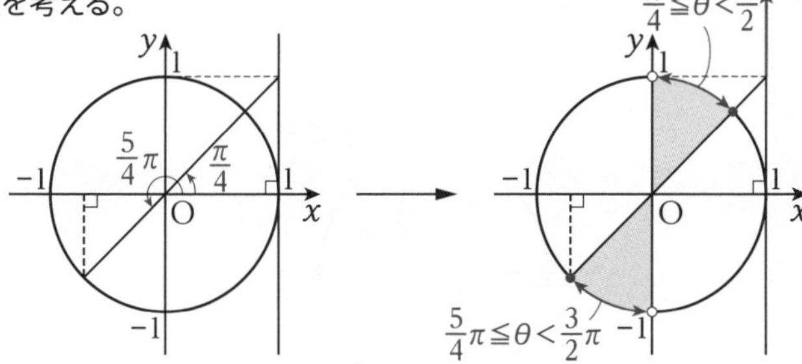

上の左図より，$\theta=\frac{\pi}{4}$，$\frac{5}{4}\pi$

$\tan\theta \geqq 1$ より，求めるのは直線 $x=1$ 上で y 座標が 1 以上になるθの範囲であるから，上の右図の色のついた部分である。よって，

$\mathbf{\frac{\pi}{4} \leqq \theta < \frac{\pi}{2}，\frac{5}{4}\pi \leqq \theta < \frac{3}{2}\pi}$ … 答

$0 \leqq \theta < 2\pi$のとき，次の不等式を満たすθの範囲を求めよ。

(1) $2\sin\theta \leqq \sqrt{2}$　　(2) $2\cos\theta+\sqrt{3}<0$　　(3) $\tan\theta \leqq 1$

3 角が複雑な方程式

角が複雑な式で表されているときは，角の扱いに注意が必要です。

Check Point　三角関数の複雑な角の扱い方

三角関数の角の変数をθとするとき，

[1] θの係数が 1 以外の場合は文字におき換える。

[2] 和や差の形は動径のスタート地点がずれると考える。

例題82 $0 \leqq \theta < 2\pi$のとき，次の方程式を解け。

(1) $2\cos\dfrac{\theta}{3}=\sqrt{3}$　　(2) $\sqrt{2}\sin2\theta=1$　　(3) $2\sin\left(\theta+\dfrac{\pi}{6}\right)=\sqrt{3}$

解答

(1) $\dfrac{\theta}{3}=t$ とすると，$0 \leqq t < \dfrac{2}{3}\pi$ ←おき換えた文字の変域を確かめておく（θの変域を 3 で割った）
↑[1]

この範囲のもとで，$2\cos t=\sqrt{3}$

$$\cos t=\frac{\sqrt{3}}{2}$$

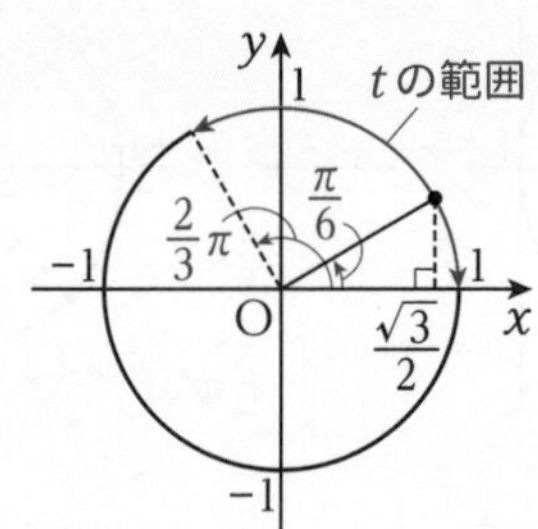

上の図より，単位円周上で x 座標が$\dfrac{\sqrt{3}}{2}$となる角は，$t=\dfrac{\pi}{6}$

$t=\dfrac{\theta}{3}$であるから，$\dfrac{\theta}{3}=\dfrac{\pi}{6}$

$$\theta=\frac{\pi}{2} \cdots \text{答}$$

(2) $2\theta=t$ とすると，$0 \leqq t < 4\pi$ ←おき換えた文字の変域を確かめておく（θの変域を 2 倍した）
↑[1]

この範囲のもとで，$\sqrt{2}\sin t=1$

$$\sin t=\frac{1}{\sqrt{2}}$$

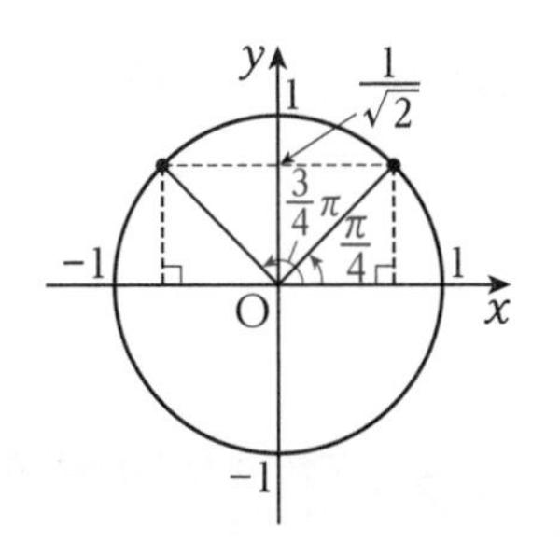

上の図より，単位円周上で y 座標が $\frac{1}{\sqrt{2}}$ となる角は，$0 \leqq t < 2\pi$ の範囲では，

$t=\frac{\pi}{4}$，$\frac{3}{4}\pi$

よって，$0 \leqq t < 4\pi$ の範囲では，

$t=\frac{\pi}{4}$，$\frac{3}{4}\pi$，$\frac{\pi}{4}+2\pi$，$\frac{3}{4}\pi+2\pi$

$t=2\theta$ であるから，　　↑2 周目は 2π を加えます

$2\theta=\frac{\pi}{4}$，$\frac{3}{4}\pi$，$\frac{9}{4}\pi$，$\frac{11}{4}\pi$

$\theta=\frac{\pi}{8}$，$\frac{3}{8}\pi$，$\frac{9}{8}\pi$，$\frac{11}{8}\pi$ … 答

注意 角のとりうる値の範囲が 1 周 (2π) 以上になる場合は，2π ずつ加えて 2 周目，3 周目，…と考えていきます。

この問いでは，3 周目の 4π を加えた場合，$t=\frac{\pi}{4}+4\pi$，$\frac{3}{4}\pi+4\pi$ となり，明らかに $0 \leqq t < 4\pi$ の範囲を超えてしまうので 2 周目までと判断できます。

(3) $2\sin\left(\theta+\frac{\pi}{6}\right)=\sqrt{3}$ より，$\sin\left(\theta+\frac{\pi}{6}\right)=\frac{\sqrt{3}}{2}$

ここで，角を $\frac{\pi}{6}+\theta$ とみると，$\frac{\pi}{6}$ から $\theta\,(0 \leqq \theta < 2\pi)$ だけ回転した角と考えることができる。つまり，動径のスタート地点を $\frac{\pi}{6}$ としたときの回転する角 θ を考える。

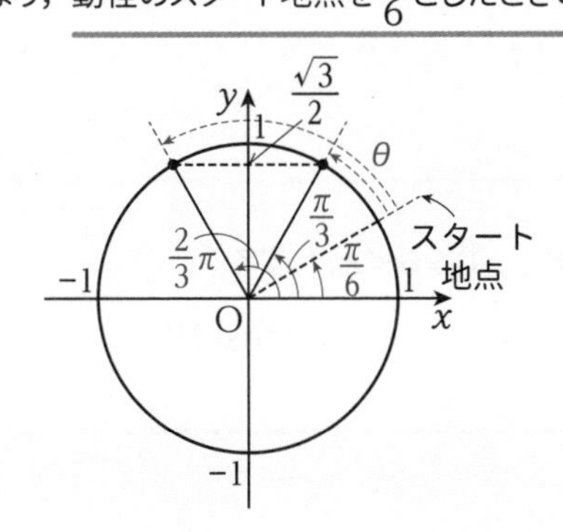

前の図より，$\frac{\pi}{6}$から動径がスタートするとき，単位円周上で y 座標が$\frac{\sqrt{3}}{2}$となる角θは，

$\theta=\frac{\pi}{3}-\frac{\pi}{6}=\frac{\pi}{6}$

$\theta=\frac{2}{3}\pi-\frac{\pi}{6}=\frac{\pi}{2}$

以上より，$\boldsymbol{\theta=\frac{\pi}{6},\ \frac{\pi}{2}}$ … 答 ←スタート地点からどのくらい回転した角か，ということです。

別解 (1), (2)と同様に，おき換えて解く。

$\theta+\frac{\pi}{6}=t$ とすると，$\frac{\pi}{6}\leqq t<\frac{13}{6}\pi$

この範囲のもとで，$2\sin t=\sqrt{3}$

$\sin t=\frac{\sqrt{3}}{2}$

$t=\frac{\pi}{3},\ \frac{2}{3}\pi$

よって，$\theta+\frac{\pi}{6}=\frac{\pi}{3},\ \frac{2}{3}\pi$

$\boldsymbol{\theta=\frac{\pi}{6},\ \frac{\pi}{2}}$ … 答

角の和や差の形では，おき換えよりも「スタート地点がずれる」と考えた方が解きやすいです。ラジアンで表すのが複雑な場合は，度数法で考えてからラジアンに直すとよいでしょう。**例題 82** の(3)では，スタート地点の角が 30° で，y 座標が$\frac{\sqrt{3}}{2}$となる角は 60° と 120° ですから，加える角θは 30° と 90° とわかります。

演習問題 74

次の方程式を解け。ただし，$0\leqq\theta<2\pi$とする。

(1) $2\sin3\theta=1$　　(2) $2\cos\left(2\theta+\frac{\pi}{3}\right)=\sqrt{3}$

4 角が複雑な不等式

三角関数を含む不等式においても，角が複雑な式で表されているときの角の扱いは同様です。

例題83 $0 \leqq \theta < 2\pi$ のとき，次の不等式を解け。

(1) $2\cos\left(\theta+\dfrac{\pi}{4}\right) \leqq 1$

(2) $\sin\left(\dfrac{\theta}{2}+\dfrac{\pi}{6}\right) < \dfrac{\sqrt{3}}{2}$

解答

(1) $2\cos\left(\theta+\dfrac{\pi}{4}\right) \leqq 1$ より，$\cos\left(\theta+\dfrac{\pi}{4}\right) \leqq \dfrac{1}{2}$

まず，方程式 $\cos\left(\theta+\dfrac{\pi}{4}\right)=\dfrac{1}{2}$ を考える。

ここで，角を $\dfrac{\pi}{4}+\theta$ とみると，$\dfrac{\pi}{4}$ から θ $(0 \leqq \theta < 2\pi)$ だけ回転した角と考えることができる。

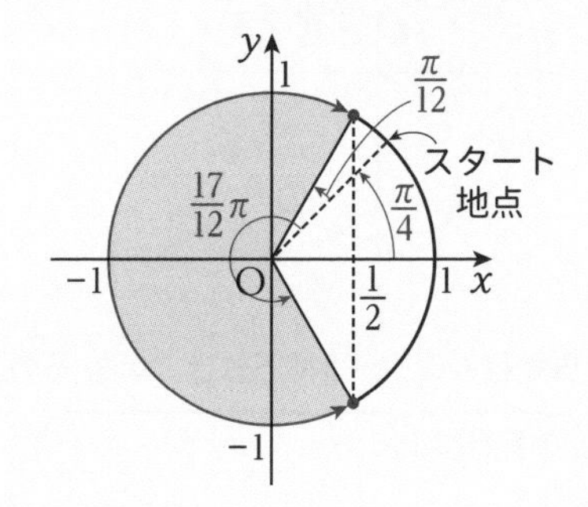

上の図より，$\dfrac{\pi}{4}$ から動径がスタートするとき，単位円周上で x 座標が $\dfrac{1}{2}$ となる角 θ は，$0 \leqq \theta < 2\pi$ の範囲では，

$$\theta=\frac{\pi}{3}-\frac{\pi}{4}=\frac{\pi}{12}$$

$$\theta=\frac{5}{3}\pi-\frac{\pi}{4}=\frac{17}{12}\pi$$

$\cos\left(\theta+\dfrac{\pi}{4}\right) \leqq \dfrac{1}{2}$ より，求めるのは単位円周上で x 座標が $\dfrac{1}{2}$ 以下になる θ の範囲であるから，図の色のついた部分である。よって，

$\boldsymbol{\dfrac{\pi}{12} \leqq \theta \leqq \dfrac{17}{12}\pi}$ … 答 ←スタート地点からどのくらい回転した範囲か，ということです。

別解 度数法で考えることもできる。45°から動径がスタートするとき，単位円周上で x 座標が$\frac{1}{2}$となる角θは，動径が 60°と 300°の点であるから，

$\theta=60°-45°=15°$

$\theta=300°-45°=255°$

これらを弧度法に直すと，

$15°=15\cdot\frac{\pi}{180}=\frac{\pi}{12}$

$255°=255\cdot\frac{\pi}{180}=\frac{17}{12}\pi$

弧度法に直すには，$\frac{\pi}{180}$を掛ける

角度の差は度数法のほうが簡単に求められる。

(2) $\frac{\theta}{2}=t$ とすると，$0\leqq t<\pi$ ←おき換えた文字の変域を確かめておく

この範囲のもとで，方程式 $\sin\left(t+\frac{\pi}{6}\right)=\frac{\sqrt{3}}{2}$を考える。

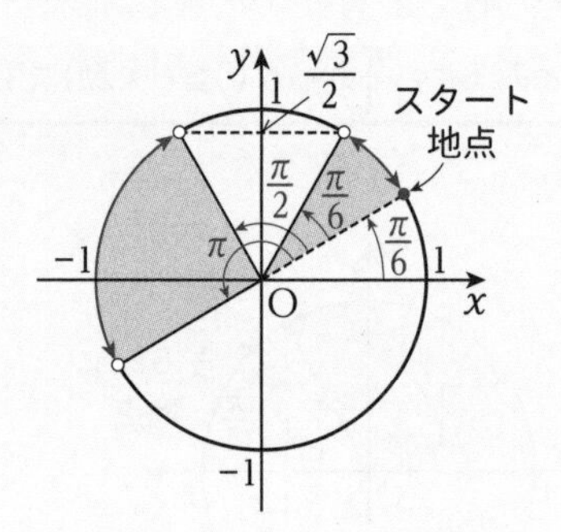

上の図より，$\frac{\pi}{6}$から動径がスタートするとき，単位円周上で y 座標が$\frac{\sqrt{3}}{2}$となる角 t は，$0\leqq t<\pi$ の範囲では，

$t=\frac{\pi}{3}-\frac{\pi}{6}=\frac{\pi}{6}$

$t=\frac{2}{3}\pi-\frac{\pi}{6}=\frac{\pi}{2}$

$\sin\left(t+\frac{\pi}{6}\right)<\frac{\sqrt{3}}{2}$より，求めるのは単位円周上で y 座標が$\frac{\sqrt{3}}{2}$より小さくなる t の範囲であるから，図の色のついた部分である。よって，

$0\leqq t<\frac{\pi}{6}$，$\frac{\pi}{2}<t<\pi$

$t=\frac{\theta}{2}$より，$0\leqq\frac{\theta}{2}<\frac{\pi}{6}$，$\frac{\pi}{2}<\frac{\theta}{2}<\pi$

$\mathbf{0\leqq\theta<\frac{\pi}{3}}$，$\mathbf{\pi<\theta<2\pi}$ … 答

別解 角の式全体をおき換えて解く。

$\frac{\theta}{2}+\frac{\pi}{6}=t$ とすると，$\frac{\pi}{6}\leqq t<\frac{7}{6}\pi$

この範囲のもとで，不等式 $\sin t<\frac{\sqrt{3}}{2}$ を解くと，

$\frac{\pi}{6}\leqq t<\frac{\pi}{3}$，$\frac{2}{3}\pi<t<\frac{7}{6}\pi$

$t=\frac{\theta}{2}+\frac{\pi}{6}$ より，$\frac{\pi}{6}\leqq\frac{\theta}{2}+\frac{\pi}{6}<\frac{\pi}{3}$，$\frac{2}{3}\pi<\frac{\theta}{2}+\frac{\pi}{6}<\frac{7}{6}\pi$

$\mathbf{0\leqq\theta<\frac{\pi}{3}}$，$\mathbf{\pi<\theta<2\pi}$ … 答

(2)は別解でも簡単に解けそうですが，角の式全体を t におき換えて解き，また θ に戻して解くのは思いのほか手間がかかっています。また，最後の θ を求める計算も煩雑です。特に，不等式はおき換えると手間が大きくなります。

演習問題 75

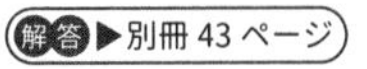

次の不等式を解け。ただし，$0\leqq\theta<2\pi$ とする。

(1) $2\cos\left(\theta-\frac{\pi}{2}\right)<1$

(2) $\sin\left(2\theta+\frac{\pi}{4}\right)\geqq\frac{\sqrt{3}}{2}$

解答▶別冊 43 ページ

5 三角関数の 2 次方程式

$\sin\theta$, $\cos\theta$ などが混在した方程式では，三角関数の**相互関係を用いて三角関数の種類をそろえます**。また，2 次式の場合は，x の 2 次方程式と同様に**因数分解の利用を考えます**。

例題 84 $0 \leqq \theta < 2\pi$ とする。次の方程式を解け。

(1) $2\sin^2\theta + \cos\theta - 2 = 0$

(2) $2\cos^2\theta - 3\sin\theta = 0$

考え方〉三角関数の相互関係で三角関数の種類をそろえて，因数分解を利用します。

解答 (1) $\sin^2\theta + \cos^2\theta = 1$ より，$\sin^2\theta = 1 - \cos^2\theta$ であるから，

$$2\sin^2\theta + \cos\theta - 2 = 0$$
$$2(1 - \cos^2\theta) + \cos\theta - 2 = 0$$

（$\cos\theta$ にそろえる）

$$2\cos^2\theta - \cos\theta = 0$$
$$\cos\theta(2\cos\theta - 1) = 0$$

（因数分解）

$$\cos\theta = 0,\ \frac{1}{2}$$

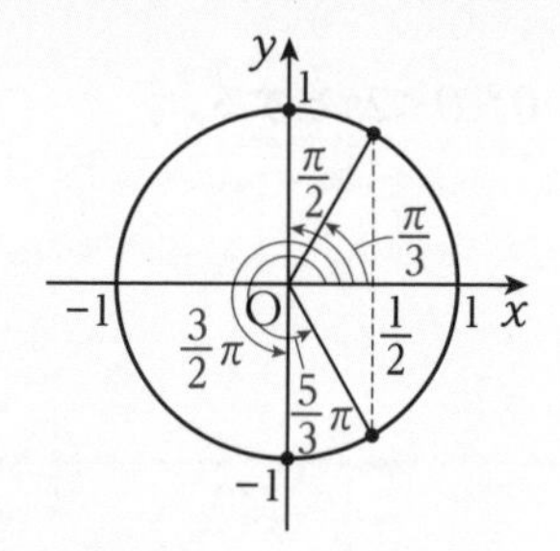

図より，$\theta = \dfrac{\pi}{3},\ \dfrac{\pi}{2},\ \dfrac{3}{2}\pi,\ \dfrac{5}{3}\pi$ … 答

(2) $\sin^2\theta + \cos^2\theta = 1$ より，$\cos^2\theta = 1 - \sin^2\theta$ であるから，

$$2\cos^2\theta - 3\sin\theta = 0$$
$$2(1 - \sin^2\theta) - 3\sin\theta = 0$$

（$\sin\theta$ にそろえる）

$$2\sin^2\theta + 3\sin\theta - 2 = 0$$
$$(2\sin\theta - 1)(\sin\theta + 2) = 0$$

（因数分解（たすき掛け））

$0 \leqq \theta < 2\pi$では，$-1 \leqq \sin\theta \leqq 1$ であるから，←変域に注意

$\sin\theta = \dfrac{1}{2}$

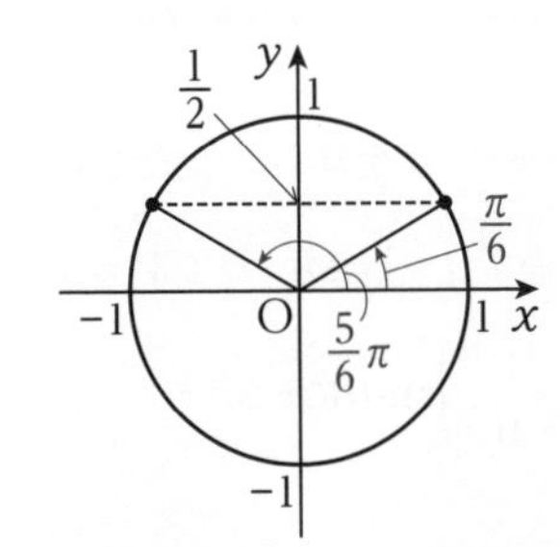

図より，$\boldsymbol{\theta = \dfrac{\pi}{6},\ \dfrac{5}{6}\pi}$ … 答

演習問題 76

$0 \leqq \theta < 2\pi$とする。次の方程式を解け。

(1) $2\sin^2\theta - \cos\theta - 1 = 0$

(2) $2\cos^2\theta + 5\sin\theta + 1 = 0$

6 三角関数の 2 次不等式

方程式と同様に，**三角関数を複数含む場合は，三角関数の相互関係を用いて三角関数の種類をそろえてから因数分解を考えます。**

例題85 不等式 $2\cos^2\theta+\sin\theta-2<0$ を解け。ただし，$0\leqq\theta<2\pi$とする。

解答 $\sin^2\theta+\cos^2\theta=1$ より，$\cos^2\theta=1-\sin^2\theta$であるから，

$2\cos^2\theta+\sin\theta-2<0$

$2(1-\sin^2\theta)+\sin\theta-2<0$ ←$\sin\theta$にそろえる

$2\sin^2\theta-\sin\theta>0$

$\sin\theta(2\sin\theta-1)>0$ ←因数分解

これより，$\sin\theta<0$ または $\frac{1}{2}<\sin\theta$ ←$x(2x-1)>0$ を解くイメージです

それぞれの不等式を解くと，

$\sin\theta<0$

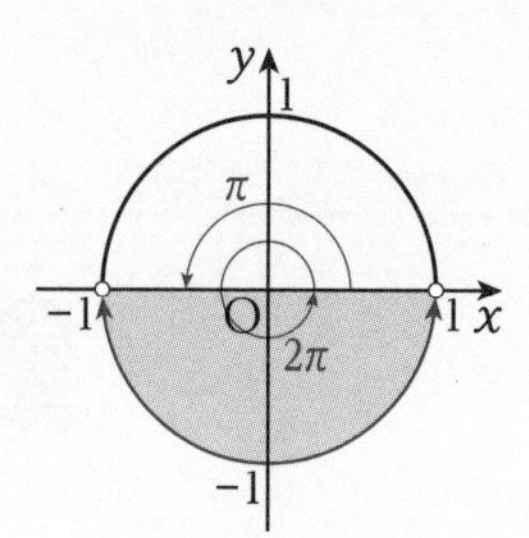

図より，$\pi<\theta<2\pi$

$\frac{1}{2}<\sin\theta$

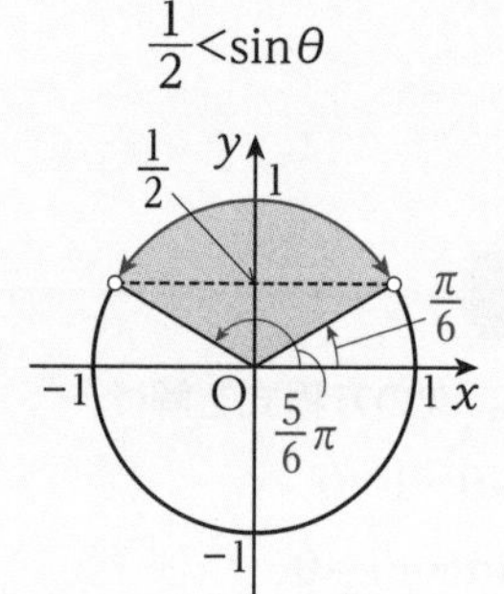

図より，$\frac{\pi}{6}<\theta<\frac{5}{6}\pi$

以上より，$\frac{\pi}{6}<\theta<\frac{5}{6}\pi$，$\pi<\theta<2\pi$ … 答

演習問題 77

$0\leqq\theta<2\pi$とする。次の不等式を解け。

(1) $2\cos^2\theta+5\sin\theta-4\geqq0$

(2) $2\cos^2\theta-\sqrt{3}\sin\theta+1>0$

解答▶別冊 44 ページ

第4節 加法定理

1 サイン，コサインの加法定理

角が和や差の形の三角関数では，次の**加法定理**が成り立ちます。

Check Point サイン，コサインの加法定理

$$\sin(\alpha+\beta)=\sin\alpha\cos\beta+\cos\alpha\sin\beta$$
$$\sin(\alpha-\beta)=\sin\alpha\cos\beta-\cos\alpha\sin\beta$$
$$\cos(\alpha+\beta)=\cos\alpha\cos\beta-\sin\alpha\sin\beta$$
$$\cos(\alpha-\beta)=\cos\alpha\cos\beta+\sin\alpha\sin\beta$$

（cos の2式：＋と－が入れかわる点に注意）

加法定理の証明の前に，次のことを確認しておきましょう。

Check Point 三角比と辺の長さの関係

右の図の直角三角形において，

$\sin\theta=\dfrac{a}{b}$，$\cos\theta=\dfrac{c}{b}$，$\tan\theta=\dfrac{a}{c}$であるから，

$a=b\sin\theta$，　$c=b\cos\theta$，　$a=c\tan\theta$

タテ＝ナナメ $\sin\theta$　ヨコ＝ナナメ $\cos\theta$　タテ＝ヨコ $\tan\theta$

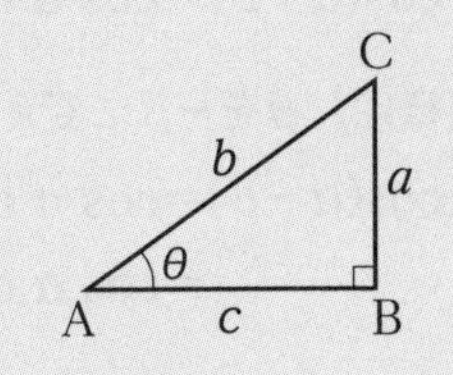

この関係式は，三角比の定義の式を変形すればすぐに導くことができますが，よく用いる式なので覚えておきたいです。次の加法定理の証明でこの関係式を用います。

$\alpha<\dfrac{\pi}{2}$，$\beta<\dfrac{\pi}{2}$，$\alpha+\beta<\dfrac{\pi}{2}$の場合について，図形的に加法定理を証明します。

証明　右の図のような AB=1，$\angle$ABC$=\alpha$である直角三角形 ABC のまわりに直角三角形を 2 つ組み合わせた台形を考える。また，

$\angle$CBD$=\beta$とする。

直角三角形 CBD の内角と外角の関係より

$\angle$BCE$=\dfrac{\pi}{2}+\beta$であるから，$\angle$ACE$=\beta$

△ACE において，

$\text{AE}=\text{AC}\sin\beta=\sin\alpha\sin\beta$

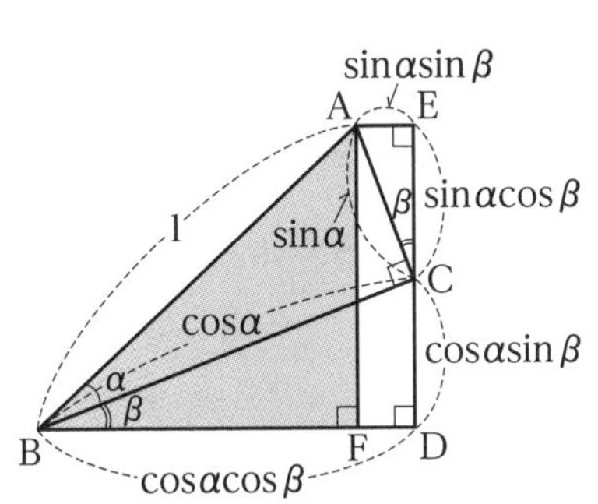

$CE = AC\cos\beta = \sin\alpha\cos\beta$

△CBD において，

$CD = BC\sin\beta = \cos\alpha\sin\beta$

$BD = BC\cos\beta = \cos\alpha\cos\beta$

ここで，点 A から辺 BD に垂線 AF を下ろす。△ABF に着目すると，

$AF = AB\sin(\alpha+\beta) = \sin(\alpha+\beta)$

$BF = AB\cos(\alpha+\beta) = \cos(\alpha+\beta)$

AF=CE+CD より，

$\boldsymbol{\sin(\alpha+\beta) = \sin\alpha\cos\beta + \cos\alpha\sin\beta}$　〔証明終わり〕

また，β を $-\beta$ に変えると，$\cos(-\beta)=\cos\beta$，$\sin(-\beta)=-\sin\beta$ であるから，

$$\boldsymbol{\sin(\alpha-\beta) = \sin\alpha\cos(-\beta) + \cos\alpha\sin(-\beta)}$$
$$\boldsymbol{= \sin\alpha\cos\beta - \cos\alpha\sin\beta}$$
〔証明終わり〕

BF=BD−FD=BD−AE より，

$\boldsymbol{\cos(\alpha+\beta) = \cos\alpha\cos\beta - \sin\alpha\sin\beta}$　〔証明終わり〕

同様に，β を $-\beta$ に変えると，$\cos(-\beta)=\cos\beta$，$\sin(-\beta)=-\sin\beta$ であるから，

$$\boldsymbol{\cos(\alpha-\beta) = \cos\alpha\cos(-\beta) - \sin\alpha\sin(-\beta)}$$
$$\boldsymbol{= \cos\alpha\cos\beta + \sin\alpha\sin\beta}$$
〔証明終わり〕

上の証明では角に制限がありますが，加法定理は α，β がどのような角でも成立します。鈍角の場合なども考える証明は「基本大全 Core 編」で扱います。

加法定理を用いることで，30°，45°，60°などの有名角以外の三角関数の値を求めることができるようになります。

例題86 次の値を求めよ。

(1) $\sin 75^\circ$　　(2) $\cos\frac{7}{12}\pi$

解答 (1) $\sin 75^\circ = \sin(30^\circ + 45^\circ)$　←有名角の組み合わせを考える

$$= \sin 30^\circ\cos 45^\circ + \cos 30^\circ\sin 45^\circ$$
$$= \frac{1}{2}\cdot\frac{1}{\sqrt{2}} + \frac{\sqrt{3}}{2}\cdot\frac{1}{\sqrt{2}}$$
$$= \frac{1+\sqrt{3}}{2\sqrt{2}} = \boldsymbol{\frac{\sqrt{2}+\sqrt{6}}{4}}$$
… 答

参考 $75^\circ=120^\circ-45^\circ$と考えてもよい。

(2) $\cos\frac{7}{12}\pi=\cos\left(\frac{\pi}{3}+\frac{\pi}{4}\right)$ ←有名角の組み合わせを考える

$$=\cos\frac{\pi}{3}\cos\frac{\pi}{4}-\sin\frac{\pi}{3}\sin\frac{\pi}{4}$$

$$=\frac{1}{2}\cdot\frac{1}{\sqrt{2}}-\frac{\sqrt{3}}{2}\cdot\frac{1}{\sqrt{2}}$$

$$=\frac{1-\sqrt{3}}{2\sqrt{2}}=\boldsymbol{\frac{\sqrt{2}-\sqrt{6}}{4}}$$ … 答

参考 $\frac{7}{12}\pi=\frac{5}{6}\pi-\frac{\pi}{4}$と考えてもよい。

演習問題 78

1 次の値を求めよ。

(1) $\sin 15^\circ$　(2) $\cos 165^\circ$　(3) $\sin\frac{5}{12}\pi$　(4) $\cos\frac{23}{12}\pi$

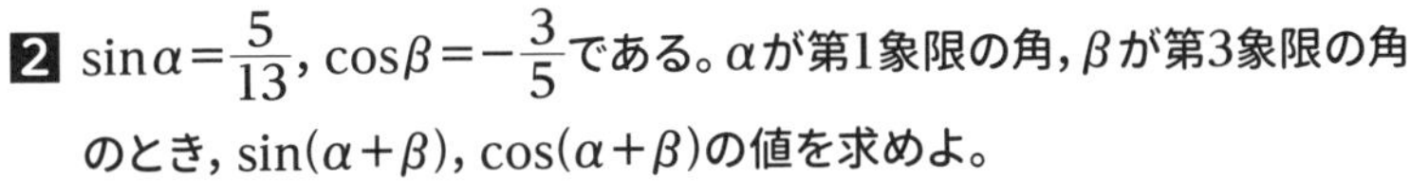

2 $\sin\alpha=\frac{5}{13}$, $\cos\beta=-\frac{3}{5}$である。αが第1象限の角, βが第3象限の角のとき, $\sin(\alpha+\beta)$, $\cos(\alpha+\beta)$の値を求めよ。

3 α, βがともに鋭角であるとする。$\sin\alpha=\frac{13}{14}$, $\sin\beta=\frac{11}{14}$であるとき, $\alpha+\beta$の値をコサインの加法定理を利用して求めよ。

解答▶別冊 45 ページ

2 タンジェントの加法定理

タンジェントの加法定理は，$\tan\theta=\dfrac{\sin\theta}{\cos\theta}$であることを利用して導くことができます。

Check Point タンジェントの加法定理

$$\tan(\alpha+\beta)=\frac{\tan\alpha+\tan\beta}{1-\tan\alpha\tan\beta},\quad \tan(\alpha-\beta)=\frac{\tan\alpha-\tan\beta}{1+\tan\alpha\tan\beta}$$

証明
$$\tan(\alpha+\beta)=\frac{\sin(\alpha+\beta)}{\cos(\alpha+\beta)}$$
$$=\frac{\sin\alpha\cos\beta+\cos\alpha\sin\beta}{\cos\alpha\cos\beta-\sin\alpha\sin\beta}$$
（加法定理を用いる）
$$=\frac{\dfrac{\sin\alpha}{\cos\alpha}+\dfrac{\sin\beta}{\cos\beta}}{1-\dfrac{\sin\alpha}{\cos\alpha}\cdot\dfrac{\sin\beta}{\cos\beta}}$$
（分子と分母を $\cos\alpha\cos\beta$ で割る）
$$=\frac{\tan\alpha+\tan\beta}{1-\tan\alpha\tan\beta}$$
〔証明終わり〕

また，βを$-\beta$に変えると，$\tan(-\beta)=-\tan\beta$であるから，

$$\tan(\alpha-\beta)=\frac{\tan\alpha+\tan(-\beta)}{1-\tan\alpha\tan(-\beta)}=\frac{\tan\alpha-\tan\beta}{1+\tan\alpha\tan\beta}$$
〔証明終わり〕

例題 87 $\tan\dfrac{\pi}{12}$の値を求めよ。

解答

$$\tan\frac{\pi}{12}=\tan\left(\frac{\pi}{4}-\frac{\pi}{6}\right)=\frac{\tan\frac{\pi}{4}-\tan\frac{\pi}{6}}{1+\tan\frac{\pi}{4}\cdot\tan\frac{\pi}{6}}=\frac{1-\frac{1}{\sqrt{3}}}{1+1\cdot\frac{1}{\sqrt{3}}}=\frac{\sqrt{3}-1}{\sqrt{3}+1}=\mathbf{2-\sqrt{3}}\ \cdots 答$$

（$\frac{\pi}{4}-\frac{\pi}{6}$：有名角の組み合わせを考える）

演習問題 79

$0\leqq\theta<\dfrac{\pi}{6}$のとき，$\tan\left(\theta+\dfrac{\pi}{3}\right)\cdot\tan\left(\theta-\dfrac{\pi}{6}\right)$ の値を求めよ。

解答▶別冊 46 ページ

3 2直線のなす角

直線と x 軸の正の向きがなす角が θ であるとき，$\tan\theta$ はその直線の傾きに等しくなります。**2 直線のなす角を求めるときは，タンジェントの加法定理の利用を考えます。**

ちなみに，2 直線のなす角が直角でない場合，鋭角と鈍角の 2 つが存在します。問題ではどちらを求めるか指示がある場合がほとんどなので，指示に注意して答えましょう。

例題 88 2 直線 $y=\frac{1}{3}x$ と $y=2x$ のなす角のうち，鋭角であるものを θ とするとき，θ の値を求めよ。

考え方 2 直線と x 軸の正の向きとのなす角をそれぞれ文字で表して考えます。

解答 次の図のように，2 直線と x 軸の正の向きのなす角を α，β とする。

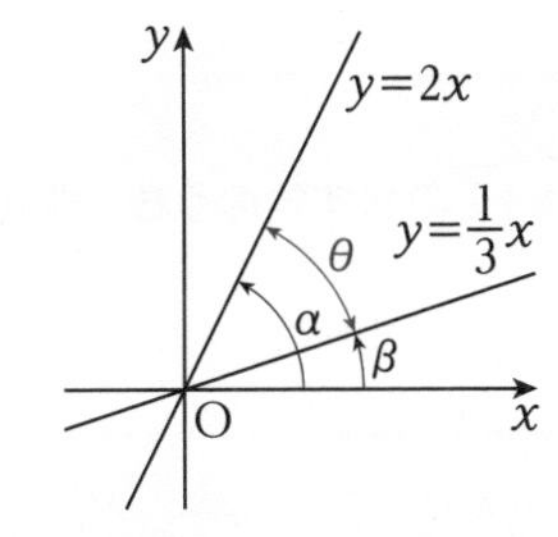

タンジェントの値は直線の傾きを表すので，

$$\left.\begin{aligned}\tan\alpha&=2,\\ \tan\beta&=\frac{1}{3}\end{aligned}\right\}$$ α，β の角度は求められませんが，タンジェントの値は求められます

図より $\theta=\alpha-\beta$ であるから，タンジェントの加法定理より，

$$\begin{aligned}\tan\theta&=\tan(\alpha-\beta)\\ &=\frac{\tan\alpha-\tan\beta}{1+\tan\alpha\tan\beta}\\ &=\frac{2-\frac{1}{3}}{1+2\cdot\frac{1}{3}}\\ &=1\end{aligned}$$

θ が鋭角であることに注意すると，

$\boldsymbol{\theta=\frac{\pi}{4}}$ … 答

Advice 問題によって，図からでは2つの角α，βの大小がはっきりしない場合があります。角度が鋭角である場合タンジェントの値は正の値をとることに着目して，**絶対値をつけて計算をすれば，αとβの大小に関わらず求める鋭角を考えることができます。**
前ページの例題で，角の大小を逆に考えた式 $\tan(\beta-\alpha)$ の場合，値は-1になりますが，絶対値をつければ，

$$\tan\theta=|\tan(\beta-\alpha)|=\left|\frac{\tan\beta-\tan\alpha}{1+\tan\beta\tan\alpha}\right|=1$$

鋭角であるから，$\theta=\dfrac{\pi}{4}$

と求めることができます。

演習問題 80

2直線 $y=\dfrac{1}{2}x-1$ と $y=-\dfrac{1}{3}x+1$ のなす角のうち，鋭角であるものを求めよ。

解答▶別冊46ページ

4 2倍角の公式

加法定理を利用して様々な公式を考えてみましょう。

角の和の加法定理において，角を$\alpha=\beta=\theta$とすると，2倍角の公式が得られます。

サインの加法定理において，

$\sin(\theta+\theta)=\sin\theta\cos\theta+\cos\theta\sin\theta$

$\sin2\theta=2\sin\theta\cos\theta$

Check Point sin の 2 倍角の公式

$$\sin2\theta=2\sin\theta\cos\theta$$

コサインの加法定理において，

$\cos(\theta+\theta)=\cos\theta\cos\theta-\sin\theta\sin\theta$

$\cos2\theta=\cos^2\theta-\sin^2\theta$ ……①

$=\cos^2\theta-(1-\cos^2\theta)$　（$\sin^2\theta+\cos^2\theta=1$ より $\sin^2\theta=1-\cos^2\theta$）

$=2\cos^2\theta-1$ ……②

$=2(1-\sin^2\theta)-1$　（$\sin^2\theta+\cos^2\theta=1$ より $\cos^2\theta=1-\sin^2\theta$）

$=1-2\sin^2\theta$ ……③

以上①，②，③を公式として，次のようにまとめます。

Check Point cos の 2 倍角の公式

$$\cos2\theta=\begin{cases}\cos^2\theta-\sin^2\theta\\2\cos^2\theta-1\\1-2\sin^2\theta\end{cases}$$

タンジェントの加法定理において，

$\tan(\theta+\theta)=\dfrac{\tan\theta+\tan\theta}{1-\tan\theta\cdot\tan\theta}$

$\tan2\theta=\dfrac{2\tan\theta}{1-\tan^2\theta}$

Check Point tan の 2 倍角の公式

$$\tan2\theta=\frac{2\tan\theta}{1-\tan^2\theta}$$

Advice 2倍角の公式はどれも右辺が左辺の半分の角で表されています。つまり，**2倍角の公式は「角を半分にする式」**と考えることもできます。

例題 89 $\cos\theta=\dfrac{3}{5}$のとき，次の値を求めよ。ただし，θは第1象限の角とする。

(1) $\sin 2\theta$

(2) $\cos 2\theta$

(3) $\tan 2\theta$

考え方 $\cos\theta=\dfrac{3}{5}$が与えられているので，角2θを半分のθに直すことを考えます。まず，$\sin\theta$，$\tan\theta$の値を求めるところからスタートします。

解答 θが第1象限の角であるから，$\sin\theta>0$

よって，

$$\sin\theta=\sqrt{1-\cos^2\theta}=\frac{4}{5}$$

$$\tan\theta=\frac{\sin\theta}{\cos\theta}=\frac{4}{3}$$

(1) $\sin 2\theta=2\sin\theta\cos\theta$

$$=2\cdot\frac{4}{5}\cdot\frac{3}{5}=\mathbf{\frac{24}{25}}\ \cdots 答$$

(2) $\cos 2\theta=2\cos^2\theta-1$　← $\cos 2\theta=1-2\sin^2\theta$としても同じこと

$$=2\cdot\left(\frac{3}{5}\right)^2-1$$

$$=-\mathbf{\frac{7}{25}}\ \cdots 答$$

(3) $\tan 2\theta=\dfrac{2\tan\theta}{1-\tan^2\theta}=\dfrac{2\cdot\dfrac{4}{3}}{1-\left(\dfrac{4}{3}\right)^2}$

$$=-\mathbf{\frac{24}{7}}\ \cdots 答$$

別解 $\tan 2\theta=\dfrac{\sin 2\theta}{\cos 2\theta}=\dfrac{\dfrac{24}{25}}{-\dfrac{7}{25}}$

$$=-\mathbf{\frac{24}{7}}\ \cdots 答$$

θと 2θが混在した方程式や不等式では，角をそろえるために，2 倍角の公式を利用します。

例題90 $0 \leqq \theta < 2\pi$のとき，次の方程式・不等式を解け。

(1) $\sin 2\theta - \cos\theta = 0$

(2) $\cos 2\theta - 3\sin\theta + 1 \geqq 0$

考え方 方程式や不等式を解くためには因数分解を考えます。因数分解するためには角をそろえる必要があります。

解答 (1) 2 倍角の公式より，

$$\sin 2\theta - \cos\theta = 0$$

$$2\sin\theta\cos\theta - \cos\theta = 0 \quad \leftarrow \text{角を}\theta\text{にそろえる}$$

$$\cos\theta(2\sin\theta - 1) = 0 \quad \leftarrow \text{因数分解}$$

よって，$\cos\theta = 0$ または $\sin\theta = \frac{1}{2}$

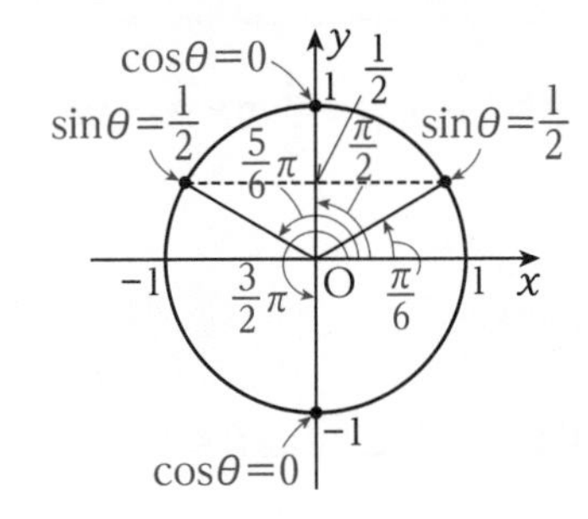

図より，$\theta = \frac{\pi}{6}, \frac{\pi}{2}, \frac{5}{6}\pi, \frac{3}{2}\pi$ … 答

(2) 2 倍角の公式より，

$$\cos 2\theta - 3\sin\theta + 1 \geqq 0$$

$$(1 - 2\sin^2\theta) - 3\sin\theta + 1 \geqq 0 \quad \leftarrow \text{角を}\theta\text{にそろえる，かつ，}\sin\theta\text{にそろえる}$$

$$2\sin^2\theta + 3\sin\theta - 2 \leqq 0$$

$$(2\sin\theta - 1)(\sin\theta + 2) \leqq 0 \quad \leftarrow \text{因数分解}$$

（掛けて 0 以下）

$-1 \leqq \sin\theta \leqq 1$ より，$\sin\theta + 2 > 0$ であるから，

$$2\sin\theta - 1 \leqq 0$$

よって，$\sin\theta \leqq \frac{1}{2}$

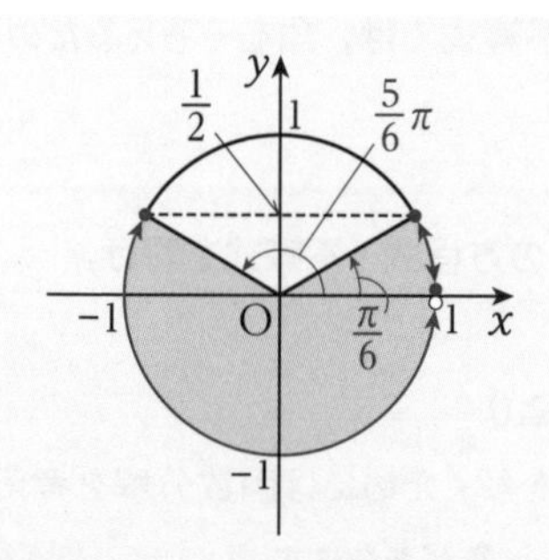

図より，$\mathbf{0 \leqq \theta \leqq \frac{\pi}{6}}$，$\mathbf{\frac{5}{6}\pi \leqq \theta < 2\pi}$ … 答

演習問題 81

1 αの動径が第 4 象限にあり，$\cos\alpha = \frac{4}{5}$のとき，次の値を求めよ。

(1) $\sin 2\alpha$

(2) $\cos 2\alpha$

(3) $\tan 2\alpha$

2 次の方程式や不等式を解け。ただし，$0 \leqq \theta < 2\pi$とする。

(1) $\sin 2\theta + \cos\theta = 0$

(2) $\cos 2\theta - \cos\theta = 0$

(3) $\cos 2\theta - \sqrt{3}\sin\theta + 2 > 0$

(4) $\sin 2\theta > \sqrt{2}\cos\theta$

解答▶別冊 47 ページ

5 半角の公式

半角の公式は，cos の 2 倍角の公式を変形して導きます。

$\cos 2\theta = 2\cos^2\theta - 1$ より，

$$\cos^2\theta = \frac{1+\cos 2\theta}{2}$$

同様にして，

$\cos 2\theta = 1 - 2\sin^2\theta$ より，

$$\sin^2\theta = \frac{1-\cos 2\theta}{2}$$

上の式の θ を $\frac{\theta}{2}$ におき換えると，次の公式が得られます。

Check Point　cos，sin の半角の公式

$$\cos^2\frac{\theta}{2} = \frac{1+\cos\theta}{2} \qquad \sin^2\frac{\theta}{2} = \frac{1-\cos\theta}{2}$$

$\sin 2\theta = 2\sin\theta\cos\theta$ より，$\sin\theta\cos\theta = \frac{\sin 2\theta}{2}$
この変形も覚えておきたいです。

また，$\tan\theta = \frac{\sin\theta}{\cos\theta}$ であることを利用すると，

$$\tan^2\theta = \frac{\sin^2\theta}{\cos^2\theta} = \frac{\frac{1-\cos 2\theta}{2}}{\frac{1+\cos 2\theta}{2}} = \frac{1-\cos 2\theta}{1+\cos 2\theta}$$

（$\cos\theta$ の半角公式，$\sin\theta$ の半角公式の利用）

θ を $\frac{\theta}{2}$ におき換えると，次の公式が得られます。

Check Point　tan の半角の公式 ①

$$\tan^2\frac{\theta}{2} = \frac{1-\cos\theta}{1+\cos\theta}$$

$\tan\theta$ は 1 次式の形の半角の公式もあります。

$\tan\theta = \frac{\sin\theta}{\cos\theta}$ であることを利用すると，

$$\tan\theta=\frac{\sin\theta}{\cos\theta}$$

$$=\frac{2\sin^2\theta}{2\sin\theta\cos\theta}$$

分子分母に $2\sin\theta$ を掛ける

$$=\frac{2\cdot\frac{1-\cos2\theta}{2}}{\sin2\theta}$$

半角の公式，2 倍角の公式を利用

$$=\frac{1-\cos2\theta}{\sin2\theta}$$

θ を $\frac{\theta}{2}$ におき換えると，次の公式が得られます。

Check Point　tan の半角の公式 ②

$$\tan\frac{\theta}{2}=\frac{1-\cos\theta}{\sin\theta}$$

Advice 半角の公式は 2 倍角の公式とは逆に「角を 2 倍にする式」と考えることもできます。

例題 91 $\frac{3}{2}\pi<\alpha<2\pi$ で，$\sin\alpha=-\frac{4}{5}$ のとき，$\sin\frac{\alpha}{2}$，$\cos\frac{\alpha}{2}$，$\tan\frac{\alpha}{2}$ の値を求めよ。

考え方 $\sin\alpha=-\frac{4}{5}$ を与えられているので，角 $\frac{\alpha}{2}$ を 2 倍の α に直すことを考えます。

解答 $\frac{3}{2}\pi<\alpha<2\pi$ であるから，$\cos\alpha>0$

↑第 4 象限の角

また，$\sin\alpha=-\frac{4}{5}$ から，

$$\cos\alpha=\sqrt{1-\sin^2\alpha}=\frac{3}{5}$$

半角の公式より，

$$\sin^2\frac{\alpha}{2}=\frac{1-\cos\alpha}{2}=\frac{1-\frac{3}{5}}{2}=\frac{1}{5}$$

さらに，$\frac{3}{2}\pi<\alpha<2\pi$ であるから，$\frac{3}{4}\pi<\frac{\alpha}{2}<\pi$ で，$\sin\frac{\alpha}{2}>0$ であるから，

↑第 2 象限の角

$$\boldsymbol{\sin\frac{\alpha}{2}=\frac{1}{\sqrt{5}}}$$ … 答

半角の公式より，

$$\cos^2\frac{\alpha}{2}=\frac{1+\cos\alpha}{2}=\frac{1+\frac{3}{5}}{2}=\frac{4}{5}$$

$\frac{3}{4}\pi<\frac{\alpha}{2}<\pi$ より，$\cos\frac{\alpha}{2}<0$ であるから，

$$\boldsymbol{\cos\frac{\alpha}{2}=-\frac{2}{\sqrt{5}}}$$ … 答

$\tan\frac{\alpha}{2}$ は半角の公式より三角関数の相互関係 $\tan\theta=\frac{\sin\theta}{\cos\theta}$ を用いて求めたほうが簡単である。

$$\boldsymbol{\tan\frac{\alpha}{2}}=\frac{\sin\frac{\alpha}{2}}{\cos\frac{\alpha}{2}}=\frac{\frac{1}{\sqrt{5}}}{-\frac{2}{\sqrt{5}}}\boldsymbol{=-\frac{1}{2}}$$ … 答

別解 半角の公式を用いると，

$$\tan^2\frac{\alpha}{2}=\frac{1-\cos\alpha}{1+\cos\alpha}=\frac{1-\frac{3}{5}}{1+\frac{3}{5}}=\frac{1}{4}$$

$\frac{3}{4}\pi<\frac{\alpha}{2}<\pi$ より，$\tan\frac{\alpha}{2}<0$ であるから，

$$\boldsymbol{\tan\frac{\alpha}{2}=-\frac{1}{2}}$$ … 答

別解 半角の公式を用いると，

$$\tan\frac{\alpha}{2}=\frac{1-\cos\alpha}{\sin\alpha}=\frac{1-\frac{3}{5}}{-\frac{4}{5}}=\boldsymbol{-\frac{1}{2}}$$ … 答

演習問題 82

1 $\sin\frac{\pi}{12}$，$\cos\frac{\pi}{12}$，$\tan\frac{\pi}{12}$ の値を求めよ。

2 θ を第 3 象限の角とする。$\tan\theta=\frac{3}{4}$ のとき，次の値を求めよ。

(1) $\cos\frac{\theta}{2}$　　(2) $\tan\frac{\theta}{2}$

解答▶別冊 49 ページ

6 三角関数の合成

$a\sin\theta+b\cos\theta$ の形の式を $r\sin(\theta+\alpha)$ の形の式に変形することを三角関数の合成といいます。三角関数の合成では，加法定理

$$\sin(\alpha+\beta)=\sin\alpha\cos\beta+\cos\alpha\sin\beta$$

を逆にした式

$$\sin\alpha\cos\beta+\cos\alpha\sin\beta=\sin(\alpha+\beta)$$

を利用します。

具体的に $\sqrt{3}\sin\theta+\cos\theta$ を $r\sin(\theta+\alpha)$ の形に変形する，つまり合成することを考えてみます。ただし，$r>0$，$-\pi<\alpha<\pi$ とします。

$\sqrt{3}\sin\theta+\cos\theta$ より，

$$\sqrt{3}\cdot\sin\theta+1\cdot\cos\theta \quad \cdots\cdots①$$

sin の加法定理より，

$$\sin(\theta+\alpha)=\sin\theta\cos\alpha+\cos\theta\sin\alpha \quad \cdots\cdots②$$

①と②の右辺を比較してみると $\cos\alpha=\sqrt{3}$，$\sin\alpha=1$ と考えることができますが，

$$\cos^2\alpha+\sin^2\alpha=3+1=4$$

となり，三角関数の相互関係 $\cos^2\alpha+\sin^2\alpha=1$ が成り立たないので正しくないことがわかります。そこで，$\cos^2\alpha+\sin^2\alpha=1$ になるように式を変形します。

2 乗の和が 4 であるから，全体を $\sqrt{4}=2$ でくくると，

$$\sqrt{3}\sin\theta+\cos\theta=2\left(\frac{\sqrt{3}}{2}\sin\theta+\frac{1}{2}\cos\theta\right)$$

ここで改めて，②の右辺とかっこ内の式を比較すると，

$$\cos\alpha=\frac{\sqrt{3}}{2},\ \sin\alpha=\frac{1}{2}$$

三角関数の相互関係

$$\cos^2\alpha+\sin^2\alpha=\frac{3}{4}+\frac{1}{4}=1$$

が成り立ち，正しいことがわかります。

また，$\cos\alpha=\frac{\sqrt{3}}{2}$，$\sin\alpha=\frac{1}{2}$ を満たす角 α は $\frac{\pi}{6}$ であるから，

$$\begin{aligned}\sqrt{3}\sin\theta+\cos\theta&=2\left(\frac{\sqrt{3}}{2}\sin\theta+\frac{1}{2}\cos\theta\right)\\&=2\left(\cos\frac{\pi}{6}\sin\theta+\sin\frac{\pi}{6}\cos\theta\right)\\&=2\sin\left(\theta+\frac{\pi}{6}\right)\end{aligned}$$

加法定理の逆

$r\sin(\theta+\alpha)$ の形に表すことができました。

これを，一般化してみましょう。

$0 \leqq \theta < 2\pi$ の範囲で，$a\sin\theta + b\cos\theta$ の合成を考えます。前の具体例と同様に $\sin\theta$ と $\cos\theta$ の係数が $\cos\alpha$，$\sin\alpha$ になる変形を考えます。また，**2 乗の和が 1 になるように $\sqrt{a^2+b^2}$ でくくります。**

$$a\sin\theta + b\cos\theta = \sqrt{a^2+b^2}\left(\frac{a}{\sqrt{a^2+b^2}}\sin\theta + \frac{b}{\sqrt{a^2+b^2}}\cos\theta\right)$$

ここで，$\left(\frac{a}{\sqrt{a^2+b^2}}\right)^2 + \left(\frac{b}{\sqrt{a^2+b^2}}\right)^2 = 1$ になるので，

$\frac{a}{\sqrt{a^2+b^2}} = \cos\alpha$，$\frac{b}{\sqrt{a^2+b^2}} = \sin\alpha$ とおくことができます。 よって，

$$\begin{aligned} a\sin\theta + b\cos\theta &= \sqrt{a^2+b^2}\left(\frac{a}{\sqrt{a^2+b^2}}\sin\theta + \frac{b}{\sqrt{a^2+b^2}}\cos\theta\right) \\ &= \sqrt{a^2+b^2}(\cos\alpha\sin\theta + \sin\alpha\cos\theta) \\ &= \sqrt{a^2+b^2}\sin(\theta+\alpha) \end{aligned}$$

加法定理の逆

以上のようにして，合成することができます。次のように手順をまとめておきます。

Check Point 三角関数の合成

a，b を定数とするとき，$a\sin\theta + b\cos\theta$ の合成の手順は，

1 $\sqrt{a^2+b^2}$ でくくる

2 $\sin\theta$ の隣が $\cos\alpha$，$\cos\theta$ の隣が $\sin\alpha$

3 加法定理の逆でまとめる

例題92 次の式を $r\sin(\theta+\alpha)$ の形に変形せよ。ただし，$r>0$，$-\pi < \alpha < \pi$ とする。

(1) $\sin\theta + \cos\theta$　　(2) $3\sin\theta - \sqrt{3}\cos\theta$

解答 (1) $\sin\theta + \cos\theta$

$= \sqrt{1^2+1^2}\left(\frac{1}{\sqrt{2}}\sin\theta + \frac{1}{\sqrt{2}}\cos\theta\right)$ ←1（**Check Point**「三角関数の合成」）

$= \sqrt{2}\left(\cos\frac{\pi}{4}\sin\theta + \sin\frac{\pi}{4}\cos\theta\right)$ ←2 $\left(\alpha は \frac{\pi}{4}\right)$

$= \sqrt{2}\sin\left(\theta + \frac{\pi}{4}\right)$ … 答 ←3

(2) $3\sin\theta-\sqrt{3}\cos\theta$

$=\sqrt{3}(\sqrt{3}\sin\theta-\cos\theta)$ ←くくり出せるものは出しておきます

$=\sqrt{3}\cdot\sqrt{(\sqrt{3})^2+(-1)^2}\left(\frac{\sqrt{3}}{2}\sin\theta-\frac{1}{2}\cos\theta\right)$ ←1

$=2\sqrt{3}\left(\cos\frac{\pi}{6}\sin\theta-\sin\frac{\pi}{6}\cos\theta\right)$ ←2 $\left(\alpha は\frac{\pi}{6}\right)$

$=2\sqrt{3}\sin\left(\theta-\frac{\pi}{6}\right)$ … 答 ←3

仕組みを理解したうえで，結論を直接求めるならば，図をかいて求める方法があります。座標平面上に $\sin\theta$ の係数の絶対値を x 座標，$\cos\theta$ の係数の絶対値を y 座標とした点をとります。このとき，**その点と原点を結ぶ線分の長さが合成したときの sin の係数となり，その線分と x 軸の正の向きとのなす角がかっこ内で θ に加える(引く)角を表します。**

$\sqrt{3}\sin\theta+\cos\theta$ にこの方法を当てはめてみましょう。

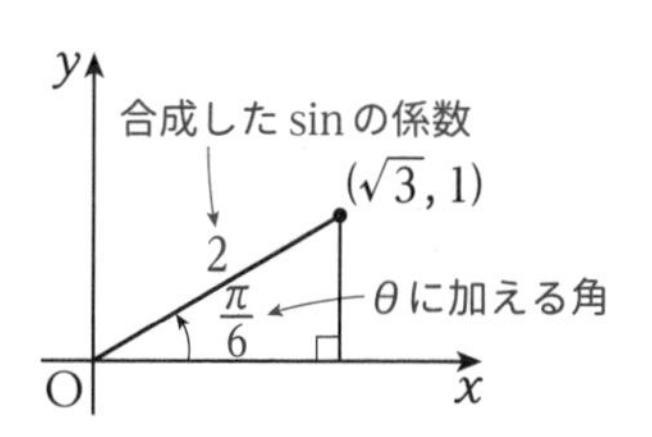

右の図のように，$\sin\theta$ の係数の絶対値 $\sqrt{3}$ を x 座標，$\cos\theta$ の係数の絶対値 1 を y 座標とした点 $(\sqrt{3}, 1)$ をとり，原点と結んだ線分の長さが 2，その線分と x 軸の正の向きとのなす角が $\frac{\pi}{6}$ とわかります。これらの値より，

$$\sqrt{3}\sin\theta+\cos\theta=2\sin\left(\theta+\frac{\pi}{6}\right)$$

と変形することができます。

参考 「基本大全 Core 編」では，コサインの合成を紹介します。

演習問題 83

次の式を $r\sin(\theta+\alpha)$ の形に変形せよ。ただし，$r>0$，$-\pi<\alpha<\pi$ とする。

(1) $\sin\theta+\sqrt{3}\cos\theta$

(2) $2\sqrt{3}\sin\theta-2\cos\theta$

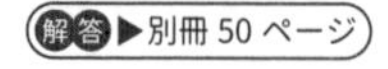
解答▶別冊 50 ページ

7 三角関数の合成の応用

方程式や不等式を解くときは基本的に因数分解の利用を考えますが，

$a\sin\theta+b\cos\theta$ の形では因数分解が難しいため，三角関数の合成を利用して，三角関数の種類を1つにまとめます。

ただし，合成した後の角の扱いに注意が必要です。**p.164 ～ 169** の「角が複雑な方程式」「角が複雑な不等式」で扱った通り，$\theta+\dfrac{\pi}{3}$ のような角は，角を $\dfrac{\pi}{3}+\theta$ とみて，**「動径のスタート地点が $\dfrac{\pi}{3}$ となり，そこから θ 回転した」** と考えます。

例題93 次の方程式，不等式を解け。ただし，$0\leqq\theta<2\pi$ とする。

(1) $\sin\theta+\cos\theta=-1$

(2) $\sin\theta-\sqrt{3}\cos\theta>\sqrt{2}$

解答 (1) まず，左辺の三角関数を合成する。

$$\sin\theta+\cos\theta=\sqrt{1^2+1^2}\left(\frac{1}{\sqrt{2}}\sin\theta+\frac{1}{\sqrt{2}}\cos\theta\right) \quad \leftarrow\boxed{1}$$

$$=\sqrt{2}\left(\cos\frac{\pi}{4}\sin\theta+\sin\frac{\pi}{4}\cos\theta\right) \quad \leftarrow\boxed{2}\left(\alpha\text{は}\frac{\pi}{4}\right)$$

$$=\sqrt{2}\sin\left(\theta+\frac{\pi}{4}\right) \quad \leftarrow\boxed{3}$$

よって，$\sqrt{2}\sin\left(\theta+\dfrac{\pi}{4}\right)=-1$ より，$\sin\left(\theta+\dfrac{\pi}{4}\right)=-\dfrac{1}{\sqrt{2}}$ を満たす θ を求めればよい。

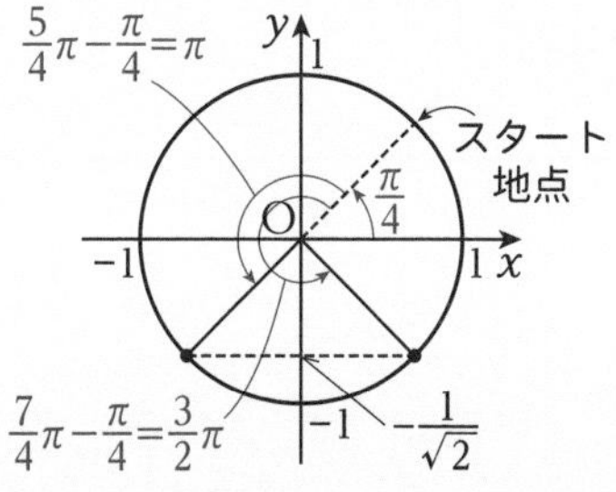

図より，$\dfrac{\pi}{4}$ から回転する角 θ を考えると，$\boldsymbol{\theta=\pi,\ \dfrac{3}{2}\pi}$ … 答

(2) まず，左辺の三角関数を合成する。

$$\sin\theta-\sqrt{3}\cos\theta=\sqrt{1^2+(\sqrt{3})^2}\left(\frac{1}{2}\sin\theta-\frac{\sqrt{3}}{2}\cos\theta\right) \quad \leftarrow\boxed{1}$$

$$=2\left(\cos\frac{\pi}{3}\sin\theta-\sin\frac{\pi}{3}\cos\theta\right) \quad \leftarrow\boxed{2}\left(\alpha\text{は}\frac{\pi}{3}\right)$$

$$=2\sin\left(\theta-\frac{\pi}{3}\right) \quad \leftarrow\boxed{3}$$

よって，$2\sin\left(\theta-\dfrac{\pi}{3}\right)>\sqrt{2}$ より，$\sin\left(\theta-\dfrac{\pi}{3}\right)>\dfrac{1}{\sqrt{2}}$ を満たすθを求めればよい。

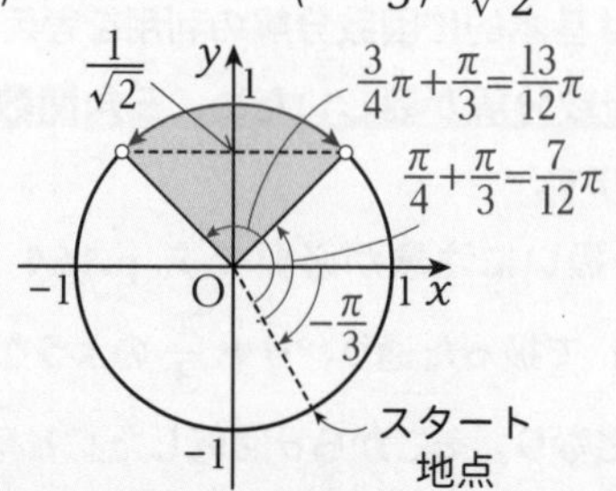

図より，$-\dfrac{\pi}{3}$から回転する角θの範囲を考えると，

$\dfrac{7}{12}\pi<\theta<\dfrac{13}{12}\pi$ … 答

演習問題 84

次の方程式，不等式を解け。ただし，$0\leqq\theta<2\pi$とする。

(1) $\sin\theta-\cos\theta=1$

(2) $\sin 2\theta-\sqrt{3}\cos 2\theta>1$

解答▶別冊 50 ページ

第5章 指数関数と対数関数

第1節 指数の拡張

1 指数法則

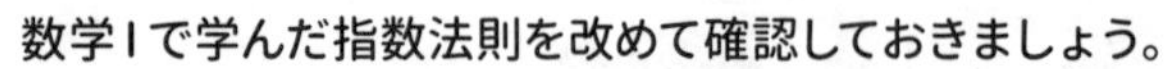

数学Iで学んだ指数法則を改めて確認しておきましょう。

m，n を正の整数とするとき，

[1] $a^m \times a^n = \underbrace{\underbrace{a \times a \times \cdots \times a}_{a\text{ を }m\text{ 個掛ける}} \times \underbrace{a \times a \times \cdots \times a}_{a\text{ を }n\text{ 個掛ける}}}_{a\text{ を }m+n\text{ 個掛ける}} = a^{m+n}$

[2] $(a^m)^n = \underbrace{\underbrace{a \times \cdots \times a}_{a\text{を}m\text{個掛ける}} \times \underbrace{a \times \cdots \times a}_{a\text{を}m\text{個掛ける}} \times \cdots \times \underbrace{a \times \cdots \times a}_{a\text{を}m\text{個掛ける}}}_{a\text{ を }m \times n\text{ 個掛ける}} = a^{mn}$

[3] $(ab)^m = \underbrace{(ab) \times (ab) \times \cdots \times (ab)}_{ab\text{ を }m\text{ 個掛ける}} = a^m b^m$

ここでは，指数が 0 や負の整数の場合について考えていきます。

a^0 のような指数が 0 の場合も指数法則が成り立つとすると，上の[1] で $m=0$ のとき，

$$a^0 \times a^n = a^{0+n} = a^n$$

このことから，$a^0=1$ となることがわかります。確かに，

$$a^2 \times a^0 = a^{2+0} = a^2,\ a^2 \times a^0 = a^2 \times 1 = a^2$$
$$(a^0)^2 = a^{0\times 2} = a^0 = 1,\ (a^0)^2 = 1^2 = 1$$

であるから，$a^0=1$ のとき指数法則が成り立つことがわかります。

次に，a^{-n}(n は自然数）のような指数が負の整数の場合も指数法則が成り立つとすると，

$$a^n \times a^{-n} = a^{n+(-n)} = a^0 = 1$$

（a^{-n} から $a^{n+(-n)}$ へ：指数法則）

積が 1 となるとき，2 つの数は逆数の関係であるので，a^{-n}は a^nの逆数に等しいことがわかります。つまり，$a^{-n}=\dfrac{1}{a^n}$となることがわかります。確かに，

$$a^4 \times a^{-2} = a^{4+(-2)} = a^2,\ a^4 \times a^{-2} = a^4 \times \frac{1}{a^2} = \frac{a\cdot a\cdot a\cdot a}{a\cdot a} = a^2$$
$$(a^2)^{-2} = a^{-4} = \frac{1}{a^4},\ (a^2)^{-2} = \frac{1}{(a^2)^2} = \frac{1}{a^4}$$

であるから，$a^{-n}=\dfrac{1}{a^n}$のとき指数法則が成り立つことがわかります。以上より，指数が 0 や負の整数の場合，次のように定義されます。

Check Point　指数が 0 や負の整数の場合

$a \neq 0$，n を正の整数とするとき，$a^0=1$，$a^{-n}=\dfrac{1}{a^n}$

また，次のことが成り立つこともわかります。

$$\frac{a^m}{a^n}=a^m\times\frac{1}{a^n}=a^m\times a^{-n}=a^{m+(-n)}=a^{m-n}$$

$$\left(\frac{a}{b}\right)^n=\left(a\times\frac{1}{b}\right)^n=(ab^{-1})^n=a^nb^{-n}=a^n\times\frac{1}{b^n}=\frac{a^n}{b^n}$$

以上より，指数が整数のとき，次の指数法則が成り立ちます。

Check Point　指数法則

$a \neq 0$，$b \neq 0$ で，m，n を整数とするとき，

[1] $a^m\times a^n=a^{m+n}$　[2] $(a^m)^n=a^{mn}$　[3] $(ab)^m=a^mb^m$

[4] $\dfrac{a^m}{a^n}=a^m\div a^n=a^{m-n}$　[5] $\left(\dfrac{a}{b}\right)^n=\dfrac{a^n}{b^n}$

例題 94 次の計算をせよ。

(1) $a^2\times a^3$　(2) $(a^3)^3\times a^{-5}$　(3) $a^2\div a^4$　(4) $\left(\dfrac{ab^{-2}}{a^4}\right)^2$

解答 (1) $a^2\times a^3=a^{2+3}=\boldsymbol{a^5}$ … 答
[1]（**Check Point**「指数法則」）

(2) $(a^3)^3\times a^{-5}=a^{3\times3}\times a^{-5}=a^{9+(-5)}=\boldsymbol{a^4}$ … 答
[2]　[1]

(3) $a^2\div a^4=a^{2-4}=\boldsymbol{a^{-2}}$ $\left(\text{または}\dfrac{1}{a^2}\right)$ … 答
[4]

(4) $\left(\dfrac{ab^{-2}}{a^4}\right)^2=\dfrac{a^2b^{-2\times2}}{a^{4\times2}}=\dfrac{a^2b^{-4}}{a^8}=a^{2-8}b^{-4}=\boldsymbol{a^{-6}b^{-4}}$ $\left(\text{または}\dfrac{1}{a^6b^4}\right)$ … 答
[3] [5]　[4]

演習問題 85

次の計算をせよ。

(1) $a^{-3}\times a^6$　(2) $(a^4)^{-2}$　(3) $(a^{-2}b^2)^3$

(4) $a^{-1}\times a^{-2}\div a^{-3}$　(5) $a^2\times\dfrac{1}{a^{-1}}\times(a^3)^{-2}$

解答▶別冊 51 ページ

2 累乗根と有理数の指数

n を正の整数とするとき，n 乗して a となる数を a の n 乗根といいます。また，$a>0$ のとき，a の n 乗根のうち正のものを $\sqrt[n]{a}$ と表します。例えば，2 と−2 は 4 乗して 16 になるので，16 の 4 乗根は 2 と−2 です。また，そのうち正のものは 2 であるから $\sqrt[4]{16}=2$，負のものは−2 であるから $-\sqrt[4]{16}=-2$ と表されます。ただし，2 乗して a になる数，つまり a の正の平方根(2 乗根) $\sqrt[2]{a}$ はこれまで通り $\sqrt{a}$ と表します。2 乗根，3 乗根，4 乗根，…をまとめて**累乗根**といいます。

$a>0$ で，n が正の整数のとき，$(\sqrt[n]{a})^n=a$, $\sqrt[n]{a}>0$ であることから，次の累乗根の性質が成り立ちます。

Check Point 累乗根の性質

$a>0$，$b>0$ で，m，n，k を正の整数とするとき，

[1] $\sqrt[n]{a}\sqrt[n]{b}=\sqrt[n]{ab}$　[2] $\dfrac{\sqrt[n]{a}}{\sqrt[n]{b}}=\sqrt[n]{\dfrac{a}{b}}$　[3] $(\sqrt[n]{a})^m=\sqrt[n]{a^m}$

[4] $\sqrt[m]{\sqrt[n]{a}}=\sqrt[mn]{a}$　[5] $\sqrt[n]{a^m}=\sqrt[nk]{a^{mk}}$

[1] は次のように証明することができます。

証明 $\sqrt[n]{a}>0$, $\sqrt[n]{b}>0$ より，

$\sqrt[n]{a}\sqrt[n]{b}>0$　また，$\sqrt[n]{ab}>0$

両辺ともに正であるから，両辺を n 乗して，

$(\sqrt[n]{a}\sqrt[n]{b})^n=(\sqrt[n]{a})^n(\sqrt[n]{b})^n=ab$

$(\sqrt[n]{ab})^n=ab$

よって，$(\sqrt[n]{a}\sqrt[n]{b})^n=(\sqrt[n]{ab})^n$

すなわち，$\sqrt[n]{a}\sqrt[n]{b}=\sqrt[n]{ab}$ が成り立つ。〔証明終わり〕

同様にして，[2]～[5] も示すことができます。

$a<0$ のときも a の n 乗根は $\sqrt[n]{a}$ と表されますが，それは n が奇数のときのみ表されます。 偶数回掛けて負の数になるものは存在しないからです。また，このとき $\sqrt[n]{a}<0$ です。例えば，−8 の 3 乗根は−2 であるから，$\sqrt[3]{-8}=-2$ と表されます。
また，n が奇数のとき，$\sqrt[n]{-a}=-\sqrt[n]{a}$ とすることができます。

例題95 次の値を求めよ。

(1) 81 の 4 乗根　　(2) $\sqrt[5]{32}$

(3) $\sqrt[3]{-64}$　　(4) $\sqrt[4]{48}$

解答 (1) 4 乗して 81 となる数は，$\mathbf{-3,\ 3}$ … 答

(2) $\sqrt[5]{32}=\sqrt[5]{2^5}=\mathbf{2}$ … 答　←5 乗して 32 となる数は 2

(3) $\sqrt[3]{-64}=-\sqrt[3]{64}=-\sqrt[3]{4^3}=\mathbf{-4}$ … 答　←3 乗して-64 となる数は-4

(4) $\sqrt[4]{48}=\sqrt[4]{2^4\times3}=\sqrt[4]{2^4}\times\sqrt[4]{3}=\mathbf{2\sqrt[4]{3}}$ … 答　←[1]の逆を用いた

次に，$a>0$ で，n が正の整数のとき，$a^{\frac{1}{n}}$のような指数が有理数の場合を考えてみます。
この場合も指数法則が成り立つとすると，

$$\left(a^{\frac{1}{n}}\right)^n=a^{\frac{1}{n}\times n}$$ ←指数法則 $(a^m)^n=a^{mn}$

$$=a^1$$

$$=a$$

この結果より，$a^{\frac{1}{n}}$は a の n 乗根であるから，$a^{\frac{1}{n}}=\sqrt[n]{a}$ と定義できることがわかります。

また，指数が有理数$\dfrac{m}{n}$(m，n は正の整数) であるとき，

$$a^{\frac{m}{n}}=\left(a^{\frac{1}{n}}\right)^m=(\sqrt[n]{a})^m$$

または，

$$a^{\frac{m}{n}}=(a^m)^{\frac{1}{n}}=\sqrt[n]{a^m}$$

←指数は累乗根の中でも外でも同じ

が成り立つこともわかります。

同様に，

$$a^{-\frac{m}{n}}\times a^{\frac{m}{n}}=a^{-\frac{m}{n}+\frac{m}{n}}=a^0=1$$

が成り立つので $a^{-\frac{m}{n}}$は $a^{\frac{m}{n}}$の逆数であるとわかります。

Check Point 有理数の指数

$a>0$ で，m，n を正の整数とするとき，

$$a^{\frac{1}{n}}=\sqrt[n]{a},\quad a^{\frac{m}{n}}=(\sqrt[n]{a})^m=\sqrt[n]{a^m},\quad a^{-\frac{m}{n}}=\frac{1}{a^{\frac{m}{n}}}$$

一般に，指数が有理数のときも次の指数法則が成り立ちます。

$a>0$，$b>0$ で m，n を有理数とするとき，

[1] $a^m \times a^n = a^{m+n}$　[2] $(a^m)^n = a^{mn}$　[3] $(ab)^m = a^m b^m$

[4] $\dfrac{a^m}{a^n} = a^m \div a^n = a^{m-n}$　[5] $\left(\dfrac{a}{b}\right)^n = \dfrac{a^n}{b^n}$

参考 指数法則は指数が無理数のときも成り立つことがわかっています。（数学IIIの知識が必要です。）

例題 96 次の計算をせよ。ただし，(2)，(4)〜(6)は a^r の形で表せ。$a>0$ とする。

(1) $3^{\frac{3}{4}} \times 9^{-\frac{4}{3}} \div 3^{\frac{1}{12}}$　(2) $a^{-2} \times a^{\frac{1}{2}} \div a^{-\frac{1}{3}}$　(3) $\left(8^{-\frac{3}{2}}\right)^{\frac{4}{9}}$

(4) $\sqrt[3]{a} \times \sqrt[12]{a}$　(5) $a\sqrt{a} \div \sqrt[3]{a}$　(6) $\sqrt{\sqrt{a^5}}$

(7) $\left(4^{\frac{1}{3}}+1\right)\left(4^{\frac{2}{3}}-4^{\frac{1}{3}}+1\right)$

解答

(1) (与式) $=3^{\frac{3}{4}} \times 3^{2\cdot\left(-\frac{4}{3}\right)} \div 3^{\frac{1}{12}} = 3^{\frac{3}{4}+\left(-\frac{8}{3}\right)-\frac{1}{12}} = 3^{-2} = \mathbf{\frac{1}{9}}$ … 答 ← [1] [4]

(2) (与式) $=a^{-2+\frac{1}{2}-\left(-\frac{1}{3}\right)} = \boldsymbol{a^{-\frac{7}{6}}}$ … 答 ← [1] [4]

(3) (与式) $=8^{-\frac{3}{2}\times\frac{4}{9}} = 8^{-\frac{2}{3}} = (2^3)^{-\frac{2}{3}} = 2^{3\times\left(-\frac{2}{3}\right)} = 2^{-2} = \mathbf{\frac{1}{4}}$ … 答 ← [2]

(4) (与式) $=a^{\frac{1}{3}} \times a^{\frac{1}{12}} = a^{\frac{1}{3}+\frac{1}{12}} = \boldsymbol{a^{\frac{5}{12}}}$ … 答 ← [1]

(5) (与式) $=a \times a^{\frac{1}{2}} \div a^{\frac{1}{3}} = a^{1+\frac{1}{2}-\frac{1}{3}} = \boldsymbol{a^{\frac{7}{6}}}$ … 答 ← [1] [4]

(6) (与式) $=\{(a^5)^{\frac{1}{2}}\}^{\frac{1}{2}} = a^{5\times\frac{1}{2}\times\frac{1}{2}} = \boldsymbol{a^{\frac{5}{4}}}$ … 答 ← [2]

(7) (与式) $=(4^{\frac{1}{3}})^3 + 1^3$　← $(a+b)(a^2-ab+b^2)=a^3+b^3$ の利用，[2]

$=4+1=\mathbf{5}$ … 答

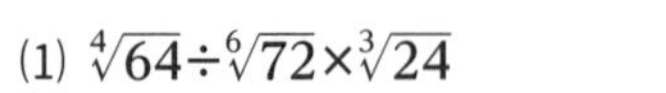

次の計算をせよ。ただし，$a>0$，$b>0$ とする。

(1) $\sqrt[4]{64} \div \sqrt[6]{72} \times \sqrt[3]{24}$　(2) $\sqrt[7]{4 \times \sqrt[4]{16^{\frac{2}{3}} \times 8^{-2}}}$

(3) $(\sqrt[6]{a}+\sqrt[6]{b})(\sqrt[6]{a}-\sqrt[6]{b})(\sqrt[3]{a^2}+\sqrt[3]{ab}+\sqrt[3]{b^2})$

解答▶別冊 51 ページ

3 指数計算と対称式

$a^{-x}=\dfrac{1}{a^x}$であるので，a^x と a^{-x} は逆数の関係にあります。逆数どうしの積は $a^x\times a^{-x}=a^{x+(-x)}=a^0=1$ となるので，**a^xと a^{-x}の対称式では，和 a^x+a^{-x}の値のみで対称式の値を求めることができます。**

例題97 $3^x+3^{-x}=4$ のとき，次の式の値を求めよ。

(1) 9^x+9^{-x}　　　(2) 27^x+27^{-x}

考え方 $3^x\cdot 3^{-x}=1$ である点に着目します。

解答 (1) $9^x+9^{-x}=(3^2)^x+(3^2)^{-x}$

$=(3^x)^2+(3^{-x})^2$　← 指数法則 $(a^x)^y=(a^y)^x$

$=(3^x+3^{-x})^2-2\cdot 3^x\cdot 3^{-x}$　← $a^2+b^2=(a+b)^2-2ab$ の利用

$=4^2-2\cdot 1$

$=\mathbf{14}$ … 答

(2) $27^x+27^{-x}=(3^3)^x+(3^3)^{-x}$

$=(3^x)^3+(3^{-x})^3$　← 指数法則 $(a^x)^y=(a^y)^x$

$=(3^x+3^{-x})^3-3\cdot 3^x\cdot 3^{-x}(3^x+3^{-x})$

$=4^3-3\cdot 1\cdot 4$　← $a^3+b^3=(a+b)^3-3ab(a+b)$ の利用

$=\mathbf{52}$ … 答

演習問題 87

1 $2^x+2^{-x}=3$ のとき，次の値を求めよ。

(1) 4^x+4^{-x}　　(2) 8^x+8^{-x}　　(3) 2^x-2^{-x}

2 $a^{\frac{1}{2}}-a^{-\frac{1}{2}}=\sqrt{2}$ のとき，次の値を求めよ。ただし，$a>1$ とする。

(1) $a+a^{-1}$　　(2) $a-a^{-1}$　　(3) a^3-a^{-3}

解答▶別冊 52 ページ

第2節 指数関数

1 指数関数のグラフ

$a>0$, $a\neq 1$ のとき，$y=a^x$ で表される関数を，a を底（てい）とする**指数関数**といいます。
ここでは，指数関数 $y=a^x$ のグラフについて考えてみます。

指数関数 $y=2^x$ の x にいろいろな値を代入したときの y の値を調べると，次の表のようになります。

x	-4	-3	-2	-1	0	1	2	3	4
y	$\frac{1}{16}$	$\frac{1}{8}$	$\frac{1}{4}$	$\frac{1}{2}$	1	2	4	8	16

これらを座標とする点を座標平面上にとっていくと，次のようなグラフがかけます。

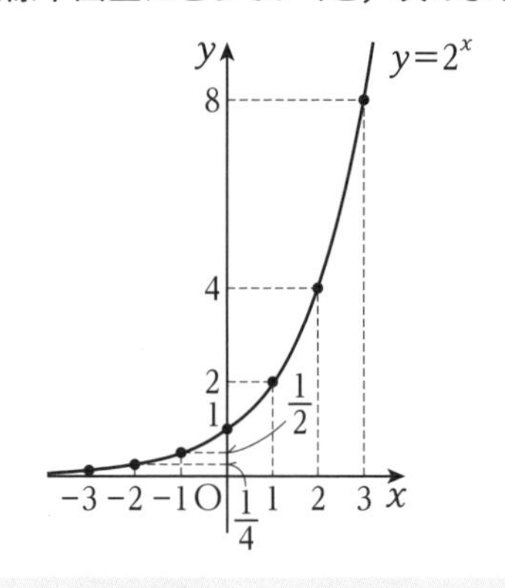

x の値が増えていくと，y の値の増える割合が急に大きくなっていることがわかりますね。よく，急激に増えることのたとえとして「指数関数的に増える」などといったりしますが，このようなグラフの形からその意味がよくわかります。

次に，指数関数 $y=\left(\frac{1}{2}\right)^x$ の x にいろいろな値を代入したときの y の値を調べると，次の表のようになります。

x	-4	-3	-2	-1	0	1	2	3	4
y	16	8	4	2	1	$\frac{1}{2}$	$\frac{1}{4}$	$\frac{1}{8}$	$\frac{1}{16}$

これらを座標とする点を座標平面上にとっていくと，次のようなグラフがかけます。

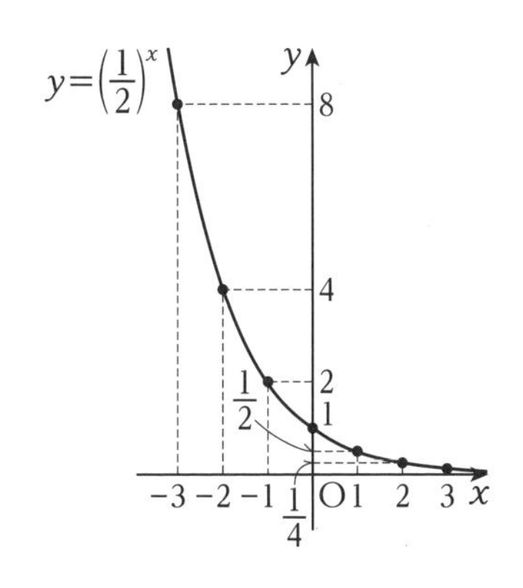

以上より，底が 1 より大きい場合，グラフは x の値が増加すると y の値も増加する形になり，底が 0 と 1 の間の値の場合，グラフは x の値が増加すると y の値が減少する形になることがわかります。つまり，**指数関数のグラフは底の値によってグラフの形が 2 種類存在します。**

Check Point　指数関数 $y=a^x$ のグラフの特徴

$a>1$ のとき

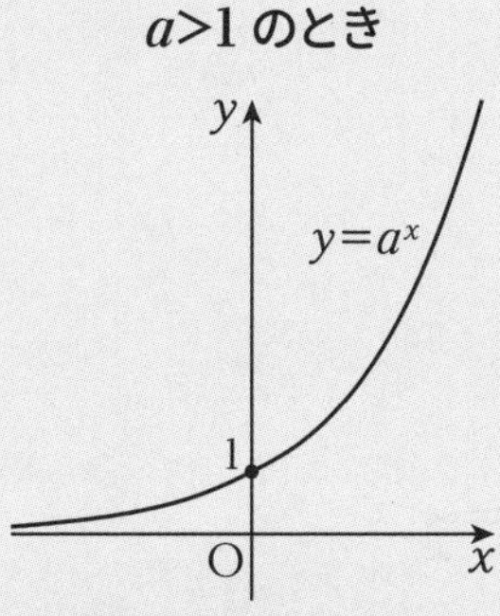

- 単調に増加する
- 値域は正の数全体
- (0，1) を必ず通る

$0<a<1$ のとき

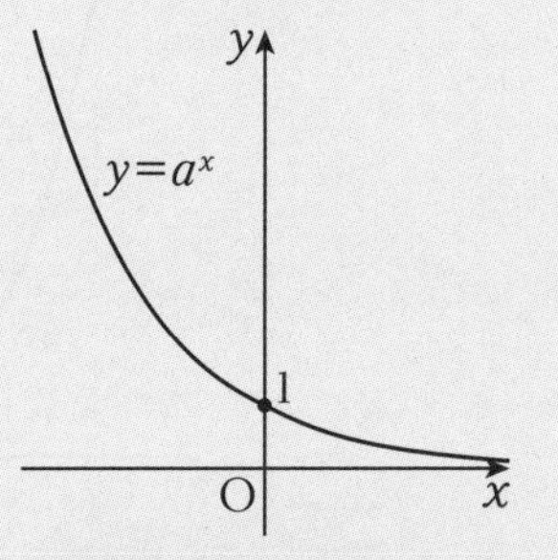

- 単調に減少する
- 値域は正の数全体
- (0，1) を必ず通る

「$y=a^x$ が単調に増加する」とは，x の値の大小関係と対応する y の値の大小関係が常に一致することを指します。つまり，$m<n \Longleftrightarrow a^m<a^n$ ということです。
逆に，「$y=a^x$ が単調に減少する」とは，x の値の大小関係と対応する y の値の大小関係が常に逆になることを指します。つまり，$m<n \Longleftrightarrow a^m>a^n$ ということです。

演習問題 88

次のグラフにおいて，a，b，c の値を求めよ。

(1) 関数 $y=3^x$ のグラフ

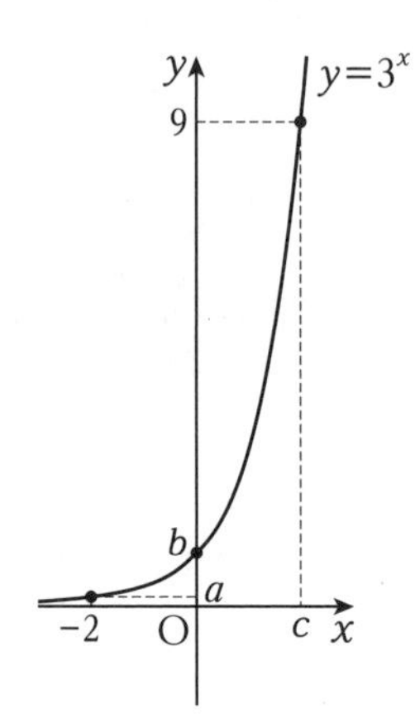

(2) 関数 $y=a^x$ のグラフ

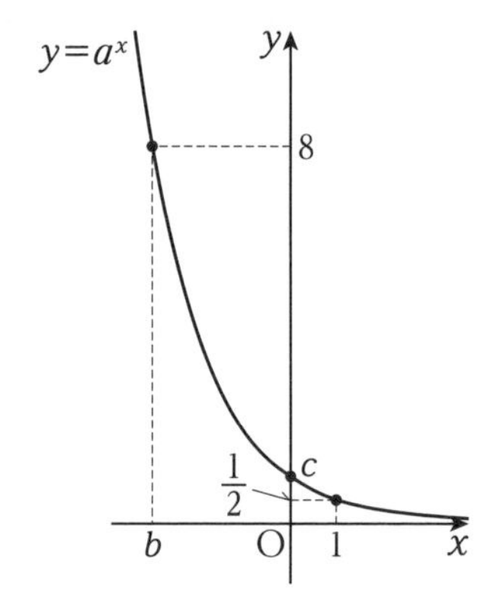

解答 ▶ 別冊 52 ページ

2 累乗や累乗根の大小比較

累乗や累乗根の大小比較をするときは，**底をそろえてグラフ上の y 座標として比較する**ことを考えます。その際に，**底の値が 1 より大きいかどうかを調べる必要があります。**

例題98 次の数の大小を調べよ。

(1) $\sqrt{2}$，1，2^{-2}，16

(2) $\left(\dfrac{1}{3}\right)^{-\frac{3}{2}}$，$\left(\dfrac{1}{9}\right)^{-\frac{3}{4}}$，$\dfrac{1}{27}$，1

考え方 グラフで表せるように，まずは底をそろえることを考えます。

解答 (1) 各数の底を 2 にそろえると，

$\sqrt{2}=2^{\frac{1}{2}}$，$1=2^0$，$16=2^4$

であるから，$y=2^x$ のグラフを考えると，←グラフは単調増加

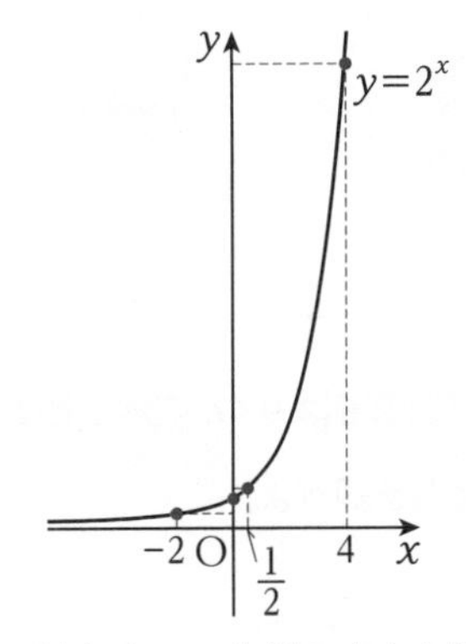

それぞれの x 座標に対応する y 座標の大小を比較すると，

$2^{-2}<2^0<2^{\frac{1}{2}}<2^4$ ← x 座標（指数）の大小と一致

よって，$\boldsymbol{2^{-2}<1<\sqrt{2}<16}$ … 答

(2) 各数の底を $\dfrac{1}{3}$ にそろえると，

$\left(\dfrac{1}{9}\right)^{-\frac{3}{4}}=\left\{\left(\dfrac{1}{3}\right)^2\right\}^{-\frac{3}{4}}=\left(\dfrac{1}{3}\right)^{-\frac{3}{2}}$ ←指数法則 $a^{mn}=(a^m)^n=(a^n)^m$

$\dfrac{1}{27}=\left(\dfrac{1}{3}\right)^3$

$1=\left(\dfrac{1}{3}\right)^0$

であるから，$y=\left(\dfrac{1}{3}\right)^x$ のグラフを考えると，←グラフは単調減少

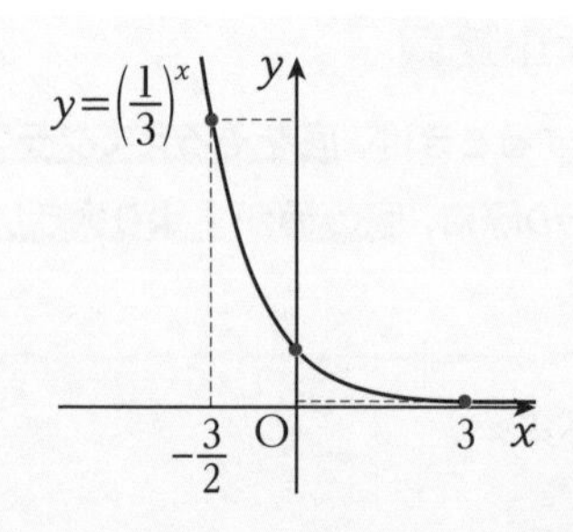

それぞれの x 座標に対応する y 座標の大小を比較すると,

$\left(\frac{1}{3}\right)^{-\frac{3}{2}}>\left(\frac{1}{3}\right)^{0}>\left(\frac{1}{3}\right)^{3}$ ←x 座標(指数)の大小と逆になる

よって, $\boldsymbol{\left(\frac{1}{3}\right)^{-\frac{3}{2}}=\left(\frac{1}{9}\right)^{-\frac{3}{4}}>1>\frac{1}{27}}$ … 答

演習問題 89

次の問いに答えよ。ただし, (2), (3)では $0<a<b<1$ とする。

(1) $16^{\frac{1}{7}}$, $\sqrt[4]{8}$, $4^{\frac{1}{4}}$, $2^{-\frac{1}{3}}$の大小を調べよ。

(2) $a^{\frac{1}{a}}<b^{\frac{1}{a}}<b^{\frac{1}{b}}$を示せ。

(3) $a^{\frac{1}{a}}$, $\left(\frac{a+b}{2}\right)^{\frac{2}{a+b}}$, $ab^{\frac{1}{ab}}$の大小を調べよ。

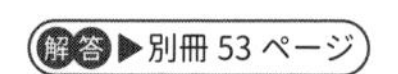
解答▶別冊 53 ページ

3 指数関数を含む方程式

指数関数を含む方程式は，**底をそろえて $a^m=a^n$ の形にして，左辺と右辺の指数を比較する**のが基本です。底をそろえてこの形にできない場合は，**文字におき換えて因数分解を行って，この形に導きます。**

Check Point　指数関数を含む方程式

$a^m=a^n \Longleftrightarrow m=n$

↑底をそろえる　↑指数を比較

例題99 次の方程式を解け。

(1) $(\sqrt[3]{2})^x=64$

(2) $3^{2x+1}+2\cdot 3^x-1=0$

解答 (1)

$(\sqrt[3]{2})^x=64$

$\left(2^{\frac{1}{3}}\right)^x=64$

$2^{\frac{x}{3}}=2^6$ ←底を 2 にそろえる

よって，$\dfrac{x}{3}=6$ であるから，

$\boldsymbol{x=18}$ … 答 ←指数を比較

(2)

$3^{2x+1}+2\cdot 3^x-1=0$

$3^{2x}\cdot 3^1+2\cdot 3^x-1=0$ ←指数法則 $a^{m+n}=a^m\cdot a^n$

$(3^x)^2\cdot 3+2\cdot 3^x-1=0$ ←指数法則 $a^{mn}=(a^n)^m$

$3^x=t$ とおくと，← $a^x=a^y$ の形にできないのでおき換え

$3t^2+2t-1=0$

$(3t-1)(t+1)=0$ ←因数分解

ここで，$t=3^x>0$ であるから，$t=\dfrac{1}{3}$

よって，

$3^x=\dfrac{1}{3}$

$3^x=3^{-1}$ ←底を 3 にそろえる

したがって，$\boldsymbol{x=-1}$ … 答 ←指数を比較

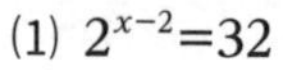

演習問題 90

次の方程式・連立方程式を解け。

(1) $2^{x-2}=32$

(2) $\left(\dfrac{1}{2}\right)^{2-x}=\dfrac{\sqrt{2}}{4}$

(3) $4^x-5\cdot 2^{x+2}+64=0$

(4) $3^{x+1}-3^{-x}-2=0$

(5) $\begin{cases} 2^{x+3}+9^{y+1}=35 \\ 8^{\frac{x}{3}}+3^{2y+1}=5 \end{cases}$

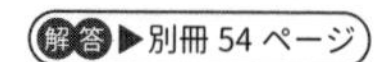

解答▶別冊 54 ページ

4 指数関数を含む不等式

指数関数を含む不等式も方程式と同様で，**底をそろえて指数を比較します。**

また，$a^x>a^y$ や $a^x<a^y$ などの形にできない場合は，**おき換えて因数分解を行ってから考えます。**

ただし，**不等式では不等号の向きに注意しないといけません。**不等号の向きに関しては，グラフをイメージして考えるとよいでしょう。

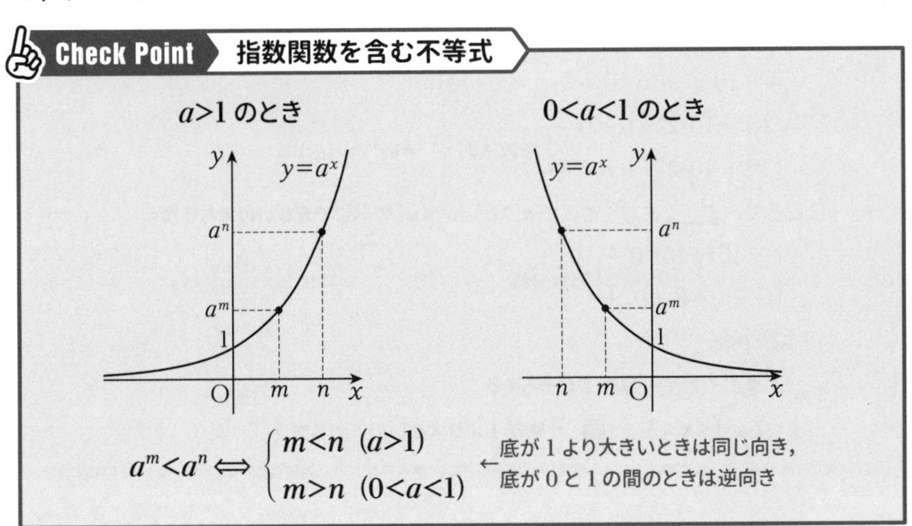

$$a^m<a^n \iff \begin{cases} m<n & (a>1) \\ m>n & (0<a<1) \end{cases}$$

←底が 1 より大きいときは同じ向き，底が 0 と 1 の間のときは逆向き

例題 100 次の不等式を解け。

(1) $9^x \leqq 27^{2-x}$

(2) $\left(\dfrac{2}{3}\right)^{x+1}>\left(\dfrac{4}{9}\right)^{2-x}$

(3) $4^x-10\cdot2^x+16<0$

解答 (1) $9^x \leqq 27^{2-x}$

$(3^2)^x \leqq (3^3)^{2-x}$

$3^{2x} \leqq 3^{3(2-x)}$ ←底を 3 にそろえる

よって，

$2x \leqq 3(2-x)$ ←底が 1 より大きいので同じ向き

これを解くと，$x \leqq \dfrac{6}{5}$ … 答

(2) $\left(\frac{2}{3}\right)^{x+1}>\left(\frac{4}{9}\right)^{2-x}$

$\left(\frac{2}{3}\right)^{x+1}>\left\{\left(\frac{2}{3}\right)^2\right\}^{2-x}$ 指数法則 $(a^m)^n=a^{mn}$

$\left(\frac{2}{3}\right)^{x+1}>\left(\frac{2}{3}\right)^{2(2-x)}$ ←底を $\frac{2}{3}$ にそろえる

よって，

$x+1<2(2-x)$ ←底が 0 と 1 の間なので逆向き

これを解くと，$\boldsymbol{x<1}$ … 答

(3) $4^x-10\cdot2^x+16<0$

$(2^2)^x-10\cdot2^x+16<0$

$(2^x)^2-10\cdot2^x+16<0$ 指数法則 $a^{mn}=(a^m)^n=(a^n)^m$

ここで，$2^x=t$ とおくと，← $a^x>a^y$，$a^x<a^y$ の形にできないのでおき換え

$t^2-10t+16<0$

$(t-2)(t-8)<0$ 因数分解

$2<t<8$

$2^1<2^x<2^3$ ←底を 2 にそろえる

よって，$\boldsymbol{1<x<3}$ … 答 ←底が 1 より大きいので同じ向き

演習問題 91

次の不等式を解け。

(1) $4\cdot2^x>\sqrt{2}$

(2) $\left(\frac{1}{8}\right)^x\geqq0.0625$

(3) $2^{2x}-3\cdot2^{x+2}+32<0$

(4) $16^x-3\cdot4^x-4\geqq0$

解答▶別冊 54 ページ

第3節　対数とその性質

1　対数の定義

「2 は 3 乗するといくつになるか？」という問いに対する答えは「8」です。このことを数式では，$2^3=8$ と表します。次に，「2 は何乗すると 8 になるか？」という問いに対する答えは「3 乗」です。このことを数式では，

$\log_2 8=3$

と**定義します**。$\log_a M$ を a を底とする M の対数といい，M を $\log_a M$ の真数といいます。対数の定義は次のようになります。

Check Point　対数の定義

$a>0$，$a\neq1$ とするとき，$a^p=M \Longleftrightarrow p=\log_a M$

また，底 a の条件を $a>0$，$a\neq1$ としているので，$a^p=M>0$ が常に成り立ちます。

Check Point　底の条件・真数の条件

対数 $\log_a M$ において，

$a>0$，$a\neq1$　←底の条件　　かつ，$M>0$　←真数の条件

例題101　次の対数の値を求めよ。

(1) $\log_{10}100$　　(2) $\log_2 32$　　(3) $\log_3\frac{1}{27}$

解答
(1) 10 は 2 乗すると 100 になるので，$\log_{10}100=\mathbf{2}$ … 答

(2) 2 は 5 乗すると 32 になるので，$\log_2 32=\mathbf{5}$ … 答

(3) 3 は-3 乗すると$\frac{1}{27}$になるので，$\log_3\frac{1}{27}=\mathbf{-3}$ … 答　←$3^{-3}=\frac{1}{3^3}=\frac{1}{27}$

演習問題 92

次の式を，$p=\log_a M$ の形に変形せよ。

(1) $5^3=125$　　(2) $2^{-4}=\frac{1}{16}$

2 対数の性質

対数のいろいろな性質について考えていきましょう。$a>0$，$a \neq 1$ とするとき，

$a^1=a$ であるから，$\log_a a=1$ ←a は何乗すると a に等しくなるか？

また，

$a^0=1$ であるから，$\log_a 1=0$ ←a は何乗すると 1 に等しくなるか？

Check Point 対数の性質 ①

$a>0$，$a \neq 1$ とするとき，

$\log_a a=1$ ←底＝真数のとき 1 になる

$\log_a 1=0$ ←真数＝1 のとき 0 になる

また，対数の性質には，次のようなものがあります。

Check Point 対数の性質 ②

$a>0$，$a \neq 1$，$M>0$，$N>0$ で，k を実数とするとき，

[1] $\log_a M+\log_a N=\log_a (M \times N)$ ←対数の和は積の対数

[2] $\log_a M-\log_a N=\log_a \left(\dfrac{M}{N}\right)$ ←対数の差は商の対数

[3] $\log_a M^k=k\log_a M$ ←真数の指数は対数の係数にできる

[3]の法則は「**真数の指数が対数の係数にできる**」ということです。よくある間違いは，

$(\log_a M)^k=k\log_a M$ ←これは間違い

としてしまうことです。**これは対数全体の指数なので，係数として前に出すことはできません。**対数の性質は非常によく用いるので，しっかり暗記しておきましょう。

対数の性質[1]～[3]の証明は，**指数法則から考えていきます。**

証明 まず，$a^m=M$，$a^n=N$ とすると，$\log_a M=m$，$\log_a N=n$ ←対数の定義

[1]の証明 指数法則より，

$$a^{m+n}=a^m \times a^n$$

であるから，

$$m+n=\log_a (a^m \times a^n)$$ ←a は何乗すると $a^m \times a^n$ に等しくなるか？

この式を M，N に書き換えると，

$$\log_a M+\log_a N=\log_a (M \times N)$$ 〔証明終わり〕

[2]の証明　指数法則より，

$$a^{m-n}=\frac{a^m}{a^n}$$

であるから，

$$m-n=\log_a\left(\frac{a^m}{a^n}\right)$$ ←a は何乗すると $\frac{a^m}{a^n}$ に等しくなるか？

この式を M，N に書き換えると，

$$\log_a M-\log_a N=\log_a\left(\frac{M}{N}\right)$$ 〔証明終わり〕

[3]の証明　指数法則より，

$$(a^m)^k=a^{mk}$$

であるから，

$$\log_a(a^m)^k=mk$$ ←a は何乗すると $(a^m)^k$ に等しくなるか？

この式を M に書き換えると，

$$\log_a M^k=k\log_a M$$ 〔証明終わり〕

例題102　次の計算をせよ。

(1) $\log_2\frac{16}{5}+\log_2 10$

(2) $\log_3 3\sqrt{21}-\log_3\sqrt{7}$

解答

(1) $\log_2\frac{16}{5}+\log_2 10=\log_2\left(\frac{16}{5}\times 10\right)$ ←対数の和は積の対数

$=\log_2 32$

$=\log_2 2^5$

$=5\log_2 2$ ←真数の指数は対数の係数にできる

$=\mathbf{5}$ …答 ←$\log_a a=1$

(2) $\log_3 3\sqrt{21}-\log_3\sqrt{7}=\log_3\frac{3\sqrt{21}}{\sqrt{7}}$ ←対数の差は商の対数

$=\log_3\frac{3\sqrt{3\cdot 7}}{\sqrt{7}}$

$=\log_3(3\cdot 3^{\frac{1}{2}})$ ←$\sqrt{3}=3^{\frac{1}{2}}$

$=\log_3(3^{\frac{3}{2}})$

$=\frac{3}{2}\log_3 3$ ←真数の指数は対数の係数にできる

$=\mathbf{\frac{3}{2}}$ …答 ←$\log_a a=1$

また，底の等しい対数の値が等しいことと，その対数の真数が等しいことは同値です。つまり，

$$\log_a x=\log_a y \Longleftrightarrow x=y$$

が成り立ちます。また，このことから，「$x=y$ のとき，$\log_a x=\log_a y$」と変形できることがわかります。このような変形を「a を底とする両辺の対数をとる」といいます。

演習問題 93

1 真数が商の形の対数の性質

$$\log_a M-\log_a N=\log_a\left(\frac{M}{N}\right)$$

を，2 つの対数の性質

$$\log_a(M\times N)=\log_a M+\log_a N,\ \log_a M^k=k\log_a M$$

を用いて示せ。

2 次の計算をせよ。

(1) $\log_6 2+\log_6 3$

(2) $\log_3 24-\log_3 8+\log_3\sqrt{3}$

(3) $4\log_2\sqrt{6}-\log_2\sqrt{3}+\log_2\dfrac{8}{3\sqrt{3}}$

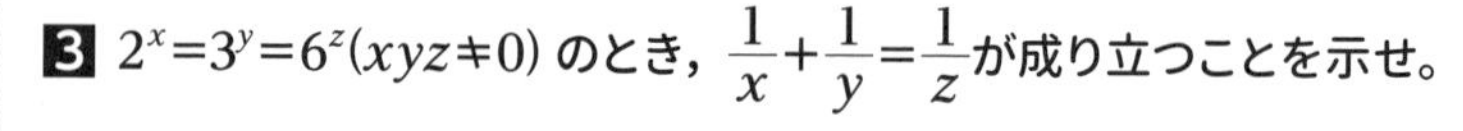

3 $2^x=3^y=6^z\ (xyz\neq 0)$ のとき，$\dfrac{1}{x}+\dfrac{1}{y}=\dfrac{1}{z}$ が成り立つことを示せ。

解答▶別冊 55 ページ

3 底の変換公式

p.207 の対数の定義より，$p=\log_a M$ のとき a を p 乗すると M になるので，

「a を $\log_a M$ 乗すると M になる」といえます。

つまり，$a^{\log_a M}=M$ という式が成り立ちます。

Check Point　指数に対数を含む数の値

$a>0$，$a \neq 1$，$M>0$ とするとき，

$$a^{\log_a M}=M$$

例題 103　次の値を求めよ。

(1) $5^{\log_5 11}$

(2) $9^{2\log_9 5}$

解答　(1) $5^{\log_5 11}=11$ … 答

(2) $9^{2\log_9 5}=9^{\log_9 5^2}$　←対数の係数は真数の指数にできる

$=5^2$

$=25$ … 答

次の公式を用いると，ある底の対数を別の底の対数に変換することができます。

Check Point　底の変換公式

$a>0$，$b>0$，$c>0$，$a \neq 1$，$c \neq 1$ とするとき，

$$\log_a b=\frac{\log_c b}{\log_c a}$$　←1 以外の好きな正の数を底にすることができる

証明　$a^{\log_a b}=b$ であるから，c を底とする両辺の対数をとると，

$\log_c a^{\log_a b}=\log_c b$

$(\log_a b)\cdot(\log_c a)=\log_c b$　←真数の指数は対数の係数にできる

$\log_a b=\dfrac{\log_c b}{\log_c a}$

〔証明終わり〕

例題104 次の問いに答えよ。

(1) $\log_8 3$ を底が 2 の対数に直せ。

(2) $\log_3 5$ を底が 5 の対数に直せ。

解答

(1) $\log_8 3=\dfrac{\log_2 3}{\log_2 8}$

$=\dfrac{\log_2 3}{\log_2 2^3}$

真数の指数は対数の係数にできる

$=\dfrac{\log_2 3}{3\log_2 2}$

$\log_a a=1$

$=\boldsymbol{\dfrac{\log_2 3}{3}}$ … 答

(2) $\log_3 5=\dfrac{\log_5 5}{\log_5 3}$

$\log_a a=1$

$=\boldsymbol{\dfrac{1}{\log_5 3}}$ … 答

例題105 底の変換公式を用いて，次の対数の値を求めよ。

(1) $\log_9 3$　(2) $\log_{16}1024$　(3) $\log_{\frac{1}{25}}5\sqrt[4]{5}$

考え方 底と真数に共通する数を考えます。

解答

(1) $\log_9 3=\dfrac{\log_3 3}{\log_3 9}$ ←底を 3 に変換

$\log_a a=1$

$=\dfrac{1}{\log_3 3^2}$

真数の指数は対数の係数にできる

$=\dfrac{1}{2\log_3 3}$

$\log_a a=1$

$=\dfrac{1}{2\cdot 1}=\boldsymbol{\dfrac{1}{2}}$ … 答

(2) $\log_{16}1024=\dfrac{\log_2 1024}{\log_2 16}$ ←底を 2 に変換

$=\dfrac{\log_2 2^{10}}{\log_2 2^4}$

真数の指数は対数の係数にできる

$=\dfrac{10\log_2 2}{4\log_2 2}$

$\log_a a=1$

$=\dfrac{10\cdot 1}{4\cdot 1}=\boldsymbol{\dfrac{5}{2}}$ … 答

(3) $\log_{\frac{1}{25}} 5\sqrt[4]{5} = \dfrac{\log_5 5\sqrt[4]{5}}{\log_5 \frac{1}{25}}$ ←底を 5 に変換

$5\cdot5^{\frac{1}{4}}=5^{1+\frac{1}{4}}=5^{\frac{5}{4}}$

$= \dfrac{\log_5 5^{\frac{5}{4}}}{\log_5 5^{-2}}$

真数の指数は対数の係数にできる

$= \dfrac{\frac{5}{4}\log_5 5}{-2\log_5 5}$

$\log_a a=1$

$= \dfrac{\frac{5}{4}\cdot 1}{-2\cdot 1} = -\mathbf{\frac{5}{8}}$ … 答

底の変換公式より，次のような公式を導くこともできます。

Check Point 底の変換公式の応用

$a>0$，$b>0$，$c>0$，$a\neq1$，$b\neq1$ とするとき，

[1] $\log_a b = \dfrac{1}{\log_b a}$ ←底と真数を逆にすると，逆数になる

[2] $(\log_a b)\cdot(\log_b c) = \log_a c$

証明 それぞれ，底の変換公式を用いる。

[1]の証明 $\log_a b$

$= \dfrac{\log_b b}{\log_b a}$ 底を b に変換

$= \dfrac{1}{\log_b a}$ $\log_b b=1$

〔証明終わり〕

[2]の証明 $(\log_a b)\cdot(\log_b c)$

$= (\log_a b)\cdot\dfrac{\log_a c}{\log_a b}$ 底を a に変換

$= \log_a c$

〔証明終わり〕

Advice [2] の公式は，次のように覚えるとよいでしょう。

この部分が消える

↓

$(\log_a b)\cdot(\log_b c)$

くっついて $\log_a c$ になる！

例題106 $\log_2\sqrt{5}\cdot\log_3 4\cdot\log_5 9$ の値を求めよ。

考え方 底の異なる対数では，対数の性質が成立しません。底をそろえる際は，小さい値にそろえるとよいでしょう。

解答

$$\log_2\sqrt{5}\cdot\log_3 4\cdot\log_5 9$$

$$=\log_2 5^{\frac{1}{2}}\cdot\frac{\log_2 4}{\log_2 3}\cdot\frac{\log_2 9}{\log_2 5}$$ （底を 2 に変換）

$$=\frac{1}{2}\log_2 5\cdot\frac{\log_2 2^2}{\log_2 3}\cdot\frac{\log_2 3^2}{\log_2 5}$$ （真数の指数は対数の係数にできる）

$$=\frac{1}{2}\log_2 5\cdot\frac{2\log_2 2}{\log_2 3}\cdot\frac{2\log_2 3}{\log_2 5}$$ （$\log_a a=1$）

$=2$ … 答

別解 $\log_2\sqrt{5}\cdot\log_3 4\cdot\log_5 9$

$=\log_5 9\cdot\log_3 4\cdot\log_2\sqrt{5}$

$=\log_5 3^2\cdot\log_3 2^2\cdot\log_2 5^{\frac{1}{2}}$

$=2\cdot 2\cdot\frac{1}{2}\log_5 3\cdot\log_3 2\cdot\log_2 5$ （$(\log_a b)\cdot(\log_b c)=\log_a c$）

$=2\cdot\log_5 2\cdot\log_2 5$ （$(\log_a b)\cdot(\log_b c)=\log_a c$）

$=2\cdot\log_5 5$ （$\log_a a=1$）

$=2$ … 答

演習問題 94

1 $\log_{10}2=a$, $\log_{10}3=b$ とするとき，次の値を a，b を用いて表せ。

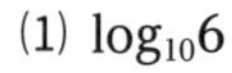

(1) $\log_{10}6$　　(2) $\log_{10}5$

(3) $\log_{10}0.72$　　(4) $\log_2\sqrt{30}$

(5) $\log_{18}48$

2 次の計算をせよ。

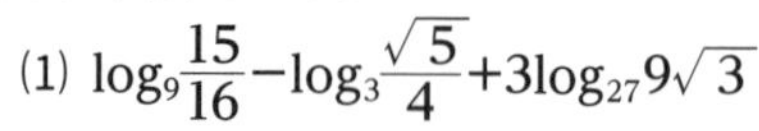

(1) $\log_9\frac{15}{16}-\log_3\frac{\sqrt{5}}{4}+3\log_{27}9\sqrt{3}$

(2) $(\log_3 5+\log_9 25)(\log_5 9+\log_{25}3)$

解答▶別冊 56 ページ

第4節 対数関数

1 対数関数のグラフ

$a>0$，$a \neq 1$ のとき，$y=\log_a x$ で表される関数を，a を底とする対数関数といいます。ここでは，対数関数 $y=\log_a x$ の形のグラフについて考えてみます。

対数 $\log_2 x$ は,「2 を何乗すると x になるのか?」と考えたときの指数を表しているので，指数関数 $y=2^x$ のグラフで用いた次の表を利用することができます。

x	-4	-3	-2	-1	0	1	2	3	4
y	$\frac{1}{16}$	$\frac{1}{8}$	$\frac{1}{4}$	$\frac{1}{2}$	1	2	4	8	16

上の表は「2 を x 乗すると y になる」ことを表しています。対数関数 $y=\log_2 x$ では,「2 を y 乗すると x になる」ので，次の表のようになります。

x	$\frac{1}{16}$	$\frac{1}{8}$	$\frac{1}{4}$	$\frac{1}{2}$	1	2	4	8	16
y	-4	-3	-2	-1	0	1	2	3	4

指数関数 $y=2^x$ の表と対数関数 $y=\log_2 x$ の表は，**x と y を入れかえたものになっている**ことがわかりますね。

上の関数 $y=\log_2 x$ の表の値の組 (x, y) を座標とする点を座標平面上にとっていくと，次のようなグラフがかけます。

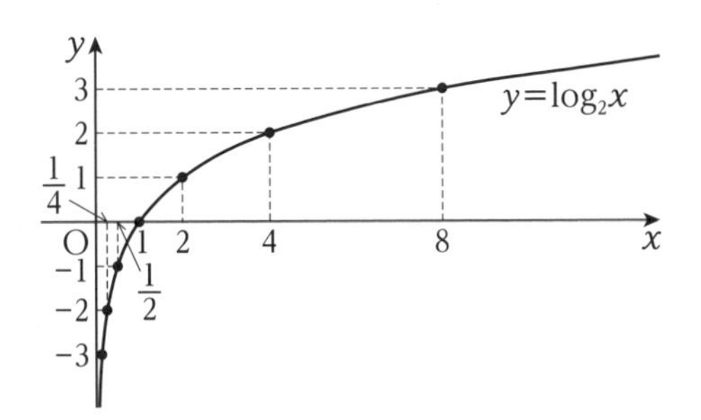

同様に，対数関数 $y=\log_{\frac{1}{2}} x$ も指数関数 $y=\left(\frac{1}{2}\right)^x$ のグラフで用いた次の表を利用することができます。

x	-4	-3	-2	-1	0	1	2	3	4
y	16	8	4	2	1	$\frac{1}{2}$	$\frac{1}{4}$	$\frac{1}{8}$	$\frac{1}{16}$

であったので，対数関数 $y=\log_{\frac{1}{2}}x$ の値を表にすると次のようになります。

x	$\frac{1}{16}$	$\frac{1}{8}$	$\frac{1}{4}$	$\frac{1}{2}$	1	2	4	8	16
y	4	3	2	1	0	-1	-2	-3	-4

x と y を入れかえた

これらを座標とする点を座標平面上にとっていくと，次のようなグラフがかけます。

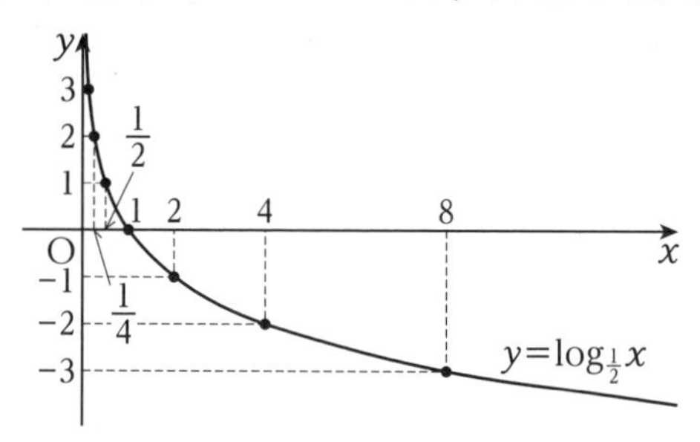

以上より，底が 1 より大きい場合，グラフは x の値が増加すると y の値も増加する形になり，底が 1 より小さい場合，グラフは x の値が増加すると y の値が減少する形になることがわかります。つまり，**対数関数のグラフは底の値によってグラフの形が 2 種類存在します。**

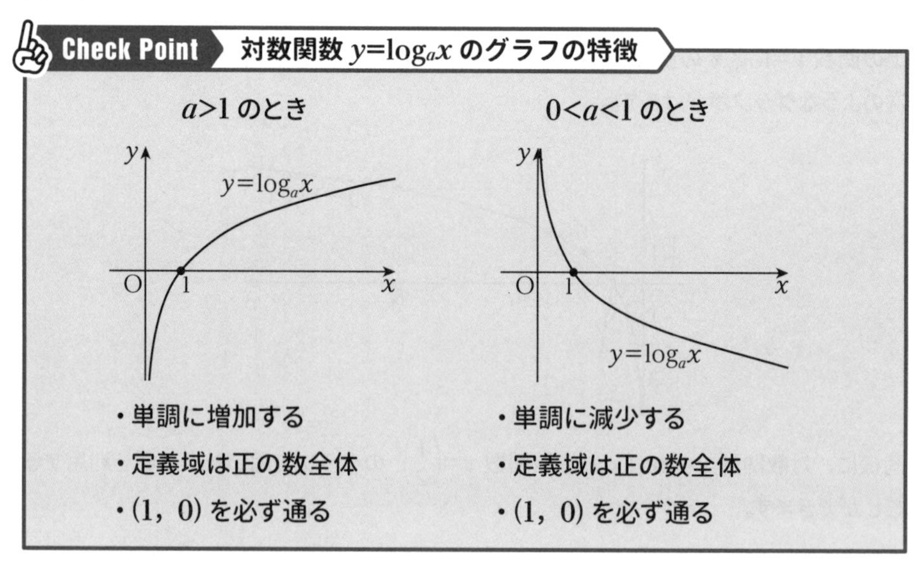

演習問題 95

次のグラフにおいて，a，b，c の値を求めよ。

(1) 関数 $y=\log_2 x$ のグラフ

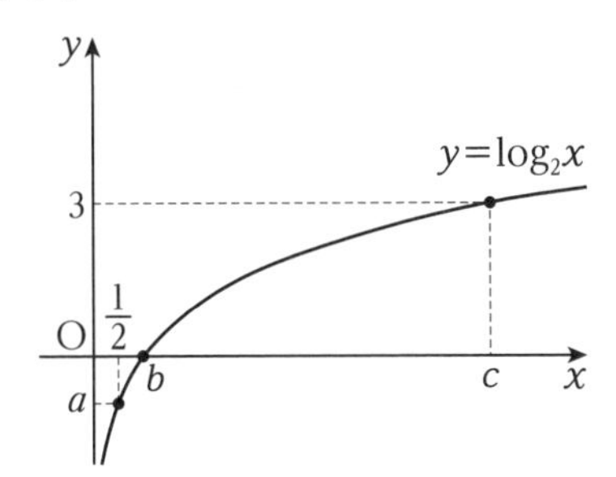

(2) 関数 $y=\log_a x$ のグラフ

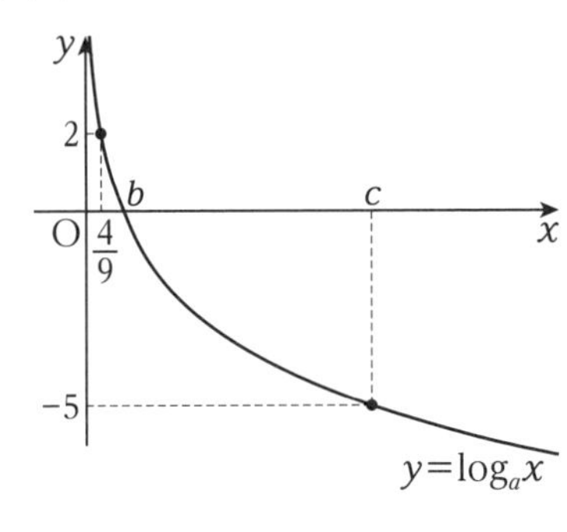

解答▶別冊 57 ページ

2 対数の大小比較

p.201「累乗や累乗根の大小比較」と同様に，**底をそろえてグラフ上の y 座標として比較する**ことを考えます。その際に，**底の値が 1 より大きいかどうかを調べる必要があります**。

また，対数でない数を対数に直すときは，**1 が掛けてあると考えて $1=\log_a a$ を利用して対数に直します**。

例えば，3 を底が 2 の対数で表すとき，

$$3=3\times 1$$
$$=3\times\log_2 2$$
$$=\log_2 2^3$$
$$=\log_2 8$$

（1 が掛けてあると考えて，1 を対数に直す（$1=\log_a a$ の利用））
（対数の係数は真数の指数にできる）

のように変形します。

例題 107 次の数を小さい順に並べよ。

(1) $2,\ \dfrac{1}{2}\log_2 4,\ -\log_2 3$

(2) $-2,\ \log_{\frac{1}{3}}3,\ \dfrac{1}{\log_4\frac{1}{3}}$

考え方〉対数の係数は真数へ移動して考えます。

解答 (1) 各数の底を 2 にそろえると，

$$2=2\log_2 2=\log_2 2^2=\log_2 4$$

$$\frac{1}{2}\log_2 4=\log_2(2^2)^{\frac{1}{2}}=\log_2 2$$

$$-\log_2 3=\log_2 3^{-1}=\log_2\frac{1}{3}$$

であるから，$y=\log_2 x$ のグラフを考えると，←グラフは単調増加

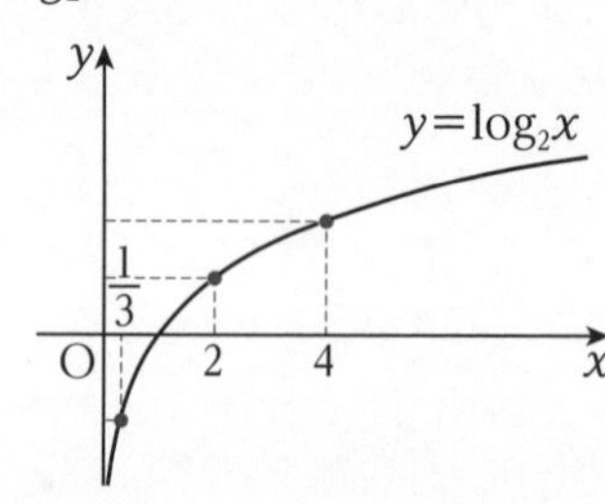

それぞれの x 座標に対応する y 座標の大小を比較すると，

$\log_2\frac{1}{3}<\log_2 2<\log_2 4$　← x 座標（真数）の大小と一致

よって，$-\log_2 3<\frac{1}{2}\log_2 4<2$ … 答

(2) 各数の底を $\frac{1}{3}$ にそろえると，

$$-2=-2\log_{\frac{1}{3}}\frac{1}{3}$$

対数の係数は真数の指数にできる

$$=\log_{\frac{1}{3}}\left(\frac{1}{3}\right)^{-2}$$

$\left(\frac{1}{3}\right)^{-2}=(3^{-1})^{-2}=3^2$

$$=\log_{\frac{1}{3}}3^2$$

$$=\log_{\frac{1}{3}}9$$

$$\frac{1}{\log_4\frac{1}{3}}=\log_{\frac{1}{3}}4$$　← $\log_x y=\frac{1}{\log_y x}$

であるから，$y=\log_{\frac{1}{3}}x$ のグラフを考えると，←グラフは単調減少

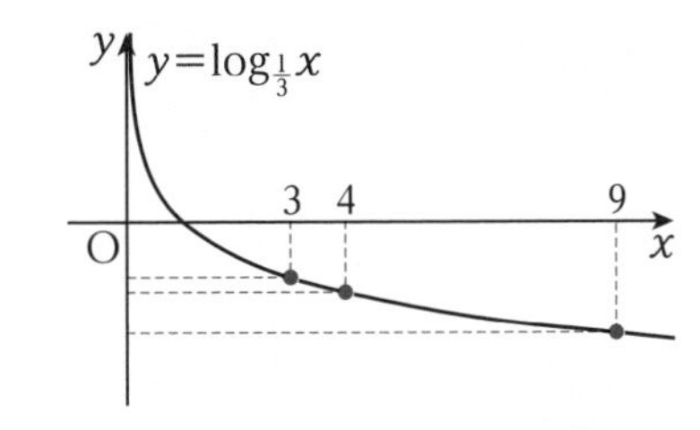

それぞれの x 座標に対応する y 座標の大小を比較すると，

$\log_{\frac{1}{3}}3>\log_{\frac{1}{3}}4>\log_{\frac{1}{3}}9$　← x 座標（真数）の大小と逆になる

よって，$-2<\frac{1}{\log_4\frac{1}{3}}<\log_{\frac{1}{3}}3$ … 答

演習問題 96

次の数の大小を比較せよ。

(1) $\log_2 3$，$1+\frac{1}{2}\log_2 3$，$\frac{3}{2}$

(2) $-\log_{0.5}3$，2，$\frac{1}{2}\log_{0.5}4$

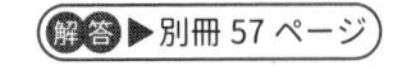
解答▶別冊 57 ページ

3 対数関数を含む方程式

対数関数を含む方程式は，**底をそろえて$\log_a m=\log_a n$の形にして，左辺と右辺の真数を比較する**のが基本です。底をそろえて，この形にできない場合は，**文字におき換えて因数分解を行うことを考えます。**

Check Point 対数関数を含む方程式

$a>0$，$a\neq1$，$m>0$，$n>0$ のとき，

$\log_a m=\log_a n \Longleftrightarrow m=n$

↑底をそろえる　↑真数を比較

Advice $m>0$，$n>0$，つまり，**真数が正であることの確認を忘れやすい**ので注意しましょう。

例題108 次の方程式を解け。

(1) $\log_5(x^2-4)=\log_5(4x-7)$

(2) $(\log_2 x)^2-2\log_2 x=8$

考え方 真数の条件，底の条件に注意しましょう。

解答 (1) 真数の条件より，$x^2-4>0$ かつ $4x-7>0$

$x^2-4>0$ より，$x<-2$ または $2<x$

$4x-7>0$ より，$x>\dfrac{7}{4}$

共通部分をとると，

$x>2$ ……①

この範囲で，$\log_5(x^2-4)=\log_5(4x-7)$ であるから，← $\log_a m=\log_a n$ の形

$x^2-4=4x-7$ ←真数を比較

$x^2-4x+3=0$

$(x-1)(x-3)=0$

よって，$x=1$，3

①より，$x>2$ であるから，$\boldsymbol{x=3}$ … 答 ←条件チェックを忘れずに

(2) 真数の条件より，$x>0$ ……①

この範囲で，$(\log_2 x)^2-2\log_2 x=8$ であるから，

$\log_2 x=t$ とおくと，← $\log_a m=\log_a n$ の形にできないのでおき換え

$t^2-2t=8$

$(t+2)(t-4)=0$ ←因数分解

$t=-2,\ 4$

ここで，$t=\log_2 x$ であるから，

$-2=\log_2 x$ より，$x=2^{-2}=\dfrac{1}{4}$ ← $-2=-2\log_2 2=\log_2 2^{-2}$

$4=\log_2 x$ より，$x=2^4=16$ ← $4=4\log_2 2=\log_2 2^4$

よって，$\boldsymbol{x=\dfrac{1}{4},\ 16}$（いずれも①を満たしている）… 答 ←条件チェックを忘れずに

演習問題 97

次の方程式を解け。

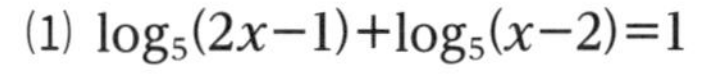

(1) $\log_5(2x-1)+\log_5(x-2)=1$

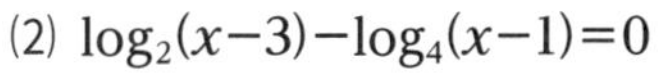

(2) $\log_2(x-3)-\log_4(x-1)=0$

(3) $2(\log_{10}x)^2-\log_{10}x^7+3=0$

(4) $\log_2 8x-6\log_x 2=4$

解答▶別冊 58 ページ

4 対数関数を含む不等式

対数関数を含む不等式も方程式と同様で，**底をそろえて真数を比較します。**

また，$\log_a m > \log_a n$ や $\log_a m < \log_a n$ などの形にできない場合は**おき換えて因数分解を行ってから考えます。**ただし，**不等式では不等号の向きに注意しないといけません。**

不等号の向きに関しては，グラフをイメージして考えるとよいでしょう。

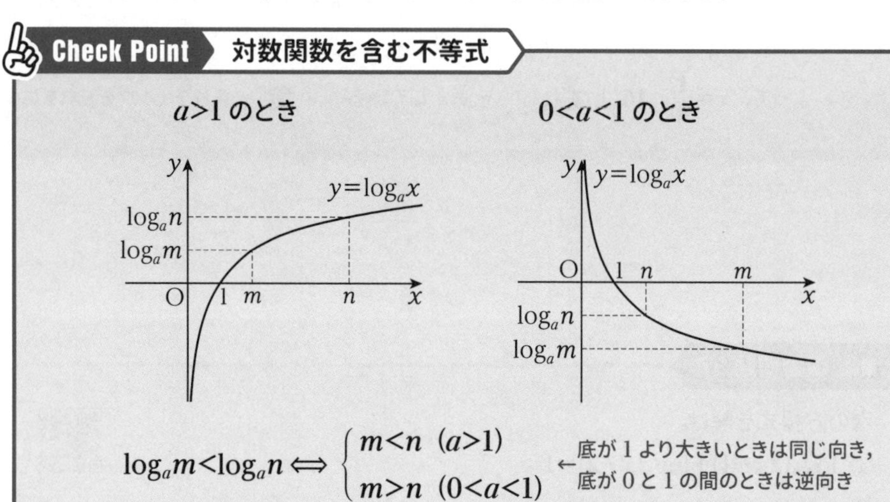

例題109 次の不等式を解け。

(1) $\log_3(x+1)^2 > \log_3(2x^2+x-1)$

(2) $\left(\log_{\frac{1}{2}} x\right)^2 + \log_{\frac{1}{2}} x^3 \geqq 4$

考え方〉真数の条件，底の条件に注意しましょう。

解答 (1) 真数の条件より，$(x+1)^2>0$ かつ，$2x^2+x-1>0$

$(x+1)^2>0$ より，$x \neq -1$

$2x^2+x-1>0$ より，$(2x-1)(x+1)>0$ であるから，$x<-1$，$\frac{1}{2}<x$

共通部分をとると，$x<-1$，$\frac{1}{2}<x$ ……①

この範囲で，$\log_3(x+1)^2 > \log_3(2x^2+x-1)$ ← $\log_a m > \log_a n$ の形

$(x+1)^2 > 2x^2+x-1$ ←底が 1 より大きいので同じ向き

$x^2-x-2<0$

$(x+1)(x-2)<0$ よって，$-1<x<2$

①より，$x<-1$，$\frac{1}{2}<x$ であるから，
↑条件チェックを忘れずに

共通部分をとると，$\boldsymbol{\frac{1}{2}<x<2}$ … 答

(2) 真数の条件より，$x>0$ かつ $x^3>0$

よって，$x>0$ ……①

この範囲で，

$$\left(\log_{\frac{1}{2}}x\right)^2+\log_{\frac{1}{2}}x^3\geqq 4$$

$$\left(\log_{\frac{1}{2}}x\right)^2+3\log_{\frac{1}{2}}x\geqq 4$$

$\log_{\frac{1}{2}}x=t$ とおくと，← $\log_a m\leqq\log_a n$ などの形にできないのでおき換え

$$t^2+3t-4\geqq 0$$

$(t+4)(t-1)\geqq 0$　よって，$t\leqq -4$，$1\leqq t$

ここで，$-4=-4\log_{\frac{1}{2}}\frac{1}{2}=\log_{\frac{1}{2}}\left(\frac{1}{2}\right)^{-4}=\log_{\frac{1}{2}}16$，$1=\log_{\frac{1}{2}}\frac{1}{2}$，$t=\log_{\frac{1}{2}}x$

であるから，

$\log_{\frac{1}{2}}x\leqq\log_{\frac{1}{2}}16$, $\log_{\frac{1}{2}}\frac{1}{2}\leqq\log_{\frac{1}{2}}x$　← $\log_a m\leqq\log_a n$ の形

よって，$x\geqq 16$ または $\frac{1}{2}\geqq x$　←底が 0 と 1 の間なので逆向き

つまり，$x\leqq\frac{1}{2}$ または $16\leqq x$

①より，$x>0$ であるから，共通部分をとると，
↑条件チェックを忘れずに

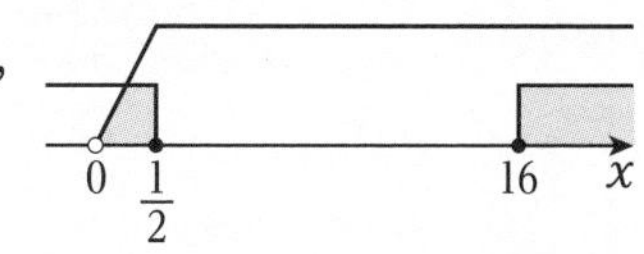

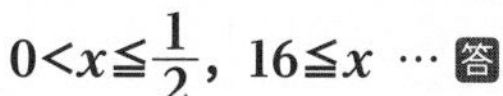
$\boldsymbol{0<x\leqq\frac{1}{2}}$，$\boldsymbol{16\leqq x}$ … 答

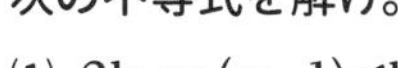
演習問題 98

次の不等式を解け。

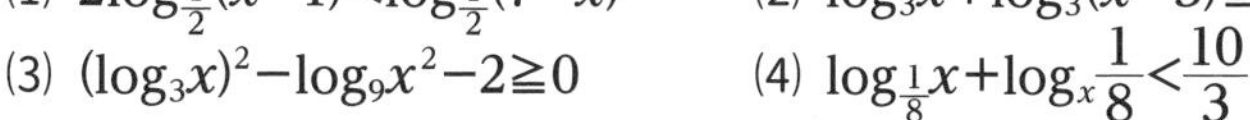
(1) $2\log_{\frac{1}{2}}(x-1)<\log_{\frac{1}{2}}(7-x)$　(2) $\log_3 x+\log_3(x-3)\leqq\log_3(x-2)$

(3) $(\log_3 x)^2-\log_9 x^2-2\geqq 0$　(4) $\log_{\frac{1}{8}}x+\log_x\frac{1}{8}<\frac{10}{3}$

(5) $\log_a(3x^2-3x-18)>\log_a(2x^2-10x)$（ただし，$a>0$，$a\neq 1$）

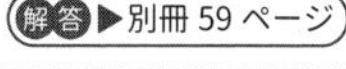
解答▶別冊 59 ページ

第5節 常用対数

1 桁 数

10を底とする対数$\log_{10}M$を常用対数といいます。常用対数の値は次のような「常用対数表」から求めることができます。

小数第2位の値

一の位と小数第1位の値

数	0	1	2	3	4	5	6	7	8	9
1.0	.0000	.0043	.0086	.0128	.0170	.0212	.0253	.0294	.0334	.0374
1.1	.0414	.0453	.0492	.0531	.0569	.0607	.0645	.0682	.0719	.0755
1.2	.0792	.0828	.0864	.0899	.0934	.0969	.1004	.1038	.1072	.1106
1.3	.1139	.1173	.1206	.1239	.1271	.1303	.1335	.1367	.1399	.1430
1.4	.1461	.1492	.1523	.1553	.1584	.1614	.1644	.1673	.1703	.1732
1.5	.1761	.1790	.1818	.1847	.1875	.1903	.1931	.1959	.1987	.2014
1.6	.2041	.2068	.2095	.2122	.2148	.2175	.2201	.2227	.2253	.2279
1.7	.2304	.2330	.2355	.2380	.2405	.2430	.2455	.2480	.2504	.2529
1.8	.2553	.2577	.2601	.2625	.2648	.2672	.2695	.2718	.2742	.2765
1.9	.2788	.2810	.2833	.2856	.2878	.2900	.2923	.2945	.2967	.2989
2.0	.3010	.3032	.3054	.3075	.3096	.3118	.3139	.3160	.3181	.3201
2.1	.3222	.3243	.3263	.3284	.3304	.3324	.3345	.3365	.3385	.3404
2.2	.3424	.3444	.3464	.3483	.3502	.3522	.3541	.3560	.3579	.3598
2.3	.3617	.3636	.3655	.3674	.3692	.3711	.3729	.3747	.3766	.3784
2.4	.3802	.3820	.3838	.3856	.3874	.3892	.3909	.3927	.3945	.3962
2.5	.3979	.3997	.4014	.4031	.4048	.4065	.4082	.4099	.4116	.4133
2.6	.4150	.4166	.4183	.4200	.4216	.4232	.4249	.4265	.4281	.4298
2.7	.4314	.4330	.4346	.4362	.4378	.4393	.4409	.4425	.4440	.4456
2.8	.4472	.4487	.4502	.4518	.4533	.4548	.4564	.4579	.4594	.4609
2.9	.4624	.4639	.4654	.4669	.4683	.4698	.4713	.4728	.4742	.4757
3.0	.4771	.4786	.4800	.4814	.4829	.4843	.4857	.4871	.4886	.4900
3.1	.4914	.4928	.4942	.4955	.4969	.4983	.4997	.5011	.5024	.5038
3.2	.5051	.5065	.5079	.5092	.5105	.5119	.5132	.5145	.5159	.5172
3.3	.5185	.5198	.5211	.5224	.5237	.5250	.5263	.5276	.5289	.5302
3.4	.5315	.5328	.5340	.5353	.5366	.5378	.5391	.5403	.5416	.5428
3.5	.5441	.5453	.5465	.5478	.5490	.5502	.5514	.5527	.5539	.5551
8.0	.9031	.9036	.9042	.9047	.9053	.9058	.9063	.9069	.9074	.9079
8.1	.9085	.9090	.9096	.9101	.9106	.9112	.9117	.9122	.9128	.9133
8.2	.9138	.9143	.9149	.9154	.9159	.9165	.9170	.9175	.9180	.9186
8.3	.9191	.9196	.9201	.9206	.9212	.9217	.9222	.9227	.9232	.9238
8.4	.9243	.9248	.9253	.9258	.9263	.9269	.9274	.9279	.9284	.9289
8.5	.9294	.9299	.9304	.9309	.9315	.9320	.9325	.9330	.9335	.9340
8.6	.9345	.9350	.9355	.9360	.9365	.9370	.9375	.9380	.9385	.9390
8.7	.9395	.9400	.9405	.9410	.9415	.9420	.9425	.9430	.9435	.9440
8.8	.9445	.9450	.9455	.9460	.9465	.9469	.9474	.9479	.9484	.9489
8.9	.9494	.9499	.9504	.9509	.9513	.9518	.9523	.9528	.9533	.9538
9.0	.9542	.9547	.9552	.9557	.9562	.9566	.9571	.9576	.9581	.9586
9.1	.9590	.9595	.9600	.9605	.9609	.9614	.9619	.9624	.9628	.9633
9.2	.9638	.9643	.9647	.9652	.9657	.9661	.9666	.9671	.9675	.9680
9.3	.9685	.9689	.9694	.9699	.9703	.9708	.9713	.9717	.9722	.9727
9.4	.9731	.9736	.9741	.9745	.9750	.9754	.9759	.9763	.9768	.9773
9.5	.9777	.9782	.9786	.9791	.9795	.9800	.9805	.9809	.9814	.9818
9.6	.9823	.9827	.9832	.9836	.9841	.9845	.9850	.9854	.9859	.9863
9.7	.9868	.9872	.9877	.9881	.9886	.9890	.9894	.9899	.9903	.9908
9.8	.9912	.9917	.9921	.9926	.9930	.9934	.9939	.9943	.9948	.9952
9.9	.9956	.9961	.9965	.9969	.9974	.9978	.9983	.9987	.9991	.9996

表のいちばん左の縦の欄が真数 M の一の位と小数第 1 位の値になり，**表のいちばん上の横の欄が真数 M の小数第 2 位の値**を表しています。

例えば，表に示されているように縦の値が「3.2」，横の値が「5」のとき，交わる値は「0.5119（表では一の位の 0 は省略されています）」となっているので，

$$\log_{10}3.25=0.5119$$

であることがわかります。

常用対数以外の対数の値は，底の変換公式を用いることで常用対数に変換して値を考えることができます。

例題 110 前ページの常用対数表を用いて，次の対数の値を求めよ。値は小数第 3 位を四捨五入して答えよ。

(1) $\log_{10}9.14$　　(2) $\log_2 3$　　(3) $\log_{10}85.7$

考え方 底は 10 に直して考えます。また，真数は 1 と 10 の間の値に直して考えます。

解答 (1) 表の縦の値が 9.1，横の値が 4 のとき，交わる値は，0.9609 であるから，

0.96 … 答

(2) 底の変換公式より，

$$\log_2 3=\frac{\log_{10}3}{\log_{10}2}=\frac{0.4771}{0.3010}=1.5850\cdots$$

であるから，**1.59** … 答

(3)
$$\begin{aligned}\log_{10}85.7&=\log_{10}(8.57\times10)\\&=\log_{10}8.57+\log_{10}10\\&=0.9330+1\\&=1.9330\end{aligned}$$
（真数を 1 から 10 の間の値に直す）

であるから，**1.93** … 答

常用対数を活用して，大きな数の桁数を求める方法があります。

例えば，2^{30} が何桁の整数になるかを考えてみましょう。

ある数に 10 を 1 つ掛けると，桁数が 1 増えます。ですから，「**2 を 30 回掛けることは，10 を何回掛けることに等しいのか？**」と考えます。つまり，

$$2^{30}=10^x$$

となる x を求めればよいわけです。

ここで右辺は「10 の x 乗」なので，常用対数を活用します。

$2^{30}=10^x$ の**両辺の常用対数をとる**と，

$\log_{10}2^{30}=\log_{10}10^x$

$30\log_{10}2=x\log_{10}10$ 　←真数の指数は対数の係数にできる

$30\times0.3010=x$ 　←常用対数表より $\log_{10}2=0.3010$

$x=9.030$

この結果より，

$2^{30}=10^{9.030}$

$=10^{9+0.030}$

$=10^{0.030}\cdot10^9$ 　←$a^{m+n}=a^m\cdot a^n$

$10^1=10$ より，1 乗で初めて 2 桁の数になるので，**$10^{\bullet}$の形で指数が 1 未満のものは整数部分が 1 桁の数だとわかります。つまり，$10^{0.030}$は整数部分が 1 桁の数です。**

よって，2^{30} という数は**整数部分が 1 桁の数の桁数を 9 増やしたもの**と考えることができます。

したがって，

$1+9=10$(桁) … 答

このことは，一般に次のように考えることができます。N を整数部分が n 桁の正の数とすると，

$10^{n-1}\leqq N<10^n$ 　←指数に注意

が成り立ちます。**各辺の常用対数をとる**と，

$\log_{10}10^{n-1}\leqq\log_{10}N<\log_{10}10^n$ 　←底が 1 より大きいので同じ向き

↓真数の指数は対数の係数にできる

$(n-1)\log_{10}10\leqq\log_{10}N<n\log_{10}10$

$n-1\leqq\log_{10}N<n$

このとき，**不等式の左右の整数のうち，大きいほうの整数 n が求める桁数に等しくなります。**よって，$\log_{10}N$ の値を求めれば，桁数も求めることができます。

Check Point 桁　数

正の数 N の整数部分が n 桁，つまり，$10^{n-1}\leqq N<10^n$ のとき，

$n-1\leqq\log_{10}N<n$

↑大きいほうが桁数

例題111 6^{80} の桁数を求めよ。ただし，$\log_{10}2=0.3010$，$\log_{10}3=0.4771$ とする。

解答

$\log_{10}6^{80}$

$=80\log_{10}6$　← 真数の指数は対数の係数にできる

$=80(\log_{10}2+\log_{10}3)$　← $\log_a(M\times N)=\log_a M+\log_a N$

$=80(0.3010+0.4771)$

$=80\times0.7781$

$=62.248$

よって，$62\leqq\log_{10}6^{80}<63$

$10^{62}\leqq6^{80}<10^{63}$　← $62=62\log_{10}10=\log_{10}10^{62}$，$63=63\log_{10}10=\log_{10}10^{63}$

であるから，**63 桁の数** … 答　← 大きいほう

再度確認ですが，$\log_{10}6^{80}=62.248$ ですから，

$6^{80}=10^{62.248}=10^{0.248}\times10^{62}$

と表すことができます。$10^{0.248}$ は整数部分が 1 桁の数なので，10^{62} を掛けて桁数を 62 増やすと 63 桁の数になるというわけです。

演習問題 99

次の数の桁数を求めよ。ただし，$\log_{10}2=0.3010$，$\log_{10}3=0.4771$ とする。

(1) 20^{11}　　(2) 6^{10}　　(3) 5^{17}

解答▶別冊 61 ページ

2 小数第 n 位

ある数を小数で表したとき，小数第何位に初めて 0 でない数字が現れるかを，考えます。

例えば，0.00314 という数は，小数第 3 位に初めて 0 でない数字が現れます。この数を次のように表して考えます。

$$0.00314=3.14\times10^{-3}$$

ある数に 10^{-1} を掛けると小数点は 1 つずつ左にずれるので，この数は**整数部分が 1 桁のときの数に 10^{-3} を掛けて小数点を左へ 3 つずらしたもの**と考えることができます。

つまり，**整数部分が 1 桁の数に，10^{-1} が何回掛けられるかがわかれば，小数第何位に初めて 0 でない数字が現れるかがわかります。**

$\left(\frac{1}{3}\right)^{20}$ を小数で表したとき，小数第何位に初めて 0 でない数字が現れるかを考えましょう。まず桁数を求めるときと同様に，「**$\frac{1}{3}$ を 20 回掛けることは，10 を何回掛けることに等しいのか?**」を考えます。つまり，

$$\left(\frac{1}{3}\right)^{20}=10^x$$

となる x を求めればよいわけです。

そこで，$\left(\frac{1}{3}\right)^{20}=10^x$ の**両辺の常用対数をとる**と，

$$\log_{10}\left(\frac{1}{3}\right)^{20}=\log_{10}10^x$$

（$\frac{1}{3}=3^{-1}$）

$$\log_{10}3^{-20}=\log_{10}10^x$$

（真数の指数は対数の係数にできる）

$$-20\log_{10}3=x\log_{10}10$$

（常用対数表より $\log_{10}3=0.4771$）

$$-20\times0.4771=x$$

$$x=-9.542$$

この結果より，

$$\left(\frac{1}{3}\right)^{20}=10^{-9.542}$$

$$=10^{-10+0.458}$$

（$a^{m+n}=a^m\cdot a^n$）

$$=10^{0.458}\cdot10^{-10}$$

（$10^{0.458}$：整数部分が 1 桁の数）

つまり，$\left(\frac{1}{3}\right)^{20}$ という数は**整数部分が 1 桁の数の小数点を左へ 10 ずらしたもの**と考えることができます。

よって，初めて 0 でない数字が現れるのは，**小数第 10 位** … 答

このことは次のように考えることができます。

N を小数第 n 位に初めて 0 でない数字が現れる正の数とすると，

$10^{-n} \leqq N < 10^{-n+1}$ ←指数に注意

が成り立ちます。

例えば，小数第 2 位に初めて 0 でない数字が現れるのは，0.01 以上 0.1 未満の数なので，

$10^{-2} \leqq N < 10^{-1}$

小数第 3 位に初めて 0 でない数字が現れるのは 0.001 以上 0.01 未満の数なので，

$10^{-3} \leqq N < 10^{-2}$

となることが確認できますね。

$10^{-n} \leqq N < 10^{-n+1}$ の**各辺の常用対数をとる**と，

$\log_{10} 10^{-n} \leqq \log_{10} N < \log_{10} 10^{-n+1}$

$-n\log_{10} 10 \leqq \log_{10} N < (-n+1)\log_{10} 10$ ←真数の指数は対数の係数にできる

$-n \leqq \log_{10} N < -n+1$

このとき，**不等式の左右の整数のうち，小さいほうの整数 $-n$ の絶対値が求める位に等しくなります。**

Check Point　小数第 n 位に初めて 0 でない数字が現れる

N を小数第 n 位に初めて 0 でない数字が現れる正の数とすると，

$\underline{-n} \leqq \log_{10} N < -n+1$

↑小さいほうの絶対値が求める位

例題 112 $\left(\frac{1}{2}\right)^{20}$ を小数で表したとき，小数第何位に初めて 0 でない数字が現れるか。
ただし，$\log_{10} 2 = 0.3010$ とする。

解答

$\log_{10}\left(\frac{1}{2}\right)^{20}$

$=\log_{10} 2^{-20}$ ←$\frac{1}{2}=2^{-1}$

$=-20\log_{10} 2$ ←真数の指数は対数の係数にできる

$=-20\times 0.3010$

$=-6.020$

$$-7 \leqq \log_{10}\left(\frac{1}{2}\right)^{20} < -6$$

$$10^{-7} \leqq \left(\frac{1}{2}\right)^{20} < 10^{-6} \quad \leftarrow \begin{array}{l} -7=-7\log_{10}10=\log_{10}10^{-7} \\ -6=-6\log_{10}10=\log_{10}10^{-6} \end{array}$$

小さいほうの絶対値

であるから，**小数第 7 位** … 答

演習問題 100

次の数は小数第何位に初めて 0 でない数字が現れるか。

ただし，$\log_{10}2=0.3010$，$\log_{10}3=0.4771$ とする。

(1) $\left(\frac{1}{3}\right)^{30}$　　(2) $\left(\frac{5}{72}\right)^{15}$

解答▶別冊 61 ページ

3 最高位の数字

2^{30} の最高位の数字がいくつになるかを考えてみましょう。桁数の計算と同様に，**常用対数をとって考えます。**

$\log_{10}2^{30}$
$=30\log_{10}2$　（真数の指数は対数の係数にできる）
$=30\times0.3010$　（常用対数表より $\log_{10}2=0.3010$）
$=9.030$

つまり，$2^{30}=10^{9.030}$ ということです。さらに，

$2^{30}=10^{9.030}$
$=10^{0.030}\cdot10^{9}$　（$a^{m+n}=a^m\cdot a^n$）

$10^{0.030}$ は整数部分が 1 けたの数で，$10^{0.030}$ に 10 を何回掛けても最高位の数字は変わりません。

よって，**$10^{0.030}$の整数部分が 2^{30}の最高位の数字**だということがわかります。

$10^{0.030}$ の整数部分を a とすると，

$$a\leqq10^{0.030}<a+1$$

という式が成り立ちます。各辺の常用対数をとると，

$$\log_{10}a\leqq\log_{10}10^{0.030}<\log_{10}(a+1)$$
$$\log_{10}a\leqq0.030<\log_{10}(a+1)\quad\cdots\cdots①$$

つまり，**0.030 をはさむ $\log_{10}a$ と $\log_{10}(a+1)$ を探す**ことになります。（a と $a+1$：連続する整数）

常用対数表より，

$$\log_{10}1=0,\ \log_{10}2=0.3010$$

なので，①を満たすのは $a=1$ とわかります。

よって，2^{30} の最高位の数字は 1 … 答

Check Point　最高位の数字

正の数 N の最高位の数字を a，$\log_{10}N$ の小数部分を b とするとき，

$$\log_{10}a\leqq b<\log_{10}(a+1)$$ ← b を，連続する整数を真数とする対数ではさむ

例題113 2^{15} の最高位の数字を求めよ。ただし，$\log_{10}2=0.3010$，$\log_{10}3=0.4771$ とする。

解答 $\log_{10}2^{15}=15\log_{10}2$

$=15\times0.3010$

$=4.515$　←小数部分は 0.515

ここで，

$\log_{10}3=0.4771$，$\log_{10}4=\log_{10}2^2=2\log_{10}2=0.6020$

であるから，

$\log_{10}3\leqq0.515<\log_{10}4$　← 0.515 を，連続する整数を真数とする対数ではさむ

$\log_{10}3+4\leqq4.515<\log_{10}4+4$　←各辺に 4 を加える

↓ $\log_{10}3+4=\log_{10}3+\log_{10}10^4$

$\log_{10}3\cdot10^4\leqq\log_{10}10^{4.515}<\log_{10}4\cdot10^4$

$\log_{10}3\cdot10^4\leqq\log_{10}2^{15}<\log_{10}4\cdot10^4$

$3\cdot10^4\leqq2^{15}<4\cdot10^4$　←底が 1 より大きいので同じ向き

つまり 2^{15} は 30000 以上 40000 未満の数，$2^{15}=3$ ●●●●という数となるので，

最高位の数字は 3 … 答

真数の３や４は試行錯誤から見つけたものですから，実際はいろいろな対数の値を調べて考えます。桁数などの問題は結論よりも仕組みをしっかりと理解しておきましょう。

演習問題 101

3^{800} の桁数と最高位の数字を求めよ。さらに，一の位の数字も求めよ。ただし，$\log_{10}2=0.3010$，$\log_{10}3=0.4771$ とする。

解答▶別冊 62 ページ

微分法と積分法

第1節 微分係数と導関数

1 関数の極限値

関数 $f(x)$ において，x が a と異なる値をとりながら限りなく a に近づくとき，$f(x)$ がある一定の値 α に限りなく近づくことを

$$\lim_{x \to a} f(x) = \alpha$$

または，

$$x \to a \text{ のとき } f(x) \to \alpha$$

と表します。そして，この α を $x \to a$ のときの $f(x)$ の**極限値**といいます。

Advice lim という記号は，極限を意味する英単語の「limit」を略したものです。

例えば，$f(x)=x+1$ において，x の値を 1 に近づけたときの $f(x)$ の値について調べてみます。具体化してみると，次の表のようになります。

x	0.1	0.2	0.3	0.4	0.5	0.6	0.7	0.8	0.9	0.99	0.999
$f(x)$	1.1	1.2	1.3	1.4	1.5	1.6	1.7	1.8	1.9	1.99	1.999

表の値を見ると，**x の値が 1 に近づくにつれて，$f(x)$ の値が 2 に近づいている**ことがわかります。

また，次の図のような $y=x+1$ のグラフを考えると，**x 座標が 1 に近づくとき，グラフの y 座標は 2 に近づく**ことがよくわかります。

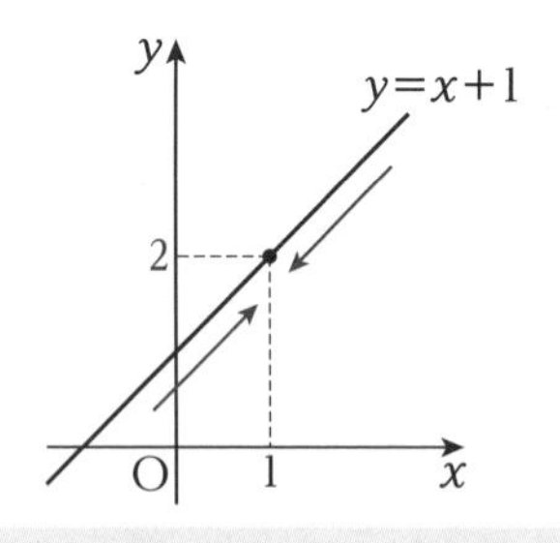

表は x の値を 1 より小さいほうから近づけていますが，グラフより，大きいほうから 1 に近づけても $f(x)$ の値が 2 に近づくことがわかります。

このようなとき，$\lim_{x \to 1}(x+1)=2$ と表すことができます。

一般に，$x=a$ において連続である（グラフがつながっている）関数 $f(x)$ の，$x \to a$ における $f(x)$ の値は，$x=a$ を代入した値 $f(a)$ に近づきます。

例題114 次の極限値を求めよ。

(1) $\lim_{x \to 3}(2x+1)$

(2) $\lim_{x \to 2}(x^2+3x-2)$

(3) $\lim_{h \to -3}\frac{1}{h}$

解答 (1) $2x+1$ はすべての実数で連続である。

$\lim_{x \to 3}(2x+1)=2\cdot3+1=\mathbf{7}$ … 答 ← $x=3$ を代入した値に近づく

(2) x^2+3x-2 はすべての実数で連続である。

$\lim_{x \to 2}(x^2+3x-2)=2^2+3\cdot2-2=\mathbf{8}$ … 答 ← $x=2$ を代入した値に近づく

(3) $\frac{1}{h}$ は $h=-3$ で連続である。

$\lim_{h \to -3}\frac{1}{h}=\frac{1}{(-3)}=\mathbf{-\frac{1}{3}}$ … 答 ← $h=-3$ を代入した値に近づく

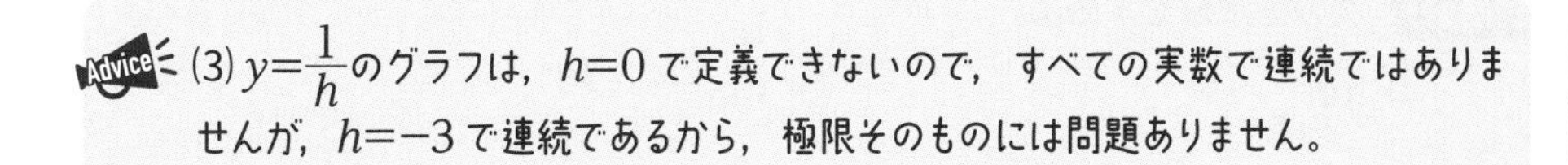

Advice (3) $y=\frac{1}{h}$ のグラフは，$h=0$ で定義できないので，すべての実数で連続ではありませんが，$h=-3$ で連続であるから，極限そのものには問題ありません。

演習問題 102

次の極限値を求めよ。

(1) $\lim_{x \to 1}(2x-7)$

(2) $\lim_{x \to -2}(2x^2-5x)$

(3) $\lim_{a \to -1}\frac{-a^2+a+2}{a}$

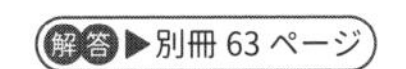
解答▶別冊 63 ページ

2 不定形の極限

極限値 $\lim_{x \to 1} \frac{x^2-1}{x-1}$ を求めるとき，$\frac{x^2-1}{x-1}$ に $x=1$ を代入すると $\frac{1^2-1}{1-1}=\frac{0}{0}$ となります。このような形を不定形といいます。**不定形は極限値が存在するのか，存在しないのか不明な形**です。

不定形の極限では約分を考えます。

$$\lim_{x \to 1} \frac{x^2-1}{x-1}=\lim_{x \to 1} \frac{(x+1)\cancel{(x-1)}}{\cancel{x-1}}=\lim_{x \to 1}(x+1)=1+1=2 \quad \cdots \text{答}$$

約分してから代入

つまり，0を作る原因を約分で消してしまう，ということです。気をつけないといけないのは，**不定形は約分すれば極限値が求められるとは限らない点**です。例えば，

$\lim_{x \to 1} \frac{x^2-1}{(x-1)^2}$ などは，

$$\lim_{x \to 1} \frac{(x+1)\cancel{(x-1)}}{(x-1)\cancel{(x-1)}}=\lim_{x \to 1} \frac{x+1}{x-1}$$

と，約分しても $x=1$ を代入すると分母が0となり，極限値を求めることはできません。

例題115 次の極限値を求めよ。

(1) $\lim_{x \to 1} \frac{x^3-1}{x-1}$　　(2) $\lim_{h \to 0} \frac{2h^2-7h}{h}$

解答

(1) $\lim_{x \to 1} \frac{x^3-1}{x-1}=\lim_{x \to 1} \frac{\cancel{(x-1)}(x^2+x+1)}{\cancel{x-1}}=1^2+1+1$　←約分してから代入

$=3 \quad \cdots$ 答

(2) $\lim_{h \to 0} \frac{2h^2-7h}{h}=\lim_{h \to 0} \frac{\cancel{h}(2h-7)}{\cancel{h}}=2\cdot 0-7$　←約分してから代入

$=-7 \quad \cdots$ 答

演習問題 103

次の極限値を求めよ。

(1) $\lim_{x \to -3} \frac{x^2-9}{x+3}$　　(2) $\lim_{t \to 1} \frac{2t^2-t-1}{t^2-3t+2}$　　(3) $\lim_{h \to 0} \frac{1}{h}\left(\frac{3}{h+1}-3\right)$

解答 ▶別冊 63 ページ

3 平均変化率と微分係数

関数 $f(x)$ で，x の値が a から b まで変化するとき，y の変化量を x の変化量で割った値 $\dfrac{f(b)-f(a)}{b-a}$ を，x が a から b まで変化するときの，関数 $f(x)$ の平均変化率といいます。

Check Point　平均変化率

x が a から b まで変化するときの，関数 $f(x)$ の平均変化率は，

$$\frac{f(b)-f(a)}{b-a}$$

次の図からもわかる通り，平均変化率 $\dfrac{f(b)-f(a)}{b-a}$ は，関数 $y=f(x)$ のグラフ上の **2点 $A(a,\ f(a))$，$B(b,\ f(b))$ を通る直線 AB の傾きに等しくなります。**

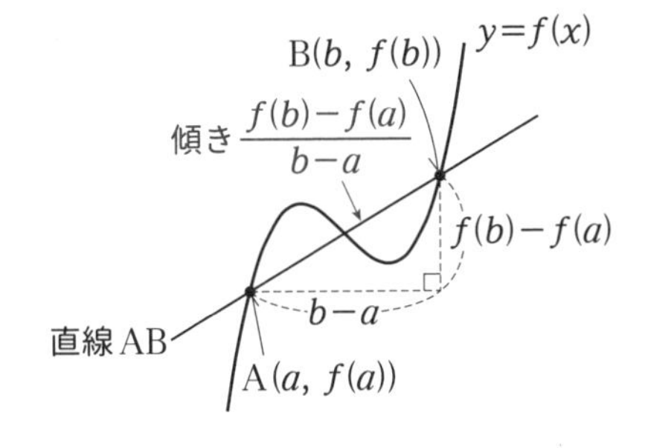

例題116 次の平均変化率を求めよ。

(1) 関数 $f(x)=2x+1$ の，x が 2 から 4 まで変化するときの平均変化率

(2) 関数 $f(x)=x^2$ の，x が a から b まで変化するときの平均変化率

(3) 関数 $f(x)=-x^2+2x$ の，x が 1 から $1+h$ まで変化するときの平均変化率

解答

(1) $\dfrac{f(4)-f(2)}{4-2}=\dfrac{(2\cdot4+1)-(2\cdot2+1)}{2}=\mathbf{2}$ … 答

(2) $\dfrac{f(b)-f(a)}{b-a}=\dfrac{b^2-a^2}{b-a}=\dfrac{(b-a)(b+a)}{b-a}=\boldsymbol{b+a}$ … 答

(3) $\dfrac{f(1+h)-f(1)}{(1+h)-1}=\dfrac{\{-(1+h)^2+2(1+h)\}-1}{h}$

$=\dfrac{-h^2}{h}=\boldsymbol{-h}$ … 答

関数 $f(x)$ の，x が a から $a+h$ まで変化するときの平均変化率は

$$\frac{f(a+h)-f(a)}{(a+h)-a}=\frac{f(a+h)-f(a)}{h}$$ ←平均変化率の定義の b を $a+h$ とした式

です。このとき，h を限りなく 0 に近づけるときの極限値

$$\lim_{h\to 0}\frac{f(a+h)-f(a)}{h}$$

を関数 $f(x)$ の $x=a$ における微分係数といい，$f'(a)$ で表します。

Check Point 微分係数の定義

関数 $f(x)$ において，$x=a$ における微分係数は，

$$f'(a)=\lim_{h\to 0}\frac{f(a+h)-f(a)}{h}$$ ← $\lim_{h\to 0}$(平均変化率) というイメージ

Advice 微分係数の計算は，必ず不定形の極限の計算になります。

例題117 関数 $f(x)=x^3+1$ の $x=3$ における微分係数を求めよ。

解答

$$f'(3)=\lim_{h\to 0}\frac{f(3+h)-f(3)}{h}$$

$$=\lim_{h\to 0}\frac{\{(3+h)^3+1\}-(3^3+1)}{h}$$

$$=\lim_{h\to 0}\frac{h^3+9h^2+27h}{h}$$ ← $\frac{0}{0}$ の形(不定形)

$$=\lim_{h\to 0}\frac{h(h^2+9h+27)}{h}$$

$$=\lim_{h\to 0}(h^2+9h+27)$$ ←約分してから代入

$=27$ … 答

微分係数の表す意味を図形的に考えてみましょう。

関数 $y=f(x)$ のグラフ上の 2 点を $\mathrm{A}(a,\ f(a))$，$\mathrm{P}(a+h,\ f(a+h))$ とすると，

平均変化率

$$\frac{f(a+h)-f(a)}{h}$$

は直線 AP の傾きに等しくなります。

右の図のように，h は点 A と点 P の x 座標の差を表しているので，**h が 0 に限りなく近づくとき，それは点 P が点 A に限りなく近づくことを表しています。**

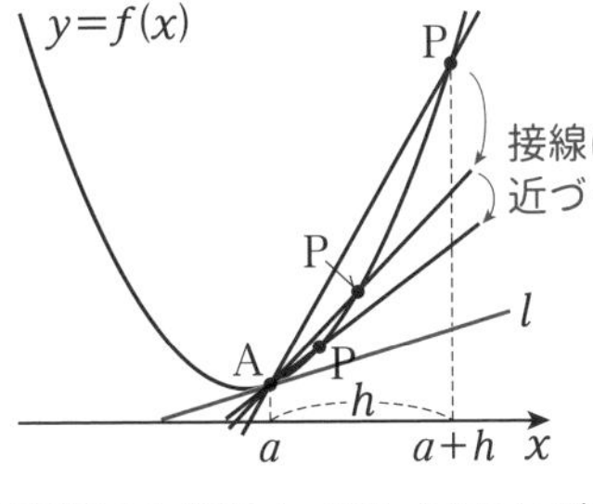

また，h が 0 に限りなく近づくとき，

$\lim_{h\to 0}\dfrac{f(a+h)-f(a)}{h}=f'(a)$ ←微分係数

であるから，直線 AP は点 A を通り，傾きが $f'(a)$ の直線 l に限りなく近づくことがわかります。

Advice 図からもわかる通り，点 A と点 P が一致すると直線 AP は点 A で接する接線に等しくなります。

Check Point 微分係数の図形的意味

関数 $f(x)$ において，$x=a$ における微分係数 $f'(a)$ は，
関数 $y=f(x)$ のグラフ上の点 $(a,\ f(a))$ における接線の傾きに等しい。

例題 118 関数 $f(x)=2x^2+x-3$ のグラフ上の次の点における接線の傾きを求めよ。

(1) $(1,\ 0)$

(2) $(a,\ 2a^2+a-3)$

解答

(1) $f'(1)=\lim_{h\to 0}\dfrac{f(1+h)-f(1)}{h}$

$=\lim_{h\to 0}\dfrac{\{2(1+h)^2+(1+h)-3\}-0}{h}$ 　$f(1)=0$

$=\lim_{h\to 0}\dfrac{5h+2h^2}{h}$ ← $\dfrac{0}{0}$の形(不定形)

$=\lim_{h\to 0}(5+2h)$ ←約分してから代入

$=5$ … 答

(2) $f'(a)=\lim_{h\to 0}\dfrac{f(a+h)-f(a)}{h}$

$=\lim_{h\to 0}\dfrac{\{2(a+h)^2+(a+h)-3\}-(2a^2+a-3)}{h}$ 　$f(a)=2a^2+a-3$

$=\lim_{h\to 0}\dfrac{h(2h+4a+1)}{h}$ ← $\dfrac{0}{0}$の形(不定形)

$=\lim_{h\to 0}(2h+4a+1)$　←約分してから代入

$=\mathbf{4a+1}$ … 答

演習問題 104

1 次の問いに答えよ。

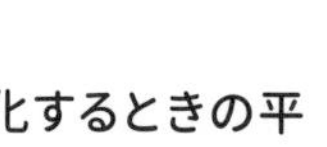

(1) 関数 $f(x)=x^3$ の，x が 2 から 3 まで変化するときの平均変化率を求めよ。

(2) 関数 $f(x)=-x^3-3x^2+4x-4$ の，x が -5 から 1 まで変化するときの平均変化率を求めよ。

(3) 関数 $f(x)=x^2+3x+4$ の $x=1$ における微分係数を求めよ。

(4) 関数 $f(x)=(3x+2)(x-4)$ の $x=-1$ における微分係数を求めよ。

2 次の接線の傾きを求めよ。

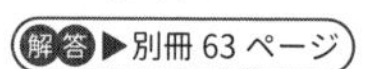

(1) 関数 $f(x)=2x^2-2x+1$ のグラフ上の点 $(0,\ 1)$ における接線

(2) 関数 $f(x)=x^3+3x^2+2x+7$ のグラフ上の点 $(2,\ 31)$ における接線

解答▶別冊 63 ページ

4 導関数

関数 $f(x)=x^3$ において，$x=a$ における微分係数 $f'(a)$ は，

$$
\begin{aligned}
f'(a)&=\lim_{h\to 0}\frac{f(a+h)-f(a)}{h}\\
&=\lim_{h\to 0}\frac{(a+h)^3-a^3}{h}\\
&=\lim_{h\to 0}\frac{3a^2h+3ah^2+h^3}{h}\\
&=\lim_{h\to 0}(3a^2+3ah+h^2)\\
&=3a^2
\end{aligned}
$$

となります。この結果を用いると，

$x=1$ における微分係数は $a=1$ を代入したときで $f'(1)=3$，

$x=-2$ における微分係数は $a=-2$ を代入したときで $f'(-2)=12$

とただ1つに定まります。つまり，$f'(a)$ は a の関数であるといえます。

a は x のとる値であったので，微分係数の値は x の関数として考えることができます。

a を x におき換えて得られる関数 $f'(x)$ を $f(x)$ の**導関数**といいます。

Check Point　導関数の定義

$$f'(x)=\lim_{h\to 0}\frac{f(x+h)-f(x)}{h}$$ ←微分係数の a を x に変えたもの

また，c を定数とするとき，関数 $f(x)=c$ は常に一定の値をとる関数であり，**定数関数**といいます。関数 $f(x)=c$ の導関数 $f'(x)$ を求めると，

$$
\begin{aligned}
f'(x)&=\lim_{h\to 0}\frac{f(x+h)-f(x)}{h}\\
&=\lim_{h\to 0}\frac{c-c}{h}\\
&=\lim_{h\to 0}0\\
&=0
\end{aligned}
$$

（$f(x)$ は常に c であるから，$f(x+h)=c$）

となり，**常に0に等しくなります。** ←x 軸に平行であることを表します

例題119 導関数の定義にしたがって，次の関数の導関数を求めよ。

(1) $f(x)=x^3$

(2) $f(x)=2x^2+x$

(3) $f(x)=2$

解答　(1) $f'(x)=\lim_{h\to 0}\frac{f(x+h)-f(x)}{h}$

$=\lim_{h\to 0}\frac{(x+h)^3-x^3}{h}$

$=\lim_{h\to 0}\frac{3x^2h+3xh^2+h^3}{h}$　← $\frac{0}{0}$の形

$=\lim_{h\to 0}(3x^2+3xh+h^2)$　←約分してから代入

$=\mathbf{3x^2}$ … 答

(2) $f'(x)=\lim_{h\to 0}\frac{f(x+h)-f(x)}{h}$

$=\lim_{h\to 0}\frac{\{2(x+h)^2+(x+h)\}-(2x^2+x)}{h}$

$=\lim_{h\to 0}\frac{2h^2+(4x+1)h}{h}$　← $\frac{0}{0}$の形

$=\lim_{h\to 0}(2h+4x+1)$　←約分してから代入

$=\mathbf{4x+1}$ … 答

(3) $f'(x)=\lim_{h\to 0}\frac{f(x+h)-f(x)}{h}$

$=\lim_{h\to 0}\frac{2-2}{h}$　（$f(x)$ は常に 2 であるから，$f(x+h)=2$）

$=\lim_{h\to 0}0$

$=\mathbf{0}$ … 答　←定数関数の導関数は常に 0

求めた導関数 $f'(x)$ の x にさまざまな値を代入することで，さまざまな微分係数を簡単に求めることができるようになります。つまり，接線の傾きが簡単に求められることがわかります。

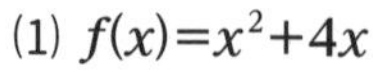

演習問題 105

導関数の定義にしたがって，次の関数の導関数を求めよ。

(1) $f(x)=x^2+4x$

(2) $f(x)=-x^3-3x^2+6$

(3) $f(x)=7$

解答▶別冊 64 ページ

5 微分公式

関数 $f(x)$ から導関数 $f'(x)$ を求めることを $f(x)$ を x で微分するといいます。

$y=f(x)$ の導関数は $f'(x)$ のほかに，y'，$\dfrac{dy}{dx}$，$\dfrac{d}{dx}f(x)$ などで表すこともあります。

また，$f(x)=x^n$ の場合は $(x^n)'$のように x の式に直接ダッシュをつけて表す方法もあります。

一般に，関数 x^n の導関数は次のように示されます。

Check Point　微分公式

n を正の整数とするとき，　$(x^n)'=nx^{n-1}$

指数を前に出して，新しい指数は 1 減らす

特に，関数 x の導関数は，x^1 と考えて，

$(x^1)'=1\cdot x^{1-1}=1\cdot x^0=1$　← $x^0=1$（指数法則）

証明　関数 $f(x)=x^n$ を二項定理（**p.16** 参照）を用いて微分すると，

$$
\begin{aligned}
f'(x)&=\lim_{h\to0}\frac{f(x+h)-f(x)}{h} \\
&=\lim_{h\to0}\frac{(x+h)^n-x^n}{h} \\
&=\lim_{h\to0}\frac{(x^n+{}_n\mathrm{C}_1x^{n-1}h+{}_n\mathrm{C}_2x^{n-2}h^2+{}_n\mathrm{C}_3x^{n-3}h^3+\cdots+{}_n\mathrm{C}_nh^n)-x^n}{h} \\
&=\lim_{h\to0}\frac{{}_n\mathrm{C}_1x^{n-1}h+{}_n\mathrm{C}_2x^{n-2}h^2+{}_n\mathrm{C}_3x^{n-3}h^3+\cdots+{}_n\mathrm{C}_nh^n}{h} \\
&=\lim_{h\to0}({}_n\mathrm{C}_1x^{n-1}+{}_n\mathrm{C}_2x^{n-2}h+{}_n\mathrm{C}_3x^{n-3}h^2+\cdots+{}_n\mathrm{C}_nh^{n-1}) \\
&={}_n\mathrm{C}_1x^{n-1} \\
&=nx^{n-1}
\end{aligned}
$$

$f(x)=x^n$ より，$f(x+h)=(x+h)^n$

← $\dfrac{0}{0}$の形

←約分してから代入

よって，$(x^n)'=nx^{n-1}$　〔証明終わり〕

また，定数関数は導関数が常に 0 であるので，次のように示されます。

Check Point　定数関数の微分公式

c を定数とするとき，　$(c)'=0$

また，微分の計算では，次のことが成り立ちます。

Check Point　導関数の性質（定数倍，和や差の微分）

k を定数とするとき，

[1]　$\{kf(x)\}'=kf'(x)$

[2]　$\{f(x)+g(x)\}'=f'(x)+g'(x)$

[3]　$\{f(x)-g(x)\}'=f'(x)-g'(x)$

証明　導関数の定義にしたがって考える。

[1]の証明

$$\{kf(x)\}'=\lim_{h\to 0}\frac{kf(x+h)-kf(x)}{h}$$
$$=\lim_{h\to 0}k\left\{\frac{f(x+h)-f(x)}{h}\right\}$$
$$=kf'(x)$$

〔証明終わり〕

[2]の証明

$$\{f(x)+g(x)\}'=\lim_{h\to 0}\frac{\{f(x+h)+g(x+h)\}-\{f(x)+g(x)\}}{h}$$
$$=\lim_{h\to 0}\left\{\frac{f(x+h)-f(x)}{h}+\frac{g(x+h)-g(x)}{h}\right\}$$
$$=f'(x)+g'(x)$$

〔証明終わり〕

[3]も[2]と同様に示すことができます。

例題120　次の関数を微分せよ。

(1) $y=3x^2$

(2) $y=2x^3+x+1$

(3) $y=-2x^3-4x^2-4x+7$

(4) $y=\frac{1}{3}x^3+\frac{1}{4}x^2-3x+5$

(5) $y=(x-2)(x^2+x+1)$

考え方　特に指示がない場合は，微分公式を用いて微分します。(5)は展開してから微分公式を用います。

解答

(1) $y'=3\cdot 2x^{2-1}=\boldsymbol{6x}$ … 答　← $(x^n)'=nx^{n-1}$

(2) $y'=2(x^3)'+(x^1)'+(1)'$　←項ごとに微分

$=2\cdot 3x^{3-1}+1\cdot x^{1-1}+0$　← $(x^n)'=nx^{n-1}$，(定数)$'=0$

$=\boldsymbol{6x^2+1}$ … 答

(3) $y'=-2(x^3)'-4(x^2)'-4(x)'+(7)'$ ←項ごとに微分

$=-2\cdot3x^{3-1}-4\cdot2x^{2-1}-4\cdot1\cdot x^{1-1}+0$ ← $(x^n)'=nx^{n-1}$, (定数)$'=0$

$=\boldsymbol{-6x^2-8x-4}$ … 答

(4) $y'=\frac{1}{3}(x^3)'+\frac{1}{4}(x^2)'-3(x)'+(5)'$ ←項ごとに微分

$=\frac{1}{3}\cdot3x^{3-1}+\frac{1}{4}\cdot2x^{2-1}-3\cdot1\cdot x^{1-1}+0$ ← $(x^n)'=nx^{n-1}$, (定数)$'=0$

$=\boldsymbol{x^2+\frac{1}{2}x-3}$ … 答

(5) $y=(x-2)(x^2+x+1)=x^3-x^2-x-2$ であるから, ←まず展開する

$y'=(x^3)'-(x^2)'-(x)'-(2)'$ ←項ごとに微分

$=3x^{3-1}-2x^{2-1}-1\cdot x^{1-1}-0$ ← $(x^n)'=nx^{n-1}$, (定数)$'=0$

$=\boldsymbol{3x^2-2x-1}$ … 答

Advice (1)~(4)などは, 慣れてきたら直接解答まで出せるように練習しましょう。

演習問題 106

次の関数を微分せよ。

(1) $f(x)=3x^2+4x-5$

(2) $f(x)=-5x^3+x^2-5x+3$

(3) $f(x)=\frac{2}{3}x^3-\frac{3}{4}x^2+\frac{1}{2}x+1$

(4) $f(x)=(x-2)(x^2+3x+8)$

解答▶別冊 64 ページ

第2節 接線の方程式

1 接線の方程式

関数 $y=f(x)$ の $x=a$ における微分係数 $f'(a)$ は，関数 $y=f(x)$ のグラフ上の点 $(a,\ f(a))$ における接線の傾きに等しくなります。**点 $(a,\ b)$ を通り，傾きが m の直線の方程式は $y-b=m(x-a)$** であったので，次のように，接線の方程式を求めることができます。

Check Point 接線の方程式

関数 $y=f(x)$ のグラフ上の点 $(a,\ f(a))$ における接線の方程式は，
　　$y-f(a)=f'(a)(x-a)$
（$(a,\ f(a))$：この接線の接点）

例題121 次の接線の方程式を求めよ。

(1) 曲線 $y=x^2+3x-5$ 上の x 座標が 2 である点における接線

(2) 曲線 $y=-x^2+2x-3$ において，傾きが-2 である接線

考え方〉(2)は接点が与えられていませんが，その代わりに接線の傾きが与えられています。そこから接点を決定しましょう。

解答 (1) $f(x)=x^2+3x-5$ とおくと，

$f'(x)=2x+3$

$f(2)=5$，$f'(2)=7$ であるから，x 座標が 2 である点における接線の方程式は，

$y-5=7(x-2)$　← $y-f(2)=f'(2)(x-2)$

$\boldsymbol{y=7x-9}$ … 答

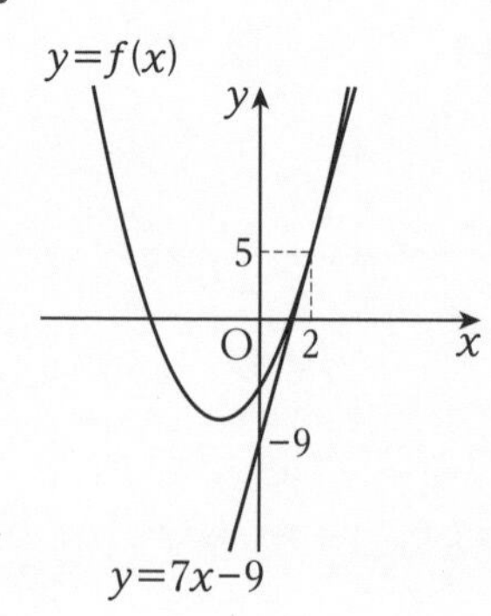

(2) $f(x)=-x^2+2x-3$ とおくと，

$f'(x)=-2x+2$

接点の x 座標を t とすると，接線の傾きは $f'(t)=-2t+2$ である。

条件より傾きが-2 であるから，

$f'(t)=-2$

$-2t+2=-2$

$t=2$ ←接点の x 座標

$f(2)=-3$ であるから，

点 $(2,\ -3)$ における接線の方程式は，

$y-(-3)=-2(x-2)$ ← $y-f(2)=f'(2)(x-2)$

$\boldsymbol{y=-2x+1}$ … 答

演習問題 107

1 次の曲線上の点 A における接線の方程式を求めよ。

(1) $y=2x^2+1$，A$(1,\ 3)$

(2) $y=-2x^3-x^2+2x-3$，A$(-1,\ -4)$

2 曲線 $y=x^3-3x^2+2$ について，次の接線の方程式を求めよ。

(1) 傾きが 9 である接線

(2) x 軸に平行である接線

(3) 傾きが最小である接線

解答▶別冊 64 ページ

2 曲線上にない点から引いた接線の方程式

接線が通る点で，接点以外の点が与えられている問題では，**まず接点を文字でおき，通る点の条件から接点の座標を求める**のが基本の解法になります。

接点の座標がわかれば接線の方程式が求められます。よって，接線の方程式ではまず接点の座標を求めるのが基本です。

例題122 点 (1，5) から曲線 $y=-x^3+3x^2-3x+4$ に引いた接線の方程式を求めよ。また，接点の座標を求めよ。

考え方 曲線 $y=-x^3+3x^2-3x+4$ に $x=1$ を代入すると，$y=3$ であるから，点 (1，5) は曲線上の点ではありません。

解答 $f(x)=-x^3+3x^2-3x+4$ とおくと，

$f'(x)=-3x^2+6x-3$

接点の座標を

$(t,\ -t^3+3t^2-3t+4)$ ……①

とおくと，$f'(t)=-3t^2+6t-3$ であるから接線の方程式は，

$y-(-t^3+3t^2-3t+4)=(-3t^2+6t-3)(x-t)$ ……②

これが (1，5) を通るので代入すると，

$5-(-t^3+3t^2-3t+4)=(-3t^2+6t-3)(1-t)$

$2t^3-6t^2+6t-4=0$

$t^3-3t^2+3t-2=0$

$(t-2)(t^2-t+1)=0$

$t^2-t+1=0$ の判別式を D とすると，

$D=(-1)^2-4\cdot1\cdot1=-3<0$

よって，実数解は $t=2$ ←接点の x 座標

$t=2$ を①に代入して接点の座標を求めると，

(2，2) … 答

$t=2$ を②に代入して接線の方程式を求めると，

$\boldsymbol{y=-3x+8}$ … 答

p.59「因数定理と因数分解」より，t^3-3t^2+3t-2 は $t=2$ で 0 になるので，$t-2$ を因数にもつ。

$$
\begin{array}{r}
t^2-t\quad+1 \\
t-2\,\big)\ \overline{t^3-3t^2+3t-2} \\
\underline{t^3-2t^2\qquad\quad} \\
-t^2+3t\quad \\
\underline{-t^2+2t\quad} \\
t-2 \\
\underline{t-2} \\
0
\end{array}
$$

よって，t^3-3t^2+3t-2
$=(t-2)(t^2-t+1)$

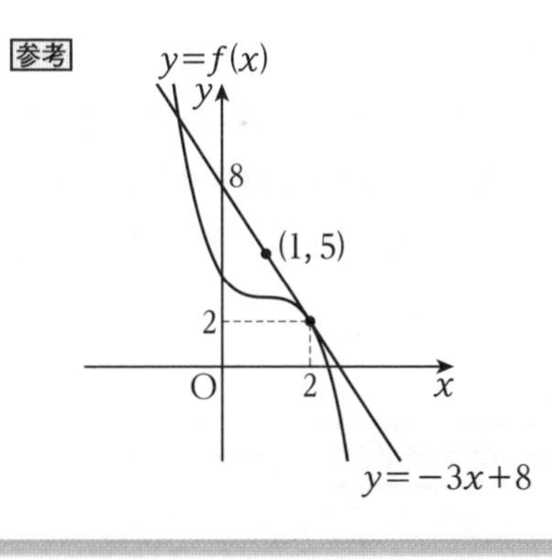

Advice 上の例題で，グラフの形状がわからなくても接線の方程式は求められます。

演習問題 108

1 曲線 $y=x^3$ 上の点 (2，8) を通る接線の方程式を求めよ。

2 曲線 $y=x^3-2x^2+3x-1$ において，点 (3，8) から引いた接線の方程式とその接点の座標を求めよ。また，この接線と曲線との接点以外の共有点の座標を求めよ。

解答▶別冊 65 ページ

3 2曲線の接する条件

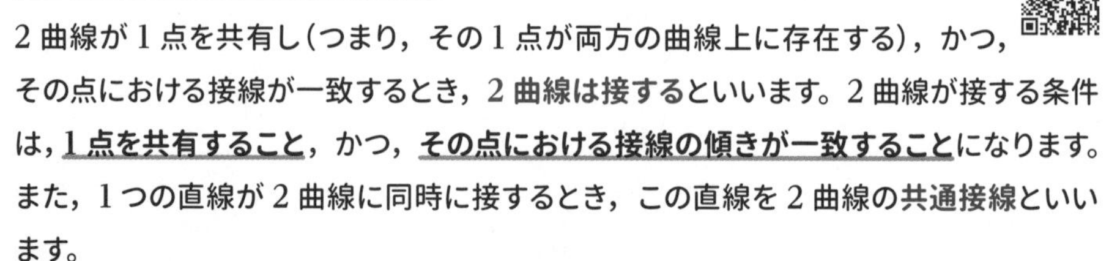

2曲線が1点を共有し（つまり，その1点が両方の曲線上に存在する），かつ，その点における接線が一致するとき，**2曲線は接する**といいます。2曲線が接する条件は，**1点を共有すること**，かつ，**その点における接線の傾きが一致すること**になります。

また，1つの直線が2曲線に同時に接するとき，この直線を2曲線の**共通接線**といいます。

Check Point　2曲線が接する条件

曲線 $y=f(x)$ と $y=g(x)$ が点 $(a,\ b)$ で接しているとき，

$$\begin{cases} f(a)=g(a)=b & \leftarrow \text{接点共有} \\ f'(a)=g'(a) & \leftarrow \text{接線の傾き一致} \end{cases}$$

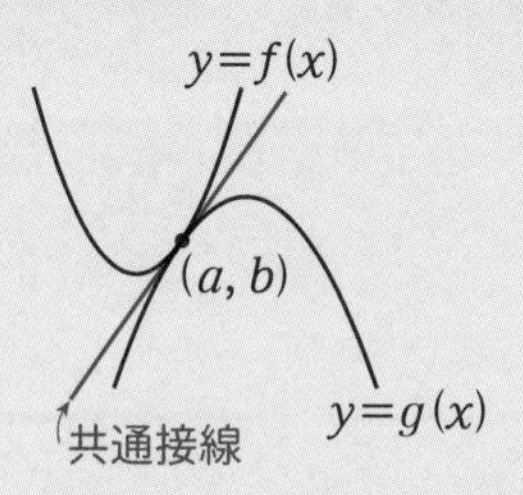

p.246 で学んだように，接線の方程式はグラフ上の点の座標とその点における接線の傾きで決まります。したがって，点 $(a,\ b)$ を共有することとその点における接線の傾きが一致することが，2曲線が接する条件になります。次のように，どちらか一方が一致するだけでは，2曲線が接することにはなりません。

〈点 $(a,\ b)$ を共有するだけでは…〉

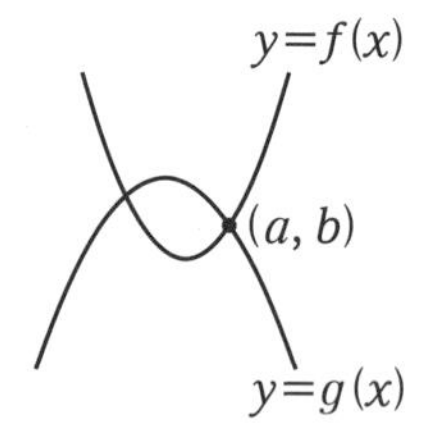

〈接線の傾きが一致するだけでは…〉

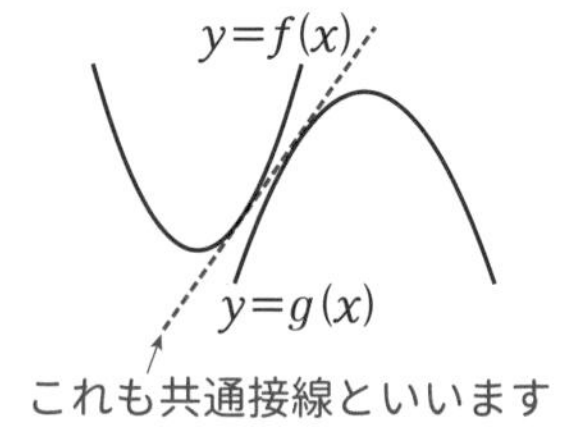

例題 123　曲線 $y=x^2+ax+2$ と曲線 $y=-x^3-1$ とが，点 $(p,\ q)$ において接しているとき，a の値を求めよ。さらに，このときの2曲線の共通接線の方程式を求めよ。

解答 $f(x)=x^2+ax+2$, $g(x)=-x^3-1$ とおくと，

$f'(x)=2x+a$, $g'(x)=-3x^2$

$y=f(x)$ と $y=g(x)$ は，$x=p$ で接しているので，

$$\begin{cases} f(p)=g(p)=q & \cdots\cdots ① \quad \leftarrow \text{接点共有} \\ f'(p)=g'(p) & \leftarrow \text{接線の傾き一致} \end{cases}$$

$$\Longleftrightarrow \begin{cases} p^2+ap+2=-p^3-1 & \cdots\cdots ①' \\ 2p+a=-3p^2 & \cdots\cdots ② \end{cases}$$

②より $a=-3p^2-2p$ ……③を①′に代入すると，

$p^2+(-3p^2-2p)p+2=-p^3-1$

$2p^3+p^2-3=0$ ← $p=1$ で左辺は 0

$(p-1)(2p^2+3p+3)=0$ ←因数定理より $(p-1)$ を因数にもつ

p は実数であるから，$p=1$ ← $2p^2+3p+3=0$ は実数解をもたない

③より，$\boldsymbol{a}=-3\cdot1^2-2\cdot1\boldsymbol{=-5}$ … 答

$p=1$ であるから①より，$q=g(1)=-2$

よって，接点の座標は，$(p,\ q)=(1,\ -2)$

$f'(1)=-3$ である ($g'(1)=-3$ を用いてもよい) から，**2 曲線の共通接線の方程式は，**

$y-(-2)=(-3)\cdot(x-1)$

$\boldsymbol{y=-3x+1}$ … 答

演習問題 109

1 2 曲線 $y=x^3$ と $y=x^2+ax+b$ がともに $x=1$ における点を共有し，かつ，その点における接線が一致するとき，定数 a, b の値を求めよ。

2 曲線 $y=ax^3$ と直線 $y=x-1$ が接するように a の値を定めよ。また，その接点の座標を求めよ。

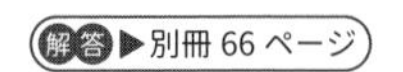
解答 ▶別冊 66 ページ

第3節 関数の増減

1 関数の増減と極値

関数の増減を考えるときは，接線の傾きを利用します。グラフ上のある点における接線が右上がりであるとき，グラフも右上がりで，関数は増加します。逆に，グラフ上のある点における接線が右下がりであるとき，グラフも右下がりで，関数は減少します。よって，**微分係数 $f'(a)$ の正負を調べれば，$x=a$ に対応する点における接線の傾きがわかると同時に，関数の増減がわかる**ことになります。

右の図の関数 $y=f(x)$ のグラフ上で，

x 座標が x_1 である点における接線は右上がり，すなわち**傾きが正**であるから，

$f'(x_1)>0 \Longleftrightarrow f(x)$ **は増加**

x 座標が x_2 である点における接線は右下がり，すなわち**傾きが負**であるから，

$f'(x_2)<0 \Longleftrightarrow f(x)$ **は減少**

x 座標が x_3 である点における接線は右上がり，すなわち**傾きが正**であるから，

$f'(x_3)>0 \Longleftrightarrow f(x)$ **は増加**

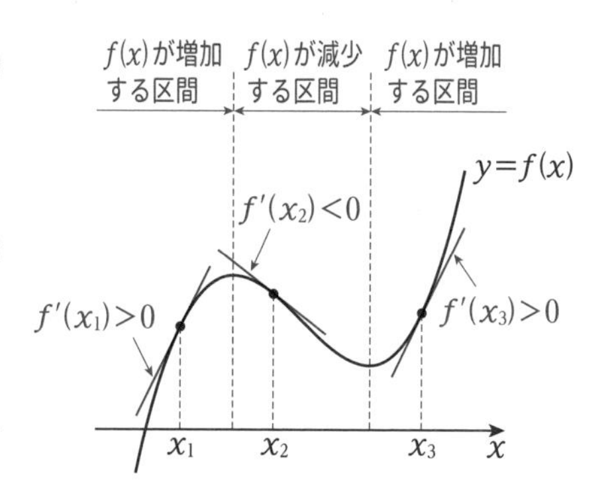

また，ある区間で常に $f'(x)=0$ の場合，**接線は x 軸に平行で増加も減少もしていません。**つまり，$f(x)$ は定数であることがわかります。←x 軸に平行な直線ということ

Check Point 関数の増減

ある区間において，

常に $f'(x)>0 \Longleftrightarrow$ 接線右上がり $\Longleftrightarrow f(x)$ はその区間で増加

常に $f'(x)<0 \Longleftrightarrow$ 接線右下がり $\Longleftrightarrow f(x)$ はその区間で減少

常に $f'(x)=0 \Longleftrightarrow$ 接線は x 軸に平行 $\Longleftrightarrow f(x)$ はその区間で定数

例題124 次の関数の増加する区間(x の値の範囲)を答えよ。

(1) $y=-x^2-8x+8$　　(2) $y=x^3-12x$

(3) $y=-2x^3-3x^2+12x+3$

解答 (1) $y'=-2x-8$ であるから，増加する，つまり $y'>0$ となるのは，

$-2x-8>0$　よって，$\boldsymbol{x<-4}$ … 答

(2) $y'=3x^2-12$ であるから，増加する，つまり $y'>0$ となるのは，

$3x^2-12>0$ より，$(x+2)(x-2)>0$　よって，$\boldsymbol{x<-2,\ 2<x}$ … 答

(3) $y'=-6x^2-6x+12$ であるから，増加する，つまり $y'>0$ となるのは，

$-6x^2-6x+12>0$ より，$(x+2)(x-1)<0$　よって，$\boldsymbol{-2<x<1}$ … 答

関数の増減を調べるときやグラフをかくときには，**増減表**を用います。グラフと増減表の関係の例を次のように示します。上のグラフが関数 $y=f(x)$ のグラフ，真ん中の表が増減表，下のグラフが導関数 $y=f'(x)$ のグラフです。

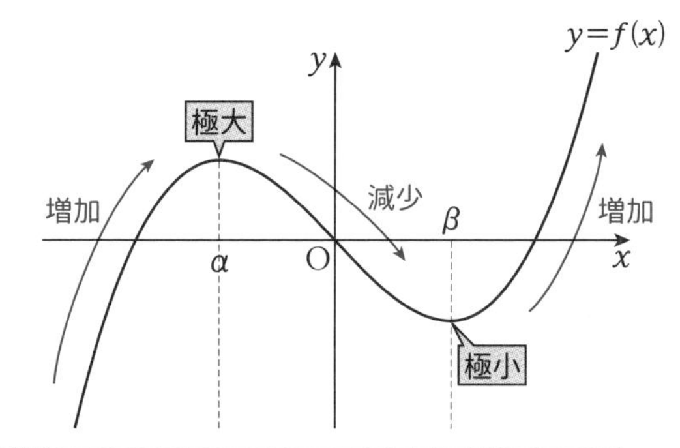

x	……	α	……	β	……
$f'(x)$	+	0	−	0	+
$f(x)$	↗	極大	↘	極小	↗

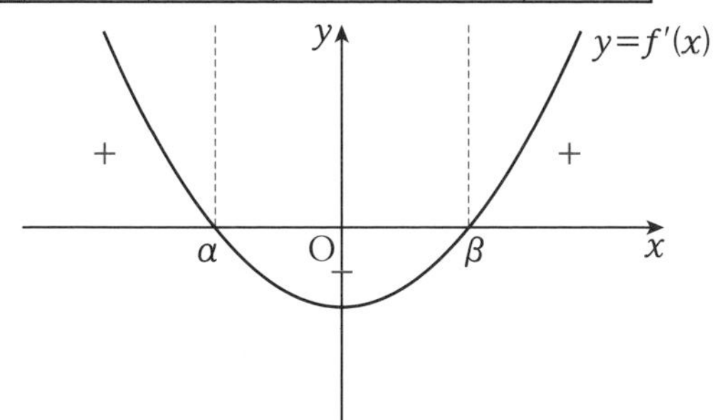

増減表は，x，$f'(x)$，$f(x)$ の 3 段に分かれています。

x の段には**増減が変化する x 座標（$f'(x)=0$ のときの x 座標）や定義域の端の x 座標を記入**し，間には……を書きます。

$f'(x)$ の段には符号と 0 を記入します。**$f'(x)$ の符号は増減表の下にある $y=f'(x)$ のグラフの形状から判断します。**

　$y=f'(x)$ のグラフが x 軸より上側にあれば $f'(x)>0$ なので＋，

　$y=f'(x)$ のグラフが x 軸より下側にあれば $f'(x)<0$ なので－

を書きます。

$y=f'(x)$ のグラフが判断しづらい場合は，適当な x の値を $f'(x)$ に代入して符号を調べることもできます。

$f(x)$ の段には，**$f'(x)$ の段の符号からグラフの増減がわかるので，それを矢印の向きで表します。**

　$f'(x)>0$ のとき，グラフは増加しているので，右上がりの矢印で表します。

　$f'(x)<0$ のとき，グラフは減少しているので，右下がりの矢印で表します。

関数 $y=f(x)$ のグラフは $x=\alpha$ を境にして増加から減少に変化しています。このとき，$f(x)$ は $x=\alpha$ で**極大**であるといい，$f(\alpha)$ を**極大値**といいます。また，$x=\beta$ を境にして減少から増加に変化しています。このとき，$f(x)$ は $x=\beta$ で**極小**であるといい，$f(\beta)$ を**極小値**といいます。言い換えれば，**$f'(x)$ の符号が正から負に変化するとき $f(x)$ は極大，$f'(x)$ の符号が負から正に変化するとき $f(x)$ は極小になります。**

極大値と極小値をまとめて**極値**といいます。

Advice 山の頂上が極大，谷底が極小とイメージしましょう。

例題125 次の関数の増減を調べ，極値を求めよ。

(1) $f(x)=x^2-2x-3$

(2) $f(x)=-2x^3-3x^2+2$

考え方 極値は増減表をかいて調べます。

解答 (1) $f'(x)=2x-2$　← $x=1$ のとき $f'(x)=0$

よって，$f(x)=x^2-2x-3$ の増減表は次の通り。

x	……	1	……
$f'(x)$	$-$	0	$+$
$f(x)$	↘	極小	↗

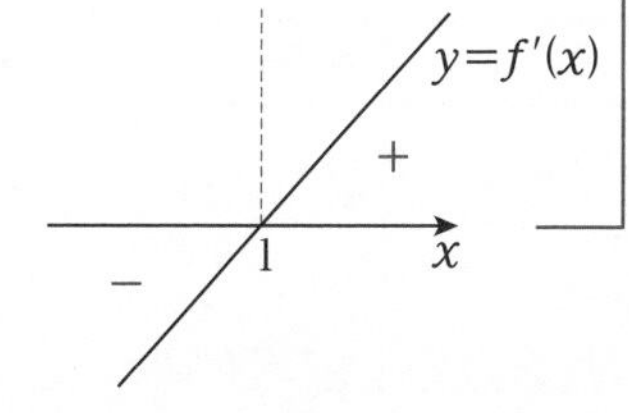

$f'(x)$ のグラフの形から符号を決める

増減表より，**$x \leqq 1$ で減少し，$1 \leqq x$ で増加する** … 答

また，**$x=1$ で極小値 -4，極大値はない** … 答

参考 $f'(x)=0$ となる $x=1$ は増加する区間，減少する区間の両方に含まれます。ちなみに，$y=f(x)$ のグラフは下に凸の放物線なので，このような増減になるのは明らかです。

(2) $f'(x)=-6x^2-6x=-6x(x+1)$ ← $x=-1$，0 のとき $f'(x)=0$

よって，$f(x)=-2x^3-3x^2+2$ の増減表は次の通り。

x	……	-1	……	0	……
$f'(x)$	$-$	0	$+$	0	$-$
$f(x)$	↘	極小	↗	極大	↘

$f'(x)$ のグラフの形から符号を決める

増減表より，**$-1 \leqq x \leqq 0$ で増加し，$x \leqq -1$，$0 \leqq x$ で減少する** … 答

また，**$x=-1$ で極小値 1，$x=0$ で極大値 2** … 答

演習問題 110

次の関数の増減を調べ，極値を求めよ。

(1) $f(x)=-x^2+6x+4$　(2) $f(x)=2x^3-3x^2+3$

(3) $f(x)=x^3-8x^2+5x+1$

解答▶別冊 67 ページ

2 グラフの図示

ここまで学んできたことを利用して，次のような手順で 3 次関数や 4 次関数などのグラフをかくことができます。

Check Point　グラフをかく手順

1. 導関数 $f'(x)$ を求めて，可能であれば $f'(x)=0$ となる x を求める。
2. 増減表をつくる。
3. 極値や y 軸との共有点の y 座標を調べる。
4. 2, 3をもとにグラフをかく。

Advice 導関数 $f'(x)$ を因数分解しておくと，符号の変化がわかりやすくなります。

例題126 関数 $y=-x^3+6x^2+2$ の増減・極値を調べて，グラフをかけ。

解答 $f(x)=-x^3+6x^2+2$ とおくと，

$f'(x)=-3x^2+12x=-3x(x-4)$

$f'(x)=0$ となる x は，$x=0$，4　←1

よって，$f(x)$ の増減表は次のようになる。

x	……	0	……	4	……
$f'(x)$	−	0	+	0	−
$f(x)$	↘	極小	↗	極大	↘

←2

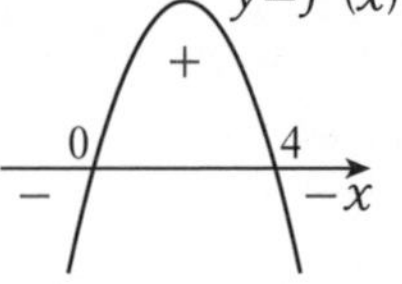

また，$x=4$ で極大値 34，$x=0$ で極小値 2　←3

以上より，**グラフは次の図**のようになる。

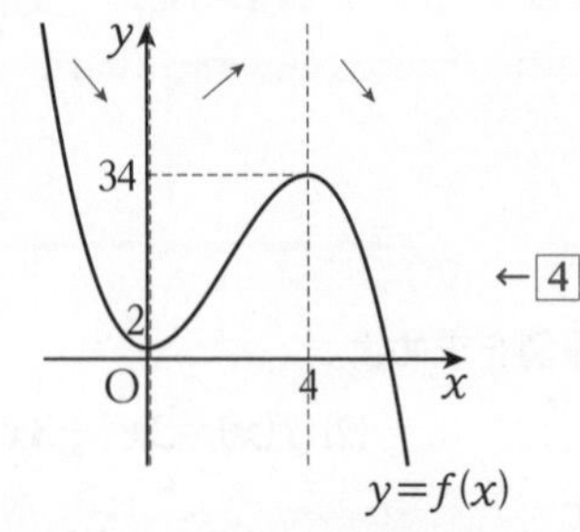

←4

確認 この問題では，極小値が y 軸との共有点の y 座標と一致していました。

演習問題 111

次の関数の増減・極値を調べて，グラフをかけ。

(1) $y=\frac{1}{3}x^3-2x^2+3x-1$

(2) $y=-x^3+3x^2-2$

(3) $y=x^3+3x^2-4$

(4) $y=3x^4+4x^3-12x^2+15$

3 極値をもたない関数

関数は常に単調増加する場合や常に単調減少する場合もあります。このような場合もこれまでと同様に増減表をかいてグラフをかくことができますが，**極値が存在しないことに注意します。**

p.199 で説明したように，「x 座標が増えると y 座標も増えるのが単調増加」，「x 座標が増えると y 座標が減るのが単調減少」です。

例題127 関数 $y=x^3+3x^2+3x+1$ の増減・極値を調べて，グラフをかけ。

解答 $f(x)=x^3+3x^2+3x+1$ とおくと，

$f'(x)=3x^2+6x+3=3(x+1)^2$ ← 1

$f'(x)=0$ となる x は，$x=-1$

$f(-1)=0$ であるから，$f(x)$ の増減表は次のようになる。

x	……	-1	……
$f'(x)$	$+$	0	$+$
$f(x)$	↗	0	↗

← 2

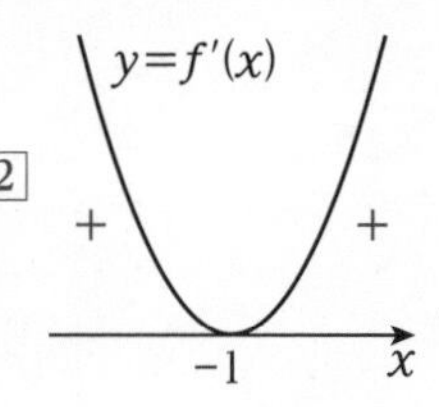

また，極値は存在しない。

y 軸との共有点は，$f(0)=1$ ← 3

以上より，**グラフは次の図**のようになる。

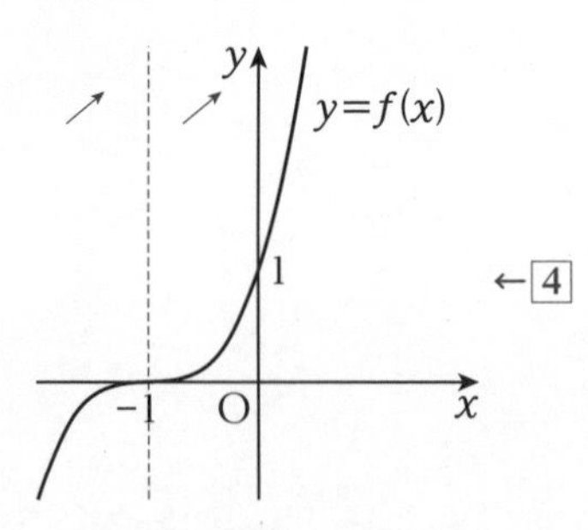

← 4

確認 結局，この関数のグラフは単調増加のグラフであることがわかりました。

また，例題の関数のグラフでは $x=-1$ のとき $f'(-1)=0$ となりましたが，その点は極大でも極小でもありませんでした。

このように，「**$x=a$ で $f'(a)=0$ であっても，$x=a$ で極値をとるとは限らない」点に注意しましょう。**

演習問題 112

次の関数の増減・極値を調べて，グラフをかけ。

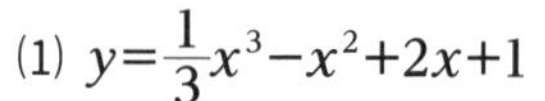

(1) $y=\frac{1}{3}x^3-x^2+2x+1$

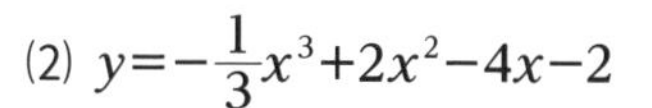

(2) $y=-\frac{1}{3}x^3+2x^2-4x-2$

解答▶別冊 70 ページ

第4節 グラフの応用

1 関数の最大・最小問題

関数の最大・最小問題は，グラフをかいて考えるのが基本です。その際に，定義域がある場合は定義域にも注意してグラフをかきましょう。

例題128 関数 $f(x)=x^3-3x^2+5$ の $-2\leqq x\leqq 3$ における最大値と最小値を求めよ。

解答 $f'(x)=3x^2-6x=3x(x-2)$ であるから，$f'(x)=0$ となる x は，$x=0,\ 2$

よって，$f(x)$ の増減表は次のようになる。

定義域の端点も増減表に記入

x	-2	……	0	……	2	……	3
$f'(x)$		$+$	0	$-$	0	$+$	
$f(x)$	-15	↗	極大 5	↘	極小 1	↗	5

極値の y 座標を増減表に記入してもよいでしょう

また，$x=0$ で極大値 5，$x=2$ で極小値 1

以上より，グラフは右の図のようになる。

グラフより，**$x=0,\ 3$ で最大値 5，**

$x=-2$ で最小値 -15 … 答

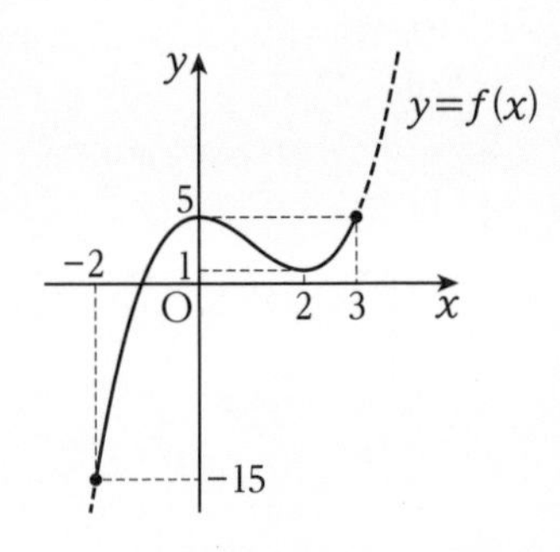

演習問題113

次の関数の与えられた区間内における最大値と最小値を求めよ。

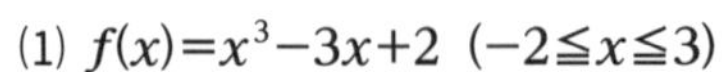

(1) $f(x)=x^3-3x+2\ (-2\leqq x\leqq 3)$

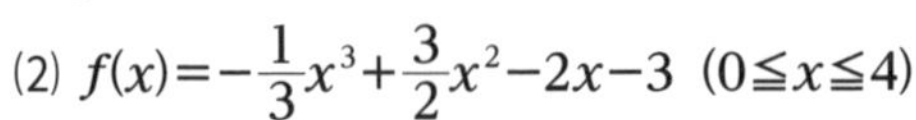

(2) $f(x)=-\dfrac{1}{3}x^3+\dfrac{3}{2}x^2-2x-3\ (0\leqq x\leqq 4)$

(3) $f(x)=-x^3-3x^2+5\ (-1\leqq x\leqq 2)$

(4) $f(x)=x^3-3x^2+4x+1\ (-1\leqq x\leqq 1)$

解答▶別冊 71 ページ

2 方程式の実数解の個数

方程式の実数解の個数を求める問題は，解の個数を求めるので解を求める必要はありません。方程式 $f(x)=0$ の実数解を，**関数 $y=f(x)$ のグラフと直線 $y=0$（x 軸）の共有点の x 座標と考えて解く**のがポイントです。

また，文字定数 k を含む方程式では，**定数 k を分離して $f(x)=k$ として，「関数 $y=f(x)$ のグラフと直線 $y=k$ との共有点の x 座標」と考えます。**

Check Point 方程式の実数解

方程式 $f(x)=k$ の実数解

$\Longleftrightarrow$ 関数 $y=f(x)$ のグラフと直線 $y=k$ の共有点の x 座標

例題 129 方程式 $2x^3-9x^2+12x+1=0$ の異なる実数解の個数を求めよ。

解答 方程式 $2x^3-9x^2+12x+1=0$ の異なる実数解の個数

$\Longleftrightarrow$関数 $y=2x^3-9x^2+12x+1$ のグラフと直線 $y=0$（x 軸）の異なる共有点の個数

$f(x)=2x^3-9x^2+12x+1$ とおくと，$f'(x)=6x^2-18x+12=6(x-1)(x-2)$

$f'(x)=0$ となる x は，$x=1$，2

よって，$f(x)$ の増減表は次のようになる。

x	……	1	……	2	……
$f'(x)$	+	0	−	0	+
$f(x)$	↗	極大 6	↘	極小 5	↗

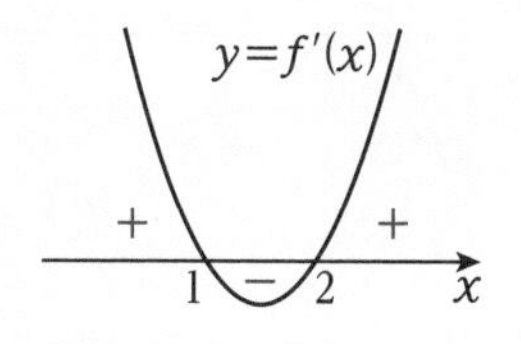

また，$x=1$ で極大値 6，$x=2$ で極小値 5

y 軸との共有点は，$f(0)=1$

以上より，グラフは次の図のようになる。

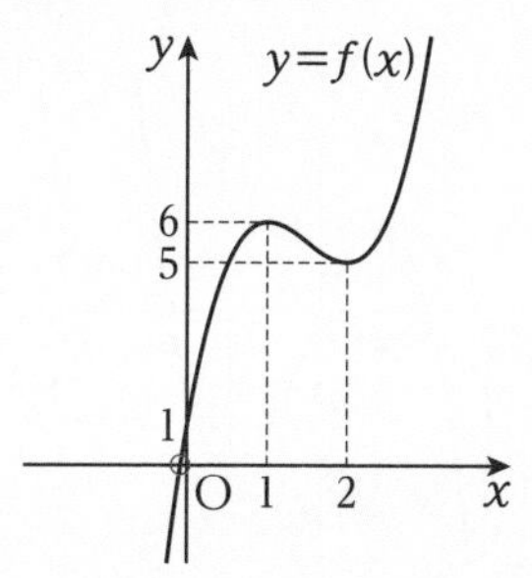

$y=f(x)$ のグラフと x 軸の共有点は1個であるから，

実数解は1個 … 答

例題 130 方程式 $2x^3-3x^2-36x-a=0$ について，異なる2つの正の実数解と，1つの負の実数解をもつように a の値の範囲を定めよ。

解答 方程式 $2x^3-3x^2-36x-a=0$ が，異なる2つの正の実数解と，1つの負の実数解をもつ

$\Longleftrightarrow$ 方程式 $2x^3-3x^2-36x=a$ が，異なる2つの正の実数解と1つの負の実数解をもつ ←文字定数は分離する

$\Longleftrightarrow$ 関数 $y=2x^3-3x^2-36x$ のグラフと直線 $y=a$ が，$x>0$ の範囲で異なる2つの共有点をもち，$x<0$ の範囲で1つの共有点をもつ

$f(x)=2x^3-3x^2-36x$ とおくと，

$f'(x)=6x^2-6x-36=6(x+2)(x-3)$

$f'(x)=0$ となる x は，

$x=-2,\ 3$

よって，$f(x)$ の増減表は次のようになる。

x	……	-2	……	3	……
$f'(x)$	$+$	0	$-$	0	$+$
$f(x)$	↗	極大 44	↘	極小 -81	↗

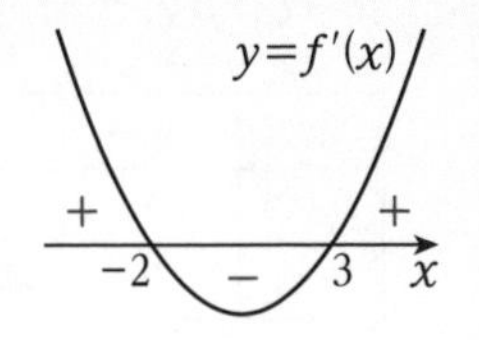

また，$x=-2$ で極大値 44，$x=3$ で極小値 -81

y 軸との共有点は，$f(0)=0$

以上より，グラフは次の図のようになる。

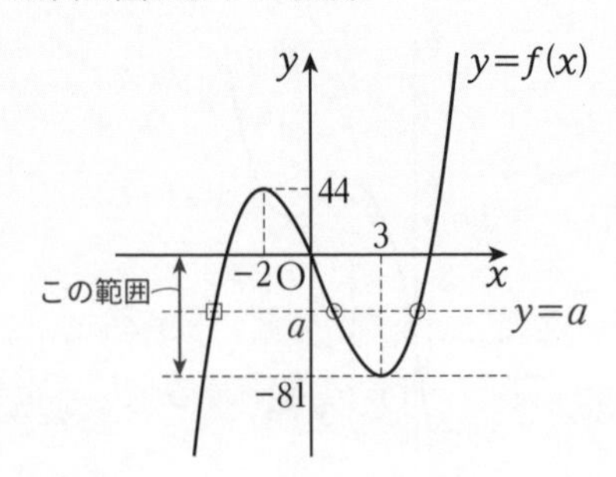

$y=f(x)$ のグラフと直線 $y=a$ が，$x>0$ の範囲で異なる 2 つの共有点をもち，$x<0$ の範囲で 1 つの共有点をもつための a の値の範囲は，

$-81<a<0$ … 答

演習問題 114

1 方程式 $x^3-3x^2+1=0$ の異なる実数解の個数を求めよ。

2 方程式 $2x^3-3x^2+4-a=0$ が異なる 2 つの実数解をもつような定数 a の値を求めよ。

3 方程式 $x^3-3x+k=0$ の異なる実数解の個数を k の値で分けて答えよ。また，方程式 $x^3-3x+k=0$ のすべての解が 0 以上 3 以下となるための k のとりうる値の範囲を求めよ。

解答▶別冊 72 ページ

3 不等式の証明とグラフ

p.36 で学んだように，不等式 $f(x)>g(x)$ の証明方法の 1 つは，

$f(x)-g(x)>0$ を示すことでした。そこで，$F(x)=f(x)-g(x)$ とおくと，

$f(x)-g(x)>0$ を示す

$\Longleftrightarrow F(x)>0$ を示す

$\Longleftrightarrow y=F(x)$ のグラフが x 軸より上側にあることを示す

と考える，つまり $y=F(x)$ の最小値に着目するとよいことがわかります（ただし，最小値が存在するとは限りません）。そして，最小値を考えるためには，**p.260** の**最大・最小問題で学んだ通り，$y=F(x)$ のグラフを考えればよい**ことになります。

例題 131 $x>0$ のとき，不等式 $x^3-3x^2>9x-30$ が成り立つことを証明せよ。

解答 $f(x)=(x^3-3x^2)-(9x-30)=x^3-3x^2-9x+30$ とおくと，$x>0$ のとき，

$f(x)>0$ を示せばよい。つまり，$y=f(x)$ のグラフが $x>0$ の範囲で x 軸より上側にあることを示せばよい。

$f'(x)=3x^2-6x-9=3(x+1)(x-3)$ であるから，$f'(x)=0$ となる x は，$x>0$ に注意すると，$x=3$

よって，$f(x)$ の増減表は次のようになる。

x	(0)	……	3	……
$f'(x)$		$-$	0	$+$
$f(x)$	(30)	↘	極小 3	↗

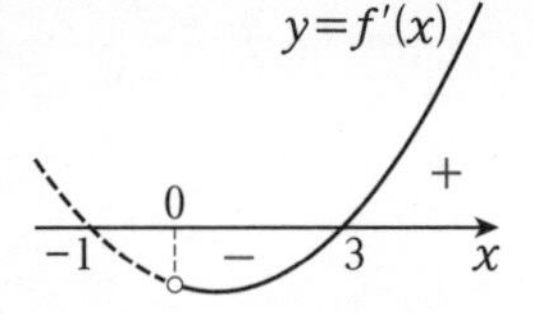

以上より，$y=f(x)$ のグラフは次の図のようになる。

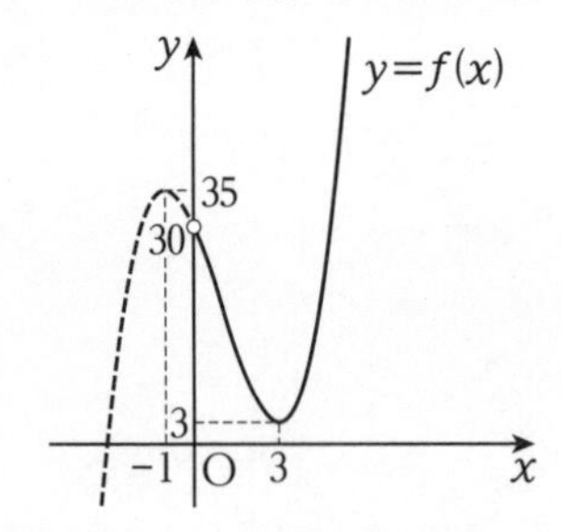

$x>0$ において $x=3$ で最小値 3 であるから，$f(x)\geqq 3$

つまり，$f(x)>0$

よって，$x>0$ のとき，

$x^3-3x^2-9x+30>0$

つまり，$x>0$ のとき，

$x^3-3x^2>9x-30$

〔証明終わり〕

演習問題 115

1 $x \geqq 0$ において，不等式 $x^3+4 \geqq 3x^2$ が成り立つことを証明せよ。

2 $0 \leqq x \leqq 3$ において，不等式 $x^3-2x^2+2>0$ が成り立つことを証明せよ。

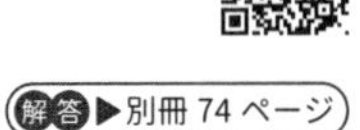

第5節 不定積分と定積分

1 不定積分

関数 $f(x)$ に対して，$F'(x)=f(x)$ を満たす関数 $F(x)$ を，$f(x)$ の不定積分または原始関数といいます。

例えば，$(x^2)'=2x$ であるから，x^2 は $2x$ の不定積分です。また，$(x^2+1)'=2x$，$(x^2-2)'=2x$ であるから，x^2+1，x^2-2 も $2x$ の不定積分です。定数項が変化することで関数 $2x$ の不定積分は無数に存在します。

不定積分は定数の違いで無数に存在するので，関数 $f(x)$ の不定積分の1つを $F(x)$ とすると，**$f(x)$ のすべての不定積分は，C を定数として $F(x)+C$ と表すことができます。**

定数を微分すると0になるので，$\{F(x)+C\}'=F'(x)+0=f(x)$ ということですね。
「**微分して $f(x)$ となるものが $f(x)$ の不定積分**」です。

また，関数 $f(x)$ の不定積分を記号 $\int f(x)dx$ で表すことにします。よって，次のようにまとめることができます。

Check Point 不定積分

$F'(x)=f(x)$ のとき，

$$\int f(x)dx=F(x)+C \quad (C\text{ は定数})$$

↑「インテグラル」または「積分」と読む

このように，関数 $f(x)$ の不定積分を求めることを $f(x)$ を積分するといい，このときの定数 C を積分定数といいます。

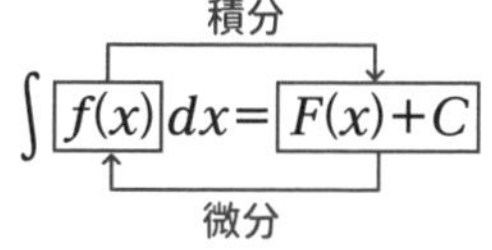

微分と積分は逆の計算の関係と考えることができます。

一般に，n を0以上の整数とするとき，$\frac{1}{n+1}x^{n+1}$ を微分すると，

$$\left(\frac{1}{n+1}x^{n+1}\right)'=\frac{1}{n+1}\cdot(n+1)x^n=x^n$$

となるので，x^n の不定積分の1つは $\frac{1}{n+1}x^{n+1}$ であるとわかります。

特に $n=0$ のときは，

$$\left(\frac{1}{1}x^1\right)'=\frac{1}{1}\cdot1\cdot x^0=1$$

となるので，1の不定積分の1つは x であるとわかります。

以上をまとめると次のようになります。

Check Point x^n **の不定積分**

n が 0 以上の整数のとき，

$$\int x^n dx=\frac{1}{n+1}x^{n+1}+C$$

↑次数を 1 つ上げて，その逆数が係数

特に，$n=0$ のとき，

$$\int 1dx=x+C$$ ←$\int 1dx$ は $\int dx$ と書くことがある

また，次の等式が成り立つこともわかっています。

Check Point 不定積分の性質

[1] $\int kf(x)dx=k\int f(x)dx$ （k は定数）

[2] $\int\{f(x)+g(x)\}dx=\int f(x)dx+\int g(x)dx$

[3] $\int\{f(x)-g(x)\}dx=\int f(x)dx-\int g(x)dx$

証明 $F'(x)=f(x)$，$G'(x)=g(x)$ とする。また，C は任意の定数とする。

[1]の証明 **p.244** の導関数の性質より，

$\{kF(x)\}'=kF'(x)=kf(x)$ であるから，

$$\int kf(x)dx=kF(x)+C$$
$$=k\{F(x)+C_1\}$$ ←C_1 は $C=kC_1$ が成り立つ任意の定数とする
$$=k\int f(x)dx$$

〔証明終わり〕

[2]の証明 導関数の性質より，

$\{F(x)+G(x)\}'=F'(x)+G'(x)=f(x)+g(x)$ であるから，

$$\int\{f(x)+g(x)\}dx=F(x)+G(x)+C$$
$$=\{F(x)+C_2\}+\{G(x)+C_3\}$$ ←C_2，C_3 は $C=C_2+C_3$ が成り立つ任意の定数とする
$$=\int f(x)dx+\int g(x)dx$$

〔証明終わり〕

[3]も[2]と同様に示せます。

例題132 次の不定積分を求めよ。

(1) $\int(3x^2+4x-5)dx$

(2) $\int(2x-1)^2dx$

考え方 (2)展開してから積分を考えます。

解答 C は積分定数とする。

(1) $\int(3x^2+4x-5)dx=3\int x^2dx+4\int xdx-5\int 1dx$ ←分けてよい，係数は積分の外に出せる

$=3\cdot\frac{1}{3}x^3+4\cdot\frac{1}{2}x^2-5\cdot x+C$

$=\boldsymbol{x^3+2x^2-5x+C}$ … 答

(2) $\int(2x-1)^2dx=\int(4x^2-4x+1)dx$ ←まず展開する

$=4\int x^2dx-4\int xdx+\int 1dx$ ←分けてよい，係数は積分の外に出せる

$=4\cdot\frac{1}{3}x^3-4\cdot\frac{1}{2}x^2+x+C$

$=\boldsymbol{\frac{4}{3}x^3-2x^2+x+C}$ … 答

積分と微分は逆の計算になるので，導関数（微分した式）からもとの関数を考えることができるようになります。ただし，不定積分は積分定数を含むので，その定数を決定するためには，次の例題のようにもう1つ条件が必要になります。

例題133 次の条件を満たす関数 $f(x)$ を求めよ。

$f'(x)=6x^2-2x+1$，$f(1)=3$

解答 $f(x)=\int f'(x)dx$

$=\int(6x^2-2x+1)dx$

$=6\int x^2dx-2\int xdx+\int 1dx$ ←分けてよい，係数は積分の外に出せる

$=6\cdot\frac{1}{3}x^3-2\cdot\frac{1}{2}x^2+x+C$ （C は積分定数）

$=2x^3-x^2+x+C$

ここで，

$f(1)=3$　←積分定数を定めるための条件

$2-1+1+C=3$

$C=1$

よって，$\boldsymbol{f(x)=2x^3-x^2+x+1}$ … 答

演習問題 116

1 次の不定積分を求めよ。なお，積分定数は C とする。

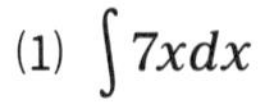

(1) $\int 7xdx$　　(2) $\int (-x+2)dx$

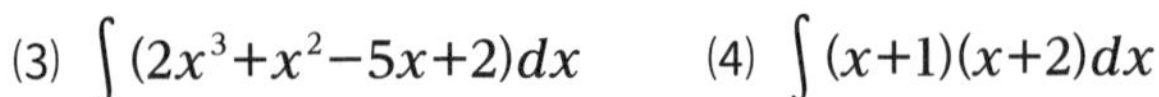

(3) $\int (2x^3+x^2-5x+2)dx$　　(4) $\int (x+1)(x+2)dx$

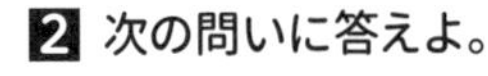

2 次の問いに答えよ。

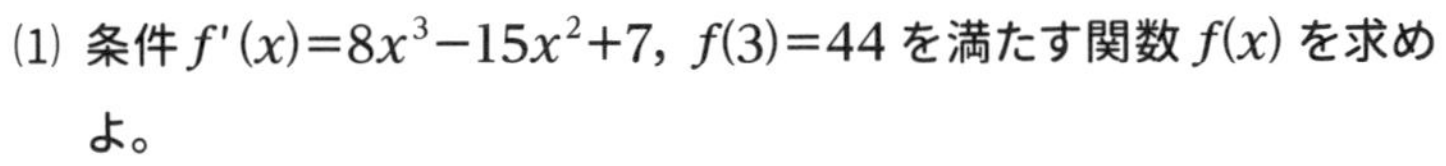

(1) 条件 $f'(x)=8x^3-15x^2+7$，$f(3)=44$ を満たす関数 $f(x)$ を求めよ。

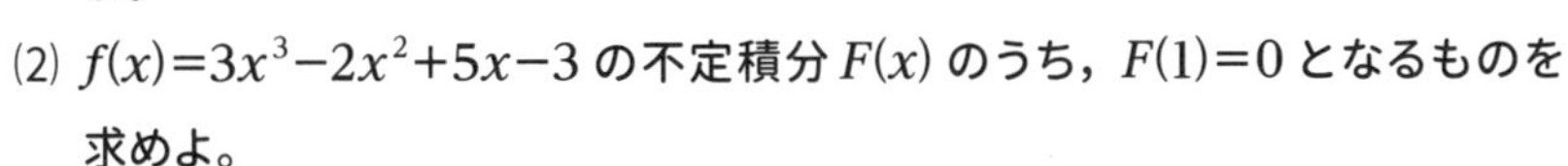

(2) $f(x)=3x^3-2x^2+5x-3$ の不定積分 $F(x)$ のうち，$F(1)=0$ となるものを求めよ。

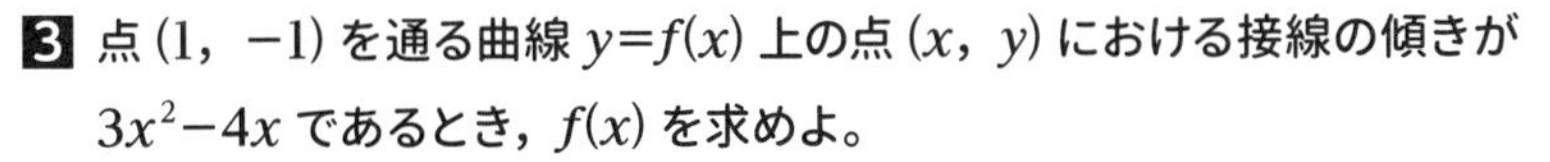

3 点 $(1,\ -1)$ を通る曲線 $y=f(x)$ 上の点 $(x,\ y)$ における接線の傾きが $3x^2-4x$ であるとき，$f(x)$ を求めよ。

解答▶別冊 75 ページ

2 定積分

関数 $f(x)$ の不定積分の１つである $F(x)$ と定数 a，b を用いて表された値 $F(b)-F(a)$ を，関数 $f(x)$ の a から b までの**定積分**といいます。定積分は記号 $\int_a^b f(x)dx$ で表します。また，$F(b)-F(a)$ を記号 $\Big[F(x)\Big]_a^b$ で表します。

Check Point 定積分

関数 $f(x)$ の不定積分の１つを $F(x)$ とするとき，

$$\int_a^b f(x)dx=\Big[F(x)\Big]_a^b=\underline{F(b)-F(a)}$$

↑
区間の上の値代入ー区間の下の値代入

このときの a を定積分の**下端**，b を**上端**といい，この定積分を求めることを「関数 $f(x)$ を a から b まで積分する」といいます。また，定積分を求める区間 $a \leqq x \leqq b$ を**積分区間**といいます。

定積分では「不定積分の１つ $F(x)$」を用いますが，どの不定積分を用いても構いません。ふつうは積分定数を０とした不定積分を用いますが，任意の積分定数 C を加えても

$$\Big[F(x)+C\Big]_a^b=\{F(b)+\cancel{C}\}-\{F(a)+\cancel{C}\}=F(b)-F(a)$$

となり，結果は同じことがわかります。

参考 定積分がなぜ出てきたのかについては，「基本大全 Core 編」で解説します。

例題 134 次の定積分を求めよ。

(1) $\int_1^2 (3x^2-2x+1)dx$

(2) $\int_{-2}^3 x(x-2)(x+4)dx$

考え方 (2)定積分も展開してから積分します。

解答

(1) $\int_1^2 (3x^2-2x+1)dx=\Big[3\cdot\frac{1}{3}x^3-2\cdot\frac{1}{2}x^2+x\Big]_1^2$ ←まず不定積分を求める

$=\Big[x^3-x^2+x\Big]_1^2$

$=(2^3-2^2+2)-(1^3-1^2+1)$ ←上代入ー下代入

$=5$ … 答

(2) $\displaystyle\int_{-2}^{3} x(x-2)(x+4)dx=\int_{-2}^{3}(x^3+2x^2-8x)dx$ ←まず展開する

$\displaystyle=\left[\frac{1}{4}x^4+2\cdot\frac{1}{3}x^3-8\cdot\frac{1}{2}x^2\right]_{-2}^{3}$ ←不定積分を求める

$\displaystyle=\left[\frac{1}{4}x^4+\frac{2}{3}x^3-4x^2\right]_{-2}^{3}$

$\displaystyle=\left(\frac{1}{4}\cdot3^4+\frac{2}{3}\cdot3^3-4\cdot3^2\right)-\left\{\frac{1}{4}\cdot(-2)^4+\frac{2}{3}\cdot(-2)^3-4\cdot(-2)^2\right\}$ ←上代入−下代入

$\displaystyle=\mathbf{\frac{235}{12}}$ … 答

演習問題 117

次の定積分を求めよ。

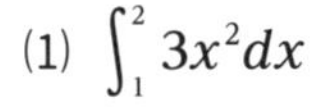

(1) $\displaystyle\int_{1}^{2} 3x^2dx$

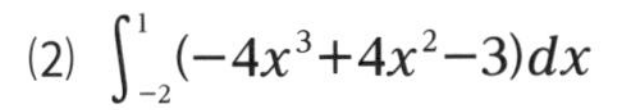

(2) $\displaystyle\int_{-2}^{1}(-4x^3+4x^2-3)dx$

(3) $\displaystyle\int_{0}^{2}(x^2+1)(x^2-3)dx$

解答▶別冊 76 ページ

3 定積分の性質

不定積分同様，定積分にも次の性質が成り立ちます。

Check Point 定積分の性質 ①

[1] $\displaystyle\int_a^b kf(x)dx=k\int_a^b f(x)dx$ （k は定数）

[2] $\displaystyle\int_a^b \{f(x)+g(x)\}dx=\int_a^b f(x)dx+\int_a^b g(x)dx$

[3] $\displaystyle\int_a^b \{f(x)-g(x)\}dx=\int_a^b f(x)dx-\int_a^b g(x)dx$

証明 関数 $f(x)$，$g(x)$ の不定積分の 1 つをそれぞれ $F(x)$，$G(x)$ とする。

[1] の証明 $\displaystyle\int kf(x)dx=kF(x)+C$ （C は任意の定数）であるから，

$$\begin{aligned}\int_a^b kf(x)dx&=\Big[kF(x)\Big]_a^b\\&=kF(b)-kF(a)\\&=k\{F(b)-F(a)\}\\&=k\int_a^b f(x)dx\end{aligned}$$

〔証明終わり〕

[2] の証明 $\displaystyle\int \{f(x)+g(x)\}dx=F(x)+G(x)+C$ （C は任意の定数）であるから，

$$\begin{aligned}\int_a^b \{f(x)+g(x)\}dx&=\Big[F(x)+G(x)\Big]_a^b\\&=\{F(b)+G(b)\}-\{F(a)+G(a)\}\\&=\{F(b)-F(a)\}+\{G(b)-G(a)\}\\&=\int_a^b f(x)dx+\int_a^b g(x)dx\end{aligned}$$

〔証明終わり〕

[3] も [2] と同様に示せます。

これらの性質を利用すると，定積分の計算を次のように行うこともできます。

$$\int_{-2}^{3} x(x-2)(x+4)dx$$

$$=\int_{-2}^{3} (x^3+2x^2-8x)dx$$ ←まず展開する

$$=\int_{-2}^{3} x^3dx+2\int_{-2}^{3} x^2dx-8\int_{-2}^{3} xdx$$ ←定積分の性質

$$=\left[\frac{1}{4}x^4\right]_{-2}^{3}+2\left[\frac{1}{3}x^3\right]_{-2}^{3}-8\left[\frac{1}{2}x^2\right]_{-2}^{3}$$ ←不定積分を求める

$$=\frac{1}{4}\{3^4-(-2)^4\}+\frac{2}{3}\{3^3-(-2)^3\}-4\{3^2-(-2)^2\}$$ ←それぞれ上代入−下代入

$=\frac{65}{4}+\frac{2\cdot 35}{3}-4\cdot 5$

$=\frac{235}{12}$ … 答

Advice このように計算したほうが，同じ分母の値をまとめて計算できるので計算ミスが減るかもしれませんね。

積分区間に着目することで，他にも様々な性質を導くことができます。

Check Point 定積分の性質 ②

[4] $\int_a^a f(x)dx=0$ ←上端と下端が等しいと 0

[5] $\int_b^a f(x)dx=-\int_a^b f(x)dx$ ←−をつけて上端と下端が入れかわる

[6] $\int_a^c f(x)dx+\int_c^b f(x)dx=\int_a^b f(x)dx$ ←積分区間をつなげて 1 つの積分にできる

証明 関数 $f(x)$ の不定積分の 1 つを $F(x)$ とする。

[4]の証明 $\int_a^a f(x)dx=\Big[F(x)\Big]_a^a$

$=F(a)-F(a)$

$=0$ 〔証明終わり〕

[5]の証明 $\int_b^a f(x)dx=\Big[F(x)\Big]_b^a$

$=F(a)-F(b)$

$=-\{F(b)-F(a)\}$

$=-\Big[F(x)\Big]_a^b$

$=-\int_a^b f(x)dx$ 〔証明終わり〕

[6]の証明 $\int_a^c f(x)dx+\int_c^b f(x)dx=\Big[F(x)\Big]_a^c+\Big[F(x)\Big]_c^b$

$=\{F(c)-F(a)\}+\{F(b)-F(c)\}$

$=F(b)-F(a)$

$=\Big[F(x)\Big]_a^b$

$=\int_a^b f(x)dx$ 〔証明終わり〕

例題135 次の定積分を求めよ。

$$\int_{-2}^{1}(x^2-1)dx+\int_{-3}^{-2}(x^2-1)dx$$

解答

$$\int_{-2}^{1}(x^2-1)dx+\int_{-3}^{-2}(x^2-1)dx$$

$$=-\int_{1}^{-2}(x^2-1)dx-\int_{-2}^{-3}(x^2-1)dx \quad \leftarrow \int_b^a f(x)dx=-\int_a^b f(x)dx$$

$$=-\left(\int_{1}^{-2}(x^2-1)dx+\int_{-2}^{-3}(x^2-1)dx\right)$$

$$=-\int_{1}^{-3}(x^2-1)dx \quad \leftarrow \int_a^c f(x)dx+\int_c^b f(x)dx=\int_a^b f(x)dx$$

↓①

$$=\int_{-3}^{1}(x^2-1)dx \quad \leftarrow \int_b^a f(x)dx=-\int_a^b f(x)dx$$

$$=\left[\frac{1}{3}x^3-x\right]_{-3}^{1}$$

$$=\left(\frac{1}{3}\cdot1^3-1\right)-\left\{\frac{1}{3}\cdot(-3)^3-(-3)\right\}$$

$$=\mathbf{\frac{16}{3}}$$ … 答

①の変形はなくても計算できますが，先頭にマイナスの記号を残しておくと，定積分の差の計算と合わせて考えたときに複雑になりやすいです。したがって，先頭のマイナスの記号を取り外す変形は行っておいたほうが無難でしょう。

$f(-x)=f(x)$ を満たす関数 $f(x)$ を偶関数，$f(-x)=-f(x)$ を満たす関数 $f(x)$ を奇関数といいます。

n を 0 以上の整数とするとき，**関数 x^n のうち n が偶数であるものは偶関数，n が奇数であるものは奇関数です（定数は偶関数と考えます）。**

偶関数・奇関数を $-a \leqq x \leqq a$ の区間で積分するとき，次の結果になることがわかっています。

Check Point　偶関数・奇関数の定積分

n を 0 以上の整数とする。

n が偶数のとき，　$\int_{-a}^{a}x^n dx=2\int_{0}^{a}x^n dx$　←2倍して下端が0になる

n が奇数のとき，　$\int_{-a}^{a}x^n dx=0$

証明 $\int_{-a}^{a} x^n dx = \left[\frac{1}{n+1}x^{n+1}\right]_{-a}^{a}$

$= \frac{1}{n+1}a^{n+1} - \frac{1}{n+1}(-a)^{n+1}$

$= \frac{1}{n+1}\{a^{n+1} - (-a)^{n+1}\}$ ……①

n が偶数のとき， $n+1$ は奇数で，$(-a)^{n+1} = (-1)^{n+1} \cdot a^{n+1} = -a^{n+1}$ であるから，

$① = \frac{1}{n+1}(a^{n+1} + a^{n+1})$

$= \frac{2}{n+1}a^{n+1}$

また，

$2\int_0^a x^n dx = 2\left[\frac{1}{n+1}x^{n+1}\right]_0^a$

$= 2\left(\frac{1}{n+1}a^{n+1} - 0\right)$

$= \frac{2}{n+1}a^{n+1}$

以上より，n が偶数のとき $\int_{-a}^{a} x^n dx = 2\int_0^a x^n dx$ が示された。

〔証明終わり〕

n が奇数のとき， $n+1$ は偶数で，$(-a)^{n+1} = (-1)^{n+1} \cdot a^{n+1} = a^{n+1}$ であるから，

$① = \frac{1}{n+1}(a^{n+1} - a^{n+1})$

$= 0$

以上より，n が奇数のとき $\int_{-a}^{a} x^n dx = 0$ が示された。〔証明終わり〕

例題 136 定積分 $\int_{-1}^{1}(2x^3 + x^2 - 3x + 1)dx$ の値を求めよ。

考え方〉定数項 1 は $1 = x^0$ と考えるので偶関数となります。

解答 $\int_{-1}^{1}(2x^3 + x^2 - 3x + 1)dx$

$= 2\int_{-1}^{1} x^3 dx + \int_{-1}^{1} x^2 dx - 3\int_{-1}^{1} x dx + \int_{-1}^{1} 1 dx$

$= 2\int_0^1 x^2 dx + 2\int_0^1 1 dx$

（$\int_{-a}^{a} x^{n(\text{奇数})} dx = 0$，$\int_{-a}^{a} x^{n(\text{偶数})} dx = 2\int_0^a x^n dx$）

$= 2\left[\frac{1}{3}x^3\right]_0^1 + 2\left[x\right]_0^1$

$= \frac{8}{3}$ … 答

別解 次のように，積分記号を分けて計算せずに考えることもできる。

$$\int_{-1}^{1}(2x^3+x^2-3x+1)dx$$

$$=2\int_{0}^{1}(x^2+1)dx$$

$\int_{-a}^{a}x^{n(\text{奇数})}dx=0$, $\int_{-a}^{a}x^{n(\text{偶数})}dx=2\int_{0}^{a}x^n dx$

$$=2\left[\frac{1}{3}x^3+x\right]_0^1$$

$$=\frac{8}{3}\ \cdots\ \text{答}$$

演習問題 118

次の定積分を求めよ。

(1) $\int_{-1}^{2}(x^2+2x)dx-\int_{3}^{2}(x^2+2x)dx$

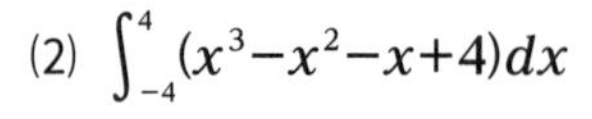

(2) $\int_{-4}^{4}(x^3-x^2-x+4)dx$

解答▶別冊 76 ページ

4 定積分と微分法

a を定数とするとき，定積分 $\int_a^x f(t)dt$ は x の値によってただ1つに定まるので x の関数といえます。この関数を x で微分することを考えます。

関数 $f(t)$ の不定積分の1つを $F(t)$ とすると，

$$\frac{d}{dx}\int_a^x f(t)dt=\frac{d}{dx}\Big[F(t)\Big]_a^x \quad \leftarrow F'(t)=f(t)$$

$$=\frac{d}{dx}\{F(x)-F(a)\}$$

$$=F'(x)-0$$

$F(a)$ は定数なので x で微分すると 0

$$=f(x)$$

Advice $\frac{d}{dx}f(x)$ とは $f(x)$ の導関数を表しています。つまり，$\frac{d}{dx}$●は，「●を x で微分した式」を表しています。ダッシュ (') を用いずに，$\frac{d}{dx}f(x)$ を用いたのは，「x で微分する」ということがはっきりわかるためです。

$\int_a^x f(t)dt$ という式は文字が多いので，ダッシュでは何で微分するのかわからなくなりそうですよね。

Check Point 定積分と微分法

$$\frac{d}{dx}\int_a^x f(t)dt=f(x)$$

← x で微分すると $f(t)$ の式の t を x に変えたものが出てくる

例題 137 関数 $\int_{-2}^x (3t^2-4t+2)dt$ を x について微分せよ。

解答 定積分と微分法の関係式より，

$$\frac{d}{dx}\int_{-2}^x (3t^2-4t+2)dt=\mathbf{3x^2-4x+2} \quad \cdots \text{答}$$

演習問題 119

関数 $f(x)=\int_{-2}^x (t^2+t-2)dt$ の極値を求めよ。

解答▶別冊 77 ページ

5 定積分で表された関数 ①

a が定数のときの定積分 $\int_a^x f(t)dt$ を含む等式では，前ページの「定積分と微分法」で学んだ変形などを利用します。

Check Point 定積分で表された関数

定積分 $\int_a^x f(t)dt$ を含む等式では，次の関係を利用する。

[1] $\dfrac{d}{dx}\int_a^x f(t)dt=f(x)$ ← x で微分すると，$f(t)$ の式の t を x に変えたものが出てくる

[2] $\int_a^a f(t)dt=0$ ← $x=a$ を代入

例題138 等式 $\int_1^x f(t)dt=x^2+kx+2$ を満たす関数 $f(x)$ と定数 k を求めよ。

解答 両辺を x で微分すると，

$$\frac{d}{dx}\int_1^x f(t)dt=\frac{d}{dx}(x^2+kx+2)$$

$$f(x)=2x+k\cdots\cdots①$$

（$\dfrac{d}{dx}\int_a^x f(t)dt=f(x)$）

また，与式に $x=1$ を代入すると，

$$\int_1^1 f(t)dt=1+k+2$$

↑右辺にも代入

$$0=3+k$$

$$k=-3$$

（$\int_a^a f(t)dt=0$）

よって，$\boldsymbol{k=-3}$ … 答

これを①に代入して，$\boldsymbol{f(x)=2x-3}$ … 答

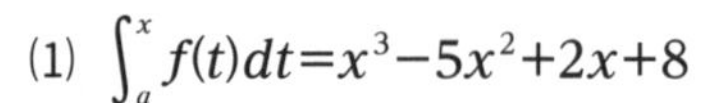

演習問題 120

次の等式を満たす関数 $f(x)$ と定数 a の値を求めよ。

(1) $\int_a^x f(t)dt=x^3-5x^2+2x+8$

(2) $\int_x^1 f(t)dt=2x^2+x+a$

解答▶別冊 77 ページ

6 定積分で表された関数 ②

a，b が定数のとき，定積分 $\int_a^b f(t)dt$ は $f(t)$ が何であっても定数になります。
ですから，定積分 $\int_a^b f(t)dt$ を含む関数 $f(x)$ を求めるときは，**$\int_a^b f(t)dt=A$（A は定数）などとおき換えて処理します。**

例題 139 等式 $f(x)=3x^2+2x+2\int_0^1 f(t)dt$ を満たす関数 $f(x)$ を求めよ。

考え方〉関数 $f(x)$ を定積分を用いない形で表すことを考えます。

解答 $\int_0^1 f(t)dt=A$（A は定数）……①とおくと，

与式は，$f(x)=3x^2+2x+2A$ ……②

ここで，$A=\int_0^1 f(t)dt$ であったから，←①の式に着目

$$A=\int_0^1 f(t)dt$$

$$=\int_0^1 (3t^2+2t+2A)dt$$

②より，$f(t)=3t^2+2t+2A$

$$=\Big[t^3+t^2+2At\Big]_0^1$$

$$=2+2A$$

つまり，$A=2+2A$ であるから，$A=-2$

これを②に代入して，**$f(x)=3x^2+2x-4$** … 答

演習問題 121

次の等式を満たす関数 $f(x)$ を求めよ。

(1) $f(x)=x^2+x+2\int_0^1 f(t)dt$

(2) $f(x)=2x^2+x\int_0^1 f(t)dt+1$

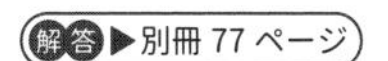
解答▶別冊 77 ページ

第6節 定積分と面積

1 座標軸で囲まれた面積

曲線 $y=f(x)$ と x 軸，および 2 直線 $x=a$，$x=b$ で囲まれた部分の面積は，定積分 $\int_a^b f(x)dx$ で表せることがわかっています。ただし，曲線 $y=f(x)$ が x 軸より下側にある場合，定積分の値は負の値になるのでマイナスをつけて正の値に直します。

Check Point　定積分と面積

区間 $a \leqq x \leqq b$ において，曲線 $y=f(x)$ と x 軸，および 2 直線 $x=a$, $x=b$ で囲まれた部分の面積 S は，

・区間内で $f(x) \geqq 0$ のとき，

$$S=\int_a^b f(x)dx$$

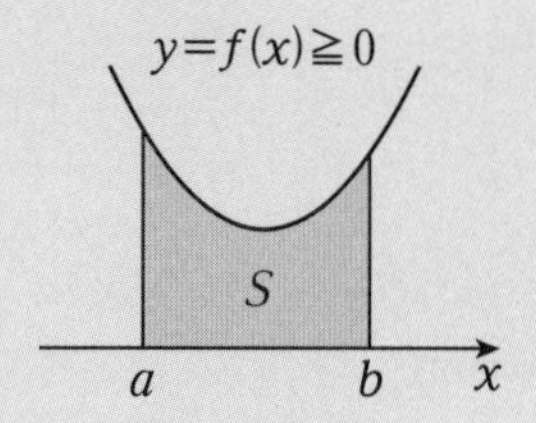

・区間内で $f(x) \leqq 0$ のとき，

$$S=\int_a^b \{-f(x)\}dx$$

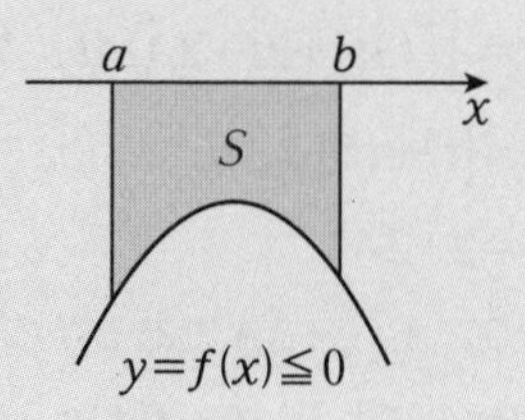

参考 面積と定積分の関係は「基本大全 Core 編」でくわしく解説します。

例題140 次の部分の面積 S を求めよ。

(1) 放物線 $y=x^2-2x+3$ と x 軸，および 2 直線 $x=0$，$x=3$ で囲まれた部分

(2) 放物線 $y=4x^2-8x+3$ と x 軸とで囲まれた部分

考え方 x 軸との上下関係が重要ですから，x 軸との共有点の x 座標が必要です。

解答 (1) $y=x^2-2x+3=(x-1)^2+2$ であるから，頂点の座標は $(1,\ 2)$ である。

よって，求める部分は，右の図の色のついた部分である。

$$S=\int_0^3 (x^2-2x+3)dx$$ ← x 軸より上側なのでそのまま積分

$$=\left[\frac{1}{3}x^3-x^2+3x\right]_0^3$$

$$=\left(\frac{1}{3}\cdot 3^3-3^2+3\cdot 3\right)-0$$

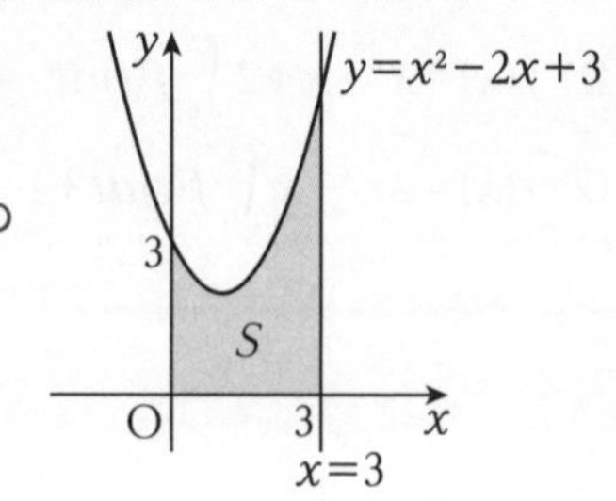

$=\mathbf{9}$ … 答

(2) 放物線 $y=4x^2-8x+3$ と x 軸の共有点の x 座標は，

$4x^2-8x+3=0$

$(2x-1)(2x-3)=0$

より，$x=\dfrac{1}{2},\ \dfrac{3}{2}$

よって，求める部分は，右の図の色のついた部分である。

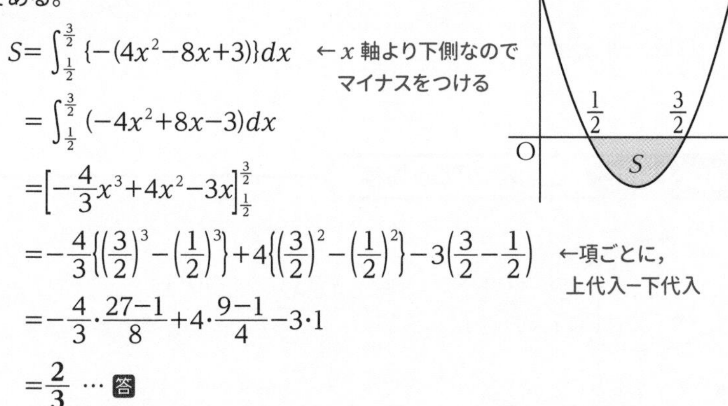

$S=\displaystyle\int_{\frac{1}{2}}^{\frac{3}{2}}\{-(4x^2-8x+3)\}dx$ ←x 軸より下側なのでマイナスをつける

$=\displaystyle\int_{\frac{1}{2}}^{\frac{3}{2}}(-4x^2+8x-3)dx$

$=\left[-\dfrac{4}{3}x^3+4x^2-3x\right]_{\frac{1}{2}}^{\frac{3}{2}}$

$=-\dfrac{4}{3}\left\{\left(\dfrac{3}{2}\right)^3-\left(\dfrac{1}{2}\right)^3\right\}+4\left\{\left(\dfrac{3}{2}\right)^2-\left(\dfrac{1}{2}\right)^2\right\}-3\left(\dfrac{3}{2}-\dfrac{1}{2}\right)$ ←項ごとに，上代入−下代入

$=-\dfrac{4}{3}\cdot\dfrac{27-1}{8}+4\cdot\dfrac{9-1}{4}-3\cdot1$

$=\mathbf{\dfrac{2}{3}}$ … 答

上の例題からわかるように，x 軸との位置関係を調べる方法は，平方完成して頂点を調べる方法もありますし，x 軸との共有点から調べる方法もあります。すぐにどちらの方法をとればよいかがわかるわけではないので，うまくいかなければもう 1 つを当てはめてみる，といった考え方が大切です。

演習問題 122

次の部分の面積 S を求めよ。

(1) 放物線 $y=x^2+2x-5$，x 軸，y 軸，直線 $x=-2$ で囲まれた部分

(2) 放物線 $y=-2x^2+7x-3$ と x 軸で囲まれた部分

(3) 曲線 $y=x^3-6x^2+5x$ と x 軸で囲まれた部分

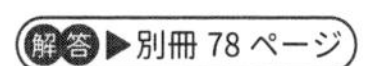

解答▶別冊 78 ページ

2　2 曲線の間の面積

区間 $a \leqq x \leqq b$ で $f(x) \geqq g(x)$ であるとき，2 曲線 $y=f(x)$，$y=g(x)$ と 2 直線 $x=a$，$x=b$ で囲まれた部分の面積 S は，$y=f(x)$ と x 軸の間の面積 T と $y=g(x)$ と x 軸の間の面積 U を用いて考えることができます。

$$S=T-U$$
$$=\int_a^b f(x)dx-\int_a^b g(x)dx$$
$$=\int_a^b \{f(x)-g(x)\}dx$$

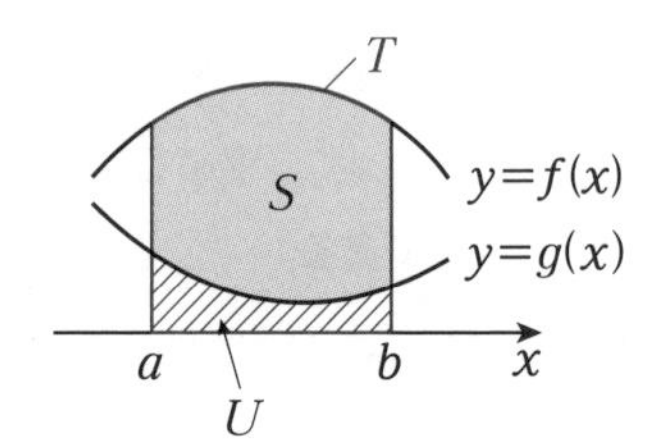

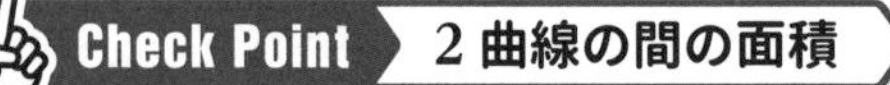

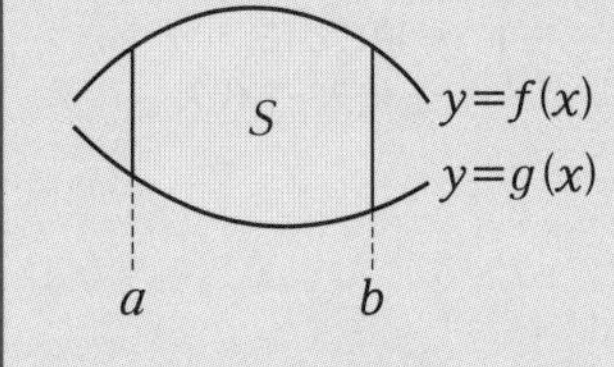

$$S=\int_a^b \{f(x)-g(x)\}dx$$

↑「上の関数－下の関数」を積分

この公式は，2 曲線と x 軸の位置関係によらず，そのまま使えます。

例えば，下の左図のように，面積を求める部分が x 軸の上側にない場合，右図のように，面積を求める部分が x 軸の上側になるように $f(x)$，$g(x)$ をそれぞれ y 軸方向に k 平行移動して考えます。

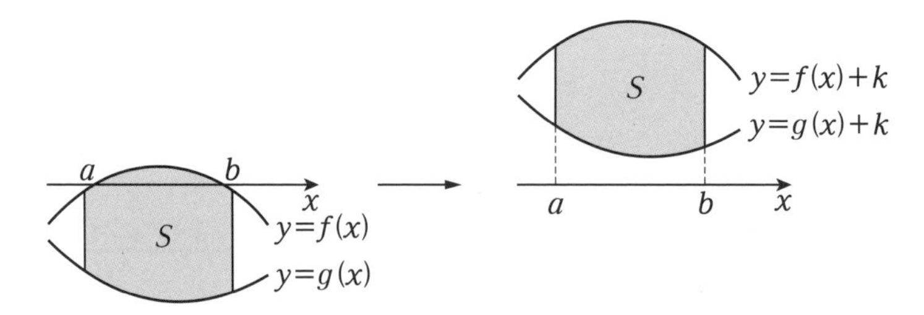

面積は移動前と後で変わらないので，求める面積 S は，

$$S=\int_a^b \{(f(x)+k)-(g(x)+k)\}dx \quad \text{←「上の関数－下の関数」を積分}$$
$$=\int_a^b \{f(x)-g(x)\}dx$$

となり，同じ式になることがわかります。

例題 141 2 つの放物線 $y=2x^2+3x-2$ と $y=(x+2)^2$ で囲まれた部分の面積を求めよ。

考え方 2 曲線の上下関係が重要ですから，2 曲線の共有点の x 座標が必要です。

解答 2 曲線の交点の x 座標は，2 曲線の式を連立して，

$$2x^2+3x-2=(x+2)^2$$

$$x^2-x-6=0$$

$$(x+2)(x-3)=0$$

よって，$x=-2$，3 であるから，求める部分は右の図の色のついた部分である。

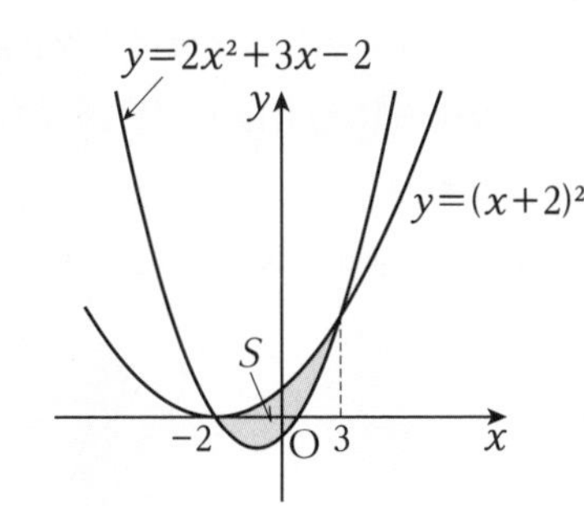

求める面積を S とすると，

$$S=\int_{-2}^{3}\{(x+2)^2-(2x^2+3x-2)\}dx$$

↑「上の関数−下の関数」の積分

$$=\int_{-2}^{3}(-x^2+x+6)dx$$

$$=\left[-\frac{1}{3}x^3+\frac{1}{2}x^2+6x\right]_{-2}^{3}$$

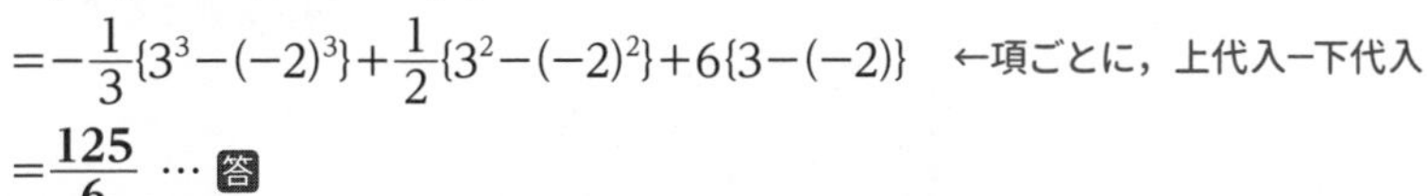

$$=-\frac{1}{3}\{3^3-(-2)^3\}+\frac{1}{2}\{3^2-(-2)^2\}+6\{3-(-2)\}$$ ←項ごとに，上代入−下代入

$$=\frac{125}{6}$$ … **答**

参考 2 曲線の間の面積では x 軸，y 軸の位置は関係ないので，x 軸，y 軸を省略して図示してもよいでしょう。

演習問題 123

次の 2 つの曲線や直線で囲まれた部分の面積 S を求めよ。

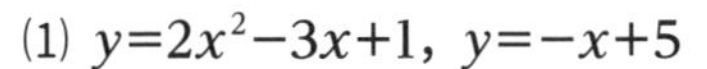

(1) $y=2x^2-3x+1$，$y=-x+5$

(2) $y=x^2-x+2$，$y=-x^2+2x+1$

解答▶別冊 79 ページ

3 放物線と接線で囲まれた部分の面積

接線とで囲まれた部分の面積を求める問題は頻出のテーマです。接線を求めるためには微分の計算が必要なので，積分だけではなく，微分の復習も合わせて進めておきましょう。

例題142 放物線 $y=x^2-3x+1$ と，この放物線上の点 $(1,\ -1)$ における接線，および直線 $x=2$ で囲まれた部分の面積を求めよ。

解答 $f(x)=x^2-3x+1$ とおくと，$f'(x)=2x-3$ である。

$(1,\ -1)$ における接線の方程式は，

$y-(-1)=f'(1)(x-1)$ ←$f'(1)=-1$

$y=-x$

よって，求める部分は次の図の色のついた部分である。

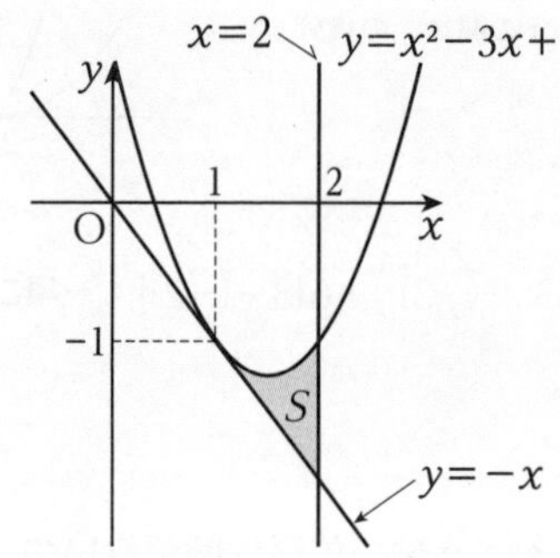

←x 軸，y 軸は省略してもよい

求める面積を S とすると，

$S=\int_1^2\{(x^2-3x+1)-(-x)\}dx$

↑「上の関数−下の関数」の積分

$=\int_1^2(x^2-2x+1)dx$

$=\left[\frac{1}{3}x^3-x^2+x\right]_1^2$

$=\frac{1}{3}(2^3-1^3)-(2^2-1^2)+(2-1)$ ←項ごとに，上代入−下代入

$=\frac{1}{3}$ … 答

参考 接線における面積は，さらに効率よく求める方法があります。くわしくは「基本大全 Core 編」で紹介します。

演習問題 124

次の部分の面積 S を求めよ。

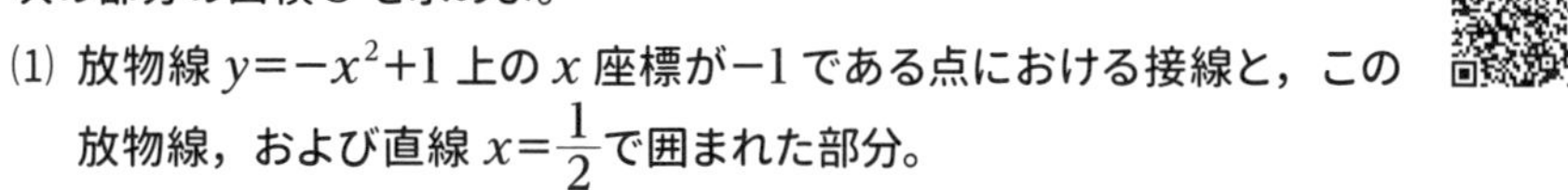

(1) 放物線 $y=-x^2+1$ 上の x 座標が -1 である点における接線と，この放物線，および直線 $x=\frac{1}{2}$ で囲まれた部分。

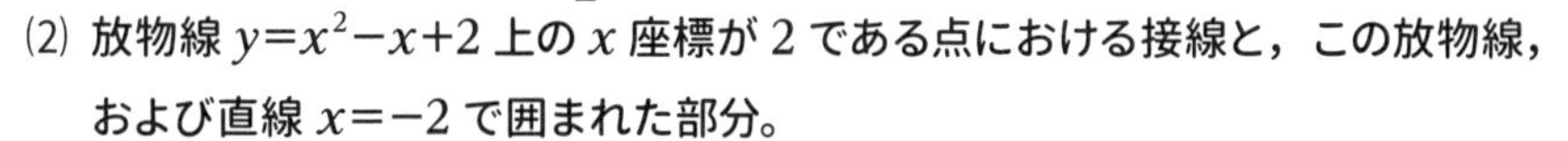

(2) 放物線 $y=x^2-x+2$ 上の x 座標が 2 である点における接線と，この放物線，および直線 $x=-2$ で囲まれた部分。

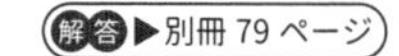

解答▶別冊 79 ページ

索引

あ行

か行

さ行

た行

な行

は行

や行

ら行

記号

装丁・本文デザイン　ブックデザイン研究所
図　　版　デザインスタジオ エキス.

※QRコードは㈱デンソーウェーブの登録商標です。

高校 基本大全 数学Ⅱベーシック編

編著者　香　川　　亮
発行者　岡　本　明　剛

発行所　受験研究社
©株式会社 増進堂・受験研究社

〒550-0013 大阪市西区新町 2—19—15
注文・不良品などについて：(06)6532-1581(代表)／本の内容について：(06)6532-1586(編集)

Printed in Japan　ユニックス・高廣製本
落丁・乱丁本はお取り替えします。

Mastery of Mathematics Ⅱ

数学Ⅱ

Basic編

基本大全

解答編

受験研究社

高校 基本大全 数学Ⅱ Basic編 解答編

第1章 式と証明

第1節 整式と分数式

演習問題1 p.10

考え方 公式に当てはめましょう。

(1) $(x+1)^3$
$=x^3+3\cdot x^2\cdot 1+3\cdot x\cdot 1^2+1^3$
$=\boldsymbol{x^3+3x^2+3x+1}$ …答

(2) $(x-2)^3$
$=x^3-3\cdot x^2\cdot 2+3\cdot x\cdot 2^2-2^3$
$=\boldsymbol{x^3-6x^2+12x-8}$ …答

(3) $(2x+3)^3$
$=(2x)^3+3\cdot(2x)^2\cdot 3+3\cdot(2x)\cdot 3^2+3^3$
$=\boldsymbol{8x^3+36x^2+54x+27}$ …答

(4) $(3x-2y)^3$
$=(3x)^3-3\cdot(3x)^2\cdot 2y+3\cdot 3x\cdot(2y)^2$
$\quad-(2y)^3$
$=\boldsymbol{27x^3-54x^2y+36xy^2-8y^3}$ …答

演習問題2 p.11

考え方 公式に当てはめましょう。

(1) $(x+2)(x^2-2x+4)$
$=(x+2)(x^2-2x+2^2)$
$=x^3+2^3=\boldsymbol{x^3+8}$ …答

(2) $(x-3)(x^2+3x+9)$
$=(x-3)(x^2+3x+3^2)$
$=x^3-3^3=\boldsymbol{x^3-27}$ …答

(3) $(2x+y)(4x^2-2xy+y^2)$
$=(2x+y)\{(2x)^2-2x\cdot y+y^2\}$
$=(2x)^3+y^3$
$=\boldsymbol{8x^3+y^3}$ …答

演習問題3 p.12

考え方 いちばん前といちばん後ろの2つの項が3乗で表されることに着目します。

(1) $x^3-6x^2+12x-8$
$=x^3-3\cdot x^2\cdot 2+3\cdot x\cdot 2^2-2^3$
$=\boldsymbol{(x-2)^3}$ …答

(2) $\frac{1}{8}x^3+\frac{3}{4}x^2+\frac{3}{2}x+1$
$=\left(\frac{1}{2}x\right)^3+3\cdot\left(\frac{1}{2}x\right)^2\cdot 1+3\cdot\frac{1}{2}x\cdot 1^2+1^3$
$=\boldsymbol{\left(\frac{1}{2}x+1\right)^3}$ …答

演習問題4 p.13

考え方 $8=2^3$，$27=3^3$，$64=4^3$ であることに着目します。

(1) $x^3+8=x^3+2^3$
$=(x+2)(x^2-2x+2^2)$
$=\boldsymbol{(x+2)(x^2-2x+4)}$ …答

(2) $64x^3-y^3=(4x)^3-y^3$
$=(4x-y)\{(4x)^2+4x\cdot y+y^2\}$
$=\boldsymbol{(4x-y)(16x^2+4xy+y^2)}$ …答

(3) $27x^3+8y^3=(3x)^3+(2y)^3$
$=(3x+2y)\{(3x)^2-3x\cdot 2y+(2y)^2\}$
$=\boldsymbol{(3x+2y)(9x^2-6xy+4y^2)}$ …答

(4) $\frac{1}{8}x^3-8y^3=\left(\frac{1}{2}x\right)^3-(2y)^3$
$=\left(\frac{1}{2}x-2y\right)\left\{\left(\frac{1}{2}x\right)^2+\frac{1}{2}x\cdot 2y+(2y)^2\right\}$
$=\boldsymbol{\left(\frac{1}{2}x-2y\right)\left(\frac{1}{4}x^2+xy+4y^2\right)}$ …答

演習問題 5　p.14

考え方　(2) $x^6+y^6=(x^3)^2+(y^3)^2$ と見ることで2つの2乗の和と考えます。
(3) x^5+y^5 は x^3+y^3 と x^2+y^2 の積をもとに考えます。

(1) $x^3+y^3=(x+y)^3-3xy(x+y)$
$=6^3-3\cdot7\cdot6=6\cdot(6^2-3\cdot7)=\mathbf{90}$ …答

別解　3乗の和の因数分解の公式を使う。
x^3+y^3
$=(x+y)(x^2-xy+y^2)$
$=(x+y)\{(x+y)^2-3xy\}$　← $x^2+y^2=(x+y)^2-2xy$ を利用
$=6\cdot(6^2-3\cdot7)$
$=\mathbf{90}$ …答

(2) $x^6+y^6=(x^3)^2+(y^3)^2$
$=(x^3+y^3)^2-2x^3y^3$　← $x^2+y^2=(x+y)^2-2xy$ を利用
$=(x^3+y^3)^2-2(xy)^3$
$=90^2-2\cdot7^3$　← (1)より，$x^3+y^3=90$
$=\mathbf{7414}$ …答

(3) x^5+y^5
$=\underline{(x^2+y^2)(x^3+y^3)-x^2y^3-x^3y^2}$
↑展開して一致するように $-x^2y^3-x^3y^2$ で調節
$=(x^2+y^2)(x^3+y^3)-x^2y^2(x+y)$
$=(x^2+y^2)(x^3+y^3)-(xy)^2(x+y)$
ここで，
$x^2+y^2=(x+y)^2-2xy=6^2-2\cdot7=22$
であるから，
$x^5+y^5=22\cdot90-7^2\cdot6=\mathbf{1686}$ …答

別解　$x^5+y^5=(x+y)(x^4+y^4)-xy(x^3+y^3)$
のように変形してもよい。

演習問題 6　p.17

考え方　何個のかっこから，何を何個取るのかを確認しましょう。

(1)二項定理より，
$(a+b)^5$
$={}_5C_5a^5b^0+{}_5C_4a^4b^1+{}_5C_3a^3b^2+{}_5C_2a^2b^3$
$+{}_5C_1a^1b^4+{}_5C_0a^0b^5$
$=\mathbf{a^5+5a^4b+10a^3b^2+10a^2b^3+5ab^4}$
$\mathbf{+b^5}$ …答

(2) 6個のかっこから a を取る3個を選ぶ選び方が ${}_6C_3$ 通りあるので，a^3 の項は，
${}_6C_3\cdot a^3\cdot1^3=20a^3$
よって，a^3 の係数は $\mathbf{20}$ …答

(3) 5個のかっこから $3x$ を取る2個を選ぶ選び方が ${}_5C_2$ 通りあるので，x^2 の項は，
${}_5C_2\cdot(3x)^2\cdot(-2)^3=-720x^2$
よって，x^2 の係数は $\mathbf{-720}$ …答

(4) 8個のかっこから $2a$ を取る3個を選ぶ選び方が ${}_8C_3$ 通りあるので，a^3b^{10} の項は，
${}_8C_3\cdot(2a)^3\cdot(-b^2)^5=-448a^3b^{10}$
よって，a^3b^{10} の係数は $\mathbf{-448}$ …答

(5) $(3x-2y)^6$ の展開式の項は x を含まない項から x を6つ含む項までの7項ある。よって中央の項は x を3つ含むときで x^3y^3 の項である。このとき，6個のかっこから $3x$ を取る3個を選ぶ選び方が ${}_6C_3$ 通りあるので，x^3y^3 の項は，
${}_6C_3\cdot(3x)^3\cdot(-2y)^3=-4320x^3y^3$
よって，中央の項の係数は $\mathbf{-4320}$ …答

演習問題 7　p.18

考え方　何個のかっこから，何を何個取るのかを確認しましょう。

(1) 7個のかっこから x を取る3個を選ぶ選び方が ${}_7C_3$ 通り，残り4個のかっこから y を取る2個を選ぶ選び方が ${}_4C_2$ 通りある（z を取るかっこは，残り2個のかっこから2個を選ぶ選び方なので，${}_2C_2=1$ 通り）。よって，$x^3y^2z^2$ の項は，
${}_7C_3\cdot{}_4C_2x^3y^2z^2=210x^3y^2z^2$
よって，$x^3y^2z^2$ の係数は $\mathbf{210}$ …答

(2) 7個のかっこから x を取る3個を選ぶ選び方が ${}_7C_3$ 通り，残り4個のかっこから y を取る4個を選ぶ選び方が ${}_4C_4$

通りある。よって，x^3y^4 の項は，

$${}_7C_3 \cdot {}_4C_4 x^3y^4 = 35x^3y^4$$

よって，x^3y^4 の係数は **35** …答

(3) $\{a+(2b)+(3c)\}^5$ と考える。5個のかっこから a を取るかっこ2個を選ぶ選び方が ${}_5C_2$ 通り，残り3個から $2b$ を取るかっこ2個を選ぶ選び方が ${}_3C_2$ 通りある。よって，a^2b^2c の項は，

$${}_5C_2 \cdot {}_3C_2 a^2(2b)^2 3c = 10 \cdot 3a^2(2b)^2 3c$$
$$= 360a^2b^2c$$

よって，a^2b^2c の係数は **360** …答

(4) $\{x+(-2y)+(-4z)\}^6$ と考える。6個のかっこから x を取る2個を選ぶ選び方が ${}_6C_2$ 通り，残り4個のかっこから $-2y$ を取る2個を選ぶ選び方が ${}_4C_2$ 通りある。よって，$x^2y^2z^2$ の項は，

$${}_6C_2 \cdot {}_4C_2 x^2(-2y)^2(-4z)^2 = 5760x^2y^2z^2$$

よって，$x^2y^2z^2$ の係数は **5760** …答

演習問題 8 p.21

考え方 (3) x，y それぞれについて整理します。(4) $x-1=t$ などとおき換えると簡単になります。

(1)展開して両辺を x について整理すると，

$$2x^2+(2a+1)x+a=bx^2+5x+c-a$$

これが x についての恒等式であるから係数を比較すると，

$$\begin{cases} 2=b \\ 2a+1=5 \\ a=c-a \end{cases}$$

これを解くと，**$a=2$，$b=2$，$c=4$** …答

(2)両辺に $(x-2)(2x-1)=2x^2-5x+2$ を掛けて分母を払うと，

$$3x=a(2x-1)+b(x-2)$$

展開して両辺を x について整理すると，

$$3x=(2a+b)x-a-2b$$

これが x についての恒等式であるから係数を比較すると，

$$\begin{cases} 3=2a+b \\ 0=-a-2b \end{cases}$$

これを解くと，**$a=2$，$b=-1$** …答

(3) x，y について整理すると，

$$(a^2-b^2-5)x+(4a+b^2)y=0$$ ← 右辺は $0\cdot x+0\cdot y$ と考える

これが x，y についての恒等式であるから係数を比較すると，

$$\begin{cases} a^2-b^2-5=0 & \cdots\cdots① \\ 4a+b^2=0 & \cdots\cdots② \end{cases}$$

②より，$b^2=-4a$ を①に代入すると，

$$a^2+4a-5=0$$
$$(a+5)(a-1)=0$$

また，②より $b^2=-4a \geqq 0$ であるから，

$a \leqq 0$　よって，$a=-5$

このとき，$b^2=20$ より $b=\pm 2\sqrt{5}$

したがって，**$a=-5$，$b=\pm 2\sqrt{5}$** …答

(4) $x-1=t$（つまり $x=t+1$）とおくと，

$$2(t+1)^2-7(t+1)-1=at^2+bt+c$$

ここで，左辺を t について整理すると，

$$2t^2-3t-6=at^2+bt+c$$

これが t についての恒等式であるから係数を比較すると，

$a=2$，$b=-3$，$c=-6$ …答

別解 右辺を x について整理すると，

$$2x^2-7x-1$$
$$=ax^2+(-2a+b)x+a-b+c$$ ← 両辺を同じ形に直す

これが x についての恒等式であるから係数を比較すると，

$$\begin{cases} 2=a \\ -7=-2a+b \\ -1=a-b+c \end{cases}$$

これを解くと，

$a=2$，$b=-3$，$c=-6$ …答

演習問題 9 p.22

考え方 (1) $1444 \div 111$ の計算をイメージします。(2)割られる式に x^2 の項がない点に気をつけましょう。(3) x

の整式とみて a を定数扱いして考えます。

(1)

$$
\begin{array}{r}
x+3 \\
x^2+x+1\overline{)\,x^3+4x^2+4x+4} \\
\underline{x^3+x^2+x} \\
3x^2+3x+4 \\
\underline{3x^2+3x+3} \\
1
\end{array}
$$

よって，**商 $x+3$，余り 1** …答

(2)

$$
\begin{array}{r}
x-2 \\
2x^2+4x+5\overline{)\,2x^3\qquad\quad-13x-12} \\
\underline{2x^3+4x^2+5x} \\
-4x^2-18x-12 \\
\underline{-4x^2-8x-10} \\
-10x-2
\end{array}
$$

空けるのを忘れないように！

よって，**商 $x-2$，余り $-10x-2$** …答

(3) x の整式とみて計算する。

$$
\begin{array}{r}
x^2-(a+1)x+(a^2-a+1) \\
x+a+1\overline{)\,x^3\qquad\qquad\qquad\quad-3ax+a^3+1} \\
\underline{x^3+(a+1)x^2\qquad\qquad\qquad\qquad\quad} \\
-(a+1)x^2\qquad\quad-3ax+a^3+1 \\
\underline{-(a+1)x^2-(a+1)^2x\qquad\qquad} \\
(a^2-a+1)x+a^3+1 \\
\underline{(a^2-a+1)x+a^3+1} \\
0
\end{array}
$$

よって，**商 $x^2-(a+1)x+(a^2-a+1)$，余り 0** …答

Point もちろん，a の整式とみて，x を定数扱いして計算しても結果は同じです。

演習問題 10 p.23

考え方 割り算の原理より立式してみましょう。

(1)割り算の原理より，

$6x^4-x^3-16x^2+5x=P\cdot(3x^2-2x-4)+5x-8$

$P\cdot(3x^2-2x-4)=6x^4-x^3-16x^2+8$

$P=(6x^4-x^3-16x^2+8)\div(3x^2-2x-4)$

次のように計算すると，

$$
\begin{array}{r}
2x^2+x-2 \\
3x^2-2x-4\overline{)\,6x^4-x^3-16x^2\qquad+8} \\
\underline{6x^4-4x^3-8x^2\qquad\quad\;\;} \\
3x^3-8x^2\qquad+8 \\
\underline{3x^3-2x^2-4x} \\
-6x^2+4x+8 \\
\underline{-6x^2+4x+8} \\
0
\end{array}
$$

よって，**$P=2x^2+x-2$** …答

(2)割り算の原理より，商を $Q(x)$ とおくと，

$x^3+ax^2+b=(x^2+2x+2)Q(x)+0$

割り切れる＝余り 0

$Q(x)=(x^3+ax^2+b)\div(x^2+2x+2)$

次のように計算すると，

$$
\begin{array}{r}
x+(a-2) \\
x^2+2x+2\overline{)\,x^3+ax^2\qquad\qquad\qquad+b} \\
\underline{x^3+2x^2+2x\qquad\qquad\qquad\quad} \\
(a-2)x^2-2x\qquad\qquad+b \\
\underline{(a-2)x^2+2(a-2)x+2(a-2)} \\
2(-a+1)x-2a+b+4
\end{array}
$$

x^3+ax^2+b は x^2+2x+2 で割り切れるので余りは 0 となる。つまり，

$$
\begin{cases}
2(-a+1)=0 \\
-2a+b+4=0
\end{cases}
$$

←xについての恒等式

これを解くと，**$a=1$，$b=-2$** …答

(3)割り算の原理より，商を $Q(x)$ とおくと，

$6x^4+x^3+ax^2+2x+b=(3x^2+2x+1)Q(x)-x+1$

$6x^4+x^3+ax^2+3x+b-1=(3x^2+2x+1)Q(x)$

$Q(x)=(6x^4+x^3+ax^2+3x+b-1)\div(3x^2+2x+1)$

次のように計算すると，

$$
\begin{array}{r}
2x^2-x+\dfrac{a}{3} \\
3x^2+2x+1\overline{)\,6x^4+x^3+ax^2\qquad+3x\quad+b-1} \\
\underline{6x^4+4x^3+2x^2\qquad\qquad\qquad\qquad\quad} \\
-3x^3+(a-2)x^2+3x\quad+b-1 \\
\underline{-3x^3-\qquad 2x^2-x\qquad\qquad\;\;} \\
ax^2+4x\quad+b-1 \\
\underline{ax^2+\dfrac{2a}{3}x+\dfrac{a}{3}\qquad} \\
\left(4-\dfrac{2a}{3}\right)x+b-1-\dfrac{a}{3}
\end{array}
$$

$6x^4+x^3+ax^2+3x+b-1$ は $3x^2+2x+1$ で割り切れるので余りは0となる。つまり，

$$\begin{cases} 4-\dfrac{2a}{3}=0 \\ b-1-\dfrac{a}{3}=0 \end{cases}$$ ←xについての恒等式

これを解くと，$\boldsymbol{a=6}$，$\boldsymbol{b=3}$ …答

(4)割り算の原理より，

$x^3+ax^2-5x+7=P(x)\times(x-1)+3x+a$

$P(x)\times(x-1)=x^3+ax^2-8x+7-a$

$P(x)=(x^3+ax^2-8x+7-a)\div(x-1)$

$$\begin{array}{r|l}
 & x^2+(a+1)x+(a-7) \\
x-1 & x^3+ax^2-\qquad 8x+7-a \\
 & x^3-x^2 \\ \hline
 & (a+1)x^2-\qquad 8x+7-a \\
 & (a+1)x^2-(a+1)x \\ \hline
 & \qquad (a-7)x+7-a \\
 & \qquad (a-7)x+7-a \\ \hline
 & \qquad\qquad 0
\end{array}$$

商が $P(x)$ に等しいので，

$P(x)=x^2+(a+1)x+(a-7)$

この式を $x-1$ で割ると，

$$\begin{array}{r|l}
 & x+(a+2) \\
x-1 & x^2+(a+1)x+(a-7) \\
 & x^2-\qquad x \\ \hline
 & \quad (a+2)x+(a-7) \\
 & \quad (a+2)x-(a+2) \\ \hline
 & \qquad\qquad 2a-5
\end{array}$$

余りが-1に等しいので，

$2a-5=-1$　$\boldsymbol{a=2}$ …答

よって，$\boldsymbol{P(x)}=x^2+(2+1)x+(2-7)$

$\boldsymbol{=x^2+3x-5}$

別解 最後の割り算は，本冊 **p.57** で学ぶ剰余の定理「整式 $P(x)$ を $x-\alpha$ で割った余りは，$P(\alpha)$」を用いて，

$P(1)=-1$ より $2a-5=-1$

から $\boldsymbol{a=2}$ と求めることもできる。

演習問題 11 p.25

考え方 1 次式で割るので，筆算よりも組立除法のほうが簡単に求められます。

(1)組立除法を用いると，

$$\begin{array}{r|rrrr}
2 & 1 & 4 & 2 & -24 \\
 & & 2 & 12 & 28 \\ \hline
 & 1 & 6 & 14 & 4
\end{array}$$

よって，

商は $x^2+6x+14$，余りは 4 …答

(2)組立除法を用いると，

$$\begin{array}{r|rrrrr}
1 & 1 & 0 & 1 & 3 & -1 \\
 & & 1 & 1 & 2 & 5 \\ \hline
 & 1 & 1 & 2 & 5 & 4
\end{array}$$

よって，

商は x^3+x^2+2x+5，余りは 4 …答

(3) $2x+1$ を $x+\dfrac{1}{2}$ として組立除法を用いると，

$$\begin{array}{r|rrrr}
-\dfrac{1}{2} & 8 & 4 & -2 & 5 \\
 & & -4 & 0 & 1 \\ \hline
 & 8 & 0 & -2 & 6
\end{array}$$

よって，$8x^3+4x^2-2x+5$

$=\left(x+\dfrac{1}{2}\right)(8x^2-2)+6$

$=(2x+1)(4x^2-1)+6$

したがって，

商は $4x^2-1$，余りは 6 …答

演習問題 12 p.27

考え方 商は逆数を掛けて計算します。

(1) $\left(-\dfrac{2x^2}{y^3}\right)^3\div\left(-\dfrac{x^2}{y^2}\right)^2=\left(-\dfrac{8x^6}{y^9}\right)\times\left(\dfrac{y^4}{x^4}\right)$

$=\boldsymbol{-\dfrac{8x^2}{y^5}}$ …答

(2) $\dfrac{x^2-4x+4}{x^2-x-6}\times\dfrac{x^2+x-12}{x^2+2x-8}$

$=\dfrac{(x-2)^2}{(x+2)(x-3)}\times\dfrac{(x-3)(x+4)}{(x+4)(x-2)}$

$=\boldsymbol{\dfrac{x-2}{x+2}}$ …答

(3) $\dfrac{x^2-1}{x^2-5x+6}\times\dfrac{2x^2-3x-9}{x^2+5x-6}$

$=\dfrac{(x+1)(x-1)}{(x-2)(x-3)}\times\dfrac{(2x+3)(x-3)}{(x+6)(x-1)}$

$=\boldsymbol{\dfrac{(x+1)(2x+3)}{(x-2)(x+6)}}$ …答

(4) $\dfrac{x^3-9x}{x^3+8}\div\dfrac{x^2-3x+2}{4x^2-8x+16}\times\dfrac{x^2-4}{2x^2-6x}$

$=\dfrac{x^3-9x}{x^3+8}\times\dfrac{4x^2-8x+16}{x^2-3x+2}\times\dfrac{x^2-4}{2x^2-6x}$

$=\dfrac{x(x+3)(x-3)}{(x+2)(x^2-2x+4)}\times\dfrac{4^2(x^2-2x+4)}{(x-1)(x-2)}$

$\times\dfrac{(x+2)(x-2)}{2x(x-3)}=\dfrac{\mathbf{2(x+3)}}{\mathbf{x-1}}$ …答

演習問題 13 p.29

考え方 (4)分母を因数分解して考えます。(5)そのまま展開せず，通分してから積を考えます。

(1) $\dfrac{1}{x+1}+\dfrac{1}{x+3}-\dfrac{1}{x+2}-\dfrac{1}{x+4}$

↓分母を $(x+1)(x+2)(x+3)(x+4)$ で通分

$=\dfrac{(x+2)(x+3)(x+4)}{(x+1)(x+2)(x+3)(x+4)}$

$+\dfrac{(x+1)(x+2)(x+4)}{(x+1)(x+2)(x+3)(x+4)}$

$-\dfrac{(x+1)(x+3)(x+4)}{(x+1)(x+2)(x+3)(x+4)}$

$-\dfrac{(x+1)(x+2)(x+3)}{(x+1)(x+2)(x+3)(x+4)}$

↓2つずつまとめる

$=\dfrac{(x+3)(x+4)\{(x+2)-(x+1)\}}{(x+1)(x+2)(x+3)(x+4)}$

$+\dfrac{(x+1)(x+2)\{(x+4)-(x+3)\}}{(x+1)(x+2)(x+3)(x+4)}$

$=\dfrac{(x+3)(x+4)}{(x+1)(x+2)(x+3)(x+4)}$

$+\dfrac{(x+1)(x+2)}{(x+1)(x+2)(x+3)(x+4)}$

$=\dfrac{(x+3)(x+4)+(x+1)(x+2)}{(x+1)(x+2)(x+3)(x+4)}$

$=\dfrac{\mathbf{2(x^2+5x+7)}}{\mathbf{(x+1)(x+2)(x+3)(x+4)}}$ …答

(2) $\dfrac{x^3}{x-1}+\dfrac{1}{x+1}-\dfrac{x^2}{x+1}-\dfrac{1}{x-1}$

$=\dfrac{x^3-1}{x-1}-\dfrac{x^2-1}{x+1}$

↓分子を因数分解してから約分する

$=\dfrac{(x-1)(x^2+x+1)}{x-1}-\dfrac{(x+1)(x-1)}{x+1}$

$=(x^2+x+1)-(x-1)$

$=\mathbf{x^2+2}$ …答

(3) $\dfrac{1}{a-b}+\dfrac{1}{a+b}+\dfrac{2a}{a^2+b^2}+\dfrac{4a^3}{a^4+b^4}$

$=\dfrac{a+b}{(a-b)(a+b)}+\dfrac{a-b}{(a+b)(a-b)}$

↑分母と分子に $a+b$ を掛ける　↑分母と分子に $a-b$ を掛ける

$+\dfrac{2a}{a^2+b^2}+\dfrac{4a^3}{a^4+b^4}$

$=\dfrac{(a+b)+(a-b)}{(a-b)(a+b)}+\dfrac{2a}{a^2+b^2}+\dfrac{4a^3}{a^4+b^4}$

↑慣れてきたら最初から分数1つで表したい

$=\dfrac{2a}{a^2-b^2}+\dfrac{2a}{a^2+b^2}+\dfrac{4a^3}{a^4+b^4}$

↑分母を展開

$=\dfrac{2a(a^2+b^2)+2a(a^2-b^2)}{(a^2-b^2)(a^2+b^2)}+\dfrac{4a^3}{a^4+b^4}$

↑分母と分子に (a^2+b^2) または (a^2-b^2) を掛けて通分

$=\dfrac{4a^3}{a^4-b^4}+\dfrac{4a^3}{a^4+b^4}$

↑分母を展開

$=\dfrac{4a^3(a^4+b^4)+4a^3(a^4-b^4)}{(a^4-b^4)(a^4+b^4)}$

↑分母と分子に (a^4+b^4) または (a^4-b^4) を掛けて通分

$=\dfrac{\mathbf{8a^7}}{\mathbf{a^8-b^8}}$ …答

(4) $\dfrac{2}{2x^2-7x-4}-\dfrac{4}{6x^2-x-2}-\dfrac{1}{3x^2-14x+8}$

$=\dfrac{2}{(2x+1)(x-4)}-\dfrac{4}{(3x-2)(2x+1)}$

$-\dfrac{1}{(3x-2)(x-4)}$ ←分母を因数分解

$=\dfrac{2(3x-2)-4(x-4)-(2x+1)}{(2x+1)(x-4)(3x-2)}$

↑分母を $(2x+1)(x-4)(3x-2)$ で通分

$=\dfrac{\mathbf{11}}{\mathbf{(2x+1)(x-4)(3x-2)}}$ …答

(5) $\left(x-3-\dfrac{5}{x+1}\right)\left(x-2+\dfrac{3}{x+2}\right)$

$=\left\{\dfrac{(x-3)(x+1)}{x+1}-\dfrac{5}{x+1}\right\}$

↑分子と分母に $x+1$ を掛ける

$\times\left\{\dfrac{(x-2)(x+2)}{x+2}+\dfrac{3}{x+2}\right\}$

↑分子と分母に $x+2$ を掛ける

$=\dfrac{x^2-2x-8}{x+1}\times\dfrac{x^2-1}{x+2}$

$=\dfrac{(x+2)(x-4)}{x+1}\times\dfrac{(x+1)(x-1)}{x+2}$

$=\mathbf{(x-4)(x-1)}$ …答

演習問題 14 p.31

考え方 分子と分母の次数が等しい場合も，分子を分母で割って分子の次数を下げます。その場合，筆算でも問題ありませんが，次のような計算で商と余りを導き出せるようになるのが理想です。
例えば，$\dfrac{2x+6}{x+5}$ において，$2x+6$ を $x+5$ で割った商と余りを考えます。
x の係数に着目すると商は 2 であるとわかります。つまり，

$2x+6=2(x+5)+●$

の形になるということです。あとは，定数項に着目すると左辺が 6，右辺が $10+●$ですから，$●=-4$
つまり，$2x+6=2(x+5)-4$ から，

$$\frac{2x+6}{x+5}=\frac{2(x+5)-4}{x+5}$$
$$=2\cdot\frac{x+5}{x+5}-\frac{4}{x+5}=2-\frac{4}{x+5}$$

と変形できることがわかります。
この例は 1 次式どうしの計算ですが，次数が高くなっても基本は同じ考え方になります。

(1) $\dfrac{x+6}{x+5}-\dfrac{x+8}{x+3}+\dfrac{x+7}{x+2}-\dfrac{x+1}{x}$

↓分子を分母で割る

$$=\frac{(x+5)+1}{x+5}-\frac{(x+3)+5}{x+3}+\frac{(x+2)+5}{x+2}-\frac{x+1}{x}$$
$$=\left(1+\frac{1}{x+5}\right)-\left(1+\frac{5}{x+3}\right)+\left(1+\frac{5}{x+2}\right)-\left(1+\frac{1}{x}\right)$$
$$=\frac{1}{x+5}-\frac{5}{x+3}+\frac{5}{x+2}-\frac{1}{x}$$

↓分母を $x(x+2)(x+3)(x+5)$ で通分

$$=\frac{x(x+2)(x+3)}{x(x+2)(x+3)(x+5)}-\frac{5x(x+2)(x+5)}{x(x+2)(x+3)(x+5)}+\frac{5x(x+3)(x+5)}{x(x+2)(x+3)(x+5)}-\frac{(x+2)(x+3)(x+5)}{x(x+2)(x+3)(x+5)}$$

↓2つずつまとめる

$$=\frac{(x+2)(x+3)\{x-(x+5)\}}{x(x+2)(x+3)(x+5)}+\frac{5x(x+5)\{(x+3)-(x+2)\}}{x(x+2)(x+3)(x+5)}$$
$$=\frac{(x+2)(x+3)\cdot(-5)}{x(x+2)(x+3)(x+5)}+\frac{5x(x+5)}{x(x+2)(x+3)(x+5)}$$
$$=\frac{5\{x(x+5)-(x+2)(x+3)\}}{x(x+2)(x+3)(x+5)}$$
$$=-\frac{\mathbf{30}}{\mathbf{x(x+2)(x+3)(x+5)}}$$ …答

(2) $\dfrac{2x-5}{x-4}-\dfrac{2x^2+9x-38}{x^2+2x-24}$

↓分子を分母で割る

$$=\frac{2(x-4)+3}{x-4}-\frac{2(x^2+2x-24)+5x+10}{x^2+2x-24}$$
$$=\left(2+\frac{3}{x-4}\right)-\left\{2+\frac{5(x+2)}{x^2+2x-24}\right\}$$
$$=\left(\cancel{2}+\frac{3}{x-4}\right)-\left\{\cancel{2}+\frac{5(x+2)}{(x+6)(x-4)}\right\}$$
$$=\frac{3(x+6)}{(x+6)(x-4)}-\frac{5(x+2)}{(x+6)(x-4)}$$
$$=\frac{3(x+6)-5(x+2)}{(x+6)(x-4)}$$
$$=\frac{-2(x-4)}{(x+6)(x-4)}$$
$$=-\frac{\mathbf{2}}{\mathbf{x+6}}$$ …答

演習問題 15 p.32

考え方 分母と分子に同じ式を掛けて分母を払っていきます。

(1)
$$\frac{1}{1-\dfrac{1}{1+\dfrac{1}{x-1}}}$$
$$=\frac{1}{1-\dfrac{x-1}{(x-1)+1}}$$

$\dfrac{1}{1+\dfrac{1}{x-1}}$ の分母と分子に $x-1$ を掛ける

$$=\frac{1}{1-\dfrac{x-1}{x}}$$

全体の分母と分子に x を掛ける

$$=\frac{x}{x-(x-1)}$$

$=\boldsymbol{x}$ …答

(2) $$\frac{\dfrac{1}{x+y}-\dfrac{1}{x}}{\dfrac{1}{x}-\dfrac{1}{x-y}}$$

分母と分子に $x(x+y)(x-y)$ を掛ける

$$=\frac{x(x-y)-(x+y)(x-y)}{(x+y)(x-y)-x(x+y)}$$

$$=\frac{(x^2-xy)-(x^2-y^2)}{(x^2-y^2)-(x^2+xy)}=\frac{y^2-xy}{-y^2-xy}$$

$$=\frac{-y(x-y)}{-y(x+y)}=\boldsymbol{\frac{x-y}{x+y}}$$ …答

演習問題 16 p.33

考え方 (3) $x:y:z=a:b:c$
$\iff \dfrac{x}{a}=\dfrac{y}{b}=\dfrac{z}{c}$

(1) $\dfrac{x+y}{5}=\dfrac{y+z}{6}=\dfrac{z+x}{7}=k$ とおくと，

$x+y=5k,\ y+z=6k,\ z+x=7k$

これを解くと，$x=3k,\ y=2k,\ z=4k$

であるから，

$x:y:z=\boldsymbol{3:2:4}$ …答

(2) $\dfrac{x+y}{8}=\dfrac{2y-3z}{4}=\dfrac{4z-x}{5}=k$ とおくと，

$x+y=8k,\ 2y-3z=4k,\ 4z-x=5k$

これを解くと，$x=3k,\ y=5k,\ z=2k$

であるから，

$$\frac{xyz}{x^3+y^3+z^3}=\frac{3k\cdot5k\cdot2k}{27k^3+125k^3+8k^3}$$

$$=\frac{30k^3}{160k^3}=\boldsymbol{\frac{3}{16}}$$ …答

(3) $x:y:z=3:4:5$ より $\dfrac{x}{3}=\dfrac{y}{4}=\dfrac{z}{5}=k$

とおくと，

$x=3k,\ y=4k,\ z=5k$

これより，

$$\frac{xy+yz+zx}{x^2+y^2+z^2}=\frac{12k^2+20k^2+15k^2}{9k^2+16k^2+25k^2}$$

$$=\frac{47k^2}{50k^2}=\boldsymbol{\frac{47}{50}}$$ …答

第2節 等式と不等式の証明

演習問題 17 p.35

1

考え方 ［解法Ⅰ］や［解法Ⅱ］の考え方を用います。

(1)［解法Ⅰ］の考え方を用いる。

(右辺)

$=\{(a+b)^2+b^2\}\{(a-b)^2+b^2\}$

$=\{(a^2+2ab+b^2)+b^2\}\{(a^2-2ab+b^2)+b^2\}$

$=\{(a^2+2b^2)+2ab\}\{(a^2+2b^2)-2ab\}$

↓ $(a+b)(a-b)=a^2-b^2$ の利用

$=(a^2+2b^2)^2-(2ab)^2$

$=(a^4+4a^2b^2+4b^4)-4a^2b^2$

$=a^4+4b^4$ ←左辺に等しい

よって，

$a^4+4b^4=\{(a+b)^2+b^2\}\{(a-b)^2+b^2\}$

〔証明終わり〕

(2)［解法Ⅱ］の考え方を用いる。

(左辺) $=a^2(b-c)+b^2(c-a)+c^2(a-b)$

$=a^2b-ca^2+b^2c-ab^2+c^2a-bc^2$

(右辺) $=bc(b-c)+ca(c-a)+ab(a-b)$

$=b^2c-bc^2+c^2a-ca^2+a^2b-ab^2$

よって，

$a^2(b-c)+b^2(c-a)+c^2(a-b)$

$=bc(b-c)+ca(c-a)+ab(a-b)$

〔証明終わり〕

2

考え方 条件式を用いて文字を消去します。

(1)条件式より $c=-a-b$ とおくと，←c を消去

(左辺) $=a^2-b(-a-b)=a^2+ab+b^2$

(右辺) $=b^2-(-a-b)a=b^2+a^2+ab$

よって，$a+b+c=0$ のとき，

$a^2-bc=b^2-ca$ 〔証明終わり〕

(2)条件式より $c=-a-b$ とおくと，←c を消去

(左辺) $=a^3+b^3+c^3=a^3+b^3+(-a-b)^3$
$=a^3+b^3-(a+b)^3$
$=a^3+b^3-(a^3+3a^2b+3ab^2+b^3)$
$=-3a^2b-3ab^2$

(右辺) $=3abc$
$=3ab(-a-b)$
$=-3a^2b-3ab^2$

よって，$a+b+c=0$ のとき，
$a^3+b^3+c^3=3abc$ 〔証明終わり〕

別解 Core 編で学ぶ因数分解の公式
$a^3+b^3+c^3-3abc$
$=(a+b+c)(a^2+b^2+c^2-ab-bc-ca)$
と **[解法III]** を用いる。$a+b+c=0$ であるから，
$a^3+b^3+c^3-3abc$
$=(a+b+c)(a^2+b^2+c^2-ab-bc-ca)$
$=0$
よって，$a+b+c=0$ のとき，
$a^3+b^3+c^3=3abc$ 〔証明終わり〕

演習問題 18 p.39

1

考え方 **[解法 I]** や **[解法 II]** の考え方を用います。

(1) **[解法 I]** の考え方を用いる。
(左辺) − (右辺)
$=(x+y)^2+(x-y)^2-4xy$
$=(x^2+2xy+y^2)+(x^2-2xy+y^2)-4xy$
$=2(x^2-2xy+y^2)$
$=2(x-y)^2\geqq 0$ ←平方完成
よって，
$(x+y)^2+(x-y)^2-4xy\geqq 0$
すなわち，$(x+y)^2+(x-y)^2\geqq 4xy$
〔証明終わり〕
また，**等号が成立するのは** $2(x-y)^2=0$ のときで，**$x=y$ のとき**である。

(2) **[解法 I]** の考え方を用いる。
(左辺) − (右辺)
$=(a^2+a^2b)-(ab^2+b^2)$
$=(a^2-b^2)+(a^2b-ab^2)$
$=(a+b)(a-b)+ab(a-b)$
$=(a-b)(a+b+ab)$ ←因数分解
$a>b>0$ であるから，
$(a-b)(a+b+ab)>0$
よって，$(a^2+a^2b)-(ab^2+b^2)>0$
すなわち，$a^2+a^2b>ab^2+b^2$
〔証明終わり〕

(3) **[解法 II]** の考え方を用いる。両辺ともに正であるから，
$(\sqrt{ab})^2\geqq\left(\dfrac{2ab}{a+b}\right)^2$
つまり，$ab\geqq\dfrac{4a^2b^2}{(a+b)^2}$ を示す。

(左辺) − (右辺) $=ab-\dfrac{4a^2b^2}{(a+b)^2}$
$=\dfrac{ab(a+b)^2-4a^2b^2}{(a+b)^2}$
$=\dfrac{ab\{(a+b)^2-4ab\}}{(a+b)^2}$
$=\dfrac{ab(a^2-2ab+b^2)}{(a+b)^2}$
$=\dfrac{ab(a-b)^2}{(a+b)^2}$ ←平方完成

$a>0$，$b>0$ であるから，
$\dfrac{ab(a-b)^2}{(a+b)^2}\geqq 0$
よって，$ab-\dfrac{4a^2b^2}{(a+b)^2}\geqq 0$
すなわち，$ab\geqq\dfrac{4a^2b^2}{(a+b)^2}$
これより，$\sqrt{ab}\geqq\dfrac{2ab}{a+b}$ 〔証明終わり〕
また，**等号が成立するのは** $\dfrac{ab(a-b)^2}{(a+b)^2}=0$ のときで，**$a=b$ のとき**である。

(4) **[解法 II]** の考え方を用いる。両辺ともに 0 以上であるから，
$(\sqrt{2(a+b)})^2\geqq(\sqrt{a}+\sqrt{b})^2$
つまり，$2(a+b)\geqq a+b+2\sqrt{ab}$ を示す。

(左辺)−(右辺)

$=2(a+b)-(a+b+2\sqrt{ab})$

$=a-2\sqrt{ab}+b$

$=(\sqrt{a}-\sqrt{b})^2 \geqq 0$ ←平方完成

よって，$2(a+b)-(a+b+2\sqrt{ab}) \geqq 0$

すなわち，$2(a+b) \geqq (a+b+2\sqrt{ab})$

これより，$\sqrt{2(a+b)} \geqq \sqrt{a}+\sqrt{b}$

〔証明終わり〕

また，**等号が成立するのは** $(\sqrt{a}-\sqrt{b})^2=0$ のときで，**$a=b$ のとき**である。

(5) **[解法II]** の考え方を用いる。両辺ともに0以上であるから，

$|1+ab|^2>|a+b|^2$

つまり，$(1+ab)^2>(a+b)^2$ を示す。

(左辺)−(右辺)

$=(1+ab)^2-(a+b)^2$

$=(1+2ab+a^2b^2)-(a^2+2ab+b^2)$

$=a^2b^2-a^2-b^2+1$

$=a^2(b^2-1)-(b^2-1)$

$=(a^2-1)(b^2-1)$ ←因数分解

$|a|<1$，$|b|<1$ より，$a^2<1$，$b^2<1$

すなわち，$a^2-1<0$，$b^2-1<0$ であるから，$(a^2-1)(b^2-1)>0$

よって，$(1+ab)^2-(a+b)^2>0$

すなわち，$(1+ab)^2>(a+b)^2$

これより，$|1+ab|>|a+b|$〔証明終わり〕

(6) **[解法II]** の考え方を用いる。両辺ともに0以上であるから，

$||a|-|b||^2 \leqq |a+b|^2$

つまり，$(|a|-|b|)^2 \leqq (a+b)^2$ を示す。

(右辺)−(左辺)

$=(a+b)^2-(|a|-|b|)^2$

$=(a^2+2ab+b^2)-(a^2+b^2-2|ab|)$

$=2(ab+|ab|)$

ここで，ab の正負で場合を分ける。

(i) $ab \geqq 0$ のとき，$2(ab+ab)=4ab \geqq 0$

(ii) $ab<0$ のとき，$2(ab-ab)=0$

(i)，(ii)いずれの場合も0以上であるから，

$(a+b)^2-(|a|-|b|)^2 \geqq 0$

すなわち，$(a+b)^2 \geqq (|a|-|b|)^2$

これより，$||a|-|b|| \leqq |a+b|$

〔証明終わり〕

また，**等号が成立するのは** $4ab=0$ (i) または $ab<0$ (ii) のときで，**$ab \leqq 0$ のとき**である。

2

考え方 条件式を用いて文字を消去します。

$a+b=1$ より，$b=1-a$ であるから，

$ax^2+(1-a)y^2 \geqq \{ax+(1-a)y\}^2$

を示せばよい。

(左辺)−(右辺)

$=\{ax^2+(1-a)y^2\}-\{ax+(1-a)y\}^2$

$=ax^2+(1-a)y^2-a^2x^2-2a(1-a)xy$
$\quad -(1-a)^2y^2$

$=(a-a^2)x^2-2a(1-a)xy$
$\quad +\{(1-a)-(1-a)^2\}y^2$

$=a(1-a)x^2-2a(1-a)xy+a(1-a)y^2$

$=a(1-a)(x^2-2xy+y^2)$ ←因数分解

$=a(1-a)(x-y)^2$ ←平方完成

ここで，$b>0$ より $1-a>0$

つまり $0<a<1$ であるから，

$a(1-a)(x-y)^2 \geqq 0$

よって，$ax^2+(1-a)y^2 \geqq \{ax+(1-a)y\}^2$

つまり，$ax^2+by^2 \geqq (ax+by)^2$

〔証明終わり〕

また，**等号が成立するのは $x=y$ のとき**である。

演習問題 19 p.42

考え方 逆数の和の形は相加平均と相乗平均の不等式の利用を考えます。(2)は展開すると逆数の和の形が出てくることに着目します。

(1) $2x>0,\ \dfrac{6}{x}>0$ であるから，相加平均と相乗平均の不等式より，

$$2x+\frac{6}{x}\geqq 2\sqrt{2x\cdot\frac{6}{x}}$$

$$2x+\frac{6}{x}\geqq 4\sqrt{3}$$ 〔証明終わり〕

また，**等号が成り立つのは** $2x=\dfrac{6}{x}$ のときであるから，問題の不等式を等式にしたものに代入して，

$2x+2x=4\sqrt{3}$ つまり，$\boldsymbol{x=\sqrt{3}}$ …答

(2)左辺を展開すると，

$$4+\frac{2a}{b}+\frac{2b}{a}+1\geqq 9$$

$$\frac{2a}{b}+\frac{2b}{a}\geqq 4$$

$$\frac{a}{b}+\frac{b}{a}\geqq 2$$

この不等式が成り立つことを示せばよい。

$a>0, b>0$ より $\dfrac{a}{b}>0,\ \dfrac{b}{a}>0$ であるから，相加平均と相乗平均の不等式より，

$$\frac{a}{b}+\frac{b}{a}\geqq 2\sqrt{\frac{a}{b}\cdot\frac{b}{a}}$$

$$\frac{a}{b}+\frac{b}{a}\geqq 2$$

よって，$(2a+b)\left(\dfrac{2}{a}+\dfrac{1}{b}\right)\geqq 9$ が成り立つことが示された。 〔証明終わり〕

また，**等号が成り立つのは** $\dfrac{a}{b}=\dfrac{b}{a}$ のときであるから，$\dfrac{a}{b}+\dfrac{b}{a}=2$ に代入して，

$$\frac{a}{b}+\frac{a}{b}=2$$

つまり，$\boldsymbol{a=b>0}$ **を満たすすべての値** …答

演習問題 20 p.44

1

考え方 差をとり，正負で判断します。

$\{(x+y)^3+z^3\}-\{x^3+(y+z)^3\}$
$=(x^3+3x^2y+3xy^2+y^3+z^3)$
$\quad-(x^3+y^3+3y^2z+3yz^2+z^3)$
$=3x^2y+3xy^2-3y^2z-3yz^2$
$=3y(x^2-z^2)+3y^2(x-z)$
$=3y(x+z)(x-z)+3y^2(x-z)$
$=3y(x-z)(x+z+y)$

$x>0$，$y>0$，$z>0$，$x<z$ より，$3y>0$，$x-z<0$，$x+z+y>0$ であるから，

$3y(x-z)(x+z+y)<0$

よって，$\boldsymbol{(x+y)^3+z^3<x^3+(y+z)^3}$ …答

2

考え方 式が 3 つあるので，あらかじめ具体的な数字を代入して大小を予測しておきましょう。

> $a=1$，$b=2$，$c=3$，$d=4$ とすると，
>
> $\dfrac{c}{b}=\dfrac{3}{2}$，$\dfrac{a+c}{b+d}=\dfrac{2}{3}\left(=\dfrac{16}{24}\right)$，
>
> $\dfrac{ac}{bd}=\dfrac{3}{8}\left(=\dfrac{9}{24}\right)$
>
> となるので，$\dfrac{ac}{bd}<\dfrac{a+c}{b+d}<\dfrac{c}{b}$ であると予測できる。（ii）（i）

(i) $\dfrac{c}{b}-\dfrac{a+c}{b+d}=\dfrac{c(b+d)-b(a+c)}{b(b+d)}$
$=\dfrac{cd-ab}{b(b+d)}$

ここで，$0<a<b<c<d$ より，$cd>ab$ であるから，

$$\frac{cd-ab}{b(b+d)}>0$$

よって，$\dfrac{a+c}{b+d}<\dfrac{c}{b}$ ……①

(ii) $\dfrac{a+c}{b+d}-\dfrac{ac}{bd}=\dfrac{(a+c)bd-ac(b+d)}{bd(b+d)}$
$=\dfrac{abd+bcd-abc-acd}{bd(b+d)}$
$=\dfrac{ab(d-c)+cd(b-a)}{bd(b+d)}$

ここで，$0<a<b<c<d$ より，$d-c>0$，$b-a>0$ であるから，

$$\frac{ab(d-c)+cd(b-a)}{bd(b+d)}>0$$

よって，$\dfrac{ac}{bd}<\dfrac{a+c}{b+d}$ ……②

①，②より，$\boldsymbol{\dfrac{ac}{bd}<\dfrac{a+c}{b+d}<\dfrac{c}{b}}$ …答

第2章 複素数と方程式

第1節 複素数

演習問題21 p.48

考え方 (2)まず分母の実数化を行います。(3)通分を考えます。(4)(5)規則性を探します。

(1) $(2-i)(3+2i)=6+4i-3i-2i^2$

$=6+4i-3i-2\cdot(-1)=\mathbf{8+i}$ …答

(2) $\dfrac{2-i}{3+i}-\dfrac{5+10i}{1-3i}$

$=\dfrac{(2-i)(3-i)}{(3+i)(3-i)}-\dfrac{(5+10i)(1+3i)}{(1-3i)(1+3i)}$ ←分母の実数化

$=\dfrac{6-5i+i^2}{9-i^2}-\dfrac{5+25i+30i^2}{1-9i^2}$

$=\dfrac{6-5i+(-1)}{9-(-1)}-\dfrac{5+25i+30\cdot(-1)}{1-9\cdot(-1)}$

$=\dfrac{5-5i}{10}-\dfrac{-25+25i}{10}$

$=\dfrac{30-30i}{10}=\mathbf{3-3i}$ …答

(3) $\dfrac{4}{1-\sqrt{3}i}+\dfrac{4}{1+\sqrt{3}i}$

$=\dfrac{4(1+\sqrt{3}i)+4(1-\sqrt{3}i)}{(1-\sqrt{3}i)(1+\sqrt{3}i)}$ ←通分

$=\dfrac{8}{1-3i^2}$

$=\dfrac{8}{1-3\cdot(-1)}=\mathbf{2}$ …答

(4) $1+i+i^2+i^3=1+i+i^2+i^2\cdot i$

$=1+i+(-1)+(-1)i=0$

であることに着目すると，

$1+i+i^2+i^3+i^4+i^5+i^6+i^7+i^8+i^9+i^{10}$

$=(1+i+i^2+i^3)+i^4(\underline{1+i+i^2+i^3})$

$+i^8(1+i+i^2)$ ←$1+i+i^2+i^3$ をつくる

$=0+i^4\cdot 0+(i^2)^4\{1+i+(-1)\}$

$=(-1)^4\cdot i=\boldsymbol{i}$ …答

(5) $(1+i)^2=1+2i+i^2=1+2i+(-1)$

$=2i$

$(1+i)^4=\{(1+i)^2\}^2=(2i)^2=4i^2$

$=4\cdot(-1)=-4$

以上より，

$(1+i)^{16}=\{(1+i)^4\}^4=(-4)^4$

$=\mathbf{256}$ …答

演習問題22 p.49

考え方 実部と虚部をそれぞれ比較します。

(1) $(1+3i)a+(1+2i)b=-1$

$(a+b)+(3a+2b)i=-1$

a，b は実数であるから，$a+b$，$3a+2b$ も実数である。よって，

$\begin{cases} a+b=-1 \\ 3a+2b=0 \end{cases}$ ←実部どうし，虚部どうしで比べる

これを解くと，$\boldsymbol{a=2}$，$\boldsymbol{b=-3}$ …答

(2) $(1+i)(a+bi)=3+i$

$a+bi+ai+bi^2=3+i$

$a-b+(a+b)i=3+i$

a，b は実数であるから，$a-b$，$a+b$ も実数である。よって，

$\begin{cases} a-b=3 \\ a+b=1 \end{cases}$ ←実部どうし，虚部どうしで比べる

これを解くと，$\boldsymbol{a=2}$，$\boldsymbol{b=-1}$ …答

(3) $(1+i)a^2-(1-3i)b-2(1-i)=0$

$a^2-b-2+(a^2+3b+2)i=0$

a，b は実数であるから，a^2-b-2，a^2+3b+2 も実数である。よって，

$\begin{cases} a^2-b-2=0 \\ a^2+3b+2=0 \end{cases}$ ←実部どうし，虚部どうしで比べる

b を消去すると，$a^2=1$

つまり $a=\pm 1$

これより，$\boldsymbol{a=1}$，$\boldsymbol{b=-1}$ **または**，$\boldsymbol{a=-1}$，$\boldsymbol{b=-1}$ …答

演習問題23 p.50

考え方 複素数の範囲で解きます。(2)は $(x-2)$ をひとかたまりと考えます。

(1)解の公式より，

$$x=\frac{-(-1)\pm\sqrt{(-1)^2-3\cdot5}}{3}$$
$$=\frac{1\pm\sqrt{-14}}{3}$$
$$=\mathbf{\frac{1\pm\sqrt{14}i}{3}}$$ …答

$\sqrt{-1}=i$

(2) $x-2=t$ とおくと，

$4t^2+4t+3=0$

解の公式より，

$$t=\frac{-2\pm\sqrt{2^2-4\cdot3}}{4}$$
$$=\frac{-2\pm2\sqrt{-2}}{4}$$
$$=\frac{-1\pm\sqrt{-2}}{2}$$
$$=\frac{-1\pm\sqrt{2}i}{2}$$

$\sqrt{-1}=i$

これより，$x-2=\frac{-1\pm\sqrt{2}i}{2}$

よって，$\mathbf{x=\frac{3\pm\sqrt{2}i}{2}}$ …答

演習問題 24 p.51

考え方　まず，「$=0$」とした 2 次方程式の解を求めます。

(1) $x^2-4x+7=0$ の解は，解の公式より，

$x=2\pm\sqrt{3}i$

よって，x^2-4x+7 を因数分解すると，

x^2-4x+7

$=\{x-(2+\sqrt{3}i)\}\{x-(2-\sqrt{3}i)\}$

$=\mathbf{(x-2-\sqrt{3}i)(x-2+\sqrt{3}i)}$ …答

(2) $3x^2-8x+12=0$ の解は，解の公式より，

$$x=\frac{4\pm2\sqrt{5}i}{3}$$

よって，$3x^2-8x+12$ を因数分解すると，

$3x^2-8x+12$

$$=\mathbf{3\left(x-\frac{4+2\sqrt{5}i}{3}\right)\left(x-\frac{4-2\sqrt{5}i}{3}\right)}$$ …答

3 を忘れずに

(3) $\frac{1}{2}x^2+\frac{1}{3}x+\frac{1}{4}=0$ の両辺に 12 を掛けて，

$6x^2+4x+3=0$

解の公式より，

$$x=\frac{-2\pm\sqrt{14}i}{6}$$

よって，$\frac{1}{2}x^2+\frac{1}{3}x+\frac{1}{4}$ を因数分解すると，

$\frac{1}{2}x^2+\frac{1}{3}x+\frac{1}{4}$

$$=\mathbf{\frac{1}{2}\left(x-\frac{-2+\sqrt{14}i}{6}\right)\left(x-\frac{-2-\sqrt{14}i}{6}\right)}$$ …答

$\frac{1}{2}$ を忘れずに

演習問題 25 p.53

1

考え方　判別式の符号を調べます。

(1)判別式を D とすると，

$$\frac{D}{4}=(-2)^2-4\cdot1=0$$

よって，この方程式は**重解をもつ** …答

(2)判別式を D とすると，

$$\frac{D}{4}=2^2-2\cdot1=2>0$$

よって，この方程式は**異なる 2 つの実数解をもつ** …答

(3)判別式を D とすると，

$D=1^2-4\cdot3\cdot3=-35<0$

よって，この方程式は**異なる 2 つの虚数解をもつ** …答

2

考え方　判別式を利用します。

判別式を D とすると，

$D=(-a)^2-4\cdot1\cdot(a^2+a-1)$

$=-3a^2-4a+4$

$=-(3a-2)(a+2)$

$D<0$ となればよいので，

$-(3a-2)(a+2)<0$

$(3a-2)(a+2)>0$

よって，$\mathbf{a<-2,\ \frac{2}{3}<a}$ …答

3

考え方 判別式を利用します。

判別式を D とすると，

$D=a^2-4\cdot1\cdot(a+3)$
$=a^2-4a-12$
$=(a+2)(a-6)$

よって，

$D>0$，すなわち，$\boldsymbol{a<-2,\ 6<a}$ **のとき，異なる 2 つの実数解をもつ**
$D=0$，すなわち，$\boldsymbol{a=-2,\ 6}$ **のとき，重解をもつ**
$D<0$，すなわち，$\boldsymbol{-2<a<6}$ **のとき，異なる 2 つの虚数解をもつ** 答

演習問題 26 p.55

考え方 解と係数の関係を利用します。

解と係数の関係より，

$\alpha+\beta=-\dfrac{-4}{1}=4$，$\alpha\beta=\dfrac{1}{1}=1$

(1) $\alpha^2+\beta^2=(\alpha+\beta)^2-2\alpha\beta$
$=4^2-2\cdot1=\boldsymbol{14}$ …答

(2) $\alpha^3+\beta^3=(\alpha+\beta)^3-3\alpha\beta(\alpha+\beta)$
$=4^3-3\cdot1\cdot4=\boldsymbol{52}$ …答

(3) $(\alpha-\beta)^2=(\alpha+\beta)^2-4\alpha\beta$
$=4^2-4\cdot1=\boldsymbol{12}$ …答

(4) $(\alpha+1)(\beta+1)=\alpha\beta+(\alpha+\beta)+1$
$=1+4+1=\boldsymbol{6}$ …答

(5) $\dfrac{1}{\alpha}+\dfrac{1}{\beta}=\dfrac{\alpha+\beta}{\alpha\beta}=\dfrac{4}{1}=\boldsymbol{4}$ …答

演習問題 27 p.56

考え方 2 つの解の和と積を用意します。

(1) $1+4=5$，$1\times4=4$ であるから，
$\boldsymbol{x^2-5x+4=0}$ …答

(2) $\dfrac{2}{3}+\left(-\dfrac{3}{2}\right)=-\dfrac{5}{6}$，$\dfrac{2}{3}\times\left(-\dfrac{3}{2}\right)=-1$ であるから，

$x^2-\left(-\dfrac{5}{6}\right)x+(-1)=0$

$x^2+\dfrac{5}{6}x-1=0$

両辺を 6 倍して，

$\boldsymbol{6x^2+5x-6=0}$ …答 ← $12x^2+10x-12=0$ などでもよい

(3) $\dfrac{3+\sqrt{5}}{2}+\dfrac{3-\sqrt{5}}{2}=3$，
$\dfrac{3+\sqrt{5}}{2}\times\dfrac{3-\sqrt{5}}{2}=1$ であるから，
$\boldsymbol{x^2-3x+1=0}$ …答

第 2 節 高次方程式

演習問題 28 p.57

考え方 1 次式で割った余りについての問題は，剰余の定理が利用できます。

$f(x)=x^3+ax^2+bx+3$ とおく。

$x-1$ で割ると 3 余るので，剰余の定理より，

$f(1)=a+b+4=3$ ……①

$x+4$ で割ると -17 余るので，剰余の定理より，

$f(-4)=16a-4b-61=-17$ ……②

①，②を連立して解くと，

$\boldsymbol{a=2,\ b=-3}$ …答

演習問題 29 p.58

考え方 1 次式で割った余りは剰余の定理，割り切れるときは因数定理が利用できます。

$f(x)=x^3+ax^2+bx+c$ とおく。

$x+2$ で割ると 5 余るので剰余の定理より，

$f(-2)=4a-2b+c-8=5$ ……①

$x+1$ と $x-3$ で割り切れるので因数定理より，

$f(-1)=a-b+c-1=0$ ……②

$f(3)=9a+3b+c+27=0$ ……③

①，②，③を連立して解くと，

$\boldsymbol{a=1,\ b=-9,\ c=-9}$ …答

演習問題 30 p.60

考え方 代入したときに式の値が0となる x の値を探します。

(1) $x=1$ を代入すると，
$1^3-6\cdot1^2+11\cdot1-6=0$ であるから，
$x^3-6x^2+11x-6$ は $x-1$ を因数にもつことがわかる。筆算より，

$$
\begin{array}{r}
x^2-5x\ +6 \\
x-1\overline{)\,x^3-6x^2+11x-6} \\
\underline{x^3-x^2} \\
-5x^2+11x-6 \\
\underline{-5x^2+5x} \\
6x-6 \\
\underline{6x-6} \\
0
\end{array}
$$

〈組立除法では〉

1	1	−6	11	−6
		1	−5	6
	1	−5	6	0

よって，

$x^3-6x^2+11x-6$

$=(x-1)(x^2-5x+6)$

$=\boldsymbol{(x-1)(x-2)(x-3)}$ …答

(2) $x=1$ を代入すると，
$1^4-6\cdot1^3+7\cdot1^2+6\cdot1-8=0$ であるから，$x^4-6x^3+7x^2+6x-8$ は $x-1$ を因数にもつことがわかる。筆算より，

$$
\begin{array}{r}
x^3-5x^2+2x\ +8 \\
x-1\overline{)\,x^4-6x^3+7x^2+6x-8} \\
\underline{x^4-x^3} \\
-5x^3+7x^2+6x-8 \\
\underline{-5x^3+5x^2} \\
2x^2+6x-8 \\
\underline{2x^2-2x} \\
8x-8 \\
\underline{8x-8} \\
0
\end{array}
$$

〈組立除法では〉

1	1	−6	7	6	−8
		1	−5	2	8
	1	−5	2	8	0

よって，

$x^4-6x^3+7x^2+6x-8$

$=(x-1)(x^3-5x^2+2x+8)$

ここでさらに x^3-5x^2+2x+8 について，
$x=-1$ を代入すると，
$(-1)^3-5\cdot(-1)^2+2\cdot(-1)+8=0$ であるから，x^3-5x^2+2x+8 は $x+1$ を因数にもつことがわかる。筆算より，

$$
\begin{array}{r}
x^2-6x\ +8 \\
x+1\overline{)\,x^3-5x^2+2x+8} \\
\underline{x^3+x^2} \\
-6x^2+2x+8 \\
\underline{-6x^2-6x} \\
8x+8 \\
\underline{8x+8} \\
0
\end{array}
$$

〈組立除法では〉

−1	1	−5	2	8
		−1	6	−8
	1	−6	8	0

よって，

$x^4-6x^3+7x^2+6x-8$

$=(x-1)(x^3-5x^2+2x+8)$

$=(x-1)(x+1)(x^2-6x+8)$ ←まだ因数分解できる！

$=\boldsymbol{(x-1)(x+1)(x-2)(x-4)}$ …答

演習問題 31 p.61

考え方 因数分解を考えます。

(1) $8x^3-12x^2-2x+3=0$

$4x^2(2x-3)-(2x-3)=0$ 　因数分解

$(4x^2-1)(2x-3)=0$

$(2x+1)(2x-1)(2x-3)=0$

よって，$\boldsymbol{x=\pm\frac{1}{2},\ \frac{3}{2}}$ …答

(2) $x^4-5x^2-36=0$　x^2 をひとかたまりとみて因数分解
$(x^2+4)(x^2-9)=0$
$x^2=-4,\ 9$
$x=\pm\sqrt{-4},\ \pm3$
よって，$\boldsymbol{x=\pm2i,\ \pm3}$ …答　←$\sqrt{-1}=i$

(3) $x^6-1=0$　$x^6=(x^3)^2$
$(x^3)^2-1=0$　$a^2-b^2=(a+b)(a-b)$
$(x^3+1)(x^3-1)=0$
↓ 3 乗の和・差の因数分解
$(x+1)(x^2-x+1)(x-1)(x^2+x+1)=0$
よって，
$x+1=0,\ x^2-x+1=0,\ x-1=0,$
$x^2+x+1=0$
これらを解くと，
$x=-1,\ \dfrac{1\pm\sqrt{-3}}{2},\ 1,\ \dfrac{-1\pm\sqrt{-3}}{2}$
よって，　$\sqrt{-1}=i$
$\boldsymbol{x=\pm1,\ \dfrac{1\pm\sqrt{3}i}{2},\ \dfrac{-1\pm\sqrt{3}i}{2}}$ …答

演習問題 32　p.63

考え方　代入したときに左辺が 0 となる x の値を探します。

(1) 左辺に $x=1$ を代入すると，
$2\cdot1^3-7\cdot1^2+2\cdot1+3=0$ であるから，
$2x^3-7x^2+2x+3$ は $x-1$ を因数にもつことがわかる。筆算より，

$$\begin{array}{r} 2x^2-5x-3 \\ x-1\,\overline{)\,2x^3-7x^2+2x+3} \\ 2x^3-2x^2 \\ \hline -5x^2+2x+3 \\ -5x^2+5x \\ \hline -3x+3 \\ -3x+3 \\ \hline 0 \end{array}$$

〈組立除法では〉

$$\begin{array}{r|rrrr} 1 & 2 & -7 & 2 & 3 \\ & & 2 & -5 & -3 \\ \hline & 2 & -5 & -3 & 0 \end{array}$$

よって，
$2x^3-7x^2+2x+3$
$=(x-1)(2x^2-5x-3)$
$=(x-1)(2x+1)(x-3)$
したがって，方程式は
$(x-1)(2x+1)(x-3)=0$ であるから，
$\boldsymbol{x=1,\ -\dfrac{1}{2},\ 3}$ …答

(2) 左辺に $x=2$ を代入すると，
$2\cdot2^3-3\cdot2^2-4=0$ であるから，
$2x^3-3x^2-4$ は $x-2$ を因数にもつことがわかる。筆算より，

$$\begin{array}{r} 2x^2+x+2 \\ x-2\,\overline{)\,2x^3-3x^2-4} \\ 2x^3-4x^2 \\ \hline x^2-4 \\ x^2-2x \\ \hline 2x-4 \\ 2x-4 \\ \hline 0 \end{array}$$

〈組立除法では〉

$$\begin{array}{r|rrrr} 2 & 2 & -3 & 0 & -4 \\ & & 4 & 2 & 4 \\ \hline & 2 & 1 & 2 & 0 \end{array}$$

よって，
$2x^3-3x^2-4=(x-2)(2x^2+x+2)$
したがって，方程式は
$(x-2)(2x^2+x+2)=0$ であるから，
$x=2,\ 2x^2+x+2=0$
$2x^2+x+2=0$ の解は解の公式より，
$x=\dfrac{-1\pm\sqrt{-15}}{4}=\dfrac{-1\pm\sqrt{15}i}{4}$　←$\sqrt{-1}=i$
方程式の解は，$\boldsymbol{x=2,\ \dfrac{-1\pm\sqrt{15}i}{4}}$ …答

演習問題 33　p.65

考え方　2 次式で割った余りは 1 次以下の整式になります。

(1) $x-1$ で割ると -1 余り，$x-3$ で割ると 5 余るので，剰余の定理より，
$f(1)=-1,\ f(3)=5$ ……①

$f(x)$ を $(x-1)(x-3)$ で割った商を $Q(x)$ とおき，割る式が 2 次式であるから余りを $ax+b$ とおくと，

$f(x)=(x-1)(x-3)Q(x)+ax+b$

$f(1)=a+b$ であるから①より，

$-1=a+b$

$f(3)=3a+b$ であるから①より，

$5=3a+b$

以上を連立して解くと，$a=3$，$b=-4$

よって，余りは $\mathbf{3x-4}$ …答

(2) $x+3$ で割ると 7 余り，$x-2$ で割ると 2 余るので，剰余の定理より，

$f(-3)=7$，$f(2)=2$ ……①

$f(x)$ を $x^2+x-6=(x+3)(x-2)$ で割った商を $Q(x)$ とおき，割る式が 2 次式であるから余りを $ax+b$ とおくと，

$f(x)=(x+3)(x-2)Q(x)+ax+b$

$f(-3)=-3a+b$ であるから①より，

$7=-3a+b$

$f(2)=2a+b$ であるから①より，

$2=2a+b$

以上を連立して解くと，$a=-1$，$b=4$

よって，余りは $\mathbf{-x+4}$ …答

演習問題 34 p.66

考え方 他の 2 つの解は，因数定理を用いて因数分解を考えて求めます。

$x=1-3i$ が解であるから，方程式に代入すると，

$(1-3i)^3+a(1-3i)^2+b(1-3i)-10=0$

$(1-9i+27i^2-27i^3)+a(1-6i+9i^2)$
$+b(1-3i)-10=0$

$(-36-8a+b)+(18-6a-3b)i=0$

$-36-8a+b$ も $18-6a-3b$ も実数であるから，

$\begin{cases} -36-8a+b=0 \\ 18-6a-3b=0 \end{cases}$ ←実部どうし，虚部どうしを比べる

これを解くと，$\mathbf{a=-3}$，$\mathbf{b=12}$ …答

また，このとき方程式は，

$x^3-3x^2+12x-10=0$

$x=1$ とすると，

(左辺)$=1^3-3\cdot1^2+12\cdot1-10=0$ であるから，$x^3-3x^2+12x-10$ は $x-1$ を因数にもつことがわかる。筆算より，

$$\begin{array}{r|l} & x^2-2x+10 \\ x-1 & x^3-3x^2+12x-10 \\ & x^3-x^2 \\ \hline & -2x^2+12x-10 \\ & -2x^2+2x \\ \hline & 10x-10 \\ & 10x-10 \\ \hline & 0 \end{array}$$

〈組立除法では〉

$$\begin{array}{c|cccc} 1 & 1 & -3 & 12 & -10 \\ & & 1 & -2 & 10 \\ \hline & 1 & -2 & 10 & 0 \end{array}$$

よって，

$x^3-3x^2+12x-10=0$

$(x-1)(x^2-2x+10)=0$ ←因数定理で因数分解

これより $x-1=0$，$x^2-2x+10=0$ であるから，方程式の解は，$x=1$，$1\pm3i$

以上より，他の 2 つの解は，

$\mathbf{x=1,\ 1+3i}$ …答

演習問題 35 p.68

考え方 次数によって公式を使い分けます。

$x^3-1=0$，つまり，$x^3=1$ の虚数解の 1 つが ω であるから，

$\omega^3=1$，$\omega^2+\omega+1=0$

(1) $\omega^3=1$ で，$\omega^2+\omega+1=0$ より，

$\omega^2+\omega=-1$ であるから，

$\omega^3+3\omega^2+3\omega+1$
$=\omega^3+3(\omega^2+\omega)+1$
$=1+3\cdot(-1)+1$
$=\mathbf{-1}$ …答

別解 $\omega^3+3\omega^2+3\omega+1=(\omega+1)^3$
$=(-\omega^2)^3=-\omega^6=-(\omega^3)^2$
$=-1^2=\mathbf{-1}$ …答

(2) $\omega^3=1$ より，
$\omega^4=\omega^3\cdot\omega=1\cdot\omega=\omega$
$\omega^5=\omega^3\cdot\omega^2=1\cdot\omega^2=\omega^2$
であるから，
$(1+\omega)(1+\omega^2)(1+\omega^3)(1+\omega^4)(1+\omega^5)$
$=(1+\omega)(1+\omega^2)(1+1)(1+\omega)(1+\omega^2)$
また，$\omega^2+\omega+1=0$ より，
$1+\omega=-\omega^2$
$1+\omega^2=-\omega$
であるから，
$(1+\omega)(1+\omega^2)(1+1)(1+\omega)(1+\omega^2)$
$=(-\omega^2)(-\omega)\cdot 2\cdot(-\omega^2)(-\omega)$
$=\omega^3\cdot 2\cdot\omega^3$ ← $\omega^3=1$
$=1\cdot 2\cdot 1$
$=\mathbf{2}$ …答

第3章 図形と方程式

第1節 点

演習問題36 p.71

考え方 2点 A(a)，B(b) 間の距離は $|a-b|$ です。

(1) $\mathrm{AB}=\left|4-\dfrac{2}{3}\right|=\left|\dfrac{10}{3}\right|=\mathbf{\dfrac{10}{3}}$ …答

(2) $\mathrm{AB}=|4-(-2)|=|6|=\mathbf{6}$ …答

(3) $\mathrm{AB}=|2\sqrt{45}-\sqrt{5}|=|6\sqrt{5}-\sqrt{5}|$
$=|5\sqrt{5}|=\mathbf{5\sqrt{5}}$ …答

演習問題37 p.74

考え方 (4)外分点の座標は，比の一方をマイナスにして内分点の公式で考えます。

(1) $\dfrac{1\cdot 4+2\cdot 1}{2+1}=\dfrac{6}{3}=\mathbf{2}$ …答

(2) $\dfrac{3\cdot 3+1\cdot(-5)}{1+3}=\dfrac{4}{4}=\mathbf{1}$ …答

(3) $\dfrac{-1+(-6)}{2}=\mathbf{-\dfrac{7}{2}}$ …答

(4) 線分 AB を $-2:3$ に内分すると考えて，
$\dfrac{3\cdot 4+(-2)\cdot 8}{-2+3}=\mathbf{-4}$ …答

別解 $\dfrac{-3\cdot 4+2\cdot 8}{2-3}=\mathbf{-4}$ …答 ←外分点の公式

演習問題38 p.75

考え方 公式に当てはめましょう。

(1) $\sqrt{(2-1)^2+(7-4)^2}=\sqrt{1+9}=\mathbf{\sqrt{10}}$ …答

(2) $\sqrt{(4-1)^2+(-1-3)^2}=\sqrt{9+16}=\mathbf{5}$ …答

(3) $\sqrt{(-3-1)^2+\{-4-(-3)\}^2}=\sqrt{16+1}$
$=\mathbf{\sqrt{17}}$ …答

演習問題 39 p.77

1

考え方 外分点の座標は，比の一方をマイナスにして内分点の公式で考えます。

(1) $\left(\dfrac{1\cdot0+3\cdot3}{3+1},\ \dfrac{1\cdot7+3\cdot(-8)}{3+1}\right)$

$=\left(\dfrac{9}{4},\ -\dfrac{17}{4}\right)$ …答

(2) $\left(\dfrac{3\cdot(-2)+2\cdot(-5)}{2+3},\ \dfrac{3\cdot(-5)+2\cdot1}{2+3}\right)$

$=\left(-\dfrac{16}{5},\ -\dfrac{13}{5}\right)$ …答

(3) AB を $3:(-2)$ に内分すると考えて，

$\left(\dfrac{(-2)\cdot(-3)+3\cdot(-5)}{3+(-2)},\ \dfrac{(-2)\cdot2+3\cdot(-5)}{3+(-2)}\right)$

$=(-9,\ -19)$ …答

別解 $\left(\dfrac{-2\cdot(-3)+3\cdot(-5)}{3-2},\ \dfrac{-2\cdot2+3\cdot(-5)}{3-2}\right)$

$=(-9,\ -19)$ …答 ←外分点の公式

2

考え方 $B(p,\ q)$ とおいて考えます。

$B(p,\ q)$ とおく。線分 AB を $2:1$ に外分する点は，$2:(-1)$ に内分すると考えて，

$\left(\dfrac{(-1)\cdot2+2p}{2+(-1)},\ \dfrac{(-1)\cdot1+2q}{2+(-1)}\right)$

$=(-2+2p,\ -1+2q)$

これが，$(1,\ 1)$ に等しいので，x 座標どうし，y 座標どうしを比較して，

$\begin{cases}-2+2p=1\\-1+2q=1\end{cases}$

これを解いて，$B(p,\ q)=\left(\dfrac{3}{2},\ 1\right)$ …答

別解 図示すると次のようになる。

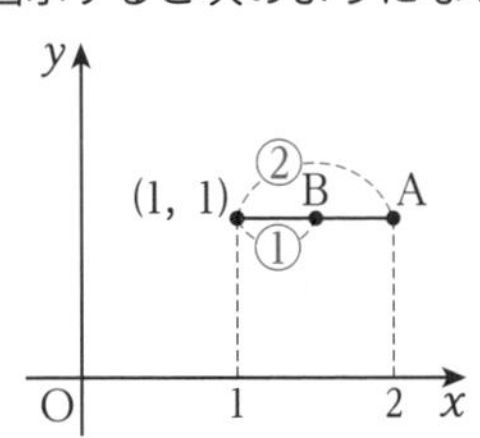

$A(2,\ 1)$ と $(1,\ 1)$ の中点が B であるから，

$\left(\dfrac{2+1}{2},\ \dfrac{1+1}{2}\right)=\left(\dfrac{3}{2},\ 1\right)$ …答

演習問題 40 p.78

考え方 $D(a,\ b)$ とおいて考えます。

点 $D(a,\ b)$ とすると，△ABD の重心の座標は，

$\left(\dfrac{4+3+a}{3},\ \dfrac{2+(-5)+b}{3}\right)=\left(\dfrac{a+7}{3},\ \dfrac{b-3}{3}\right)$

これが，$C(-1,\ 3)$ に等しいので，x 座標どうし，y 座標どうしを比較して，

$\begin{cases}\dfrac{a+7}{3}=-1\\\dfrac{b-3}{3}=3\end{cases}$

これを解いて，$D(a,\ b)=(-10,\ 12)$ …答

第2節 直 線

演習問題 41 p.82

1

考え方 公式に当てはめましょう。

(1) $y-18=-5\{x-(-4)\}$

$y=-5x-2$ …答

(2)直線の傾きは$\dfrac{23-13}{4-2}=5$ であり，

点 $(2,\ 13)$ を通るので，

$y-13=5(x-2)$

$y=5x+3$ …答

Point もちろん，通る点を $(4,\ 23)$ として計算しても結果は同じです。

(3)直線の傾きは$\dfrac{-2-2}{-1-(-2)}=-4$

であり，点 $(-1,\ -2)$ を通るので，

$y-(-2)=-4\{x-(-1)\}$

$y=-4x-6$ …答

(4) 2 点の y 座標がともに -9 であるから，

$y=-9$ …答

(5) 2 点の x 座標がともに 6 であるから，

$x=6$ …答

2

考え方 (1)(2)まず，$y=f(x)$ の形に変形します。

(1) $y=\underline{2}x+1$ であるから，**傾きは 2** …答

グラフは次の図のようになる。

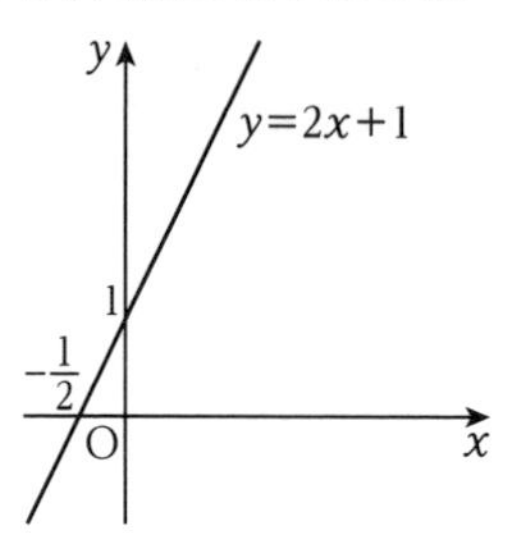

(2) $y=\underline{-\frac{3}{5}}x+\frac{11}{5}$ であるから，

傾きは $-\frac{3}{5}$ …答

グラフは次の図のようになる。

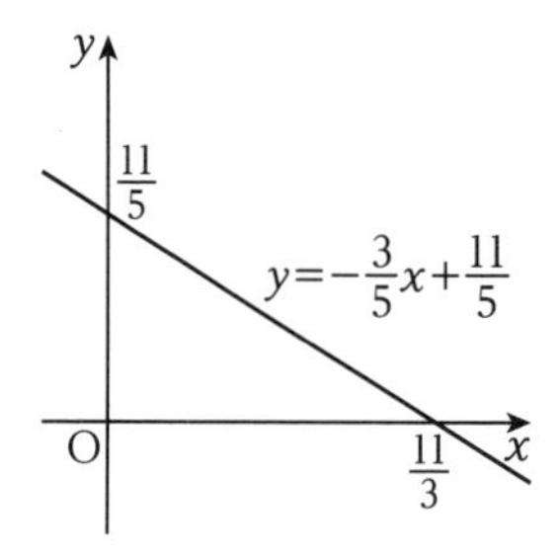

(3) $y=\frac{7}{2}$ であるから，直線は x 軸に平行なので**傾きは 0** …答

グラフは次の図のようになる。

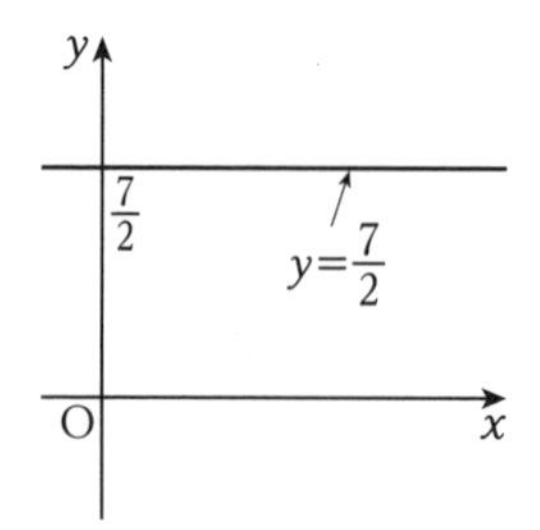

(4) $x=\frac{9}{5}$ であるから，直線は y 軸に平行なので**傾きをもたない** …答

グラフは次の図のようになる。

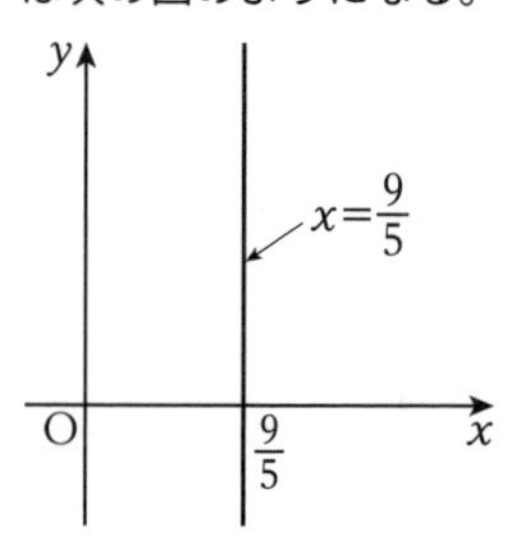

演習問題 42 p.84

考え方 直線の方程式は通る点と傾きから求められます。

(1)直線 $y=3x-2$ に平行であるから，求める直線の傾きは 3 である。点 $(-1,\ 4)$ を通るので，求める直線の方程式は，

$y-4=3\{x-(-1)\}$

$y=3x+7$ …答

(2) 2 点 $(-2,\ 3)$，$(1,\ -4)$ を通る直線の傾きは，$\frac{3-(-4)}{-2-1}=-\frac{7}{3}$

2 点 $(-2,\ 3)$，$(1,\ -4)$ を通る直線に平行であるから，求める直線の傾きは $-\frac{7}{3}$ である。点 $(5,\ 1)$ を通るので，求める直線の方程式は，

$y-1=-\frac{7}{3}(x-5)$ …①

$y=-\frac{7}{3}x+\frac{38}{3}$ …答

Point ①において，展開して整理するのは分数を扱うので少々手間がかかります。そこで，先に両辺を 3 倍して分母を払ってから整理すると，計算しやすくなります。つまり，

$3y-3=-7(x-5)$

$7x+3y-38=0$ …答 ←一般形で答えた

(3) $4x-5y-20=0$ より，$y=\frac{4}{5}x-4$ であるから，直線の傾きは $\frac{4}{5}$ である。

求める直線の傾きを m とすると，直線 $y=\frac{4}{5}x-4$ に垂直であるから，

$$\frac{4}{5}\times m=-1$$

よって，$m=-\frac{5}{4}$

点 $(4,\ -2)$ を通るので，求める直線の方程式は，

$$y-(-2)=-\frac{5}{4}(x-4)$$

$$\boldsymbol{y=-\frac{5}{4}x+3}$$ …答 ← $5x+4y-12=0$ でもよい

(4)直線 AB の傾きは，

$$\frac{1-(-3)}{-2-4}=-\frac{2}{3}$$

求める直線の傾きを m とすると，直線 AB に垂直であるから，

$$-\frac{2}{3}\times m=-1$$

よって，$m=\frac{3}{2}$

また，垂直二等分線は線分 AB の中点を通る。

中点の座標は

$$\left(\frac{-2+4}{2},\ \frac{1+(-3)}{2}\right)=(1,\ -1)$$

であるから，求める直線の方程式は，

$$y-(-1)=\frac{3}{2}(x-1)$$

$$\boldsymbol{y=\frac{3}{2}x-\frac{5}{2}}$$ …答 ← $3x-2y-5=0$ でもよい

演習問題 43 p.86

考え方 「線分 AB の中点が直線 $y=-x+3$ 上」,「直線 $y=-x+3$ と直線 AB が垂直に交わる」の 2 つが成り立ちます。

直線 $y=-x+3$ を l，点 B の座標を (a, b) とする。

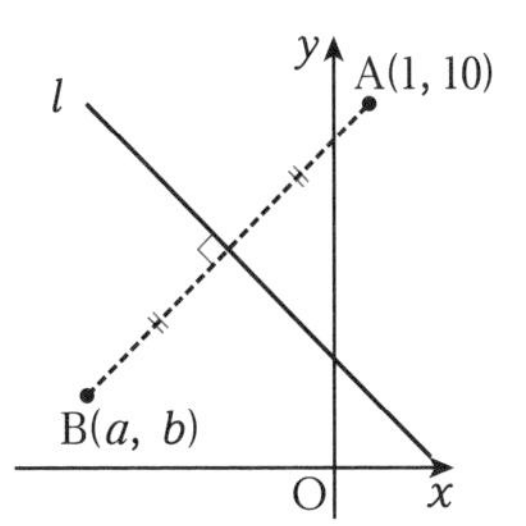

AB の中点 $\left(\frac{a+1}{2},\ \frac{b+10}{2}\right)$ は l 上にあるので，直線 l の方程式に代入して，

$$\frac{b+10}{2}=-\frac{a+1}{2}+3$$

$$a+b+5=0 \quad \cdots\cdots①$$

直線 AB の傾きは $\frac{b-10}{a-1}$ であるから，

$l\perp$AB より，

$$\frac{b-10}{a-1}\times(-1)=-1$$

$$a-b+9=0 \quad \cdots\cdots②$$

①，②より，$a=-7$，$b=2$

よって，B$(\boldsymbol{-7,\ 2})$ …答

演習問題 44 p.88

考え方 直線の方程式は $ax+by+c=0$ の形に直して考えます。

(1) $$\frac{|3\cdot 0-2\cdot 0-8|}{\sqrt{3^2+(-2)^2}}=\frac{|-8|}{\sqrt{13}}=\frac{8}{\sqrt{13}}$$

$$=\boldsymbol{\frac{8\sqrt{13}}{13}}$$ …答

(2)直線の方程式は $y=2x-1$ より，$2x-y-1=0$ であるから，

$$\frac{|2\cdot(-3)-1\cdot 3-1|}{\sqrt{2^2+(-1)^2}}=\frac{|-10|}{\sqrt{5}}$$

$$=\boldsymbol{2\sqrt{5}}$$ …答

(3)直線の方程式は $x=-3$ より，$x+3=0$ であるから，

$$\frac{|2+3|}{\sqrt{1^2+0^2}}=\frac{|5|}{1}=\boldsymbol{5}$$ …答

別解 軸に垂直な直線は，図示すると簡単に距離を求めることができます。

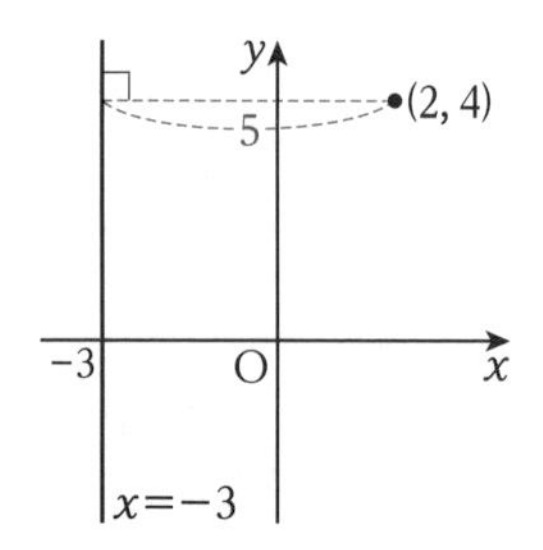

演習問題 45 p.90

考え方 (2)頂点の 1 つが原点と一致するように平行移動して考えます。

(1) $\frac{1}{2}|(-4)\cdot(-9)-(-11)\cdot 4|=\frac{1}{2}|80|$
$=\mathbf{40}$ …答

(2) x 軸方向に -2，y 軸方向に -5 平行移動した 3 点を，
A′$(0,\ 0)$，B′$(-6,\ -6)$，C′$(4,\ -8)$ とする。
△A′B′C′の面積は△ABC の面積に等しいので，
$\frac{1}{2}|(-6)\cdot(-8)-(-6)\cdot 4|=\frac{1}{2}|72|$
$=\mathbf{36}$ …答

演習問題 46 p.91

考え方 「a の値に関係なく定点 (x,y) を通る」⟺「a の値に関係なく代入して成り立つ x，y が存在する」⟺「a についての恒等式」

a について整理すると，
$(3x+4y+6)a+x-3y+2=0$
これがどんな a の値に対しても成り立つので，
$3x+4y+6=0$，かつ，$x-3y+2=0$
この連立方程式を解くと，$x=-2$，$y=0$
よって，定点の座標は $\mathbf{(-2,\ 0)}$ …答

第 3 節 円

演習問題 47 p.94

1

考え方 (2)〜(4)中心の座標と半径の長さを求めます。図示することが有効な場合もあります。

(1) $(x-2)^2+\{y-(-3)\}^2=3^2$
$\boldsymbol{(x-2)^2+(y+3)^2=9}$ …答

(2)半径を r とすると，円の方程式は，
$(x-1)^2+(y-1)^2=r^2$ ……①
この円が原点を通るので $(x,\ y)=(0,\ 0)$ を代入すると，
$1+1=r^2$
よって，$r^2=2$
これを①に代入して，
$\boldsymbol{(x-1)^2+(y-1)^2=2}$ …答

別解 次のように図示することで，半径を簡単に求めることもできる。

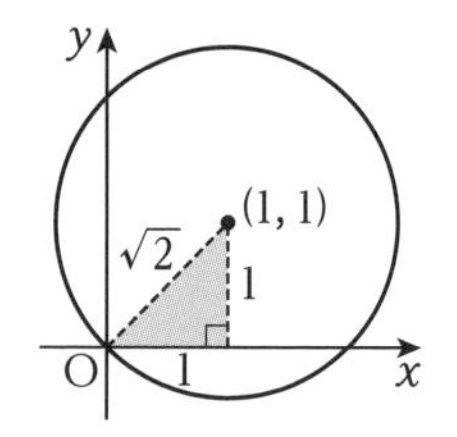

図より，中心と原点との距離が半径に等しく，その長さは$\sqrt{2}$ とわかる。

(3)中心は直径の中点であるから，
$\left(\frac{-1+1}{2},\ \frac{3+(-5)}{2}\right)=(0,\ -1)$
半径は中心と $(-1,\ 3)$（または $(1,\ -5)$）との距離であるから，
$\sqrt{\{0-(-1)\}^2+(-1-3)^2}=\sqrt{17}$
よって，円の方程式は，
$(x-0)^2+\{y-(-1)\}^2=(\sqrt{17})^2$
$\boldsymbol{x^2+(y+1)^2=17}$ …答

(4)次の図のようになるので，中心の座標から，半径は 4 であることがわかる。

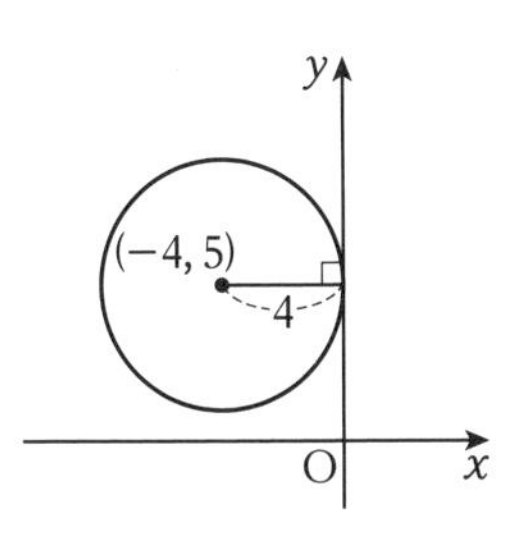

よって，円の方程式は

$\{x-(-4)\}^2+(y-5)^2=4^2$

$\boldsymbol{(x+4)^2+(y-5)^2=16}$ …答

(5)円の方程式を $x^2+y^2+lx+my+n=0$ とする。

(1，0) を通るので代入すると，

$1+l+n=0$ ……①

(2，−1) を通るので代入すると，

$5+2l-m+n=0$ ……②

(3，−3) を通るので代入すると，

$18+3l-3m+n=0$ ……③

①，②，③より，$l=5$，$m=9$，$n=-6$

よって，$\boldsymbol{x^2+y^2+5x+9y-6=0}$ …答

2

考え方 平方完成を行います。

(1) $x^2+y^2-8x+7=0$

$(x-4)^2+y^2=9$ ← x について平方完成

この式より，**中心 (4，0)，半径 3** …答

(2) $x^2+y^2-2\sqrt{3}x+y-1=0$

$(x-\sqrt{3})^2+\left(y+\dfrac{1}{2}\right)^2=\dfrac{17}{4}$ ← x，y について平方完成

この式より，

中心 $\left(\sqrt{3},\ -\dfrac{1}{2}\right)$，**半径** $\dfrac{\sqrt{17}}{2}$ …答

(3) $2x^2+2y^2-x-3y=0$

$x^2+y^2-\dfrac{1}{2}x-\dfrac{3}{2}y=0$ ← x^2 と y^2 の係数は1に直して考える

$\left(x-\dfrac{1}{4}\right)^2+\left(y-\dfrac{3}{4}\right)^2=\dfrac{5}{8}$ ← x，y について平方完成

この式より，

中心 $\left(\dfrac{1}{4},\ \dfrac{3}{4}\right)$，**半径** $\sqrt{\dfrac{5}{8}}=\dfrac{\sqrt{10}}{4}$ …答

演習問題 48 p.96

1

考え方 中心と直線の距離と，半径の大小を比較します。

(1)円の半径は $\sqrt{10}$ である。

$y=2x-3$ より，$2x-y-3=0$

中心 (0,0) と直線 $2x-y-3=0$ の距離は，

$$\frac{|2\cdot0-1\cdot0-3|}{\sqrt{2^2+(-1)^2}}=\frac{3}{\sqrt{5}}$$

$\left(\dfrac{3}{\sqrt{5}}\right)^2=\dfrac{9}{5}$，$(\sqrt{10})^2=10$ ←平方根は2乗して比較

であるから，

$\dfrac{3}{\sqrt{5}}<\sqrt{10}$

中心と直線の距離が半径より短いので，

共有点の個数は **2 個** …答

別解 円と直線の方程式を連立させて y を消去すると，

$x^2+(2x-3)^2=10$

$5x^2-12x-1=0$

この 2 次方程式の判別式を D とすると，

$$\frac{D}{4}=(-6)^2-5\cdot(-1)$$

$=41>0$

異なる 2 つの実数解をもつので，円と直線は異なる 2 点で交わる。

よって，共有点の個数は 2 個。

(2)円の半径は $\sqrt{5}$ である。

$y=2x-6$ より，$2x-y-6=0$

中心 (3，−5) と直線 $2x-y-6=0$ の距離は，

$$\frac{|2\cdot3-1\cdot(-5)-6|}{\sqrt{2^2+(-1)^2}}=\frac{5}{\sqrt{5}}=\sqrt{5}$$

中心と直線の距離が半径と等しいので，

共有点の個数は **1 個** …答

(3) $x^2+y^2+8x-2y+13=0$ より，

$(x+4)^2+(y-1)^2=4$

よって，円の半径は 2，中心の座標は

$(-4,\ 1)$ である。

中心 $(-4,\ 1)$ と直線 $x+5y-15=0$ の距離は，

$$\frac{|1\cdot(-4)+5\cdot1-15|}{\sqrt{1^2+5^2}}=\frac{14}{\sqrt{26}}$$

$\left(\frac{14}{\sqrt{26}}\right)^2=\frac{98}{13}$，$2^2=4$ であるから，

$$\frac{14}{\sqrt{26}}>2$$

中心と直線の距離が半径より長いので，共有点の個数は **0 個** …答

2

考え方　中心と直線の距離と，半径の大小を比較します。

円の半径は 3 である。中心 $(0,\ 0)$ と直線 $x+2y-2k=0$ の距離は，

$$\frac{|1\cdot0+2\cdot0-2k|}{\sqrt{1^2+2^2}}=\frac{|2k|}{\sqrt{5}}\quad \leftarrow|-a|=|a|$$

(i) 異なる 2 点で交わるのは，中心と直線の距離が半径より短いときで，

$$\frac{|2k|}{\sqrt{5}}<3$$
$$|2k|<3\sqrt{5}$$

よって，

$$-\frac{3\sqrt{5}}{2}<k<\frac{3\sqrt{5}}{2}$$

(ii) 接するのは，中心と直線の距離が半径と等しいときで，

$$\frac{|2k|}{\sqrt{5}}=3$$
$$|2k|=3\sqrt{5}$$
$$k=\pm\frac{3\sqrt{5}}{2}$$

(iii) 共有点をもたないのは，中心と直線の距離が半径より長いときで，

$$\frac{|2k|}{\sqrt{5}}>3$$
$$|2k|>3\sqrt{5}$$

よって，

$$k<-\frac{3\sqrt{5}}{2},\ \frac{3\sqrt{5}}{2}<k$$

(i)〜(iii) より，

$-\frac{3\sqrt{5}}{2}<k<\frac{3\sqrt{5}}{2}$ のとき，異なる 2 点で交わる
$k=\pm\frac{3\sqrt{5}}{2}$ のとき，接する …答
$k<-\frac{3\sqrt{5}}{2}$，$\frac{3\sqrt{5}}{2}<k$ のとき，共有点をもたない

演習問題 49　p.98

1

考え方　円の半径と，円の中心と直線の距離に着目します。

円の半径は $\sqrt{5}$ である。また，中心 O $(0,\ 0)$ と直線 $x+y+2=0$ の距離は，

$$\frac{|0+0+2|}{\sqrt{1^2+1^2}}=\frac{2}{\sqrt{2}}=\sqrt{2}$$

次の図のように円と直線の交点を A，B とし，O から直線に下ろした垂線と直線の交点を H とする。

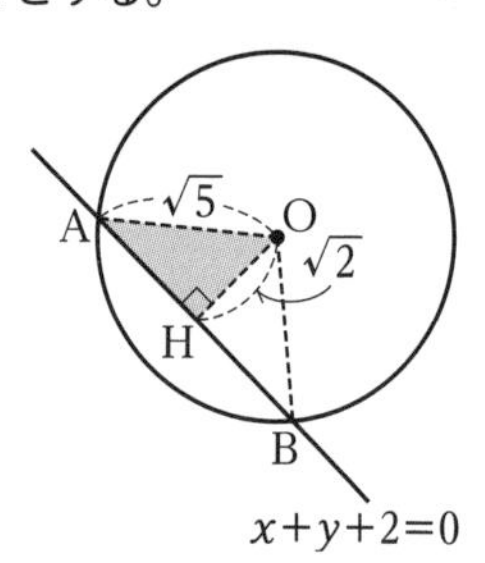

図の直角三角形 OAH において，三平方の定理より，

$$\mathrm{AH}=\sqrt{(\sqrt{5})^2-(\sqrt{2})^2}=\sqrt{3}$$

△OAB は二等辺三角形であるから，

$\mathrm{AB}=2\mathrm{AH}=\mathbf{2\sqrt{3}}$ …答

2

考え方　円の半径と，円の中心と直線の距離に着目します。

円の中心 $(-2,\ 1)$ と直線 $4x+3y-5=0$ の距離は，

$$\frac{|4\cdot(-2)+3\cdot1-5|}{\sqrt{4^2+3^2}}=\frac{10}{5}=2$$

次の図のように円の中心をA，円と直線の交点をB，Cとし，Aから直線に下ろした垂線と直線の交点をHとすると，
$BC=2\sqrt{2}$ より $CH=\sqrt{2}$

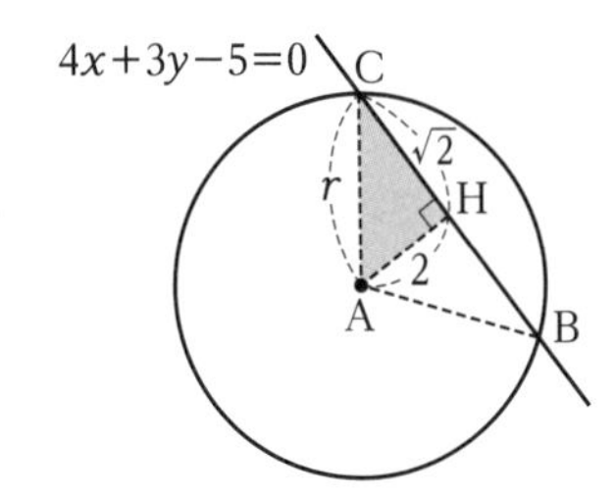

図の直角三角形AHCにおいて，三平方の定理より，

$r^2=2^2+(\sqrt{2})^2$
$\quad=6$

$r>0$ であるから，$\boldsymbol{r=\sqrt{6}}$ …答

演習問題50 p.100

考え方 公式に当てはめましょう。

(1) $1\cdot x+(-2)\cdot y=5$

$\boldsymbol{x-2y=5}$ …答

(2) $x^2+y^2-4x-4y+6=0$

$(x-2)^2+(y-2)^2=2$

であるから，求める接線の方程式は，

$(1-2)\cdot(x-2)+(3-2)\cdot(y-2)=2$

$\boldsymbol{-x+y-2=0}$ …答

演習問題51 p.102

考え方 (1)(2)は**[解法Ⅰ]**，**[解法Ⅱ]**の両方で解いてみましょう。(3)は接点を必要としていないので，**[解法Ⅰ]**がふさわしいと考えます。

(1)**[解法Ⅰ]**円の半径が1で，(0，3)を通る接線であるから，接線は y 軸に平行ではない。よって，接線の傾きを m とすると接線の方程式は，

$y-3=m(x-0)$

すなわち，$mx-y+3=0$

中心(0，0)と接線の距離が半径1に等しいので，

$$\frac{|m\cdot0-1\cdot0+3|}{\sqrt{m^2+(-1)^2}}=1$$

$3=\sqrt{m^2+1}$

$m^2+1=9$

$m=\pm2\sqrt{2}$

よって，接線の方程式は，

$\boldsymbol{2\sqrt{2}x-y+3=0,\ -2\sqrt{2}x-y+3=0}$ …答

↑$mx-y+3=0$ に代入した

[解法Ⅱ]接点の座標を $(a,\ b)$ とすると，接線の方程式は，

$ax+by=1$

この接線が(0，3)を通るので代入すると，

$3b=1$　すなわち，$b=\dfrac{1}{3}$ ……①

また，接点 $(a,\ b)$ は円 $x^2+y^2=1$ 上の点であるから代入して，

$a^2+b^2=1$ ……②

①，②より，$(a,\ b)=\left(\dfrac{2\sqrt{2}}{3},\ \dfrac{1}{3}\right)$，$\left(-\dfrac{2\sqrt{2}}{3},\ \dfrac{1}{3}\right)$

よって，接線の方程式は，

$\boldsymbol{\dfrac{2\sqrt{2}}{3}x+\dfrac{1}{3}y=1,\ -\dfrac{2\sqrt{2}}{3}x+\dfrac{1}{3}y=1}$ …答

↑$ax+by=1$ に代入した

(2)**[解法Ⅰ]**円の半径が4で，点(4，6)を通る接線であるから，次の図のように，接線の1つは $x=4$ である。

↑傾きをもたない接線の確認

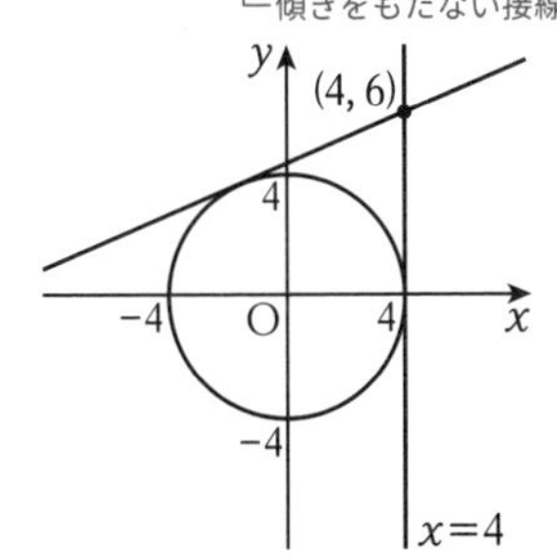

$x=4$ 以外の接線の傾きを m とすると，
接線の方程式は，

$y-6=m(x-4)$ すなわち，

$mx-y-4m+6=0$

中心 $(0,\ 0)$ と接線の距離が半径 4 に等しいので，

$$\frac{|m\cdot 0-1\cdot 0-4m+6|}{\sqrt{m^2+(-1)^2}}=4$$

$$|-4m+6|=4\sqrt{m^2+1}$$

$$(-4m+6)^2=16(m^2+1)$$

$$m=\frac{5}{12}$$

よって，求める接線は，

$\boldsymbol{x=4,\ y=\frac{5}{12}x+\frac{13}{3}}$ …答

↑ $mx-y-4m+6=0$ に代入した

[解法 II] 接点の座標を $(a,\ b)$ とすると，
接線の方程式は，

$ax+by=16$

この接線が点 $(4,6)$ を通るので代入すると，

$4a+6b=16$

すなわち，$2a+3b=8$……①

また，接点 $(a,\ b)$ は円 $x^2+y^2=16$ 上の点であるから代入して，

$a^2+b^2=16$……②

①,②より，$(a,\ b)=(4,\ 0),\left(-\frac{20}{13},\ \frac{48}{13}\right)$

よって，接線の方程式は，

$\boldsymbol{x=4,\ -\frac{5}{13}x+\frac{12}{13}y=4}$ …答

↑ $ax+by=16$ に代入した

Point **[解法 I]** は **[解法 II]** に比べて計算量は少ないですが，(2)のように，傾きをもたない接線が存在する場合は別に考える必要があります。

(3) $y=2x+k$ より，$2x-y+k=0$
円の中心 $(0,\ 0)$ と直線 $2x-y+k=0$ の距離が，半径に等しければよいので，

$$\frac{|2\cdot 0-1\cdot 0+k|}{\sqrt{2^2+(-1)^2}}=2$$

よって，$|k|=2\sqrt{5}$　$\boldsymbol{k=\pm 2\sqrt{5}}$ …答

演習問題 52 p.104

考え方　図示してから，位置関係を確認しましょう。

(1)円 C_1 の中心は $(0,\ 0)$ であるから，2 円の中心間の距離は，

$\sqrt{3^2+4^2}=5$

求める半径を r とする。
次の図のように，2 円が外接するとき，

$r+2=5$　よって，$\boldsymbol{r=3}$ …答

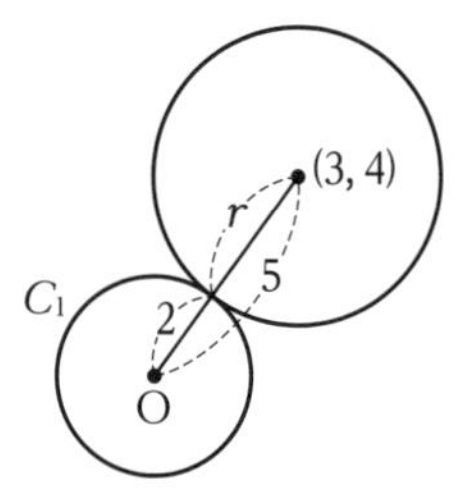

次の図のように，円 C_1 が内接するとき，

$r=5+2$　よって，$\boldsymbol{r=7}$ …答

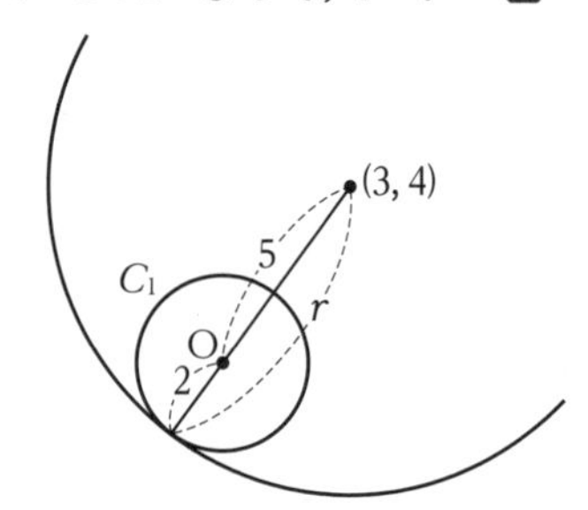

また，以上の結果より共有点をもつ条件は $3\leqq r\leqq 7$ のときである。半径 r の値は正であるから，**共有点をもたないような r の値の範囲は，**

$\boldsymbol{0<r<3,\ 7<r}$ …答

Point このように，共有点をもつ条件から考えるほうが楽に求められます。

(2)円 C_1 の方程式は，

$x^2+y^2-8x-12y+3=0$ より，

$(x-4)^2+(y-6)^2=49$

よって，円 C_1 の中心は $(4,\ 6)$，半径は 7 である。
円 C_2 の中心は $(1,\ 2)$ であるから，2 円の中心間の距離は，

$\sqrt{(4-1)^2+(6-2)^2}=5<7$

よって，内接するとわかる。←C_1 の半径

次の図のように，C_2 が C_1 に内接するとき，C_1 の半径は 7 であるから，

$5+r=7$

よって，$\boldsymbol{r=2}$ …答

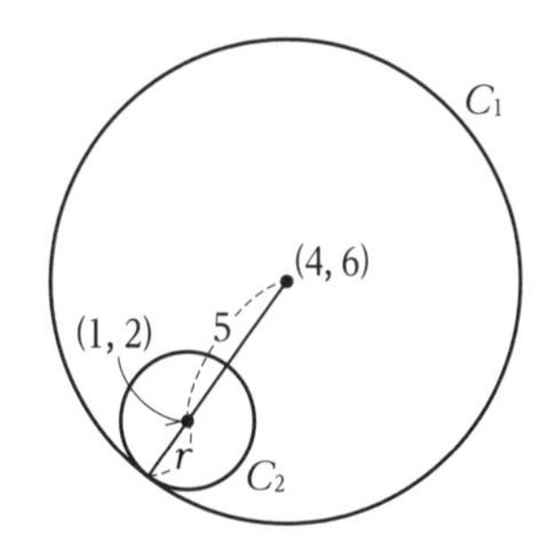

次の図のように，C_1 が C_2 に内接するとき，C_1 の半径は 7 であるから，

$r=5+7$

よって，$\boldsymbol{r=12}$ …答

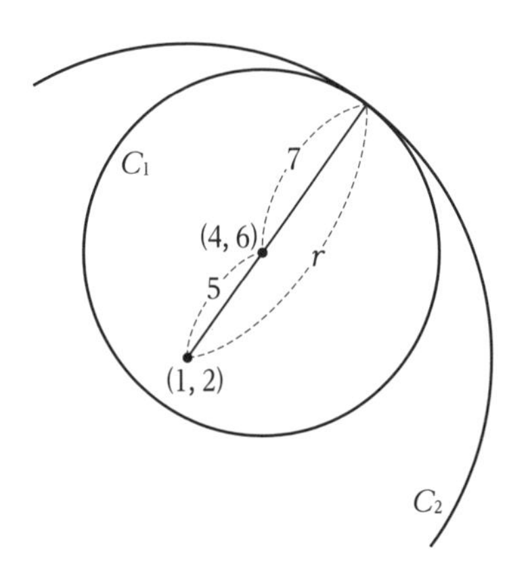

Point 中心間の距離は，外接のとき「半径の和」，内接のとき「半径の差」で表されます。

第 4 節 軌 跡

演習問題 53 p.108

考え方 点 $P(X,\ Y)$ として，X，Y のみの式で表します。

(1) $P(X,\ Y)$ とすると，←1

$AP=BP$ ←Pの満たす条件

すなわち，$AP^2=BP^2$

$(X+2)^2+(Y-4)^2=(X-2)^2+(Y-1)^2$ ←2

$8X-6Y+15=0$ ……①

よって，条件を満たす点 P は，直線①上にある。←3

逆に，直線①上のすべての点 P は条件を満たす。←4

以上より，点 P の軌跡は，

直線 $\boldsymbol{8x-6y+15=0}$ である。 …答

Point 2 点から等距離にある点の集合は，2 点を端点とする線分の垂直二等分線になります。

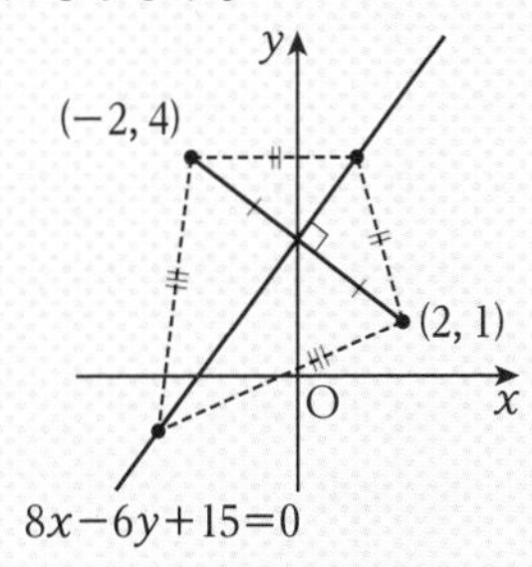

(2) $P(X,\ Y)$ とすると，←1

$AP:BP=1:2$ ←Pの満たす条件

$2AP=BP$

すなわち，$4AP^2=BP^2$

$4\{X^2+(Y-3)^2\}=(X-9)^2+Y^2$ ←2

$3X^2+3Y^2+18X-24Y-45=0$

$(X+3)^2+(Y-4)^2=40$ ……①

よって，条件を満たす点 P は，円①上にある。←3

逆に，円①上のすべての点 P は条件を

満たす。←[4]
以上より，点 P の軌跡は，
中心が$(-3,4)$，半径が$2\sqrt{10}$の円である。
…答

Point アポロニウスの円として，解くこともできます。
その場合，直径の両端は，AB を 1：2 に内分した点 (3, 2) と外分した点 (−9, 6) となります。

(3)

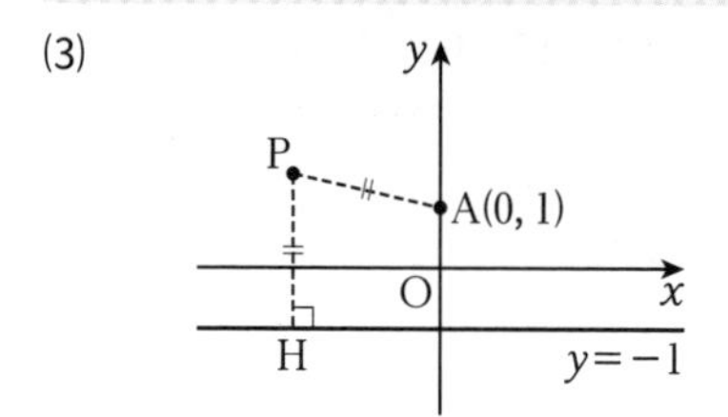

$P(X,\ Y)$ とする。←[1]
P から直線 $y=-1$ に下ろした垂線を PH とすると，

AP=PH ←Pの満たす条件

すなわち，$AP^2=PH^2$

$(X-0)^2+(Y-1)^2=|Y-(-1)|^2$ ←[2]

$X^2-4Y=0$ つまり，$Y=\frac{1}{4}X^2$……①

よって，条件を満たす点 P は，放物線①上にある。←[3]
逆に，放物線①上のすべての点 P は条件を満たす。←[4]
以上より，点 P の軌跡は，
放物線 $y=\frac{1}{4}x^2$ である。 …答

演習問題 54 p.109

考え方 動点の座標を $P(X, Y)$ として，X，Y を t で表します。

(1) $y=x^2-4tx$
$=(x-2t)^2-4t^2$
よって，頂点の座標は $(2t,\ -4t^2)$ である。
動点の座標を $P(X,\ Y)$ とすると，←[1]

$$\begin{cases} X=2t \\ Y=-4t^2 \end{cases}$$

$t=\frac{X}{2}$として Y の式に代入して，t を消去すると，

$Y=-4\left(\frac{X}{2}\right)^2=-X^2$ ……① ←[2]

よって，条件を満たす点 P は，放物線①上にある。←[3]
また，$t>0$ であるから，$\frac{X}{2}>0$
つまり，$X>0$ ←[4]
以上より，頂点 P の軌跡は
放物線 $y=-x^2$ の $x>0$ の部分 …答

(2) $x^2+y^2-6tx+2(t+2)y=0$
$(x-3t)^2+\{y+(t+2)\}^2=10t^2+4t+4$
よって，円の中心の座標は $(3t,\ -t-2)$ である。
動点の座標を $P(X,\ Y)$ とすると，←[1]

$$\begin{cases} X=3t \\ Y=-t-2 \end{cases}$$

$t=\frac{X}{3}$として Y の式に代入して，t を消去すると，

$Y=-\frac{X}{3}-2$ ……① ←[2]

よって，条件を満たす点 P は，直線①上にある。←[3]
また，$t<0$ であるから，$\frac{X}{3}<0$
つまり，$X<0$ ←[4]
以上より，中心 P の軌跡は
直線 $y=-\frac{x}{3}-2$ の $x<0$ の部分 …答

演習問題 55 p.111

考え方 軌跡を求める動点以外の動点に関しても条件を確認しましょう。

(1)動点 $P(X,\ Y)$，点 $Q(a,\ b)$ とする。←[1]
AQ を 3：2 に内分する点の座標は，

$\left(\frac{2\cdot4+3\cdot a}{3+2},\ \frac{2\cdot5+3\cdot b}{3+2}\right)$

$=\left(\dfrac{3a+8}{5}, \dfrac{3b+10}{5}\right)$

動点Pがこの内分点と一致するから，

$X=\dfrac{3a+8}{5}$，$Y=\dfrac{3b+10}{5}$ ←Pの条件

a，bについて解くと，

$a=\dfrac{5X-8}{3}$，$b=\dfrac{5Y-10}{3}$ ……①

また，Qは直線 $3x+2y-6=0$ 上の点であるから代入すると，

$3a+2b-6=0$ ←Qの条件

この式に①を代入して，

$3\cdot\dfrac{5X-8}{3}+2\cdot\dfrac{5Y-10}{3}-6=0$

$15X+10Y-62=0$ ……② ←2

よって，点Pは直線②上にある。←3

逆に，直線②上のすべての点は条件を満たす。←4

以上より，点Pの軌跡は

直線 $15x+10y-62=0$ …答

(2)動点 $P(X, Y)$，点 $Q(a, b)$ とする。←1

△ABQの重心の座標は，

$\left(\dfrac{a+2+2}{3}, \dfrac{b+0+2}{3}\right)$

$=\left(\dfrac{a+4}{3}, \dfrac{b+2}{3}\right)$

動点Pがこの重心と一致するから，

$X=\dfrac{a+4}{3}$，$Y=\dfrac{b+2}{3}$ ←Pの条件

a，bについて解くと，

$a=3X-4$，$b=3Y-2$ ……①

また，Qは円 $x^2+y^2=4$ 上の点であるから代入すると，

$a^2+b^2=4$ ←Qの条件

この式に①を代入して，

$(3X-4)^2+(3Y-2)^2=4$

$\left(X-\dfrac{4}{3}\right)^2+\left(Y-\dfrac{2}{3}\right)^2=\dfrac{4}{9}$ ……② ←2

よって，点Pは円②上にある。←3

また，点QはAと一致するとき△ABQをつくらないので，$a\neq2$，$b\neq0$

よって，①より $3X-4\neq2$，$3Y-2\neq0$

つまり，$(X, Y)\neq\left(2, \dfrac{2}{3}\right)$ ←4

以上より，点Pの軌跡は，

円 $\left(x-\dfrac{4}{3}\right)^2+\left(y-\dfrac{2}{3}\right)^2=\dfrac{4}{9}$

ただし，点 $\left(2, \dfrac{2}{3}\right)$ は除く …答

演習問題56 p.113

考え方 (2)解と係数の関係を用います。

(1)放物線と直線の方程式を連立すると，

$x^2-3x-1=x+k$

$x^2-4x-1-k=0$ ……①

異なる2つの共有点をもつのは，この方程式が異なる2つの実数解をもつときで，それは判別式が正のときである。

$(-2)^2-1\cdot(-1-k)>0$

$k>-5$ …答

(2)①の2つの解を α，β とすると，解と係数の関係より，

$\alpha+\beta=4$

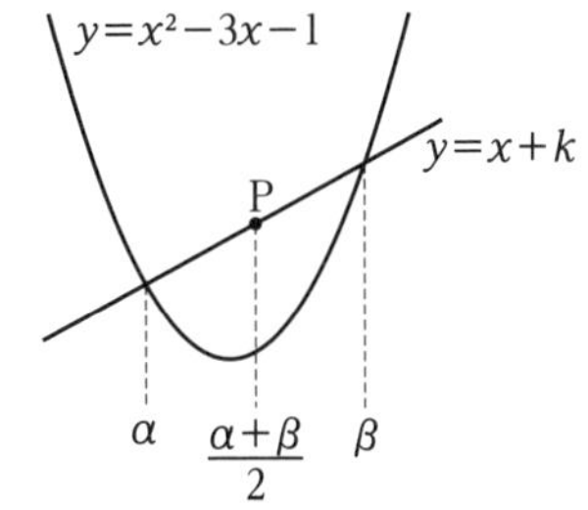

共有点の中点の x 座標は，

$\dfrac{\alpha+\beta}{2}=2$

中点の y 座標は直線 $y=x+k$ に $x=2$ を代入して，$2+k$

動点Pを (X, Y) とすると，←1

$X=2$，$Y=2+k$ ←2

よって，中点Pは直線 $X=2$ 上にある。←3

また，(1)より $k>-5$ であるから，

$Y=2+k>-3$ ←4

以上より，中点Pの軌跡は，

直線 $x=2$ の $y>-3$ の部分 …答

第5節　不等式の表す領域

演習問題57　p.117

考え方　まず，境界線を描きます。

(1)直線 $y=2x+1$ の下側であるから，**次の図の斜線部分。ただし，境界線は含む。**

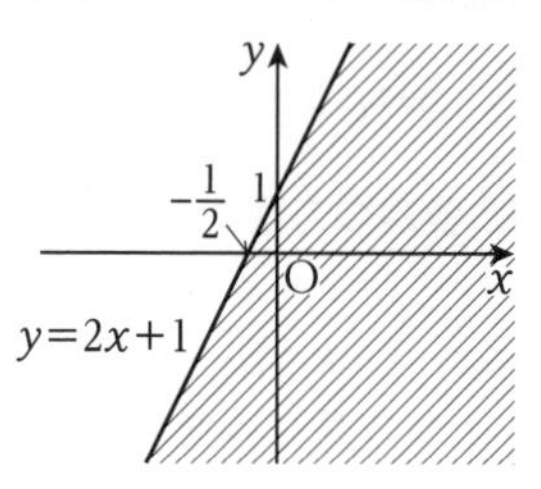

(2) $3x+4y+5>0$ より，$y>-\frac{3}{4}x-\frac{5}{4}$

直線 $y=-\frac{3}{4}x-\frac{5}{4}$ の上側であるから，

次の図の斜線部分。ただし，境界線は含まない。

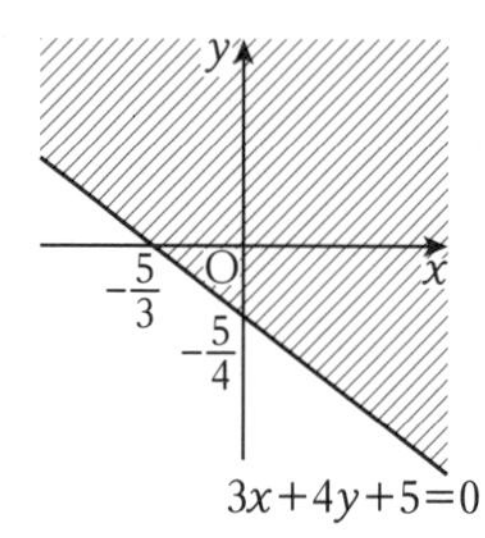

(3)放物線 $y=(x-1)^2+2$ の下側であるから，**次の図の斜線部分。ただし，境界線は含まない。**

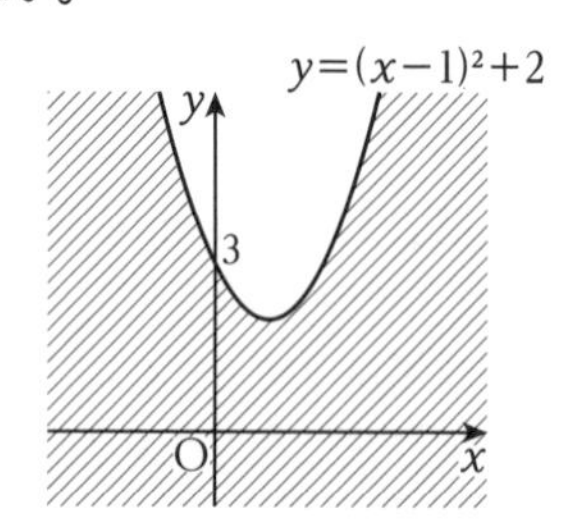

(4)直線 $x=1$ の右側であるから，**次の図の斜線部分。ただし，境界線は含む。**

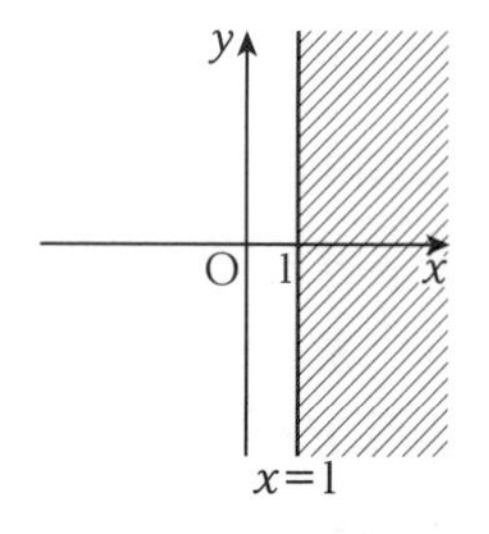

(5)直線 $y=-1$ の上側であるから，**次の図の斜線部分。ただし，境界線は含む。**

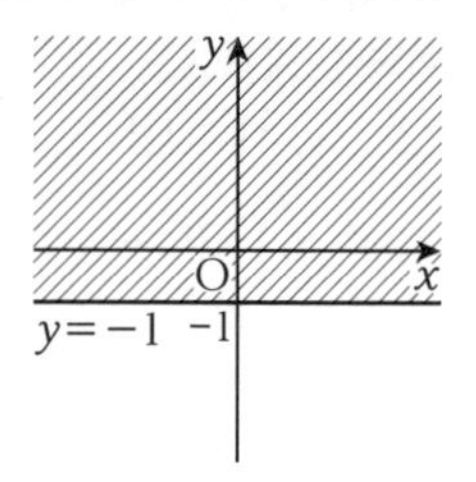

(6)円 $x^2+y^2=4$ の外部であるから，**次の図の斜線部分。ただし，境界線は含む。**

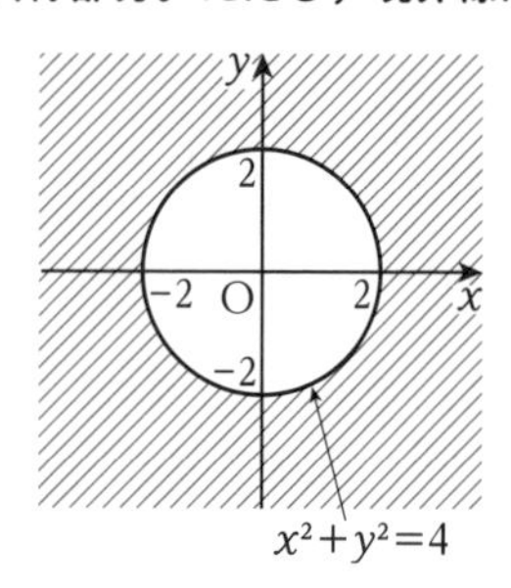

(7) $x^2+y^2+2x-2y<0$ より，

$(x+1)^2+(y-1)^2<2$

円 $(x+1)^2+(y-1)^2=2$ の内部であるから，**次の図の斜線部分。ただし，境界線は含まない。**

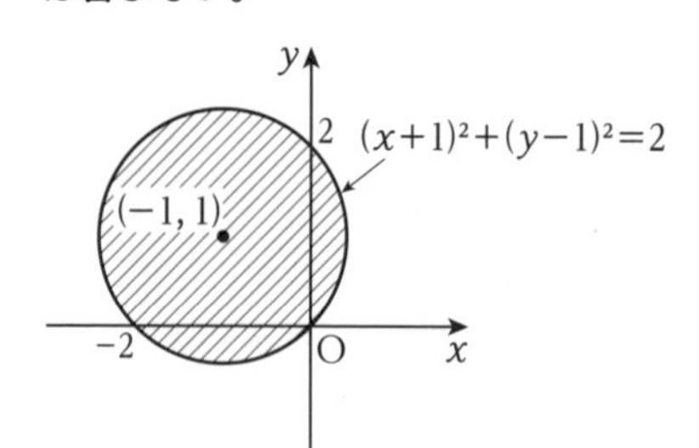

演習問題 58 p.120

1

考え方 まず，それぞれの境界線を描きます。

(1) $\begin{cases} x+y \leqq 0 \\ x-2y \geqq 6 \end{cases}$ より，

$\begin{cases} y \leqq -x & \leftarrow y=-x \text{の下側} \\ y \leqq \dfrac{1}{2}x-3 & \leftarrow y=\dfrac{1}{2}x-3 \text{の下側} \end{cases}$

であるから，領域は**次の図の斜線部分。ただし，境界線は含む。**

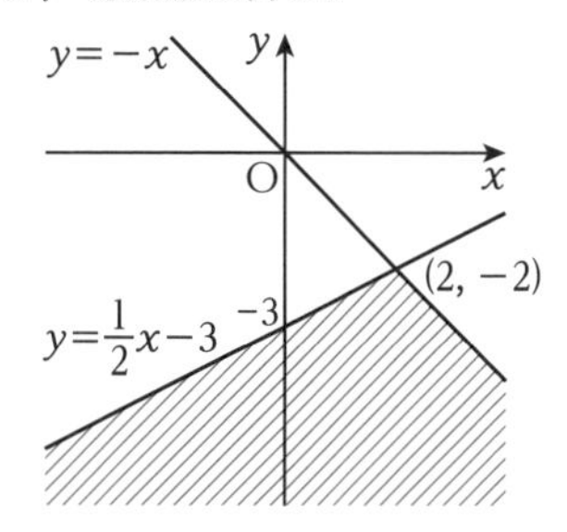

(2) $\begin{cases} y<x^2-1 \\ x-y+1<0 \end{cases}$ より，

$\begin{cases} y<x^2-1 & \leftarrow y=x^2-1 \text{の下側} \\ y>x+1 & \leftarrow y=x+1 \text{の上側} \end{cases}$

であるから，領域は**次の図の斜線部分。ただし，境界線は含まない。**

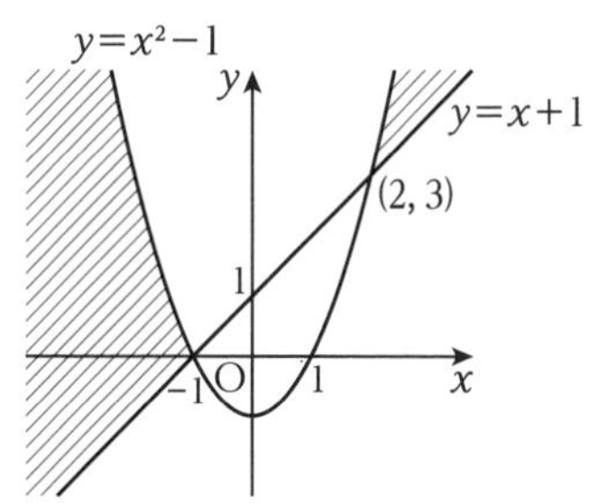

(3) $\begin{cases} (x-2)^2+y^2 \leqq 25 \\ 3x+y<1 \end{cases}$ より，

$\begin{cases} (x-2)^2+y^2 \leqq 25 & \leftarrow (x-2)^2+y^2=25 \text{の内部} \\ y<-3x+1 & \leftarrow y=-3x+1 \text{の下側} \end{cases}$

であるから，領域は**次の図の斜線部分。ただし，境界線は，直線 $y=-3x+1$ は含まないで，他は含む。**

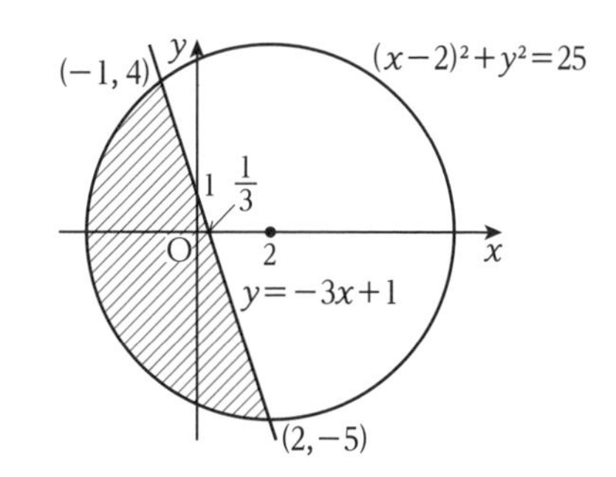

注意 円と直線の交点 $(-1, 4)$, $(2, -5)$ は含みません。

(4) $\begin{cases} x^2+y^2+6x+5 \geqq 0 \\ x^2+y^2+2x-15 \leqq 0 \end{cases}$ より，

$\begin{cases} (x+3)^2+y^2 \geqq 4 & \leftarrow (x+3)^2+y^2=4 \text{の外部} \\ (x+1)^2+y^2 \leqq 16 & \leftarrow (x+1)^2+y^2=16 \text{の内部} \end{cases}$

であるから，領域は**次の図の斜線部分。ただし，境界線は含む。**

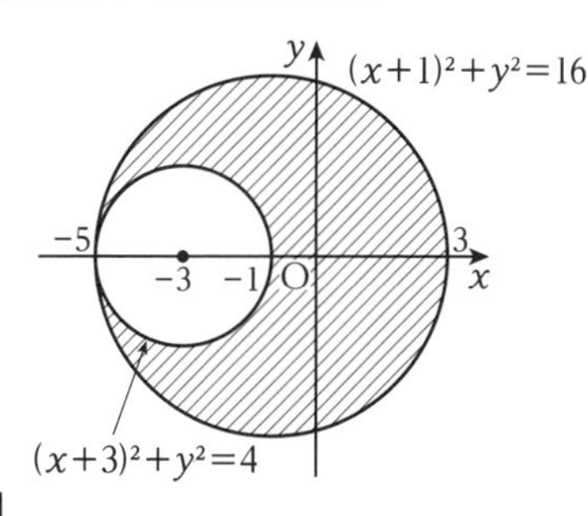

2

考え方 それぞれの因数の正負，もしくは交互に塗りつぶすことを考えます。

(1) $(x+y-4)(x^2+y^2-16) \geqq 0$

つまり，

$\begin{cases} x+y-4 \geqq 0 \\ x^2+y^2-16 \geqq 0 \end{cases}$

または，$\begin{cases} x+y-4 \leqq 0 \\ x^2+y^2-16 \leqq 0 \end{cases}$

よって，$\begin{cases} y \geqq -x+4 & \leftarrow \text{上側} \\ x^2+y^2 \geqq 16 & \leftarrow \text{外部} \end{cases}$

または，$\begin{cases} y \leqq -x+4 & \leftarrow \text{下側} \\ x^2+y^2 \leqq 16 & \leftarrow \text{内部} \end{cases}$

それぞれの和集合を考えると，領域は**次の図の斜線部分。ただし，境界線は含む。**

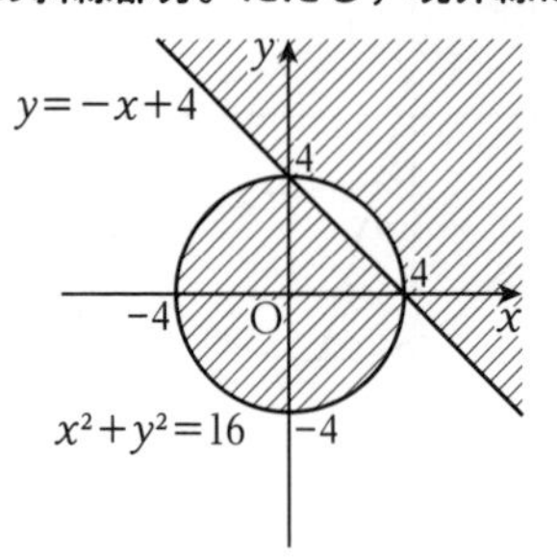

別解 **例題 66** の別解のように，点 (0,0) が条件を満たすので (0，0) を含む領域を斜線で塗り，あとは交互に塗ることで解答を得ることもできる。

(2) $(x^2+y)(x^2+y^2-2)<0$

つまり，

$\begin{cases} x^2+y>0 \\ x^2+y^2-2<0 \end{cases}$ または，$\begin{cases} x^2+y<0 \\ x^2+y^2-2>0 \end{cases}$

よって，$\begin{cases} y>-x^2 & \leftarrow \text{上側} \\ x^2+y^2<2 & \leftarrow \text{内部} \end{cases}$

または，$\begin{cases} y<-x^2 & \leftarrow \text{下側} \\ x^2+y^2>2 & \leftarrow \text{外部} \end{cases}$

それぞれの和集合を考えると，領域は**次の図の斜線部分。ただし，境界線は含まない。**

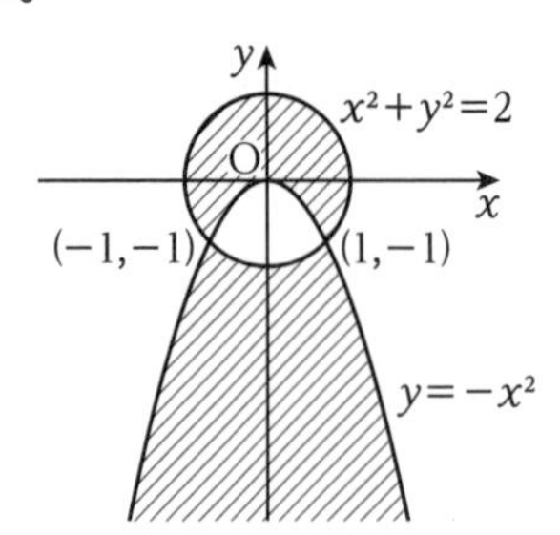

別解 (1)と同様に，交互に塗ることで解答を得ることもできる。

演習問題 59 p.122

考え方 (1)(2)「$a>0$ のとき，$|x| \leqq a \Longleftrightarrow -a \leqq x \leqq a$，$|x| \geqq a \Longleftrightarrow x \leqq -a$，$a \leqq x$」を利用して絶対値記号をはずして考えます。

(1) $|x-y|<1$ より，

$-1<x-y<1$　← $|X|<a \Longleftrightarrow -a<X<a$

よって，$\begin{cases} y>x-1 & \leftarrow \text{上側} \\ y<x+1 & \leftarrow \text{下側} \end{cases}$

であるから，領域は**次の図の斜線部分。ただし，境界線は含まない。**

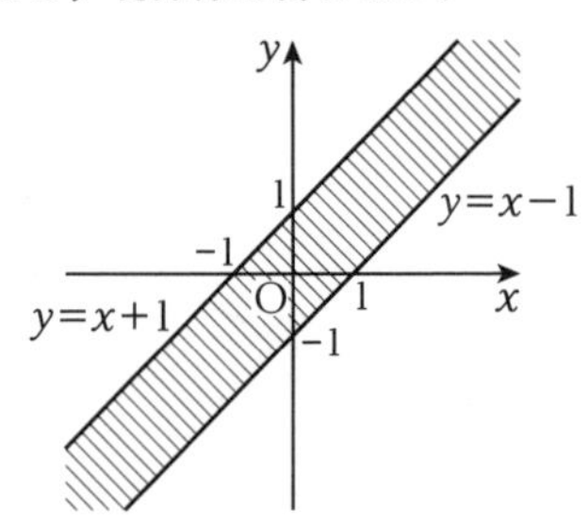

(2) $|x^2+y^2-3| \geqq 1$ より，

$x^2+y^2-3 \leqq -1$，

$1 \leqq x^2+y^2-3$　← $|X| \geqq a \Longleftrightarrow X \leqq -a$，$a \leqq X$

よって，$x^2+y^2 \leqq 2$（内部）または $x^2+y^2 \geqq 4$（外部）

であるから，領域は**次の図の斜線部分。ただし，境界線は含む。**

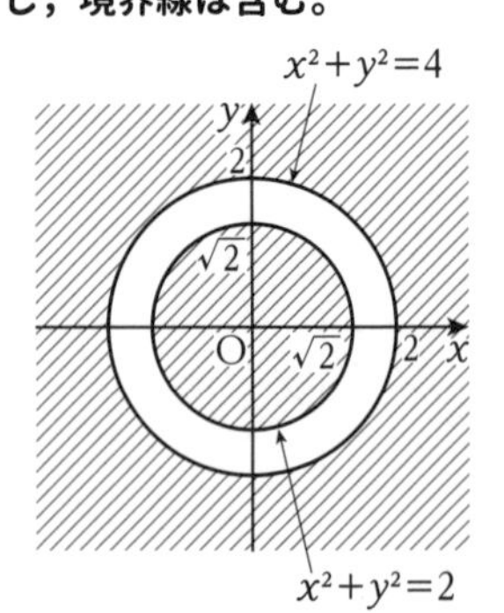

(3) x を $-x$ に変えても y の値は変化しないので y 軸対称，また，y を $-y$ に変え

ても x の値は変化しないので x 軸対称であるから，$x \geqq 0$ かつ，$y \geqq 0$ の部分だけ調べればよい。このとき，

$x+2y<1$　つまり，$y<-\frac{1}{2}x+\frac{1}{2}$ ←下側

であるから，次の図の斜線部分になる。

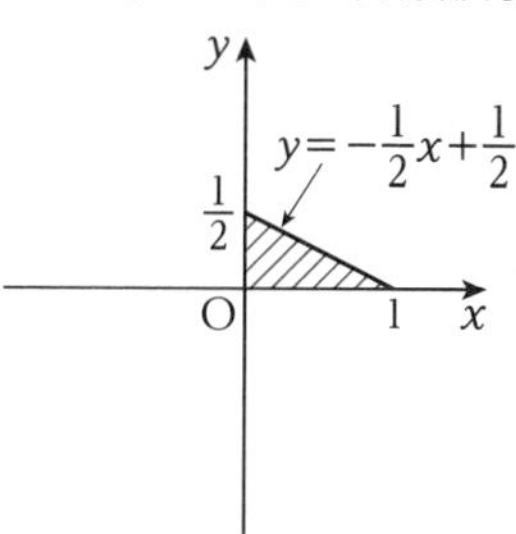

この領域を x 軸，y 軸に関して対称になるように折り返せばよいので，求める領域は**次の図の斜線部分。ただし，境界線は含まない。**

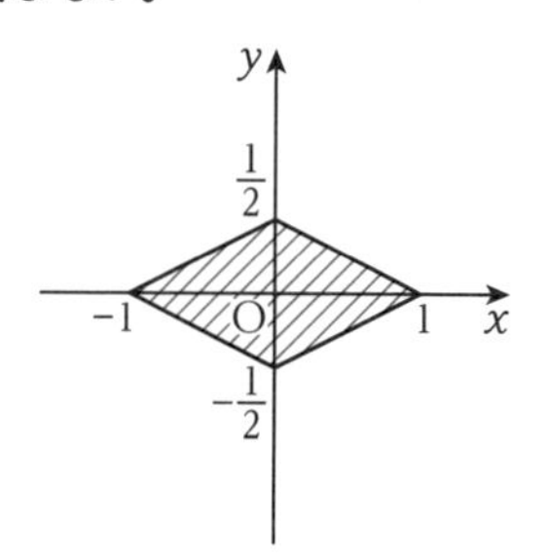

演習問題 60　p.128

1

考え方　「$\sim=k$」とおいたとき，k が何を表しているか確認しましょう。

(1)不等式は

$$\begin{cases} y \geqq -2x+4 & \text{←上側} \\ y \leqq x+4 & \text{←下側} \\ y \geqq 3x-6 & \text{←上側} \end{cases}$$

であるから，領域は次の図の色のついた部分。ただし，境界線は含む。←[1]

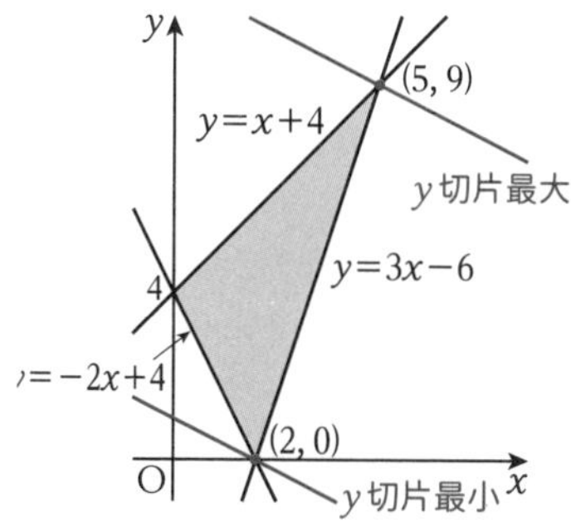

$x+2y=k$…①とおく。←[2]

$x+2y=k$ より，$y=-\frac{1}{2}x+\frac{k}{2}$ であるから，k は傾きが $-\frac{1}{2}$ である直線の y 切片の2倍の値を表している。よって，図の領域を通り，傾きが $-\frac{1}{2}$ である直線のうち，y 切片が最大，または最小となるものを探せばよい。

図より，点 (5, 9) を通るとき y 切片は最大になる。①に $x=5, y=9$ を代入して，

$k=5+2\cdot9=23$ ←[3]　**最大値 23，このとき $(x, y)=(5, 9)$** …答

図より，点 (2, 0) を通るとき y 切片は最小になる。①に $x=2, y=0$ を代入して，

$k=2+2\cdot0=2$ ←[3]　**最小値 2，このとき $(x, y)=(2, 0)$** …答

(2)不等式は

$$\begin{cases} x^2+y^2 \leqq 4 & \text{←内部} \\ y \geqq -x+2 & \text{←上側} \end{cases}$$

であるから，領域は次の図の色のついた部分。ただし，境界線は含む。←[1]

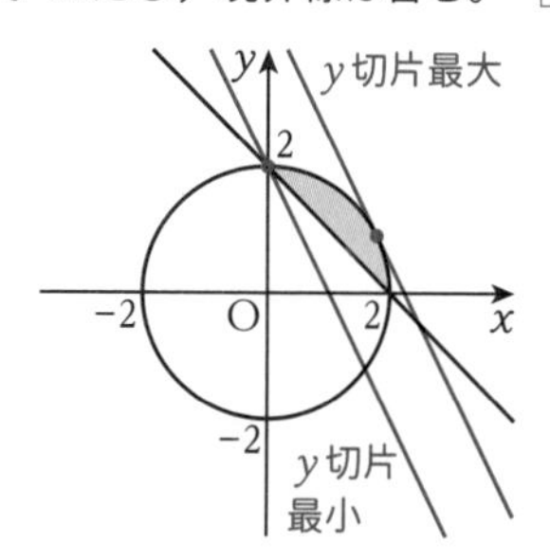

$2x+y=k$…①とおく。←$\boxed{2}$
$2x+y=k$ より，$y=-2x+k$ であるから，
k は傾きが-2 である直線の y 切片を表している。よって，図の領域を通り，傾きが-2 である直線のうち，y 切片が最大，または最小となるものを探せばよい。
図のように，直線が円と接するとき y 切片は最大になる。
$y=-2x+k$ より，$2x+y-k=0$
円と接するとき，中心 O(0，0) と直線 $2x+y-k=0$ の距離が半径に等しくなるから，

$$\frac{|2\cdot0+1\cdot0-k|}{\sqrt{2^2+1^2}}=2$$
$$|k|=2\sqrt{5}$$

最大値であるから正のほうを考えればよいので，$k=2\sqrt{5}$ ←$\boxed{3}$
またこのときの x，y の値は接点の座標に等しい。
原点を通り，直線 $y=-2x+2\sqrt{5}$ に直交する直線は，$y=\frac{1}{2}x$
直線 $y=-2x+2\sqrt{5}$ と直線 $y=\frac{1}{2}x$ の共有点が接点であるから，
連立して，
$-2x+2\sqrt{5}=\frac{1}{2}x$ より，$x=\frac{4\sqrt{5}}{5}$
$y=\frac{1}{2}x$ より，$y=\frac{2\sqrt{5}}{5}$
以上より，**最大値 $2\sqrt{5}$，**
このとき $(x,\ y)=\left(\frac{4\sqrt{5}}{5},\ \frac{2\sqrt{5}}{5}\right)$ …答
図のように，点 (0，2) を通るとき y 切片は最小になる。①に $x=0$，$y=2$ を代入して，

$$k=2\cdot0+2=2$$ ←$\boxed{3}$

最小値 2，このとき $(x,\ y)=(0,\ 2)$ …答

(3)不等式は $(x-3)^2+(y-2)^2\leqq1$ であるから，領域は次の図の色のついた部分。ただし，境界線は含む。←$\boxed{1}$

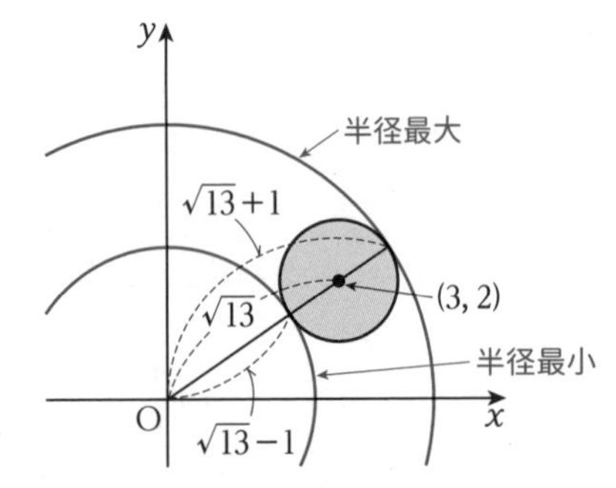

$x^2+y^2=k$ とおく。←$\boxed{2}$
k は中心が原点である円の半径の 2 乗を表している。よって，図の領域を通り，中心が原点である円のうち，半径が最大，または最小となるものを探せばよい。
図のように，内接するとき半径は最大になる。図より，そのときの半径は $\sqrt{13}+1$ であるから，

$$k=(\sqrt{13}+1)^2=14+2\sqrt{13}$$ ←$\boxed{3}$

最大値 $14+2\sqrt{13}$ …答
図のように，外接するとき半径は最小になる。図より，そのときの半径は $\sqrt{13}-1$ であるから，

$$k=(\sqrt{13}-1)^2=14-2\sqrt{13}$$ ←$\boxed{3}$

最小値 $14-2\sqrt{13}$ …答

2

考え方 A を xg，B を yg 摂取するとします。

サプリメント A を xg，サプリメント B を yg 摂取するとする。カルシウム，ビタミン C の条件から，

$$\begin{cases}3x+2y\geqq60\\2x+3y\geqq60\end{cases}\iff\begin{cases}y\geqq-\frac{3}{2}x+30 & \text{←上側}\\y\geqq-\frac{2}{3}x+20 & \text{←上側}\end{cases}$$

また，$x\geqq0$ かつ $y\geqq0$ である。この条件の下で，$x+y$ が最小となるときの x，y の値を求めればよい。
領域は次の図の色のついた部分。ただし，境界線は含む。

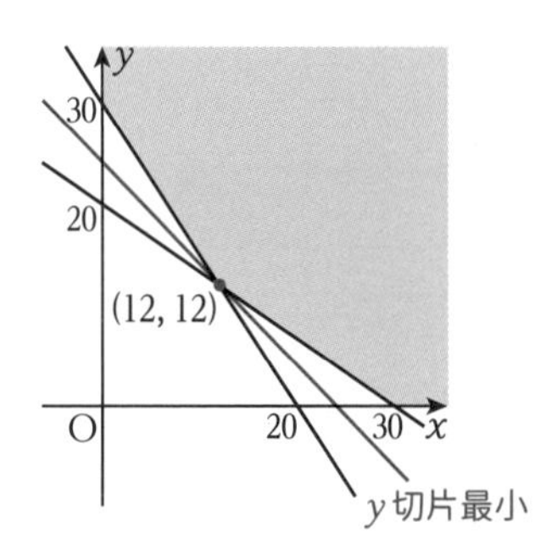

$x+y=k$ とおく。
$x+y=k$ より，$y=-x+k$ であるから，k は傾きが-1 である直線の y 切片を表している。よって，図の領域を通り，傾きが-1 である直線のうち，y 切片が最小となるものを探せばよい。
図より，点 (12，12) を通るとき y 切片は最小になる。つまり，$x=12$，$y=12$ のとき $x+y$ は最小になる。
よって，**サプリメント A を 12g，サプリメント B を 12g 摂取すればよい。** …答

第4章 三角関数

第1節 三角関数の定義

演習問題 61 p.132

考え方 360 で割った余りに着目します。

(1) 1295÷360＝3 余り 215 であるから，
$1295°=\mathbf{215°+360°\times 3}$ …答
この角の動径は 215°と同じ位置にあるので，**第 3 象限の角** …答

(2) 832÷360＝2 余り 112 であるから，
$832°=\mathbf{112°+360°\times 2}$ …答
この角の動径は 112°と同じ位置にあるので，**第 2 象限の角** …答

(3) 657÷360＝1 余り 297 であるから，
$-657°=-297°+360°\times(-1)$
$=-297°+360°-360°+360°\times(-1)$
$=\mathbf{63°+360°\times(-2)}$ …答
この角の動径は 63°と同じ位置にあるので，**第 1 象限の角** …答

Point (3)の角の動径を図示すると次のようになります。

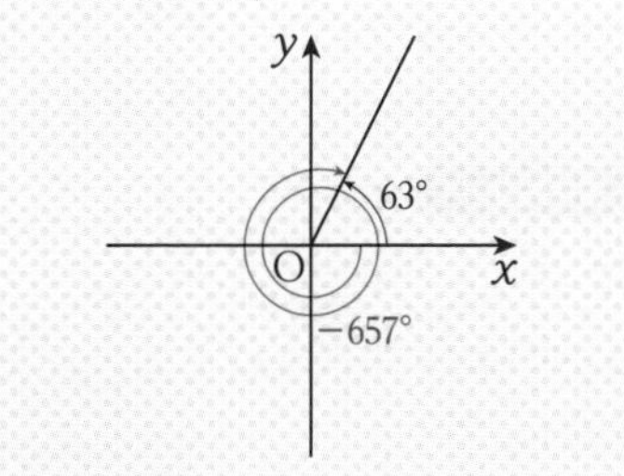

演習問題 62 p.134

考え方 $1°=\frac{\pi}{180}$(ラジアン)，π(ラジアン)＝180°です。

(1) $225°=225\times\frac{\pi}{180}=\mathbf{\frac{5}{4}\pi}$ …答

(2) $630^\circ=630\times\frac{\pi}{180}=\mathbf{\frac{7}{2}\pi}$ …答

(3) $375^\circ=375\times\frac{\pi}{180}=\mathbf{\frac{25}{12}\pi}$ …答

(4) $\frac{5}{2}\pi=\frac{5}{2}\times180^\circ=\mathbf{450^\circ}$ …答

(5) $\frac{14}{3}\pi=\frac{14}{3}\times180^\circ=\mathbf{840^\circ}$ …答

(6) $\frac{49}{12}\pi=\frac{49}{12}\times180^\circ=\mathbf{735^\circ}$ …答

演習問題 63 p.136

考え方 $l=r\theta,\ S=\frac{1}{2}r^2\theta=\frac{1}{2}rl$ です。

扇形の半径を r，中心角を θ，弧の長さを l，面積を S として公式を利用する。

(1) $\boldsymbol{l}=r\theta=6\cdot\frac{5}{4}\pi=\mathbf{\frac{15}{2}\pi}$ …答

$S=\frac{1}{2}r^2\theta=\frac{1}{2}\cdot6^2\cdot\frac{5}{4}\pi=\mathbf{\frac{45}{2}\pi}$ …答

(2) $l=r\theta$ より，

$\boldsymbol{\theta}=\frac{l}{r}=\frac{4\pi}{8}=\mathbf{\frac{\pi}{2}}$ …答

$\boldsymbol{S}=\frac{1}{2}rl=\frac{1}{2}\cdot8\cdot4\pi=\mathbf{16\pi}$ …答

(3) $S=\frac{1}{2}r^2\theta$ より，$8\pi=\frac{1}{2}\cdot r^2\cdot\frac{8}{9}\pi$

$r^2=18$

$r>0$ であるから，$\mathbf{r=3\sqrt{2}}$ …答

$\boldsymbol{l}=r\theta=3\sqrt{2}\cdot\frac{8}{9}\pi=\mathbf{\frac{8\sqrt{2}}{3}\pi}$ …答

演習問題 64 p.140

1

考え方 円をかいて考えるとよいでしょう。

(1) $\frac{13}{6}\pi=2\pi+\frac{\pi}{6}$ であるから，

$\sin\frac{13}{6}\pi=\sin\frac{\pi}{6}=\mathbf{\frac{1}{2}}$ …答

Point 2π と 0 は三角関数の値が等しい点に着目しました。

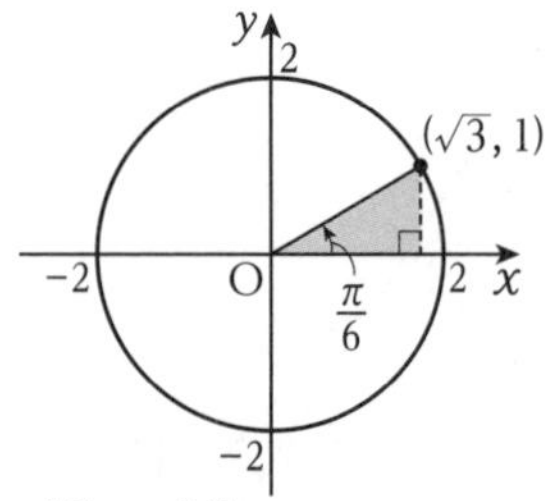

参考 $\frac{13}{6}\pi=\frac{13}{6}\times180^\circ=390^\circ$

(2) $-\frac{19}{4}\pi=-5\pi+\frac{\pi}{4}$ であるから，

$\cos\left(-5\pi+\frac{\pi}{4}\right)=\cos\left(-\pi+\frac{\pi}{4}\right)$

よって，$\cos\left(-\frac{19}{4}\pi\right)=\mathbf{-\frac{1}{\sqrt{2}}}$ …答

Point -5π と $-\pi$ は三角関数の値が等しい点に着目しました。

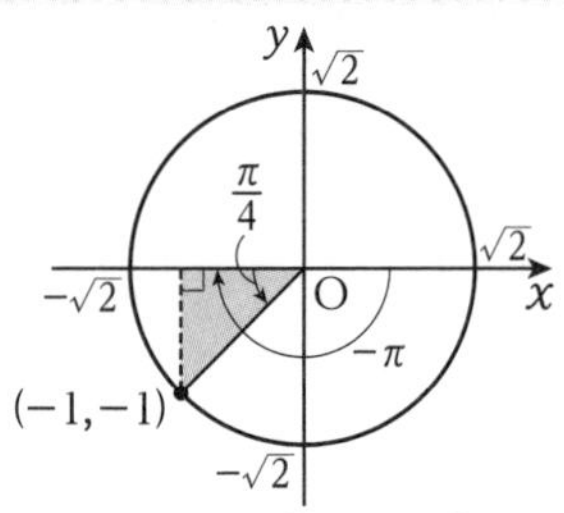

参考 $-\pi+\frac{\pi}{4}=-\frac{3}{4}\pi=-\frac{3}{4}\times180^\circ$

$=-135^\circ$

(3) $\frac{16}{3}\pi=5\pi+\frac{\pi}{3}$ であるから，

$\tan\left(5\pi+\frac{\pi}{3}\right)=\tan\left(\pi+\frac{\pi}{3}\right)$

よって，$\tan\frac{16}{3}\pi=\frac{-\sqrt{3}}{-1}=\mathbf{\sqrt{3}}$ …答

Point 5π と π は三角関数の値が等しい点に着目しました。

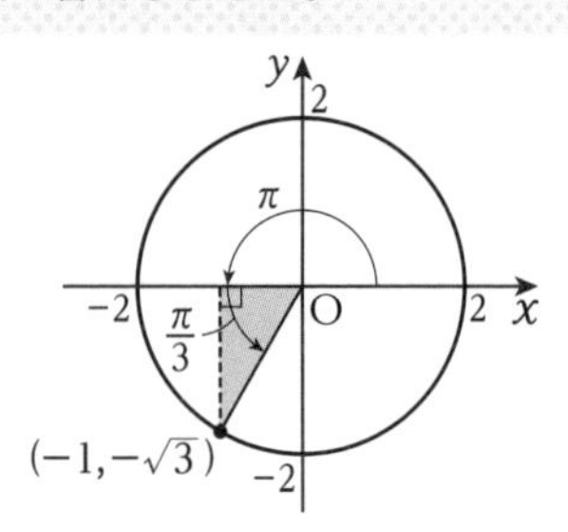

参考 $\pi+\frac{\pi}{3}=\frac{4}{3}\pi=\frac{4}{3}\times180°=240°$

2

考え方 三角関数の相互関係の式に当てはめて解きましょう。

(1) $\sin^2\theta+\cos^2\theta=1$ であるから，

$$\cos^2\theta=1-\sin^2\theta$$
$$=1-\left(\frac{15}{17}\right)^2$$
$$=\frac{17^2-15^2}{17^2}$$
$$=\frac{(17+15)(17-15)}{17^2}$$

$a^2-b^2=(a+b)(a-b)$ の利用

$$=\frac{8^2}{17^2}=\left(\frac{8}{17}\right)^2$$

θ は第 2 象限の角であるから，$\cos\theta<0$

よって，$\boldsymbol{\cos\theta}=-\sqrt{\left(\frac{8}{17}\right)^2}=\boldsymbol{-\frac{8}{17}}$ …答

また，

$$\tan\theta=\frac{\sin\theta}{\cos\theta}=\frac{\frac{15}{17}}{-\frac{8}{17}}=\boldsymbol{-\frac{15}{8}} \cdots 答$$

(2) $\frac{1}{\cos^2\theta}=1+\tan^2\theta$ より，

$$\frac{1}{\cos^2\theta}=1+(-2)^2$$
$$\cos^2\theta=\frac{1}{5}$$

θ は第 4 象限の角であるから，$\cos\theta>0$

よって，$\boldsymbol{\cos\theta=\frac{1}{\sqrt{5}}}$ …答

また，$\tan\theta=\frac{\sin\theta}{\cos\theta}$ であるから，

$$\boldsymbol{\sin\theta}=\tan\theta\cdot\cos\theta=-2\cdot\frac{1}{\sqrt{5}}$$
$$\boldsymbol{=-\frac{2}{\sqrt{5}}} \cdots 答$$

演習問題 65 p.142

1

考え方 2 乗して $\sin^2\theta+\cos^2\theta=1$ を利用します。

(1) $\sin\theta+\cos\theta=\frac{4}{3}$ の両辺を 2 乗すると，

$$(\sin\theta+\cos\theta)^2=\frac{16}{9}$$
$$\sin^2\theta+\cos^2\theta+2\sin\theta\cos\theta=\frac{16}{9}$$
$$1+2\sin\theta\cos\theta=\frac{16}{9}$$
$$\sin\theta\cos\theta=\boldsymbol{\frac{7}{18}} \cdots 答$$

(2) $\sin^3\theta+\cos^3\theta$

↓ $a^3+b^3=(a+b)^3-3ab(a+b)$

$$=(\sin\theta+\cos\theta)^3-3\sin\theta\cos\theta(\sin\theta+\cos\theta)$$
$$=\left(\frac{4}{3}\right)^3-3\cdot\frac{7}{18}\cdot\frac{4}{3}$$
$$=\boldsymbol{\frac{22}{27}} \cdots 答$$

別解 $\sin^3\theta+\cos^3\theta$

↓ $a^3+b^3=(a+b)(a^2-ab+b^2)$

$$=(\sin\theta+\cos\theta)(\sin^2\theta-\sin\theta\cos\theta+\cos^2\theta)$$
$$=\frac{4}{3}\cdot\left(1-\frac{7}{18}\right)$$
$$=\boldsymbol{\frac{22}{27}} \cdots 答$$

(3) $\tan^2\theta+\frac{1}{\tan^2\theta}$

$a^2+b^2=(a+b)^2-2ab$

$$=\left(\tan\theta+\frac{1}{\tan\theta}\right)^2-2\tan\theta\cdot\frac{1}{\tan\theta}$$
$$=\left(\tan\theta+\frac{1}{\tan\theta}\right)^2-2$$

ここで，

$$\tan\theta+\frac{1}{\tan\theta}$$
$$=\frac{\sin\theta}{\cos\theta}+\frac{\cos\theta}{\sin\theta}$$

$\tan\theta=\frac{\sin\theta}{\cos\theta}$

$$=\frac{\sin^2\theta+\cos^2\theta}{\sin\theta\cos\theta}=\frac{1}{\sin\theta\cos\theta}$$

であるから，

$$\tan^2\theta+\frac{1}{\tan^2\theta}=\left(\frac{1}{\sin\theta\cos\theta}\right)^2-2$$
$$=\left(\frac{18}{7}\right)^2-2$$
$$=\boldsymbol{\frac{226}{49}} \cdots 答$$

2

考え方 2 乗して $\sin^2\theta+\cos^2\theta=1$ を利用します。

(1) $\underline{\sin\theta-\cos\theta=\sqrt{2}\text{ の両辺を2乗すると}}$，

$(\sin\theta-\cos\theta)^2=2$

$\sin^2\theta+\cos^2\theta-2\sin\theta\cos\theta=2$

$1-2\sin\theta\cos\theta=2$

$\sin\theta\cos\theta=-\frac{1}{2}$ …答

(2) $\sin^3\theta-\cos^3\theta$

↓ $a^3-b^3=(a-b)^3+3ab(a-b)$

$=(\sin\theta-\cos\theta)^3+3\sin\theta\cos\theta(\sin\theta-\cos\theta)$

$=(\sqrt{2})^3+3\cdot\left(-\frac{1}{2}\right)\cdot\sqrt{2}$

$=\frac{\sqrt{2}}{2}$ …答

別解 因数分解の公式を用いると，

$\sin^3\theta-\cos^3\theta$

↓ $a^3-b^3=(a-b)(a^2+ab+b^2)$

$=(\sin\theta-\cos\theta)(\sin^2\theta+\sin\theta\cos\theta+\cos^2\theta)$

$=(\sin\theta-\cos\theta)(1+\sin\theta\cos\theta)$

$=\sqrt{2}\cdot\left\{1+\left(-\frac{1}{2}\right)\right\}$

$=\frac{\sqrt{2}}{2}$ …答

第2節 三角関数のグラフと性質

演習問題 66 p.147

考え方 平行移動や拡大・縮小の倍率に注意しましょう。(3) θ 軸方向の平行移動の量は $\frac{2}{3}\pi$ ではありません！ θ の係数をかっこの外に出してから考えます。

(1) $y=\sin\theta$ のグラフを，θ 軸方向に $\frac{\pi}{2}$，y 軸方向に1平行移動したグラフであるから，**次の図**のようになる。

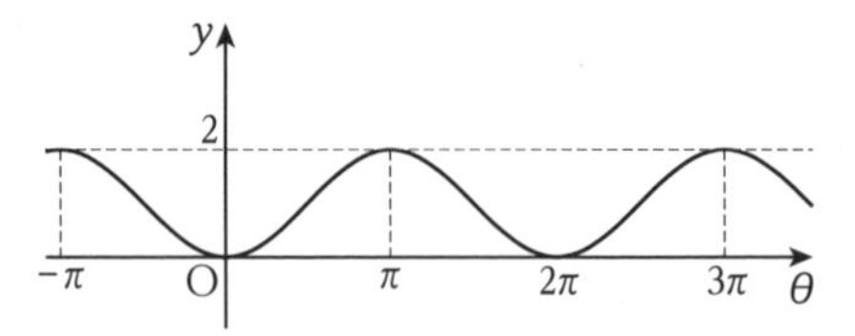

また，**周期は** 2π …答

(2) $y=\cos\theta$ のグラフを，y 軸方向に -2 倍に拡大し，θ 軸方向に $\frac{1}{2}$ 倍に縮小したグラフであるから，**次の図**のようになる。

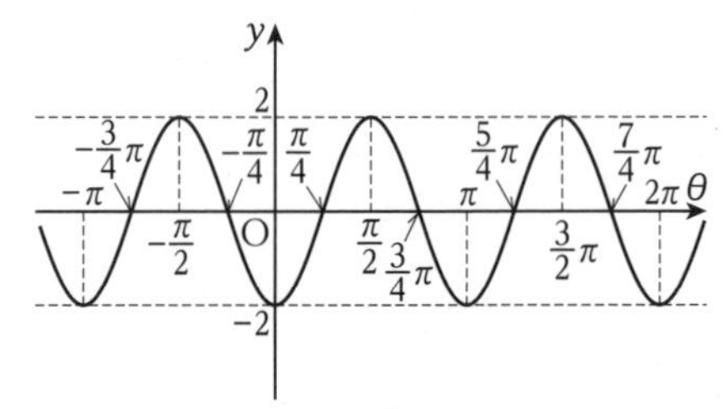

また，**周期は** $2\pi\times\frac{1}{2}=\pi$ …答

(3) $y=\sin\left(2\theta-\frac{2}{3}\pi\right)=\underline{\sin2\left(\theta-\frac{\pi}{3}\right)}$

これより，$y=\sin\theta$ のグラフを，θ 軸方向に $\frac{1}{2}$ 倍に縮小し，θ 軸方向に $\frac{\pi}{3}$ 平行移動したグラフであるから，**次の図**のようになる。

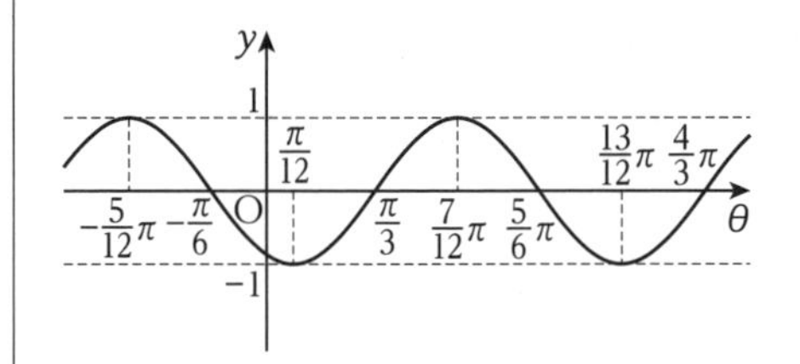

また，**周期は** $2\pi\times\frac{1}{2}=\pi$ …答

Point 「θ 軸方向に $\frac{2}{3}\pi$ 平行移動」と勘違いしやすい問題です。

演習問題 67 p.149

考え方 平行移動や拡大・縮小の倍率に注意しましょう。

(1) $y=\tan\theta$ のグラフを y 軸方向に -2 倍に拡大したグラフであるから，**次の図**のようになる。

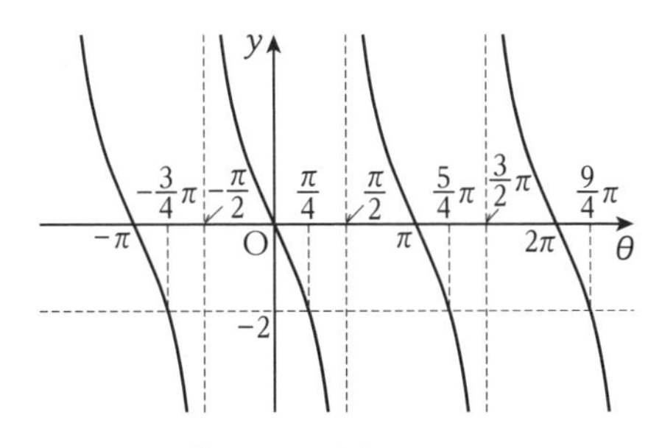

また，**周期はπ** …答

(2) $y=\tan\left(2\theta+\frac{\pi}{2}\right)=\underline{\tan2\left\{\theta-\left(-\frac{\pi}{4}\right)\right\}}$

$y=\tan\theta$のグラフをθ軸方向に$\frac{1}{2}$倍に縮小すると，次の図のようになる。

($y=\tan2\theta$のグラフ)

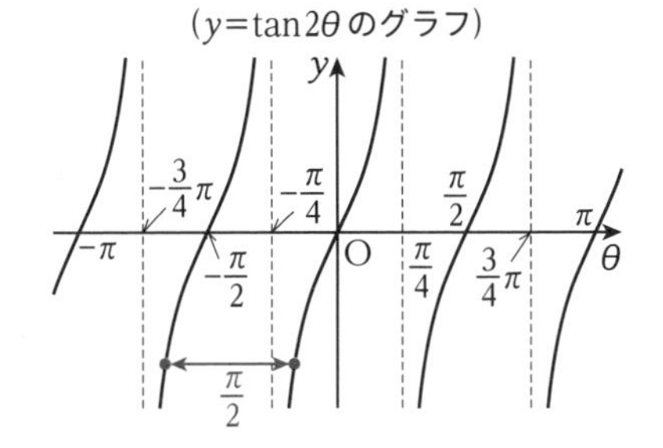

$y=\tan2\left\{\theta-\left(-\frac{\pi}{4}\right)\right\}$のグラフは，上のグラフを$\theta$軸方向に$-\frac{\pi}{4}$平行移動したグラフであるから，**次の図**のようになる。

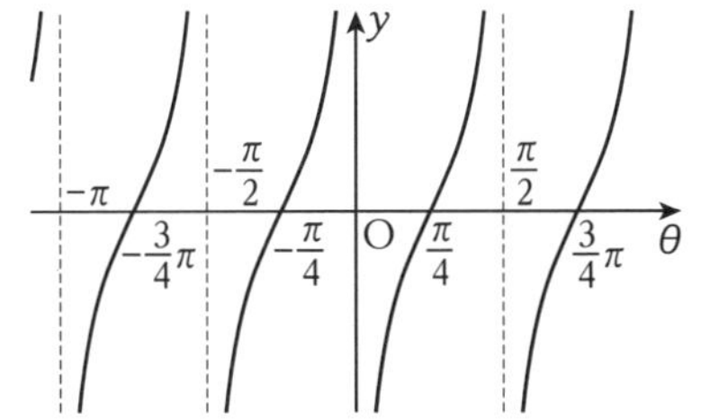

また，**周期は**$\pi\times\frac{1}{2}=\boldsymbol{\frac{\pi}{2}}$ …答

演習問題 68 p.151

考え方　角を$\theta+2n\pi$(nは整数)の形にします。

(1) 鋭角は0から$\frac{\pi}{2}$までの範囲であるから，

$\sin\frac{32}{15}\pi=\sin\left(\frac{2}{15}\pi+2\pi\right)=\boldsymbol{\sin\frac{2}{15}\pi}$ …答

(2) $\cos\frac{63}{10}\pi=\cos\left(\frac{3}{10}\pi+6\pi\right)$

$=\boldsymbol{\cos\frac{3}{10}\pi}$ …答

(3) $\sin\frac{37}{6}\pi=\sin\left(\frac{\pi}{6}+6\pi\right)=\sin\frac{\pi}{6}=\boldsymbol{\frac{1}{2}}$ …答

(4) $\cos\frac{92}{3}\pi=\cos\left(\frac{2}{3}\pi+30\pi\right)=\cos\frac{2}{3}\pi$

$=\boldsymbol{-\frac{1}{2}}$ …答

(5) $\tan\frac{51}{4}\pi=\tan\left(\frac{3}{4}\pi+12\pi\right)=\tan\frac{3}{4}\pi$

$=\boldsymbol{-1}$ …答

演習問題 69 p.153

考え方　負の角のまま求めることも可能ですが，正の角に直したほうが間違いが少ないです。

(1) $\sin\left(-\frac{4}{3}\pi\right)=-\sin\frac{4}{3}\pi=-\left(-\frac{\sqrt{3}}{2}\right)$

$=\boldsymbol{\frac{\sqrt{3}}{2}}$ …答

(2) $\cos\left(-\frac{11}{6}\pi\right)=\cos\frac{11}{6}\pi=\boldsymbol{\frac{\sqrt{3}}{2}}$ …答

(3) $\tan\left(-\frac{2}{3}\pi\right)=-\tan\frac{2}{3}\pi=-(-\sqrt{3})$

$=\boldsymbol{\sqrt{3}}$ …答

演習問題 70 p.156

考え方　公式を利用して，角を鋭角にそろえてみましょう。

(1) $\cos40°+\cos80°+\cos100°+\cos140°$

$=\cos40°+\cos80°+\cos(180°-80°)$
$\quad+\cos(180°-40°)$

$=\cos40°+\cos80°-\cos80°-\cos40°$

$=\boldsymbol{0}$ …答

(2) $\sin\frac{8}{7}\pi-\cos\frac{\pi}{5}+\cos\frac{9}{5}\pi-\cos\frac{6}{7}\pi\tan\frac{\pi}{7}$

$=\sin\left(\frac{\pi}{7}+\pi\right)-\cos\frac{\pi}{5}+\cos\left(\frac{4}{5}\pi+\pi\right)$
$\quad -\cos\left(\pi-\frac{\pi}{7}\right)\tan\frac{\pi}{7}$

$=-\sin\frac{\pi}{7}-\cos\frac{\pi}{5}-\cos\frac{4}{5}\pi+\cos\frac{\pi}{7}\cdot\frac{\sin\frac{\pi}{7}}{\cos\frac{\pi}{7}}$

$=-\sin\frac{\pi}{7}-\cos\frac{\pi}{5}-\cos\left(\pi-\frac{\pi}{5}\right)+\sin\frac{\pi}{7}$

$=-\sin\frac{\pi}{7}-\cos\frac{\pi}{5}+\cos\frac{\pi}{5}+\sin\frac{\pi}{7}$

$=\mathbf{0}$ …答

別解 $\cos\frac{9}{5}\pi=\cos\left(2\pi-\frac{\pi}{5}\right)=\cos\frac{\pi}{5}$と考えることもできます。

演習問題 71 p.159

1

考え方 公式に当てはめましょう。

(1) $\cos\frac{2}{5}\pi=\cos\left(\frac{\pi}{2}-\frac{\pi}{10}\right)=\mathbf{\sin\frac{\pi}{10}}$ …答

(2) $\sin\frac{25}{36}\pi=\sin\left(\frac{\pi}{2}+\frac{7}{36}\pi\right)=\mathbf{\cos\frac{7}{36}\pi}$ …答

(3) $\tan\frac{5}{9}\pi=\tan\left(\frac{\pi}{2}+\frac{\pi}{18}\right)=\mathbf{-\frac{1}{\tan\frac{\pi}{18}}}$ …答

2

考え方 90°や180°との差を考えてみましょう。

$\cos70^\circ\sin160^\circ-\sin110^\circ\cos200^\circ$
$=\cos(90^\circ-20^\circ)\sin(180^\circ-20^\circ)$
$\quad -\sin(90^\circ+20^\circ)\cos(180^\circ+20^\circ)$
$=\sin20^\circ\sin20^\circ-\cos20^\circ\cdot(-\cos20^\circ)$
$=\sin^2 20^\circ+\cos^2 20^\circ$
$=\mathbf{1}$ …答

Point いずれの三角関数の角も90°や180°に対して差が20°である点に着目します。

第3節 三角関数を含む方程式・不等式

演習問題 72 p.161

考え方 単位円をかいて考えます。

(1)与式より $\sin\theta=-\frac{\sqrt{3}}{2}$ であるから，単位円周上で y 座標が $-\frac{\sqrt{3}}{2}$ となる角を考える。

Point $\sqrt{3}\fallingdotseq1.7$ より，$-\frac{\sqrt{3}}{2}$ は -0.85 くらいをイメージして作図します。

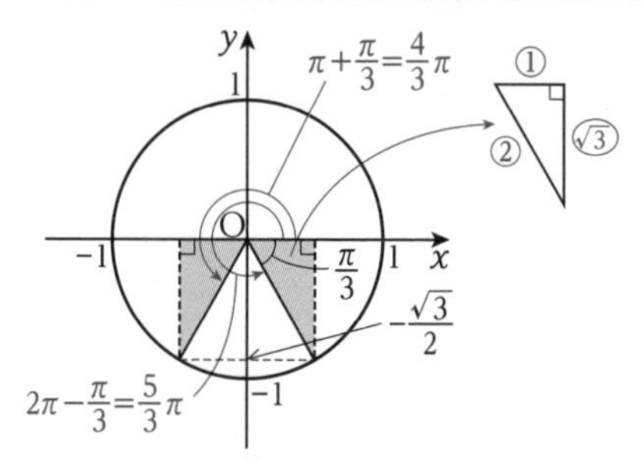

図より，$\theta=\mathbf{\frac{4}{3}\pi,\ \frac{5}{3}\pi}$ …答

また，$\sin\theta$ の周期は 2π であるから，**一般解は** n を整数として，

$$\theta=\mathbf{\frac{4}{3}\pi+2n\pi,\ \frac{5}{3}\pi+2n\pi}$$ …答

(2)与式より $\cos\theta=\frac{1}{\sqrt{2}}$ であるから，単位円周上で x 座標が $\frac{1}{\sqrt{2}}$ となる角を考える。

Point $\sqrt{2}\fallingdotseq1.4$ より，$\frac{1}{\sqrt{2}}=\frac{\sqrt{2}}{2}$ は0.7くらいをイメージして作図します。

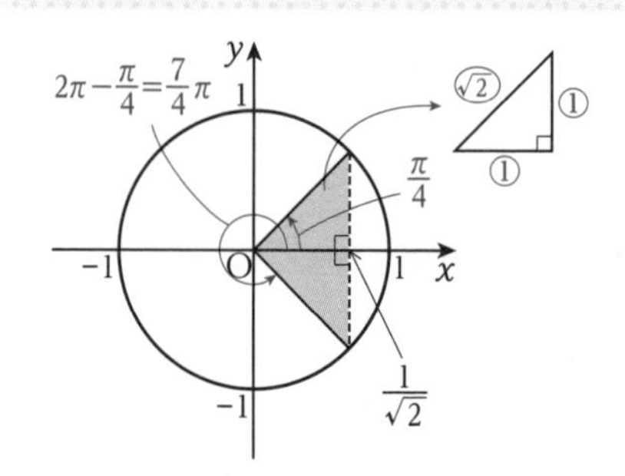

図より，$\boldsymbol{\theta=\frac{\pi}{4},\ \frac{7}{4}\pi}$ …答

また，$\cos\theta$ の周期は 2π であるから，**一般解は** n を整数として，

$$\boldsymbol{\theta=\frac{\pi}{4}+2n\pi,\ \frac{7}{4}\pi+2n\pi}\ \cdots 答$$

(3) 与式より $\tan\theta=\frac{\sqrt{3}}{3}=\frac{1}{\sqrt{3}}$ であるから，直線 $x=1$ 上で y 座標が $\frac{1}{\sqrt{3}}$ となる角を考える。

Point $\sqrt{3}\fallingdotseq 1.7$ より，$\frac{1}{\sqrt{3}}=\frac{\sqrt{3}}{3}$ は 0.6 くらいをイメージして作図します。

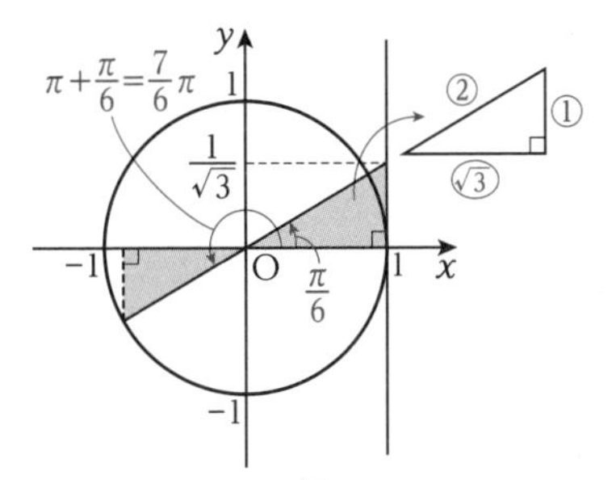

図より，$\boldsymbol{\theta=\frac{\pi}{6},\ \frac{7}{6}\pi}$ …答

また，$\tan\theta$ の周期は π であるから，**一般解は** n を整数として，

$$\boldsymbol{\theta=\frac{\pi}{6}+n\pi}\ \cdots 答$$

演習問題 73 p.163

考え方 単位円をかいて考えます。

(1) $2\sin\theta=\sqrt{2}$ より，

$$\sin\theta=\frac{1}{\sqrt{2}}$$

単位円周上で y 座標が $\frac{1}{\sqrt{2}}$ となる角を考える。次の図より，

$$\theta=\frac{\pi}{4},\ \frac{3}{4}\pi$$

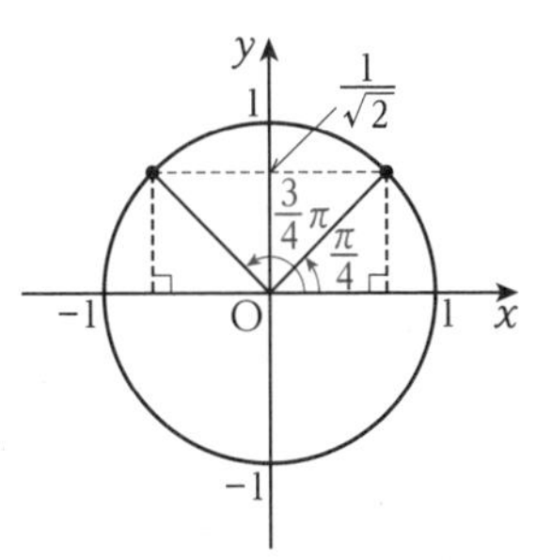

$\sin\theta\leqq\frac{1}{\sqrt{2}}$ より，求めるのは単位円周上で y 座標が $\frac{1}{\sqrt{2}}$ 以下になる θ の範囲であるから，次の図の色のついた部分である。よって，

$$\boldsymbol{0\leqq\theta\leqq\frac{\pi}{4},\ \frac{3}{4}\pi\leqq\theta<2\pi}\ \cdots 答$$

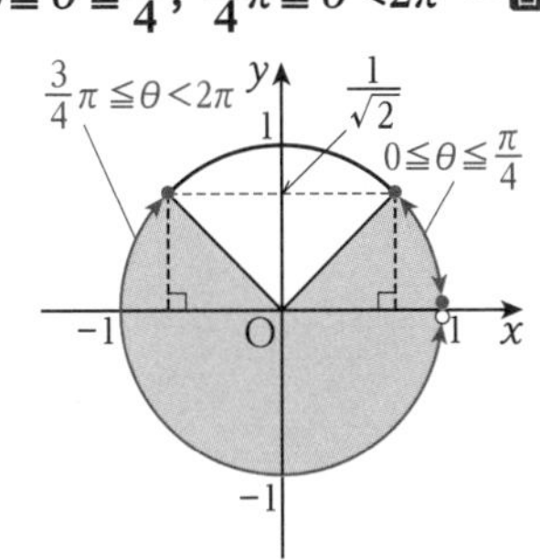

(2) $2\cos\theta+\sqrt{3}=0$ より，$\cos\theta=-\frac{\sqrt{3}}{2}$

単位円周上で x 座標が $-\frac{\sqrt{3}}{2}$ となる角を考える。次の図より，$\theta=\frac{5}{6}\pi,\ \frac{7}{6}\pi$

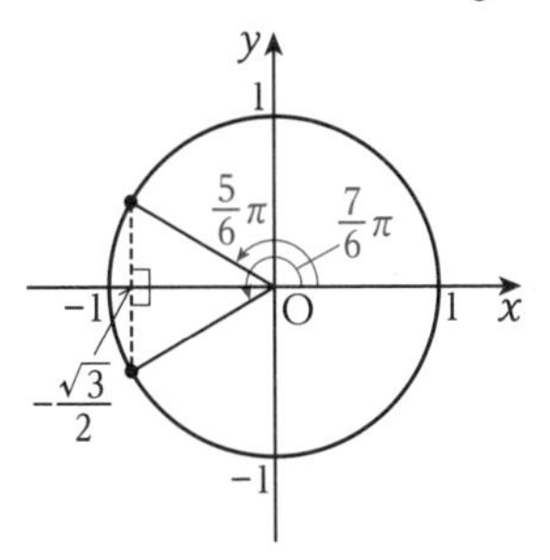

$\cos\theta<-\frac{\sqrt{3}}{2}$ より，求めるのは単位円周上で x 座標が $-\frac{\sqrt{3}}{2}$ より小さくなる

θの範囲であるから，次の図の色のついた部分である。よって，

$\boldsymbol{\frac{5}{6}\pi<\theta<\frac{7}{6}\pi}$ …答

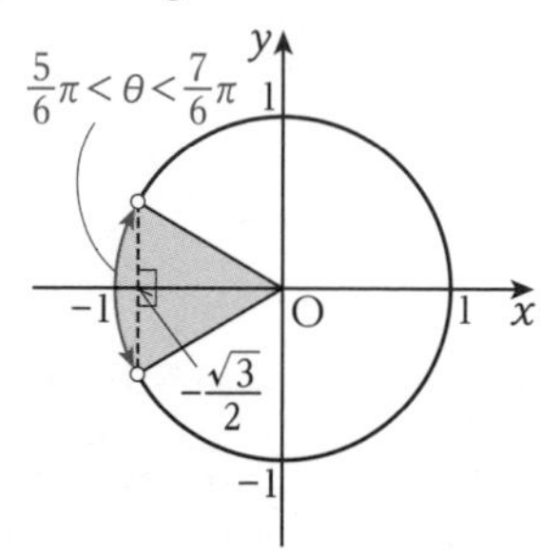

(3) $\tan\theta=1$ より，直線 $x=1$ 上で y 座標が 1 となる角を考える。

次の図より，$\theta=\frac{\pi}{4}$，$\frac{5}{4}\pi$

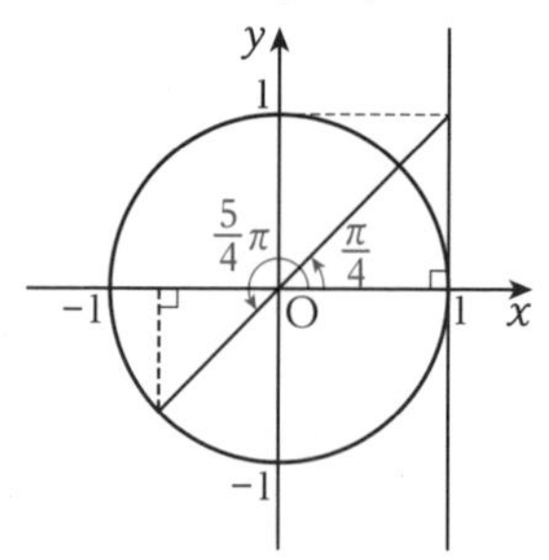

$\tan\theta\leqq1$ より，求めるのは直線 $x=1$ 上で y 座標が 1 以下になる θ の範囲であるから，次の図の色のついた部分である。よって，

$\boldsymbol{0\leqq\theta\leqq\frac{\pi}{4}}$，$\boldsymbol{\frac{\pi}{2}<\theta\leqq\frac{5}{4}\pi}$，

$\boldsymbol{\frac{3}{2}\pi<\theta<2\pi}$ …答

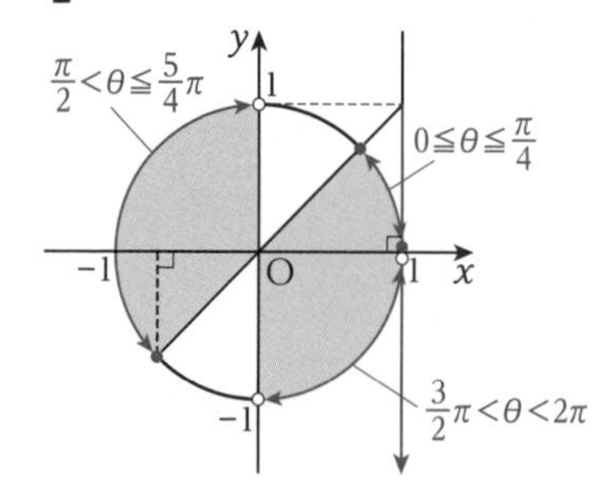

演習問題 74 p.166

考え方　θの係数が1以外→おき換え，和や差の形→スタートがずれる

(1) $3\theta=t$ とすると，$0\leqq t<6\pi$ 　←変域を確かめておく

この範囲のもとで，

$2\sin t=1$

$\sin t=\frac{1}{2}$

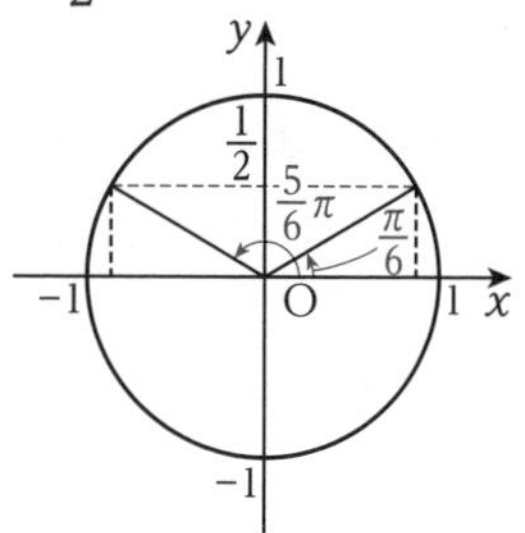

図より，単位円周上で y 座標が $\frac{1}{2}$ となる角は，$0\leqq t<2\pi$ の範囲では，

$t=\frac{\pi}{6}$，$\frac{5}{6}\pi$

よって，$0\leqq t<6\pi$ の範囲では，

$t=\frac{\pi}{6}$，$\frac{5}{6}\pi$，$\frac{\pi}{6}+2\pi$，$\frac{5}{6}\pi+2\pi$，$\frac{\pi}{6}+4\pi$，$\frac{5}{6}\pi+4\pi$

$t=3\theta$ であるから，

$3\theta=\frac{\pi}{6}$，$\frac{5}{6}\pi$，$\frac{13}{6}\pi$，$\frac{17}{6}\pi$，$\frac{25}{6}\pi$，$\frac{29}{6}\pi$

$\boldsymbol{\theta=\frac{\pi}{18}}$，$\boldsymbol{\frac{5}{18}\pi}$，$\boldsymbol{\frac{13}{18}\pi}$，$\boldsymbol{\frac{17}{18}\pi}$，$\boldsymbol{\frac{25}{18}\pi}$，$\boldsymbol{\frac{29}{18}\pi}$ …答

(2) $2\theta=t$ とすると，$0\leqq t<4\pi$ 　←変域を確かめておく

この範囲のもとで，

$2\cos\left(t+\frac{\pi}{3}\right)=\sqrt{3}$

$\cos\left(t+\frac{\pi}{3}\right)=\frac{\sqrt{3}}{2}$

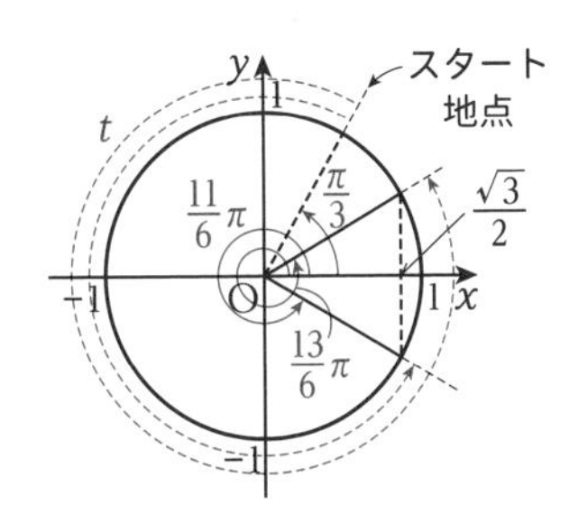

図より，$\frac{\pi}{3}$から動径がスタートするとき，単位円周上で，x 座標が$\frac{\sqrt{3}}{2}$となる角は，

$0 \leqq t < 2\pi$の範囲では，（↑1周）

$t=\frac{11}{6}\pi-\frac{\pi}{3}=\frac{3}{2}\pi$　←$\frac{\pi}{6}-\frac{\pi}{3}$ではない点に注意

$t=\frac{13}{6}\pi-\frac{\pi}{3}=\frac{11}{6}\pi$

よって，$0 \leqq t < 4\pi$の範囲では，（↑2周）

$t=\frac{3}{2}\pi,\ \frac{11}{6}\pi,\ \frac{3}{2}\pi+2\pi,\ \frac{11}{6}\pi+2\pi$

$t=2\theta$であるから，

$2\theta=\frac{3}{2}\pi,\ \frac{11}{6}\pi,\ \frac{7}{2}\pi,\ \frac{23}{6}\pi$

$\boldsymbol{\theta=\frac{3}{4}\pi,\ \frac{11}{12}\pi,\ \frac{7}{4}\pi,\ \frac{23}{12}\pi}$ …答

Point スタート地点からどの位回転したか，に着目します。

別解 度数法で考えると次のようになる。

60°から動径がスタートするとき，単位円周上で x 座標が$\frac{\sqrt{3}}{2}$となる角は，

$0° \leqq t < 360°$の範囲では，

$t=330°-60°=270°$

$t=390°-60°=330°$

よって，$0° \leqq t < 720°$の範囲では，

$t=270°,\ 330°,\ 270°+360°,\ 330°+360°$

$t=2\theta$であるから，

$2\theta=270°,\ 330°,\ 630°,\ 690°$

$\boldsymbol{\theta=135°,\ 165°,\ 315°,\ 345°}$ …答

演習問題 75 p.169

考え方 θの係数が1以外→おき換え，和や差の形→スタートがずれる

(1)与式より，$\cos\left(\theta-\frac{\pi}{2}\right)<\frac{1}{2}$

方程式 $\cos\left(\theta-\frac{\pi}{2}\right)=\frac{1}{2}$を考える。

次の図より，$-\frac{\pi}{2}$から動径がスタートするとき，単位円周上で x 座標が$\frac{1}{2}$となる角θは，$0 \leqq \theta < 2\pi$の範囲では，

$\theta=\frac{\pi}{2}-\frac{\pi}{3}=\frac{\pi}{6},\ \theta=\frac{\pi}{2}+\frac{\pi}{3}=\frac{5}{6}\pi$

$\cos\left(\theta-\frac{\pi}{2}\right)<\frac{1}{2}$より，

求めるのは単位円周上で x 座標が$\frac{1}{2}$より小さくなるθの範囲であるから，図の色のついた部分。よって，

$\boldsymbol{0 \leqq \theta < \frac{\pi}{6},\ \frac{5}{6}\pi < \theta < 2\pi}$ …答

(2) $2\theta=t$ とすると，$0 \leqq t < 4\pi$　←変域を確かめておく

この範囲のもとで，方程式

$\sin\left(t+\frac{\pi}{4}\right)=\frac{\sqrt{3}}{2}$を考える。

次の図より，$\frac{\pi}{4}$から動径がスタートするとき，単位円周上で y 座標が$\frac{\sqrt{3}}{2}$となる角 t は，$0 \leqq t < 4\pi$の範囲では，

$t=\frac{\pi}{3}-\frac{\pi}{4}=\frac{\pi}{12},\ t=\frac{2}{3}\pi-\frac{\pi}{4}=\frac{5}{12}\pi,$

$t=\frac{\pi}{12}+2\pi=\frac{25}{12}\pi,\ t=\frac{5}{12}\pi+2\pi=\frac{29}{12}\pi$

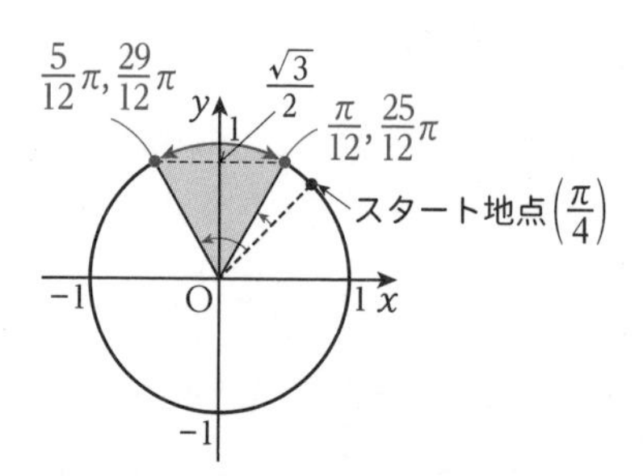

$\sin\left(t+\frac{\pi}{4}\right) \geqq \frac{\sqrt{3}}{2}$より，求めるのは，単位円周上で$y$座標が$\frac{\sqrt{3}}{2}$以上になる$t$の範囲であるから，図の色のついた部分。

よって，

$$\frac{\pi}{12} \leqq t \leqq \frac{5}{12}\pi,\ \frac{25}{12}\pi \leqq t \leqq \frac{29}{12}\pi$$

$t=2\theta$より，

$$\frac{\pi}{12} \leqq 2\theta \leqq \frac{5}{12}\pi,\ \frac{25}{12}\pi \leqq 2\theta \leqq \frac{29}{12}\pi$$

$$\boldsymbol{\frac{\pi}{24} \leqq \theta \leqq \frac{5}{24}\pi,\ \frac{25}{24}\pi \leqq \theta \leqq \frac{29}{24}\pi}$$ …答

演習問題 76 p.171

考え方 2次式であるから，三角関数をそろえて因数分解を考えます。

(1) $\sin^2\theta+\cos^2\theta=1$より，

$\sin^2\theta=1-\cos^2\theta$であるから，

$2\sin^2\theta-\cos\theta-1=0$
$2(1-\cos^2\theta)-\cos\theta-1=0$ ← $\cos\theta$にそろえる
$2\cos^2\theta+\cos\theta-1=0$
$(2\cos\theta-1)(\cos\theta+1)=0$ ← 因数分解（たすき掛け）

$\cos\theta=\frac{1}{2},\ -1$

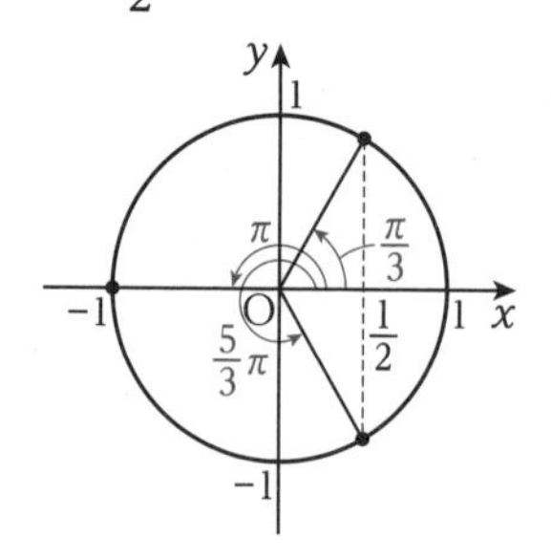

図より，$\boldsymbol{\theta=\frac{\pi}{3},\ \pi,\ \frac{5}{3}\pi}$ …答

(2) $\sin^2\theta+\cos^2\theta=1$より，

$\cos^2\theta=1-\sin^2\theta$であるから，

$2\cos^2\theta+5\sin\theta+1=0$
$2(1-\sin^2\theta)+5\sin\theta+1=0$ ← $\sin\theta$にそろえる
$2\sin^2\theta-5\sin\theta-3=0$
$(2\sin\theta+1)(\sin\theta-3)=0$ ← 因数分解（たすき掛け）

$0 \leqq \theta < 2\pi$では，$-1 \leqq \sin\theta \leqq 1$であるから，←変域に注意

$\sin\theta=-\frac{1}{2}$

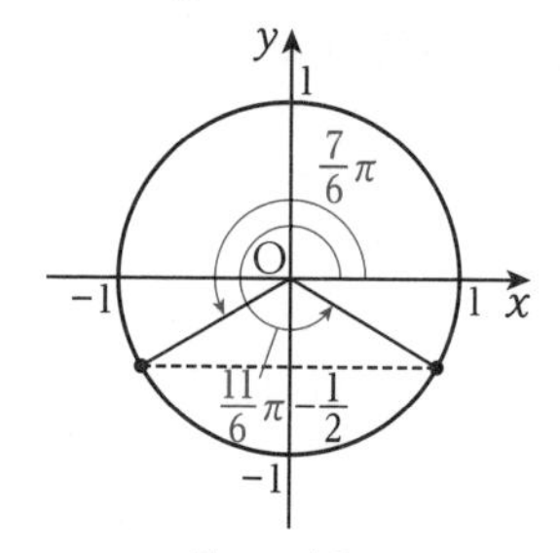

図より，$\boldsymbol{\theta=\frac{7}{6}\pi,\ \frac{11}{6}\pi}$ …答

演習問題 77 p.172

考え方 三角関数の種類をそろえて因数分解を考えます。

(1) $2\cos^2\theta+5\sin\theta-4 \geqq 0$

↓ $\sin\theta$にそろえる

$2(1-\sin^2\theta)+5\sin\theta-4 \geqq 0$
$2\sin^2\theta-5\sin\theta+2 \leqq 0$

↓ 因数分解（たすき掛け）

$(2\sin\theta-1)(\sin\theta-2) \leqq 0$

$0 \leqq \theta < 2\pi$では，$-1 \leqq \sin\theta \leqq 1$であるから，

$\sin\theta-2<0$ ←変域に注意

よって，条件を満たすためには，

$2\sin\theta-1 \geqq 0$

つまり，$\sin\theta \geqq \frac{1}{2}$

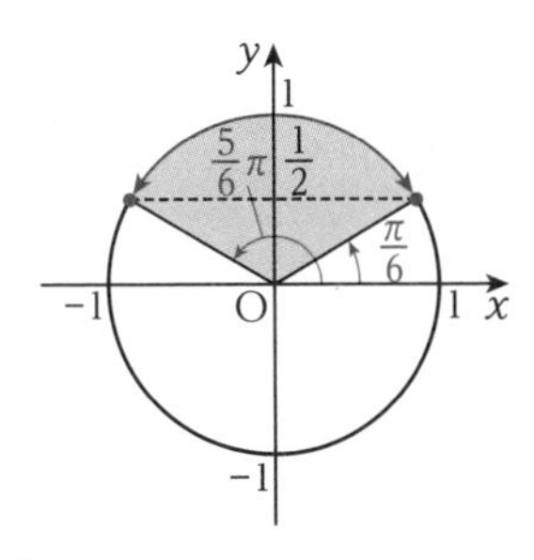

図より，

$$\frac{\pi}{6} \leqq \theta \leqq \frac{5}{6}\pi \quad \cdots \text{答}$$

(2)　$2\cos^2\theta - \sqrt{3}\sin\theta + 1 > 0$

↓ $\sin\theta$にそろえる

$2(1-\sin^2\theta) - \sqrt{3}\sin\theta + 1 > 0$

$2\sin^2\theta + \sqrt{3}\sin\theta - 3 < 0$

↓ 因数分解（たすき掛け）

$(2\sin\theta - \sqrt{3})(\sin\theta + \sqrt{3}) < 0$

$-\sqrt{3} < \sin\theta < \frac{\sqrt{3}}{2}$　← $(2x-\sqrt{3})(x+\sqrt{3})<0$ を解くイメージ

また，$0 \leqq \theta < 2\pi$では，

$-1 \leqq \sin\theta \leqq 1$

であるから，共通部分を考える。

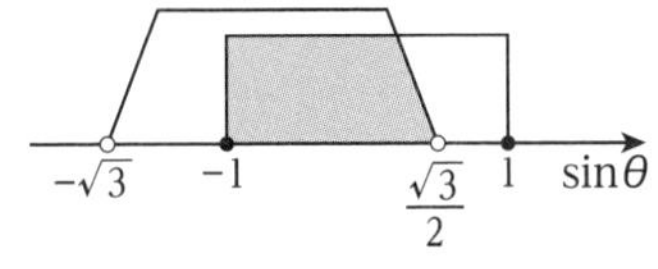

図より，$-1 \leqq \sin\theta < \frac{\sqrt{3}}{2}$　←変域に注意

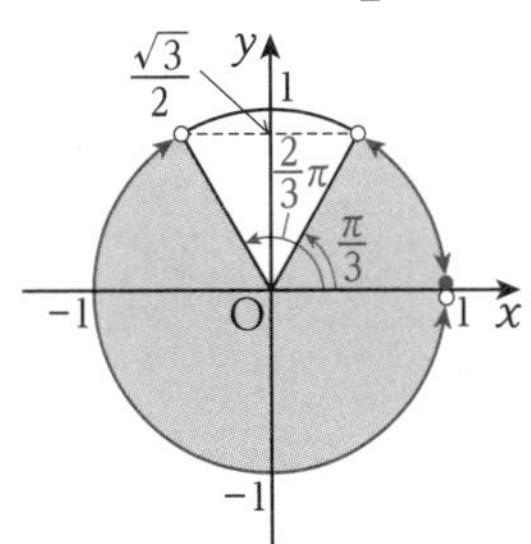

求めるθの範囲は図より，

$$0 \leqq \theta < \frac{\pi}{3},\ \frac{2}{3}\pi < \theta < 2\pi \quad \cdots \text{答}$$

第4節　加法定理

演習問題 78　p.175

1

考え方　与えられた角を，有名角の組み合わせで考えます。

(1) $\sin 15^\circ = \sin(60^\circ - 45^\circ)$

$= \sin 60^\circ \cos 45^\circ - \cos 60^\circ \sin 45^\circ$

$= \frac{\sqrt{3}}{2}\cdot\frac{1}{\sqrt{2}} - \frac{1}{2}\cdot\frac{1}{\sqrt{2}}$

$= \frac{\sqrt{3}-1}{2\sqrt{2}} = \frac{\sqrt{6}-\sqrt{2}}{4} \quad \cdots \text{答}$

(2) $\cos 165^\circ = \cos(120^\circ + 45^\circ)$

$= \cos 120^\circ \cos 45^\circ - \sin 120^\circ \sin 45^\circ$

$= -\frac{1}{2}\cdot\frac{1}{\sqrt{2}} - \frac{\sqrt{3}}{2}\cdot\frac{1}{\sqrt{2}}$

$= \frac{-1-\sqrt{3}}{2\sqrt{2}} = \frac{-\sqrt{2}-\sqrt{6}}{4} \cdots \text{答}$

(3) $\sin\frac{5}{12}\pi = \sin\left(\frac{\pi}{4} + \frac{\pi}{6}\right)$

$= \sin\frac{\pi}{4}\cos\frac{\pi}{6} + \cos\frac{\pi}{4}\sin\frac{\pi}{6}$

$= \frac{1}{\sqrt{2}}\cdot\frac{\sqrt{3}}{2} + \frac{1}{\sqrt{2}}\cdot\frac{1}{2}$

$= \frac{\sqrt{3}+1}{2\sqrt{2}} = \frac{\sqrt{6}+\sqrt{2}}{4} \quad \cdots \text{答}$

Point　$\frac{5}{12}\pi = \frac{5}{12} \times 180^\circ = 75^\circ$であるから，$75^\circ = 45^\circ + 30^\circ$より$\frac{5}{12}\pi = \frac{\pi}{4} + \frac{\pi}{6}$のように，度数法で考えるとわかりやすいかもしれません。もちろん，度数法のまま加法定理の計算を行っても構いません。

(4) $\cos\frac{23}{12}\pi = \cos\left(\frac{5}{3}\pi + \frac{\pi}{4}\right)$

$= \cos\frac{5}{3}\pi\cos\frac{\pi}{4} - \sin\frac{5}{3}\pi\sin\frac{\pi}{4}$

$= \frac{1}{2}\cdot\frac{1}{\sqrt{2}} - \left(-\frac{\sqrt{3}}{2}\right)\cdot\frac{1}{\sqrt{2}}$

$= \frac{1+\sqrt{3}}{2\sqrt{2}} = \frac{\sqrt{2}+\sqrt{6}}{4} \quad \cdots \text{答}$

2

考え方 角が和や差の形の三角関数では，加法定理の利用を考えます。与えられた三角関数の値から $\cos\alpha$，$\sin\beta$ の値を求めます。

α，β はそれぞれ第 1，第 3 象限の角であるから，$\cos\alpha>0$，$\sin\beta<0$ である。よって，

$\cos\alpha=\sqrt{1-\sin^2\alpha}=\sqrt{1-\left(\frac{5}{13}\right)^2}=\frac{12}{13}$

$\sin\beta=-\sqrt{1-\cos^2\beta}=-\sqrt{1-\left(-\frac{3}{5}\right)^2}=-\frac{4}{5}$

以上より，加法定理を用いて，

$$\begin{aligned}\sin(\alpha+\beta)&=\sin\alpha\cos\beta+\cos\alpha\sin\beta\\&=\frac{5}{13}\cdot\left(-\frac{3}{5}\right)+\frac{12}{13}\cdot\left(-\frac{4}{5}\right)\\&=\boldsymbol{-\frac{63}{65}}\ \cdots 答\end{aligned}$$

$$\begin{aligned}\cos(\alpha+\beta)&=\cos\alpha\cos\beta-\sin\alpha\sin\beta\\&=\frac{12}{13}\cdot\left(-\frac{3}{5}\right)-\frac{5}{13}\cdot\left(-\frac{4}{5}\right)\\&=\boldsymbol{-\frac{16}{65}}\ \cdots 答\end{aligned}$$

3

考え方 加法定理の準備として与えられた三角関数の値から $\cos\alpha$，$\cos\beta$ の値を用意しておきましょう。

α，β はそれぞれ鋭角であるから
$\cos\alpha>0$，$\cos\beta>0$ である。よって，

$$\cos\alpha=\sqrt{1-\sin^2\alpha}=\sqrt{1-\left(\frac{13}{14}\right)^2}=\frac{3\sqrt{3}}{14}$$

$$\cos\beta=\sqrt{1-\sin^2\beta}=\sqrt{1-\left(\frac{11}{14}\right)^2}=\frac{5\sqrt{3}}{14}$$

以上より，加法定理を用いると，

$$\begin{aligned}\cos(\alpha+\beta)&=\cos\alpha\cos\beta-\sin\alpha\sin\beta\\&=\frac{3\sqrt{3}}{14}\cdot\frac{5\sqrt{3}}{14}-\frac{13}{14}\cdot\frac{11}{14}\\&=-\frac{1}{2}\end{aligned}$$

$0<\alpha<\frac{\pi}{2}$，$0<\beta<\frac{\pi}{2}$ であるから，
$0<\alpha+\beta<\pi$
この範囲で，$\cos(\alpha+\beta)=-\frac{1}{2}$
よって，$\boldsymbol{\alpha+\beta=\frac{2}{3}\pi}$ …答

演習問題 79 p.176

考え方 角が和や差の形の場合，加法定理の利用を考えます。

$$\begin{aligned}&\tan\left(\theta+\frac{\pi}{3}\right)\cdot\tan\left(\theta-\frac{\pi}{6}\right)\\&=\frac{\tan\theta+\tan\frac{\pi}{3}}{1-\tan\theta\tan\frac{\pi}{3}}\cdot\frac{\tan\theta-\tan\frac{\pi}{6}}{1+\tan\theta\tan\frac{\pi}{6}}\\&=\frac{\tan\theta+\sqrt{3}}{1-\tan\theta\cdot\sqrt{3}}\cdot\frac{\tan\theta-\frac{1}{\sqrt{3}}}{1+\tan\theta\cdot\frac{1}{\sqrt{3}}}\\&=\frac{\tan\theta+\sqrt{3}}{-(\sqrt{3}\tan\theta-1)}\cdot\frac{\sqrt{3}\tan\theta-1}{\sqrt{3}+\tan\theta}\\&=\boldsymbol{-1}\ \cdots 答\end{aligned}$$

演習問題 80 p.178

考え方 2 直線のなす角は，タンジェントの加法定理を利用します。

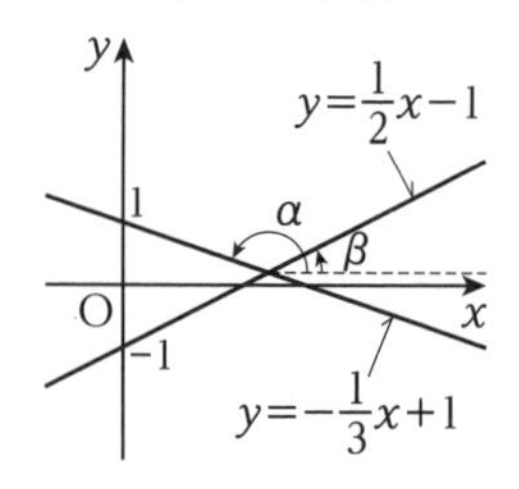

図のように，2 直線と x 軸に平行な直線のなす角を α，β とする。（この角は 2 直線と x 軸の正の向きとのなす角に等しい。）
$\tan\theta$ の値は直線の傾きを表すので，

$\tan\alpha=-\frac{1}{3}$，$\tan\beta=\frac{1}{2}$

2 直線のなす角を$\theta=\alpha-\beta$とすると，タンジェントの加法定理より，

$$\tan\theta=|\tan(\alpha-\beta)|$$
$$=\left|\frac{\tan\alpha-\tan\beta}{1+\tan\alpha\tan\beta}\right|$$
$$=\left|\frac{-\frac{1}{3}-\frac{1}{2}}{1+\left(-\frac{1}{3}\right)\cdot\frac{1}{2}}\right|$$
$$=|-1|=1$$

θが鋭角であることに注意すると，

$\boldsymbol{\theta=\frac{\pi}{4}}$ …答

Point

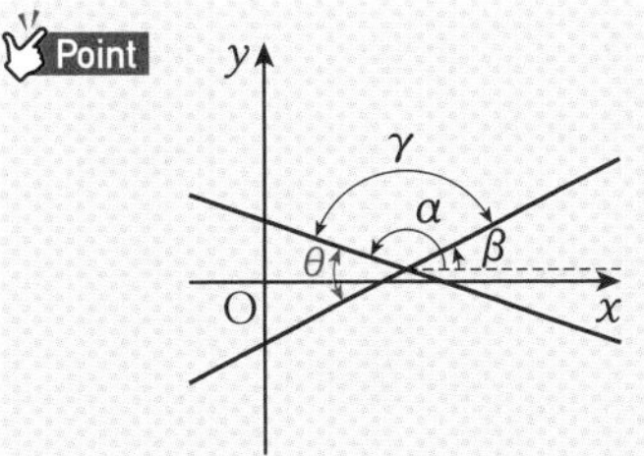

$\alpha-\beta$の指す部分は図のγになり，この角は図より鈍角です。求めたい鋭角は図のθであり，$\theta=\pi-\gamma$となります。このとき，

$$\tan\theta=\tan(\pi-\gamma)=-\tan\gamma$$

ですから，$\tan\theta$は$\tan\gamma$の絶対値に等しいことがわかります。

また，βのとり方を変えて，

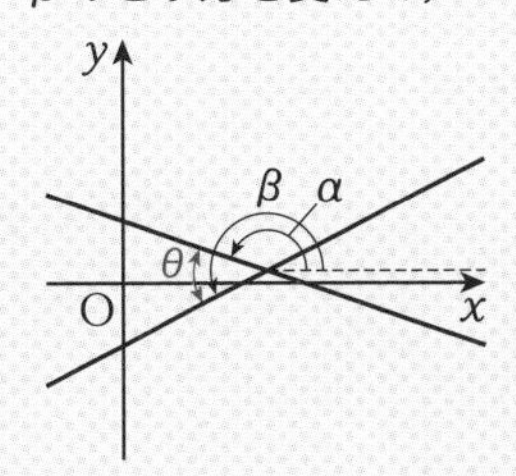

とすれば，$\theta=\beta-\alpha$で求めることもできます。

演習問題 81 p.182

1

考え方 角が半分の三角関数の値を考える際に 2 倍角の公式を用います。

αが第 4 象限の角であるから，

$$\sin\alpha<0$$

よって，$\sin\alpha=-\sqrt{1-\cos^2\alpha}=-\frac{3}{5}$

(1) 2 倍角の公式より，

$$\sin2\alpha=2\sin\alpha\cos\alpha=2\cdot\left(-\frac{3}{5}\right)\cdot\frac{4}{5}$$
$$=-\boldsymbol{\frac{24}{25}}$$ …答

(2) 2 倍角の公式より，

$$\cos2\alpha=2\cos^2\alpha-1=2\cdot\left(\frac{4}{5}\right)^2-1$$
$$=\boldsymbol{\frac{7}{25}}$$ …答

(3) $\tan\alpha=\frac{\sin\alpha}{\cos\alpha}=\frac{-\frac{3}{5}}{\frac{4}{5}}=-\frac{3}{4}$

2 倍角の公式より，

$$\tan2\alpha=\frac{2\tan\alpha}{1-\tan^2\alpha}=\frac{2\cdot\left(-\frac{3}{4}\right)}{1-\left(-\frac{3}{4}\right)^2}$$
$$=-\boldsymbol{\frac{24}{7}}$$ …答

別解 (1)，(2)より，

$$\tan2\alpha=\frac{\sin2\alpha}{\cos2\alpha}=\frac{-\frac{24}{25}}{\frac{7}{25}}$$
$$=-\boldsymbol{\frac{24}{7}}$$ …答

2

考え方 因数分解するために，角をθにそろえます。

(1) 2 倍角の公式より，

$$\sin2\theta+\cos\theta=0$$
$$2\sin\theta\cos\theta+\cos\theta=0$$
$$\cos\theta(2\sin\theta+1)=0$$

（角をθにそろえる）
（因数分解）

第1章 式と証明
第2章 複素数と方程式
第3章 図形と方程式
第4章 三角関数
第5章 指数関数と対数関数
第6章 微分法と積分法

よって，$\cos\theta=0$ または，$\sin\theta=-\frac{1}{2}$

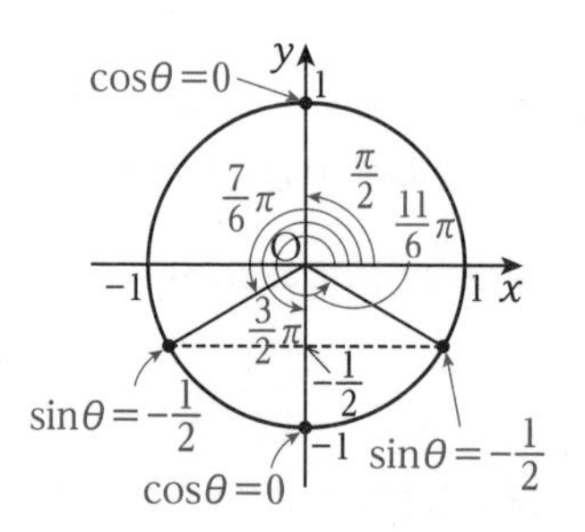

図より，$\boldsymbol{\theta=\frac{\pi}{2},\ \frac{7}{6}\pi,\ \frac{3}{2}\pi,\ \frac{11}{6}\pi}$ …答

(2) 2倍角の公式より，

$\cos2\theta-\cos\theta=0$

$2\cos^2\theta-1-\cos\theta=0$ 　← 角をθにそろえる

$(2\cos\theta+1)(\cos\theta-1)=0$ 　← 因数分解（たすき掛け）

よって，$\cos\theta=-\frac{1}{2}$ または，$\cos\theta=1$

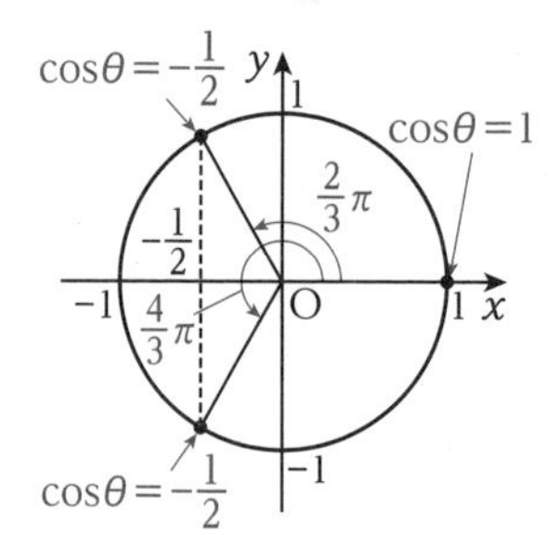

図より，$\boldsymbol{\theta=0,\ \frac{2}{3}\pi,\ \frac{4}{3}\pi}$ …答

(3) 2倍角の公式より，

$\cos2\theta-\sqrt{3}\sin\theta+2>0$

↓角をθにそろえる，かつ，$\sin\theta$にそろえる

$(1-2\sin^2\theta)-\sqrt{3}\sin\theta+2>0$

$2\sin^2\theta+\sqrt{3}\sin\theta-3<0$

↓因数分解（たすき掛け）

$(2\sin\theta-\sqrt{3})(\sin\theta+\sqrt{3})<0$

ここで，$-1\leqq\sin\theta\leqq1$ より，

$\sin\theta+\sqrt{3}>0$ であるから，

$2\sin\theta-\sqrt{3}<0$

$\sin\theta<\frac{\sqrt{3}}{2}$

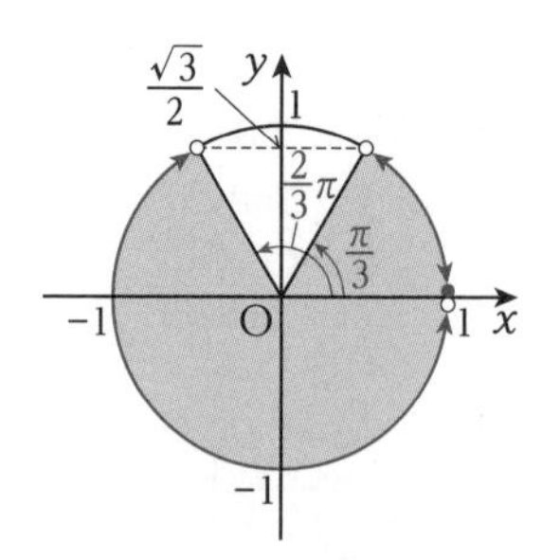

図より，

$\boldsymbol{0\leqq\theta<\frac{\pi}{3},\ \frac{2}{3}\pi<\theta<2\pi}$ …答

(4) 2倍角の公式より，

$\sin2\theta>\sqrt{2}\cos\theta$

$2\sin\theta\cos\theta>\sqrt{2}\cos\theta$ 　← 角をθにそろえる

$\cos\theta(2\sin\theta-\sqrt{2})>0$ 　← 因数分解

積が正となるのは，

$\begin{cases}\cos\theta>0\\2\sin\theta-\sqrt{2}>0\end{cases}$ または $\begin{cases}\cos\theta<0\\2\sin\theta-\sqrt{2}<0\end{cases}$

つまり，

$\begin{cases}\cos\theta>0\\\sin\theta>\frac{1}{\sqrt{2}}\end{cases}$ または $\begin{cases}\cos\theta<0\\\sin\theta<\frac{1}{\sqrt{2}}\end{cases}$

単位円上において

「x座標が正，かつ，y座標が$\frac{1}{\sqrt{2}}$より大きい」または，

「x座標が負，かつ，y座標が$\frac{1}{\sqrt{2}}$より小さい」

部分の範囲を考えると，

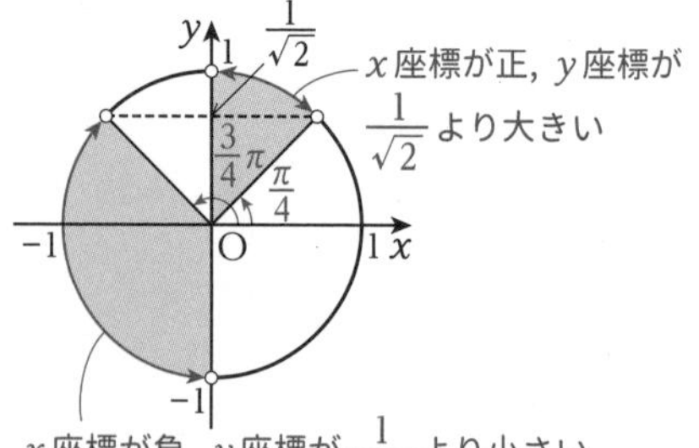

よって，

$\boldsymbol{\frac{\pi}{4}<\theta<\frac{\pi}{2},\ \frac{3}{4}\pi<\theta<\frac{3}{2}\pi}$ …答

演習問題 82 p.185

1

考え方 2倍の角の$\frac{\pi}{6}$であれば，値を求めることができます。

半角の公式より，

$$\sin^2\frac{\pi}{12}=\frac{1-\cos\frac{\pi}{6}}{2}=\frac{1-\frac{\sqrt{3}}{2}}{2}=\frac{2-\sqrt{3}}{4}$$

$\sin\frac{\pi}{12}>0$ であることに注意すると，

$$\sin\frac{\pi}{12}=\sqrt{\frac{2-\sqrt{3}}{4}}=\sqrt{\frac{4-2\sqrt{3}}{8}}$$
$$=\frac{\sqrt{(3+1)-2\sqrt{3\cdot1}}}{2\sqrt{2}}$$
$$=\frac{\sqrt{3}-1}{2\sqrt{2}}$$
$$=\frac{\sqrt{6}-\sqrt{2}}{4}\ \cdots 答$$

2重根号 $\sqrt{(a+b)-2\sqrt{ab}}=\sqrt{a}-\sqrt{b}$

半角の公式より，

$$\cos^2\frac{\pi}{12}=\frac{1+\cos\frac{\pi}{6}}{2}=\frac{1+\frac{\sqrt{3}}{2}}{2}=\frac{2+\sqrt{3}}{4}$$

$\cos\frac{\pi}{12}>0$ であることに注意すると，

$$\cos\frac{\pi}{12}=\sqrt{\frac{2+\sqrt{3}}{4}}=\sqrt{\frac{4+2\sqrt{3}}{8}}$$
$$=\frac{\sqrt{(3+1)+2\sqrt{3\cdot1}}}{2\sqrt{2}}$$
$$=\frac{\sqrt{3}+1}{2\sqrt{2}}$$
$$=\frac{\sqrt{6}+\sqrt{2}}{4}\ \cdots 答$$

2重根号 $\sqrt{(a+b)+2\sqrt{ab}}=\sqrt{a}+\sqrt{b}$

$$\tan\frac{\pi}{12}=\frac{\sin\frac{\pi}{12}}{\cos\frac{\pi}{12}}=\frac{\frac{\sqrt{6}-\sqrt{2}}{4}}{\frac{\sqrt{6}+\sqrt{2}}{4}}$$
$$=\frac{\sqrt{6}-\sqrt{2}}{\sqrt{6}+\sqrt{2}}$$
$$=2-\sqrt{3}\ \cdots 答$$

別解 半角の公式より，

$$\tan\frac{\pi}{12}=\frac{1-\cos\frac{\pi}{6}}{\sin\frac{\pi}{6}}=\frac{1-\frac{\sqrt{3}}{2}}{\frac{1}{2}}$$
$$=2-\sqrt{3}\ \cdots 答$$

2

考え方 まず$\cos\theta$の値を求めます。

$\tan\theta=\frac{3}{4}$であるから，

$$\frac{1}{\cos^2\theta}=1+\tan^2\theta=1+\frac{9}{16}=\frac{25}{16}$$

よって，$\cos^2\theta=\frac{16}{25}$

θは第3象限の角であるから，

$\cos\theta<0$

よって，

$$\cos\theta=-\frac{4}{5}$$ ←単位円で考えてもよいです

(1)半角の公式より，

$$\cos^2\frac{\theta}{2}=\frac{1+\cos\theta}{2}$$
$$=\frac{1-\frac{4}{5}}{2}=\frac{1}{10}$$

θは第3象限の角であるから，

$$\pi<\theta<\frac{3}{2}\pi$$

つまり，$\frac{\pi}{2}<\frac{\theta}{2}<\frac{3}{4}\pi$であるから，

$$\cos\frac{\theta}{2}<0$$

よって，

$$\cos\frac{\theta}{2}=-\sqrt{\frac{1}{10}}=-\frac{1}{\sqrt{10}}\ \cdots 答$$

(2)半角の公式より，

$$\tan^2\frac{\theta}{2}=\frac{1-\cos\theta}{1+\cos\theta}$$
$$=\frac{1+\frac{4}{5}}{1-\frac{4}{5}}=9$$

θは第3象限の角であるから，

$$\pi<\theta<\frac{3}{2}\pi$$

つまり，$\frac{\pi}{2}<\frac{\theta}{2}<\frac{3}{4}\pi$であるから，

$$\tan\frac{\theta}{2}<0$$

$$\tan\frac{\theta}{2}=-3\ \cdots 答$$

別解 $\cos\theta=-\dfrac{4}{5}$より，$\sin\theta=-\dfrac{3}{5}$であるから，半角の公式より，

$$\tan\frac{\theta}{2}=\frac{1-\cos\theta}{\sin\theta}=\frac{1-\left(-\frac{4}{5}\right)}{-\frac{3}{5}}$$

$=\mathbf{-3}$ …答

演習問題 83 p.188

p.188

考え方 三角関数の合成では，加法定理の利用を考えます。

(1) $\sin\theta+\sqrt{3}\cos\theta$

$=\sqrt{1^2+(\sqrt{3})^2}\left(\dfrac{1}{2}\sin\theta+\dfrac{\sqrt{3}}{2}\cos\theta\right)$ ←[1]

$=2\left(\cos\dfrac{\pi}{3}\sin\theta+\sin\dfrac{\pi}{3}\cos\theta\right)$ ←[2]

$=\mathbf{2\sin\left(\theta+\dfrac{\pi}{3}\right)}$ …答 ←[3]

別解 図をかいて，直接答えを導く方法で解く。$\sin\theta$の係数の絶対値は1，$\cos\theta$の係数の絶対値は$\sqrt{3}$であるから，点$(1,\ \sqrt{3})$を考える。原点と結んだ線分の長さが2，その線分とx軸の正の向きとのなす角が$\dfrac{\pi}{3}$とわかる。

よって，合成の結果は

$$\sin\theta+\sqrt{3}\cos\theta=\mathbf{2\sin\left(\theta+\frac{\pi}{3}\right)}\ \cdots\text{答}$$

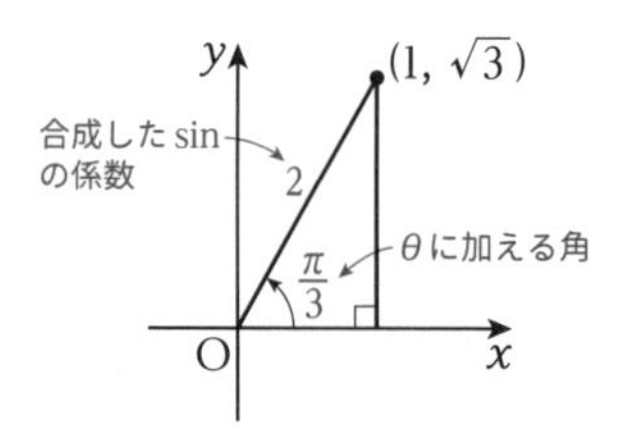

(2) $2\sqrt{3}\sin\theta-2\cos\theta$

$=2(\sqrt{3}\sin\theta-\cos\theta)$ ←くくり出せるものは出しておきます

$=2\cdot\sqrt{(\sqrt{3})^2+(-1)^2}\left(\dfrac{\sqrt{3}}{2}\sin\theta-\dfrac{1}{2}\cos\theta\right)$ ←[1]

$=4\left(\cos\dfrac{\pi}{6}\sin\theta-\sin\dfrac{\pi}{6}\cos\theta\right)$ ←[2]

$=\mathbf{4\sin\left(\theta-\dfrac{\pi}{6}\right)}$ …答 ←[3]

別解 図をかいて，直接答えを導く方法で解く。$\sin\theta$の係数の絶対値は$2\sqrt{3}$，$\cos\theta$の係数の絶対値は2であるから，点$(2\sqrt{3},\ 2)$を考える。原点と結んだ線分の長さが4，その線分とx軸の正の向きとのなす角が$\dfrac{\pi}{6}$とわかる。(もちろん，2でくくってから考えてもよい。)

よって，合成の結果は

$$2\sqrt{3}\sin\theta-2\cos\theta=\mathbf{4\sin\left(\theta-\frac{\pi}{6}\right)}\ \cdots\text{答}$$

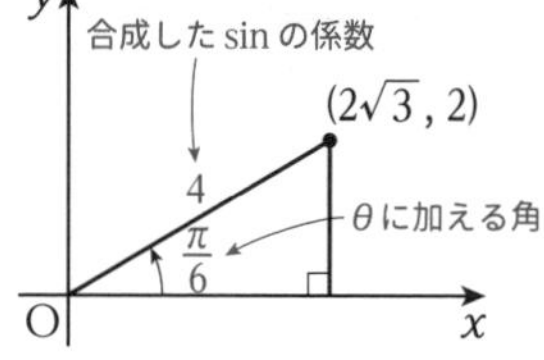

演習問題 84 p.190

p.190

考え方 三角関数の合成で左辺の三角関数の種類を1つにまとめます。

(1)まず，左辺の三角関数を合成する。

$\sin\theta-\cos\theta$

$=\sqrt{1^2+(-1)^2}\left(\dfrac{1}{\sqrt{2}}\sin\theta-\dfrac{1}{\sqrt{2}}\cos\theta\right)$ ←[1]

$=\sqrt{2}\left(\cos\dfrac{\pi}{4}\sin\theta-\sin\dfrac{\pi}{4}\cos\theta\right)$ ←[2]

$=\sqrt{2}\sin\left(\theta-\dfrac{\pi}{4}\right)$ ←[3]

よって，$\sqrt{2}\sin\left(\theta-\dfrac{\pi}{4}\right)=1$より，

$\sin\left(\theta-\dfrac{\pi}{4}\right)=\dfrac{1}{\sqrt{2}}$を満たす$\theta$を求めればよい。

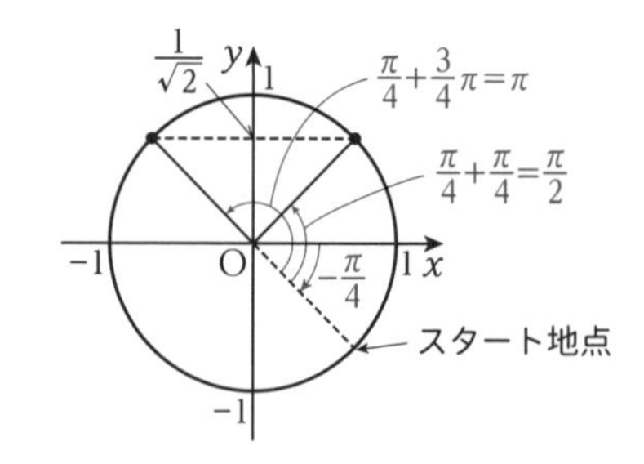

図より，$-\frac{\pi}{4}$から回転する角θを考えると，

$\boldsymbol{\theta=\frac{\pi}{2}}$，$\boldsymbol{\pi}$ …答

(2)まず，左辺の三角関数を合成する。

$\sin 2\theta-\sqrt{3}\cos 2\theta$

$=\sqrt{1^2+(-\sqrt{3})^2}\left(\frac{1}{2}\sin 2\theta-\frac{\sqrt{3}}{2}\cos 2\theta\right)$ ←1

$=2\left(\cos\frac{\pi}{3}\sin 2\theta-\sin\frac{\pi}{3}\cos 2\theta\right)$ ←2

$=2\sin\left(2\theta-\frac{\pi}{3}\right)$ ←3

$2\theta=t$とすると，$0\leqq t<4\pi$

この範囲のもとで，$2\sin\left(t-\frac{\pi}{3}\right)>1$ より，$\sin\left(t-\frac{\pi}{3}\right)>\frac{1}{2}$を満たす$t$の範囲を求めればよい。

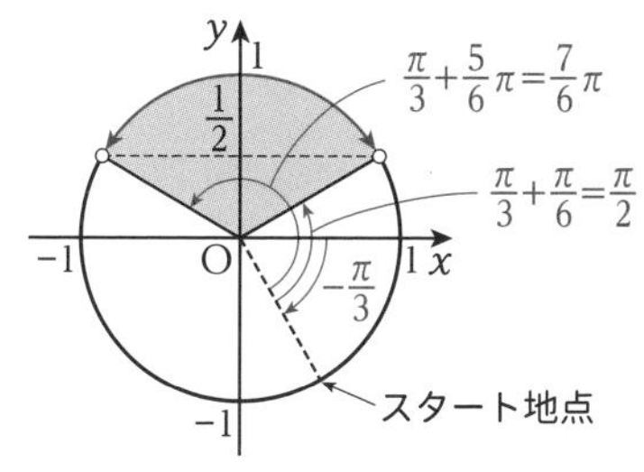

図より，$0\leqq t<2\pi$の範囲で$-\frac{\pi}{3}$から回転する角tを考えると，

$\frac{\pi}{2}<t<\frac{7}{6}\pi$

よって，$0\leqq t<4\pi$の範囲では，

$\frac{\pi}{2}<t<\frac{7}{6}\pi$，$\frac{\pi}{2}+2\pi<t<\frac{7}{6}\pi+2\pi$

$t=2\theta$より，

$\frac{\pi}{2}<2\theta<\frac{7}{6}\pi$，$\frac{5}{2}\pi<2\theta<\frac{19}{6}\pi$

したがって，

$\boldsymbol{\frac{\pi}{4}<\theta<\frac{7}{12}\pi}$，$\boldsymbol{\frac{5}{4}\pi<\theta<\frac{19}{12}\pi}$ …答

第5章 指数関数と対数関数

第1節 指数の拡張

演習問題 85 p.193

考え方 指数法則を確認しましょう。

(1) $a^{-3}\times a^6=a^{-3+6}=\boldsymbol{a^3}$ …答

(2) $(a^4)^{-2}=a^{4\times(-2)}=\boldsymbol{a^{-8}}\left(\text{または}\boldsymbol{\frac{1}{a^8}}\right)$ …答

(3) $(a^{-2}b^2)^3=a^{-2\times 3}b^{2\times 3}$

$=\boldsymbol{a^{-6}b^6}\left(\text{または}\boldsymbol{\frac{b^6}{a^6}}\right)$ …答

(4) $a^{-1}\times a^{-2}\div a^{-3}=a^{-1+(-2)-(-3)}=a^0$

$=\boldsymbol{1}$ …答

(5) $a^2\times\frac{1}{a^{-1}}\times(a^3)^{-2}=a^2\times\frac{1}{a^{-1}}\times a^{3\times(-2)}$

$=a^{2-(-1)+(-6)}=\boldsymbol{a^{-3}}\left(\text{または}\boldsymbol{\frac{1}{a^3}}\right)$ …答

演習問題 86 p.196

考え方 指数法則を確認しましょう。

(1) $\sqrt[4]{64}\div\sqrt[6]{72}\times\sqrt[3]{24}$

$=(2^6)^{\frac{1}{4}}\div(2^3\cdot 3^2)^{\frac{1}{6}}\times(2^3\cdot 3)^{\frac{1}{3}}$

$=2^{\frac{3}{2}}\div\left(2^{\frac{1}{2}}\cdot 3^{\frac{1}{3}}\right)\times\left(2\cdot 3^{\frac{1}{3}}\right)$

$=2^{\frac{3}{2}-\frac{1}{2}+1}\cdot 3^{-\frac{1}{3}+\frac{1}{3}}$

$=2^2\cdot 3^0=\boldsymbol{4}$ …答

(2) $\sqrt[7]{4\times\sqrt[4]{16^{\frac{2}{3}}\times 8^{-2}}}$

$=\left(2^2\times\sqrt[4]{(2^4)^{\frac{2}{3}}\times(2^3)^{-2}}\right)^{\frac{1}{7}}$

$=\left(2^2\times\sqrt[4]{2^{\frac{8}{3}}\times 2^{-6}}\right)^{\frac{1}{7}}$

$=\left(2^2\times\sqrt[4]{2^{\frac{8}{3}-6}}\right)^{\frac{1}{7}}$

$=\left\{2^2\times\left(2^{-\frac{10}{3}}\right)^{\frac{1}{4}}\right\}^{\frac{1}{7}}$

$=\left(2^{2-\frac{10}{3}\times\frac{1}{4}}\right)^{\frac{1}{7}}$

$=\left(2^{\frac{7}{6}}\right)^{\frac{1}{7}}$

$=2^{\frac{1}{6}}=\sqrt[6]{2}$ …答

(3) $(\sqrt[6]{a}+\sqrt[6]{b})(\sqrt[6]{a}-\sqrt[6]{b})(\sqrt[3]{a^2}+\sqrt[3]{ab}+\sqrt[3]{b^2})$

↓ $(a+b)(a-b)=a^2-b^2$ の利用

$=\{(\sqrt[6]{a})^2-(\sqrt[6]{b})^2\}(\sqrt[3]{a^2}+\sqrt[3]{ab}+\sqrt[3]{b^2})$

$=\left\{\left(a^{\frac{1}{6}}\right)^2-\left(b^{\frac{1}{6}}\right)^2\right\}\left\{(a^2)^{\frac{1}{3}}+(ab)^{\frac{1}{3}}+(b^2)^{\frac{1}{3}}\right\}$

$=\left(a^{\frac{1}{3}}-b^{\frac{1}{3}}\right)\left\{a^{\frac{2}{3}}+a^{\frac{1}{3}}b^{\frac{1}{3}}+b^{\frac{2}{3}}\right\}$

↓ $(a-b)(a^2+ab+b^2)=a^3-b^3$ の利用

$=\left(a^{\frac{1}{3}}\right)^3-\left(b^{\frac{1}{3}}\right)^3$

$=\boldsymbol{a-b}$ …答

演習問題 87 p.197

1

考え方 指数法則を確認しましょう。

(1) 4^x+4^{-x}

$=(2^2)^x+(2^2)^{-x}$

$=(2^x)^2+(2^{-x})^2$ 　← $(a^x)^y=(a^y)^x$ の利用

$=(2^x+2^{-x})^2-2\cdot2^x\cdot2^{-x}$ 　← $a^2+b^2=(a+b)^2-2ab$ の利用

$=3^2-2\cdot1$

$=\boldsymbol{7}$ …答

(2) 8^x+8^{-x}

$=(2^3)^x+(2^3)^{-x}$

$=(2^x)^3+(2^{-x})^3$ 　← $(a^x)^y=(a^y)^x$ の利用

$=(2^x+2^{-x})^3-3\cdot2^x\cdot2^{-x}(2^x+2^{-x})$

↓ $a^3+b^3=(a+b)^3-3ab(a+b)$ の利用

$=3^3-3\cdot1\cdot3$

$=\boldsymbol{18}$ …答

(3) $(2^x-2^{-x})^2$

$=(2^x+2^{-x})^2-4\cdot2^x\cdot2^{-x}$ 　← $(a-b)^2=(a+b)^2-4ab$ の利用

$=3^2-4\cdot1$

$=5$

平方根をとると，$\boldsymbol{2^x-2^{-x}=\pm\sqrt{5}}$ …答

Point 2^x と 2^{-x} の大小は x の値で決まるので，この問題ではどちらが大きいかは決まりません。

2

考え方 (2)は(1)の結果を，(3)は(2)の結果を利用します。

(1) $a+a^{-1}=\left(a^{\frac{1}{2}}\right)^2+\left(a^{-\frac{1}{2}}\right)^2$ であるから，

$\left(a^{\frac{1}{2}}\right)^2+\left(a^{-\frac{1}{2}}\right)^2$

$=\left(a^{\frac{1}{2}}-a^{-\frac{1}{2}}\right)^2+2\cdot a^{\frac{1}{2}}\cdot a^{-\frac{1}{2}}$ 　← $a^2+b^2=(a-b)^2+2ab$ の利用

$=(\sqrt{2})^2+2\cdot1=\boldsymbol{4}$ …答

(2) $(a-a^{-1})^2$

$=(a+a^{-1})^2-4\cdot a\cdot a^{-1}$

$=4^2-4\cdot1$ 　← $(a-b)^2=(a+b)^2-4ab$ の利用

$=12$

ここで，$a>1$ であるから，$a>a^{-1}$

つまり，$a-a^{-1}>0$ であるから，

$a-a^{-1}=\boldsymbol{2\sqrt{3}}$ …答

Point 1より大きい数は逆数にするともとの数より小さくなります。

(3) a^3-a^{-3}

$=(a-a^{-1})^3+3\cdot a\cdot a^{-1}(a-a^{-1})$

↓ $a^3-b^3=(a-b)^3+3ab(a-b)$ の利用

$=(2\sqrt{3})^3+3\cdot1\cdot2\sqrt{3}$

$=\boldsymbol{30\sqrt{3}}$ …答

第2節 指数関数

演習問題 88 p.200

考え方 $a^0=1$ に注意します。

(1) $\boldsymbol{a}=3^{-2}=\frac{1}{3^2}=\boldsymbol{\frac{1}{9}}$ …答

$\boldsymbol{b}=3^0\boldsymbol{=1}$ …答

$3^c=9$ より，$3^c=3^2$

つまり，$\boldsymbol{c=2}$ …答

(2)点 $\left(1,\ \frac{1}{2}\right)$ を通るので，$y=a^x$ に代入すると，

$\frac{1}{2}=a^1$ より，$\boldsymbol{a=\frac{1}{2}}$ …答

よって，グラフは $y=\left(\dfrac{1}{2}\right)^x$ のグラフである。

$\left(\dfrac{1}{2}\right)^b=8$ より，$\left(\dfrac{1}{2}\right)^b=2^3$

つまり，$\boldsymbol{b=-3}$ …答

$\boldsymbol{c=\left(\dfrac{1}{2}\right)^0=1}$ …答

演習問題 89 p.202

考え方 (3)は(2)の $a^{\frac{1}{a}}<b^{\frac{1}{b}}$ を利用します。

(1)各数の底を 2 にそろえると，

$16^{\frac{1}{7}}=(2^4)^{\frac{1}{7}}=2^{\frac{4}{7}}$

$\sqrt[4]{8}=(2^3)^{\frac{1}{4}}=2^{\frac{3}{4}}$

$4^{\frac{1}{4}}=(2^2)^{\frac{1}{4}}=2^{\frac{1}{2}}$

であるから，$y=2^x$のグラフを考えると，
（←グラフは単調増加）

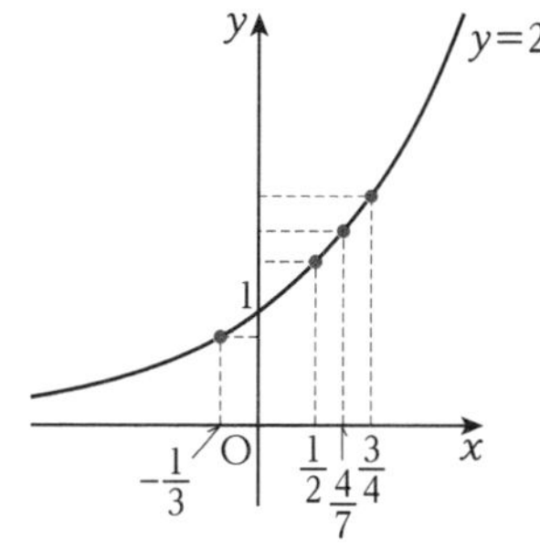

y 座標の大小を比較すると，

$2^{-\frac{1}{3}}<2^{\frac{1}{2}}<2^{\frac{4}{7}}<2^{\frac{3}{4}}$ ←x 座標（指数）の大小と一致

よって，$\boldsymbol{2^{-\frac{1}{3}}<4^{\frac{1}{4}}<16^{\frac{1}{7}}<\sqrt[4]{8}}$ …答

(2)まず，$y=a^x$と $y=b^x$のグラフを考えると，
（←グラフは単調減少）

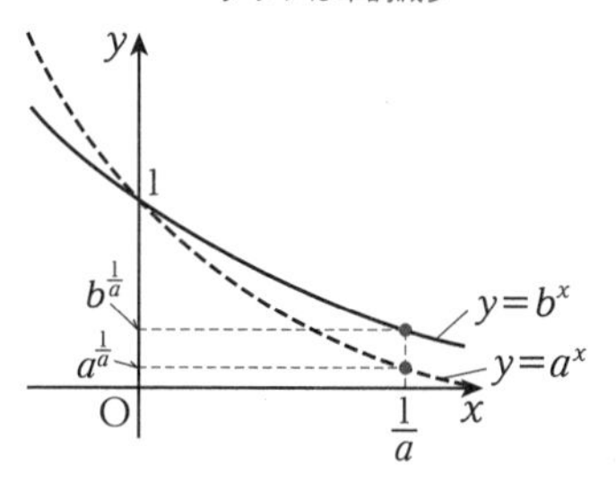

$x>0$ では底が大きいグラフが上側になるので，$x=\dfrac{1}{a}$のときの y 座標の大小を比較すると，

$a^{\frac{1}{a}}<b^{\frac{1}{a}}$ ……①

次に，$y=b^x$ のグラフを考えると，

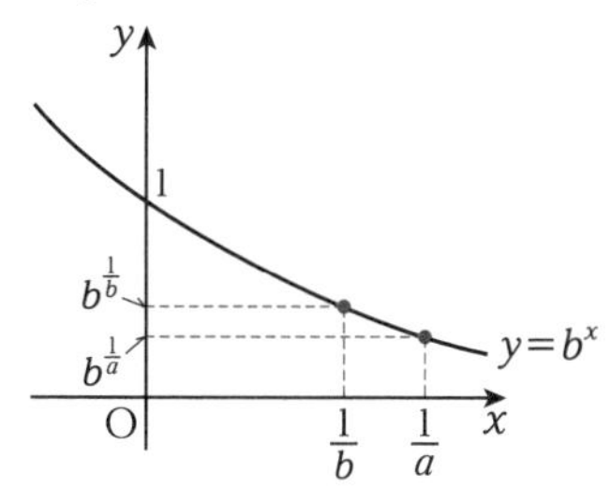

$x=\dfrac{1}{a}$，$x=\dfrac{1}{b}$のときの y 座標の大小を比較すると，$\dfrac{1}{a}>\dfrac{1}{b}$より，

$b^{\frac{1}{a}}<b^{\frac{1}{b}}$ ……② ←x 座標（指数）の大小と逆になる

①，②より，$0<a<b<1$ であるとき，

$a^{\frac{1}{a}}<b^{\frac{1}{a}}<b^{\frac{1}{b}}$ が成り立つ。〔証明終わり〕

(3)まず，a と ab の大小を調べる。

$0<a<b<1$ であるから，

$a-ab=a(1-b)>0$

よって，$ab<a$

次に$\dfrac{a+b}{2}$と a の大小を調べる。

$a<b$ であるから，$\dfrac{a+b}{2}-a=\dfrac{b-a}{2}>0$

よって，$a<\dfrac{a+b}{2}$

また，$0<a+b<2$ より，$\dfrac{a+b}{2}<1$

以上より，$ab<a<\dfrac{a+b}{2}<1$ である。

(2)より $0<a<b<1$ であるとき，$a^{\frac{1}{a}}<b^{\frac{1}{b}}$ であるから，

$\boldsymbol{ab^{\frac{1}{ab}}<a^{\frac{1}{a}}<\left(\dfrac{a+b}{2}\right)^{\frac{2}{a+b}}}$ …答

Point (3) $a<b$ のとき $a^{\frac{1}{a}}<b^{\frac{1}{b}}$ であるということは，
$ab<a$ のとき，$ab^{\frac{1}{ab}}<a^{\frac{1}{a}}$

また，$\dfrac{1}{\dfrac{a+b}{2}}=\dfrac{2}{a+b}$であるから，

$a<\dfrac{a+b}{2}$のとき，$a^{\frac{1}{a}}<\left(\dfrac{a+b}{2}\right)^{\frac{2}{a+b}}$

演習問題 90 p.204

考え方　底をそろえて，指数を比較します。またはおき換えて因数分解をします。

(1) $2^{x-2}=32$

$2^{x-2}=2^5$ ←底を 2 にそろえる

よって，$x-2=5$ より，←指数を比較

$\boldsymbol{x=7}$ …答

(2) $\left(\dfrac{1}{2}\right)^{2-x}=\dfrac{\sqrt{2}}{4}$

$(2^{-1})^{2-x}=\dfrac{2^{\frac{1}{2}}}{2^2}$

$2^{x-2}=2^{\frac{1}{2}-2}$ ←指数法則 $(a^m)^n=a^{mn}$，$\dfrac{a^m}{a^n}=a^{m-n}$

$2^{x-2}=2^{-\frac{3}{2}}$ ←底を 2 にそろえる

よって，$x-2=-\dfrac{3}{2}$より，←指数を比較

$\boldsymbol{x=\dfrac{1}{2}}$ …答

(3) $4^x-5\cdot2^{x+2}+64=0$

$(2^2)^x-5\cdot2^x\cdot2^2+64=0$ ←指数法則 $a^{m+n}=a^m\cdot a^n$

$(2^x)^2-20\cdot2^x+64=0$ ←指数法則 $a^{mn}=(a^n)^m$

$2^x=t$ とおくと，←おき換え

$t^2-20t+64=0$

$(t-4)(t-16)=0$ ←因数分解

$t=4,\ 16$

よって，

$2^x=2^2,\ 2^4$ ←底を 2 にそろえる

であるから，$\boldsymbol{x=2,\ 4}$ …答 ←指数を比較

(4) $3^{x+1}-3^{-x}-2=0$

$3\cdot3^x-\dfrac{1}{3^x}-2=0$ ←指数法則 $a^{m+n}=a^m\cdot a^n$

$3^x=t$ とおくと，

$3t-\dfrac{1}{t}-2=0$

$3t^2-1-2t=0$ ←両辺 t 倍

$(3t+1)(t-1)=0$ ←因数分解

ここで，$t=3^x>0$ であるから，$t=1$

よって，

$3^x=1$

$3^x=3^0$ ←底を 3 にそろえる

したがって，$\boldsymbol{x=0}$ …答 ←指数を比較

(5) $\begin{cases}2^{x+3}+9^{y+1}=35\\ 8^{\frac{x}{3}}+3^{2y+1}=5\end{cases}$

$\iff\begin{cases}2^3\cdot2^x+9\cdot9^y=35\\ (2^3)^{\frac{x}{3}}+3\cdot3^{2y}=5\end{cases}$

$\iff\begin{cases}8\cdot2^x+9\cdot9^y=35\\ 2^x+3\cdot9^y=5\end{cases}$

ここで，$2^x=X$，$9^y=Y$ とおくと，

$\begin{cases}8X+9Y=35\\ X+3Y=5\end{cases}$

これを解くと，$(X,\ Y)=\left(4,\ \dfrac{1}{3}\right)$

つまり，

$\begin{cases}2^x=4\\ 9^y=\dfrac{1}{3}\end{cases}\iff\begin{cases}2^x=2^2 & \text{←底を 2 にそろえる}\\ 3^{2y}=3^{-1} & \text{←底を 3 にそろえる}\end{cases}$

よって，$x=2$，$2y=-1$ から，←指数を比較

$\boldsymbol{x=2,\ y=-\dfrac{1}{2}}$ …答

演習問題 91 p.206

考え方　底をそろえて，指数を比較します。またおき換えて因数分解をします。(4)では $a^x>0$ である点にも注意します。

(1) $4\cdot2^x>\sqrt{2}$

$2^2\cdot2^x>2^{\frac{1}{2}}$

$2^{x+2}>2^{\frac{1}{2}}$ ←底を 2 にそろえる

よって，

$x+2>\dfrac{1}{2}$ ←底が 1 より大きいので同じ向き

これを解くと，

$x>-\frac{3}{2}$ …**答**

(2) $\left(\frac{1}{8}\right)^x \geqq 0.0625$

$\left\{\left(\frac{1}{2}\right)^3\right\}^x \geqq \frac{1}{16}$

$\left(\frac{1}{2}\right)^{3x} \geqq \left(\frac{1}{2}\right)^4$ 底を$\frac{1}{2}$にそろえる

よって，

$3x \leqq 4$ ←底が 0 と 1 の間なので逆向き

これを解くと，$x \leqq \frac{4}{3}$ …**答**

(3) $2^{2x}-3\cdot 2^{x+2}+32<0$

$(2^x)^2-3\cdot 2^2\cdot 2^x+32<0$

$2^x=t$ とおくと，←おき換え

$t^2-12t+32<0$

$(t-4)(t-8)<0$ 因数分解

$4<t<8$

$2^2<2^x<2^3$ ←底を 2 にそろえる

よって，

$2<x<3$ …**答** ←底が 1 より大きいので同じ向き

(4) $16^x-3\cdot 4^x-4 \geqq 0$

$(4^x)^2-3\cdot 4^x-4 \geqq 0$

$4^x=t$ とおくと，←おき換え

$t^2-3t-4 \geqq 0$

$(t+1)(t-4) \geqq 0$ 因数分解

$4^x=t>0$ であるから，$4 \leqq t$

$4 \leqq 4^x$ ←底を 4 にそろえる

よって，

$1 \leqq x$ …**答** ←底が 1 より大きいので同じ向き

第3節 対数とその性質

演習問題 92 p.207

考え方 指数と対数の関係を確認しましょう。

$a^p=x \iff p=\log_a x$ である。

(1) $5^3=125$ より，$3=\log_5 125$ …**答**

(2) $2^{-4}=\frac{1}{16}$より，$-4=\log_2\frac{1}{16}$ …**答**

演習問題 93 p.210

1

考え方 左辺を変形して右辺を導きます。

$\log_a M-\log_a N$

$=\log_a M+(-1)\cdot\log_a N$

$=\log_a M+\log_a N^{-1}$ 対数の係数は真数の指数にできる

$=\log_a M+\log_a \frac{1}{N}$

$=\log_a\left(M\times\frac{1}{N}\right)$ 対数の和は積の対数

$=\log_a\left(\frac{M}{N}\right)$ 〔証明終わり〕

2

考え方 対数の性質を利用します。

(1) $\log_6 2+\log_6 3$

$=\log_6(2\times 3)$ 対数の和は積の対数

$=\log_6 6$

$=1$ …**答**

(2) $\log_3 24-\log_3 8+\log_3\sqrt{3}$

$=\log_3\frac{24\times\sqrt{3}}{8}$ 対数の和は積の対数，対数の差は商の対数

$=\log_3 3\sqrt{3}$

$=\log_3 3^{\frac{3}{2}}$ $3\sqrt{3}=3\cdot 3^{\frac{1}{2}}=3^{1+\frac{1}{2}}$

$=\frac{3}{2}\log_3 3$

$=\frac{3}{2}$ …**答** $\log_a a=1$

(3) $4\log_2\sqrt{6}-\log_2\sqrt{3}+\log_2\frac{8}{3\sqrt{3}}$

↓対数の係数は真数の指数にできる

$=\log_2(\sqrt{6})^4-\log_2\sqrt{3}+\log_2\frac{8}{3\sqrt{3}}$

↓対数の和は積の対数，対数の差は商の対数

$=\log_2\frac{(\sqrt{6})^4\cdot\frac{8}{3\sqrt{3}}}{\sqrt{3}}$

↓分子・分母に$\sqrt{3}$を掛ける

$=\log_2\frac{36\cdot 8}{9}$

$=\log_2 32$

$=\log_2 2^5$
$=5\log_2 2$
$=\mathbf{5}$ …答

真数の指数は対数の係数にできる
$\log_a a=1$

Point 対数の性質は，対数の係数が 1 の場合に成立する点に注意します。

3

考え方 指数のままでは扱いにくいので，対数をとることを考えます。

$2^x=3^y=6^z=k$ とする。
$2^x=k$ より，底を 2 とする対数をとると，

$\log_2 2^x=\log_2 k$
$x\log_2 2=\log_2 k$ ← $\log_a a=1$
$\dfrac{1}{x}=\dfrac{1}{\log_2 k}$

$3^y=k$ より，底を 2 とする対数をとると，

$\log_2 3^y=\log_2 k$
$y\log_2 3=\log_2 k$
$\dfrac{1}{y}=\dfrac{\log_2 3}{\log_2 k}$

$6^z=k$ より，底を 2 とする対数をとると，

$\log_2 6^z=\log_2 k$
$z\log_2 6=\log_2 k$
$\dfrac{1}{z}=\dfrac{\log_2 6}{\log_2 k}$

以上より，

$\dfrac{1}{x}+\dfrac{1}{y}=\dfrac{1+\log_2 3}{\log_2 k}$
$=\dfrac{\log_2 2+\log_2 3}{\log_2 k}$
$=\dfrac{\log_2(2\times3)}{\log_2 k}$
$=\dfrac{\log_2 6}{\log_2 k}=\dfrac{1}{z}$

$1=\log_a a$
対数の和は積の対数

よって，$2^x=3^y=6^z\ (xyz\neq0)$ のとき，
$\dfrac{1}{x}+\dfrac{1}{y}=\dfrac{1}{z}$ が成り立つ。〔証明終わり〕

別解 底を 6 とする対数をとると，

$\dfrac{1}{x}=\dfrac{\log_6 2}{\log_6 k}$，$\dfrac{1}{y}=\dfrac{\log_6 3}{\log_6 k}$，$\dfrac{1}{z}=\dfrac{1}{\log_6 k}$

であるから，

$\dfrac{1}{x}+\dfrac{1}{y}=\dfrac{\log_6 2+\log_6 3}{\log_6 k}$
$=\dfrac{\log_6(2\times3)}{\log_6 k}$
$=\dfrac{\log_6 6}{\log_6 k}$
$=\dfrac{1}{\log_6 k}=\dfrac{1}{z}$ 〔証明終わり〕

演習問題 94 p.214

1

考え方 真数を 2，3，10 で表すことを考えます。

(1) $\log_{10}6$
$=\log_{10}(2\times3)$
$=\log_{10}2+\log_{10}3$
$=\boldsymbol{a+b}$ …答

積の対数は対数の和

(2) $\log_{10}5=\log_{10}\dfrac{10}{2}$
覚えておきたい変形
$=\log_{10}10-\log_{10}2$
$=\boldsymbol{1-a}$ …答

商の対数は対数の差
$\log_a a=1$

(3) $\log_{10}0.72$
$=\log_{10}\dfrac{72}{100}$
$=\log_{10}72-\log_{10}100$
$=\log_{10}(2^3\times3^2)-\log_{10}10^2$
$=\log_{10}2^3+\log_{10}3^2-\log_{10}10^2$
$=3\log_{10}2+2\log_{10}3-2\log_{10}10$
$=\boldsymbol{3a+2b-2}$ …答

商の対数は対数の差
積の対数は対数の和
真数の指数は対数の係数にできる
$\log_a a=1$

(4) $\log_2\sqrt{30}$
$=\dfrac{\log_{10}30^{\frac{1}{2}}}{\log_{10}2}$
$=\dfrac{\frac{1}{2}\log_{10}(3\times10)}{a}$
$=\dfrac{\frac{1}{2}(\log_{10}3+\log_{10}10)}{a}$
$=\dfrac{\frac{1}{2}(b+1)}{a}=\boldsymbol{\dfrac{b+1}{2a}}$ …答

底の変換公式
真数の指数は対数の係数にできる
積の対数は対数の和
$\log_a a=1$

(5) $\log_{18}48$

$=\dfrac{\log_{10}48}{\log_{10}18}$ 底の変換公式

$=\dfrac{\log_{10}(2^4\times3)}{\log_{10}(2\times3^2)}$

$=\dfrac{4\log_{10}2+\log_{10}3}{\log_{10}2+2\log_{10}3}$ 積の対数は対数の和，真数の指数は対数の係数

$=\dfrac{\mathbf{4a+b}}{\mathbf{a+2b}}$ …答

2

考え方 まず，各対数の底をそろえるところから考えます。

(1) $\log_9\dfrac{15}{16}-\log_3\dfrac{\sqrt5}{4}+3\log_{27}9\sqrt3$

↓底の変換公式

$=\dfrac{\log_3\left(\dfrac{15}{16}\right)}{\log_3 9}-\log_3\dfrac{\sqrt5}{4}+3\cdot\dfrac{\log_3 9\sqrt3}{\log_3 27}$

$=\dfrac{\log_3\left(\dfrac{15}{16}\right)}{\log_3 3^2}-\log_3\dfrac{\sqrt5}{4}+3\cdot\dfrac{\log_3 9\sqrt3}{\log_3 3^3}$

↓真数の指数は対数の係数にできる

$=\dfrac{\log_3\left(\dfrac{15}{16}\right)}{2\log_3 3}-\log_3\dfrac{\sqrt5}{4}+3\cdot\dfrac{\log_3 9\sqrt3}{3\log_3 3}$

↓ $\log_a a=1$

$=\dfrac{1}{2}\log_3\left(\dfrac{15}{16}\right)-\log_3\dfrac{\sqrt5}{4}+\log_3 9\sqrt3$

↓対数の係数は真数の指数にできる

$=\log_3\left(\dfrac{15}{16}\right)^{\frac{1}{2}}-\log_3\dfrac{\sqrt5}{4}+\log_3 9\sqrt3$

↓対数の和は積の対数，対数の差は商の対数

$=\log_3\left(\dfrac{\sqrt{\dfrac{15}{16}}\cdot9\sqrt3}{\dfrac{\sqrt5}{4}}\right)$

$=\log_3 27$

$=\log_3 3^3$

$=\mathbf{3}$ …答

(2) $(\log_3 5+\log_9 25)(\log_5 9+\log_{25}3)$

↓底の変換公式，$\log_a b=\dfrac{1}{\log_b a}$

$=\left(\log_3 5+\dfrac{\log_3 25}{\log_3 9}\right)\left(\dfrac{\log_3 9}{\log_3 5}+\dfrac{1}{\log_3 25}\right)$

$=\left(\log_3 5+\dfrac{\log_3 5^2}{\log_3 3^2}\right)\left(\dfrac{\log_3 3^2}{\log_3 5}+\dfrac{1}{\log_3 5^2}\right)$

↓真数の指数は対数の係数にできる

$=\left(\log_3 5+\dfrac{2\log_3 5}{2\log_3 3}\right)\left(\dfrac{2\log_3 3}{\log_3 5}+\dfrac{1}{2\log_3 5}\right)$

↓ $\log_a a=1$

$=\left(\log_3 5+\dfrac{\log_3 5}{1}\right)\left(\dfrac{2\cdot1}{\log_3 5}+\dfrac{1}{2\log_3 5}\right)$

$=2\log_3 5\times\dfrac{5}{2\log_3 5}=\mathbf{5}$ …答

第4節 対数関数

演習問題 95 p.217

考え方 $\log_a 1=0$ に注意します。

(1) $\boldsymbol{a}=\log_2\dfrac{1}{2}=\log_2 2^{-1}=-\log_2 2$

$=-1\cdot1=\mathbf{-1}$ …答

$\log_2 b=0$ より，$\boldsymbol{b=1}$ …答 ←$\log_a 1=0$

$\log_2 c=3$ より，$\boldsymbol{c}=2^3\mathbf{=8}$ …答 ←$\log_a b=c \Leftrightarrow a^c=b$

(2) $\left(\dfrac{4}{9},\ 2\right)$ を通るので，$y=\log_a x$ に代入すると，$2=\log_a\dfrac{4}{9}$より，

$a^2=\dfrac{4}{9}$

a は底であるから，$a>0$，$a\neq1$ に注意すると，$\boldsymbol{a}=\dfrac{\mathbf{2}}{\mathbf{3}}$ …答

$\log_{\frac{2}{3}}b=0$ より，$\boldsymbol{b=1}$ …答

$\log_{\frac{2}{3}}c=-5$ より，$\boldsymbol{c}=\left(\dfrac{2}{3}\right)^{-5}=\dfrac{\mathbf{243}}{\mathbf{32}}$ …答

↑$\log_a b=c\Leftrightarrow a^c=b$

演習問題 96 p.219

考え方 対数で表されていない数を対数に直すときは，1 が掛けてあると考えてその 1 を対数に直すことを考えます。

(1) $1+\dfrac{1}{2}\log_2 3$

$=\log_2 2+\log_2 3^{\frac{1}{2}}$ ← $1=\log_a a$

$=\log_2(2\times\sqrt3)$ ← 対数の和は積の対数

$=\log_2\sqrt{12}$

$\frac{3}{2}=\frac{3}{2}\times 1$ 　1$=\log_a a$

$=\frac{3}{2}\times\log_2 2$ 　対数の係数は真数の指数にできる

$=\log_2 2^{\frac{3}{2}}$ 　$2^{\frac{3}{2}}=(2^3)^{\frac{1}{2}}=\sqrt{8}$

$=\log_2\sqrt{8}$

以上より，$y=\log_2 x$ のグラフを考えると，
←グラフは単調増加

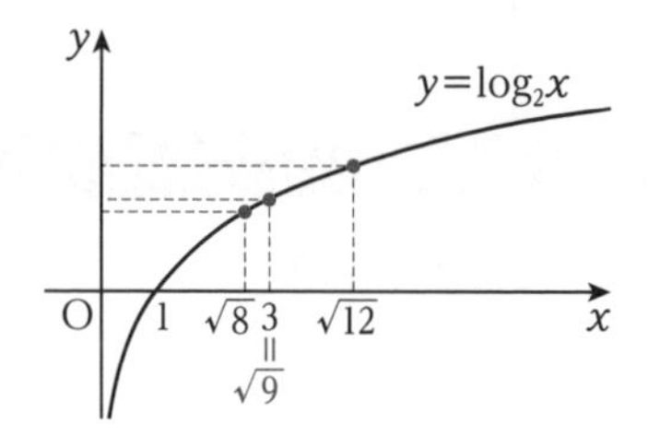

y 座標の大小を比較すると，

$\log_2\sqrt{8}<\log_2 3<\log_2\sqrt{12}$ ←x座標（真数）の大小と一致

よって，$\frac{3}{2}<\log_2 3<1+\frac{1}{2}\log_2 3$ …**答**

(2) $-\log_{0.5}3$

$=\log_{0.5}3^{-1}$ 　対数の係数は真数の指数にできる

$=\log_{0.5}\frac{1}{3}$

$2=2\times 1$ 　$1=\log_a a$

$=2\times\log_{0.5}0.5$ 　対数の係数は真数の指数にできる

$=\log_{0.5}0.5^2$

$=\log_{0.5}0.25$

$\frac{1}{2}\log_{0.5}4=\log_{0.5}4^{\frac{1}{2}}$ 　$4^{\frac{1}{2}}=\sqrt{4}=2$

$=\log_{0.5}2$

以上より，$y=\log_{0.5}x$ のグラフを考えると，
←グラフは単調減少

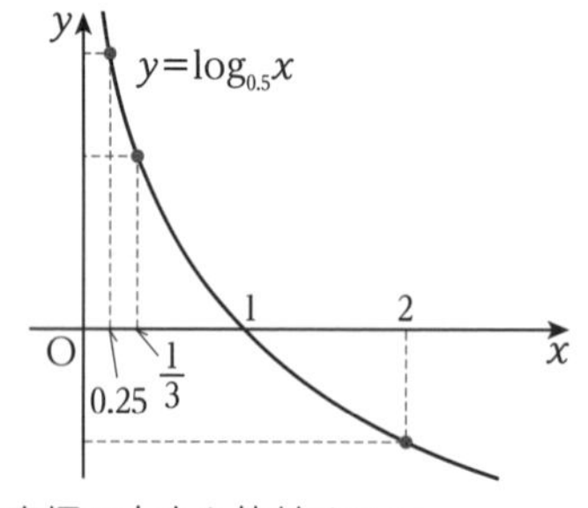

y 座標の大小を比較すると，

$\log_{0.5}2<\log_{0.5}\frac{1}{3}<\log_{0.5}0.25$ ←x座標（真数）の大小と逆になる

よって，$\frac{1}{2}\log_{0.5}4<-\log_{0.5}3<2$ …**答**

演習問題 97 p.221

考え方 真数の条件，底の条件の確認を忘れないようにしましょう。

(1) 真数の条件より，$2x-1>0$ かつ $x-2>0$

それぞれを解くと，$x>\frac{1}{2}$ かつ $x>2$

共通部分をとると，$x>2$ ……①

この範囲で，

$\log_5(2x-1)+\log_5(x-2)=1$

↓対数の和は積の対数

$\log_5(2x-1)(x-2)=\log_5 5$ ←$\log_a m=\log_a n$ の形

$(2x-1)(x-2)=5$ ←真数を比較

$2x^2-5x-3=0$ 　因数分解

$(2x+1)(x-3)=0$

①より $x>2$ であるから，

$\boldsymbol{x=3}$ …**答** ←条件チェックを忘れずに

(2) 真数の条件より，$x-3>0$ かつ $x-1>0$

それぞれを解くと，$x>3$ かつ $x>1$

共通部分をとると，$x>3$…①

この範囲で，

$\log_2(x-3)-\log_4(x-1)=0$

$\log_2(x-3)=\log_4(x-1)$ 　底の変換公式で，底を2にそろえる

$\log_2(x-3)=\frac{\log_2(x-1)}{\log_2 4}$

$\log_2(x-3)=\frac{\log_2(x-1)}{\log_2 2^2}$ 　$\log_2 2^2=2\log_2 2=2$

$\log_2(x-3)=\frac{\log_2(x-1)}{2}$

$2\log_2(x-3)=\log_2(x-1)$

$\log_2(x-3)^2=\log_2(x-1)$ ←$\log_a m=\log_a n$ の形

$(x-3)^2=x-1$ ←真数を比較

$x^2-7x+10=0$ 　因数分解

$(x-2)(x-5)=0$

①より $x>3$ であるから，

$\boldsymbol{x=5}$ …**答** ←条件チェックを忘れずに

(3)真数の条件より，$x>0$ かつ $x^7>0$

共通部分をとると，$x>0$…①

この範囲で，

$2(\log_{10}x)^2-\log_{10}x^7+3=0$

$2(\log_{10}x)^2-7\log_{10}x+3=0$

であるから，$\log_{10}x=t$ とおくと，←おき換え

$2t^2-7t+3=0$

$(2t-1)(t-3)=0$ 　因数分解

$t=\frac{1}{2}$，3

ここで，$t=\log_{10}x$ であるから，

$\frac{1}{2}=\log_{10}x$ より，

$x=10^{\frac{1}{2}}=\sqrt{10}$ 　←$\log_a b=c \iff a^c=b$

$3=\log_{10}x$ より，

$x=10^3=1000$ 　←$\log_a b=c \iff a^c=b$

よって，$\boldsymbol{x=\sqrt{10}}$，**1000**（いずれも①を満たしている）…答 ←条件チェックを忘れずに

(4)真数の条件より，$8x>0$

底の条件より，$x>0$，$x\neq1$

共通部分をとると，$x>0$，$x\neq1$…①

この範囲で，

$\log_2 8x-6\log_x 2=4$

↓積の対数は対数の和，$\log_a b=\frac{1}{\log_b a}$

$\log_2 8+\log_2 x-6\cdot\frac{1}{\log_2 x}=4$

$\log_2 2^3+\log_2 x-6\cdot\frac{1}{\log_2 x}=4$

$3\log_2 2+\log_2 x-6\cdot\frac{1}{\log_2 x}=4$

であるから，$\log_2 x=t$ とおくと，←おき換え

$3+t-\frac{6}{t}=4$

$3t+t^2-6=4t$

$(t+2)(t-3)=0$ 　因数分解

$t=-2$，3

ここで，$t=\log_2 x$ であるから，

$-2=\log_2 x$ より，

$x=2^{-2}=\frac{1}{4}$ 　←$\log_a b=c \iff a^c=b$

$3=\log_2 x$ より，

$x=2^3=8$ 　←$\log_a b=c \iff a^c=b$

よって，$\boldsymbol{x=\frac{1}{4}}$，**8**（いずれも①を満たしている）…答 ←条件チェックを忘れずに

演習問題 98 p.223

考え方 真数の条件，底の条件の確認を忘れないようにしましょう。

(1)真数の条件より，$x-1>0$ かつ $7-x>0$

共通部分をとると，$1<x<7$…①

この範囲で，

$2\log_{\frac{1}{2}}(x-1)<\log_{\frac{1}{2}}(7-x)$

$\log_{\frac{1}{2}}(x-1)^2<\log_{\frac{1}{2}}(7-x)$ 　←$\log_a m<\log_a n$ の形

$(x-1)^2>7-x$ 　←底が0と1の間なので逆向き

$x^2-x-6>0$

$(x+2)(x-3)>0$

$x<-2$，$3<x$

①より，$1<x<7$ であるから，共通部分をとると，←条件チェックを忘れずに

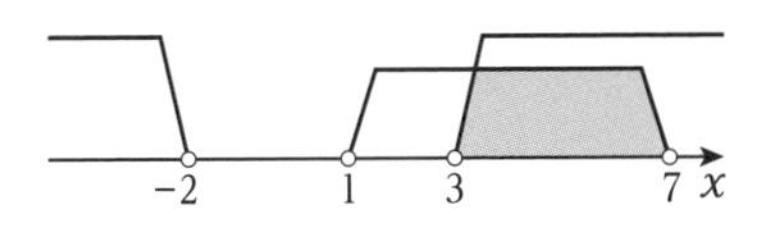

$\boldsymbol{3<x<7}$ …答

(2)真数の条件より，$x>0$ かつ $x-3>0$ かつ $x-2>0$

共通部分をとると，$x>3$ ……①

この範囲で，

$\log_3 x+\log_3(x-3)\leqq\log_3(x-2)$

↓対数の和は積の対数

$\log_3 x(x-3)\leqq\log_3(x-2)$ 　←$\log_a m\leqq\log_a n$ の形

$x(x-3)\leqq x-2$ 　←底が1より大きいので同じ向き

$x^2-4x+2\leqq0$

$2-\sqrt{2}\leqq x\leqq2+\sqrt{2}$ 　$x^2-4x+2=0$ の解は $x=2\pm\sqrt{2}$

①より，$x>3$ であるから，共通部分をとると，←条件チェックを忘れずに

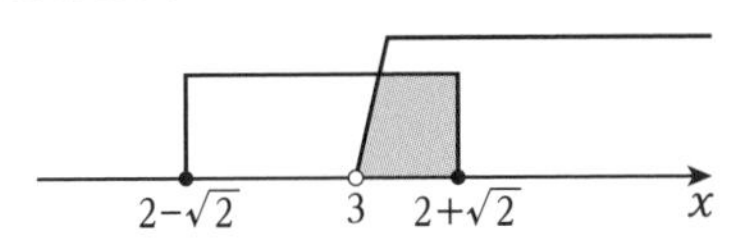

$3<x\leqq 2+\sqrt{2}$ …答

(3)真数の条件より，$x>0$ かつ $x^2>0$

よって，$x>0$…①

この範囲で，

$(\log_3 x)^2-\log_9 x^2-2\geqq 0$

$(\log_3 x)^2-2\log_9 x-2\geqq 0$

$(\log_3 x)^2-2\cdot\frac{\log_3 x}{\log_3 9}-2\geqq 0$

$(\log_3 x)^2-2\cdot\frac{\log_3 x}{\log_3 3^2}-2\geqq 0$

$(\log_3 x)^2-\cancel{2}\cdot\frac{\log_3 x}{\cancel{2}\log_3 3}-2\geqq 0$

$\log_3 x=t$ とおくと，←おき換え

$t^2-t-2\geqq 0$

$(t+1)(t-2)\geqq 0$ ←因数分解

$t\leqq -1,\ 2\leqq t$

ここで，

$-1=\underline{-1\times 1}=-1\times\log_3 3$

↑1が掛けてあると考えて，1を対数に直す

$=\log_3 3^{-1}=\log_3\frac{1}{3}$

$2=\underline{2\times 1}=2\times\log_3 3=\log_3 3^2=\log_3 9$

↑1が掛けてあると考えて，1を対数に直す

$t=\log_3 x$ であるから，

$\log_3 x\leqq\log_3\frac{1}{3},\ \log_3 9\leqq\log_3 x$ ←$\log_a m\leqq\log_a n$ の形

よって，

$x\leqq\frac{1}{3},\ 9\leqq x$ ←底が1より大きいので同じ向き

①より，$x>0$ であるから，共通部分をとると，←条件チェックを忘れずに

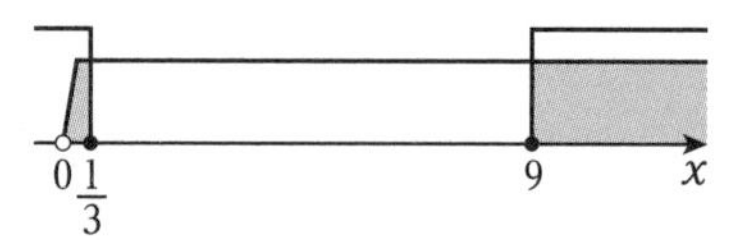

$0<x\leqq\frac{1}{3},\ 9\leqq x$ …答

(4)真数の条件より，$x>0$

底の条件より，$x>0,\ x\neq 1$

よって，$x>0,\ x\neq 1$ ……①

この範囲で，

$\log_{\frac{1}{8}} x+\log_x\frac{1}{8}<\frac{10}{3}$

$\log_{\frac{1}{8}} x+\frac{1}{\log_{\frac{1}{8}} x}<\frac{10}{3}$ ←$\log_a b=\frac{1}{\log_b a}$

$\log_{\frac{1}{8}} x=t$ とおくと，←おき換え

$t+\frac{1}{t}<\frac{10}{3}$

$\frac{3t^2+3-10t}{3t}<0$

$\frac{(3t-1)(t-3)}{3t}<0$ ←因数分解

ここで，

(i) $t>0$ のとき分母を払うと，

$(3t-1)(t-3)<0$

よって，$\frac{1}{3}<t<3$（$t>0$ を満たしている）←条件チェックを忘れずに

(ii) $t<0$ のとき分母を払うと，

$(3t-1)(t-3)>0$

$t<\frac{1}{3},\ 3<t$

$t<0$ との共通部分をとると，$t<0$ ←条件チェックを忘れずに

(i)，(ii)より，$t<0,\ \frac{1}{3}<t<3$ ……②

ここで，

$0=\log_{\frac{1}{8}} 1$

$\frac{1}{3}=\frac{1}{3}\times 1=\frac{1}{3}\times\log_{\frac{1}{8}}\frac{1}{8}=\log_{\frac{1}{8}}\left(\frac{1}{8}\right)^{\frac{1}{3}}$

$=\log_{\frac{1}{8}}\frac{1}{2}$ ←$\left(\frac{1}{8}\right)^{\frac{1}{3}}=\left\{\left(\frac{1}{2}\right)^3\right\}^{\frac{1}{3}}=\frac{1}{2}$

$3=3\times 1=3\times\log_{\frac{1}{8}}\frac{1}{8}=\log_{\frac{1}{8}}\left(\frac{1}{8}\right)^3$

$=\log_{\frac{1}{8}}\frac{1}{512}$

$t=\log_{\frac{1}{8}} x$ であるから，

$\log_{\frac{1}{8}} x<\log_{\frac{1}{8}} 1$，

$\log_{\frac{1}{8}}\frac{1}{2}<\log_{\frac{1}{8}} x<\log_{\frac{1}{8}}\frac{1}{512}$

よって，②より，

$x>1,\ \frac{1}{2}>x>\frac{1}{512}$（①を満たしている）

…答 ←底が0と1の間なので逆向き

(5)真数の条件より，$3x^2-3x-18>0$ かつ $2x^2-10x>0$

$3x^2-3x-18>0$ より，$x^2-x-6>0$

$(x+2)(x-3)>0$ であるから，

$x<-2$ または $3<x$

$2x^2-10x>0$ より，$x^2-5x>0$

$x(x-5)>0$ であるから，
$x<0$ または $5<x$

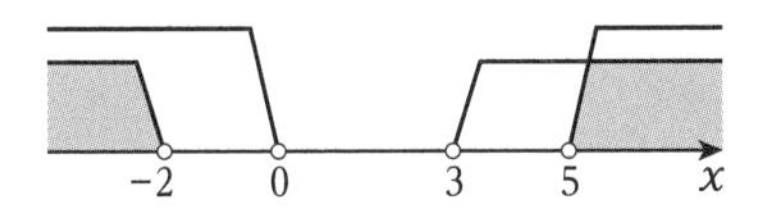

共通部分をとると，$x<-2$，$5<x$…①
この範囲で，
$\log_a(3x^2-3x-18)>\log_a(2x^2-10x)$
↑底の値によって不等号の向きが変わります

(i) $a>1$ のとき
$3x^2-3x-18>2x^2-10x$ ←底が1より大きいので同じ向き
$x^2+7x-18>0$
$(x+9)(x-2)>0$
$x<-9$，$2<x$
①との共通部分をとると，←条件チェックを忘れずに

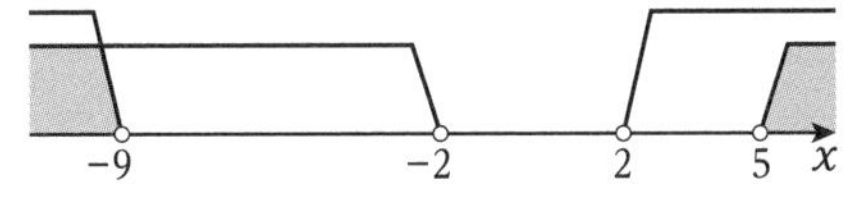

$x<-9$，$5<x$…②

(ii) $0<a<1$ のとき
$3x^2-3x-18<2x^2-10x$ ←底が0と1の間なので逆向き
$x^2+7x-18<0$
$(x+9)(x-2)<0$
$-9<x<2$
①との共通部分をとると，←条件チェックを忘れずに

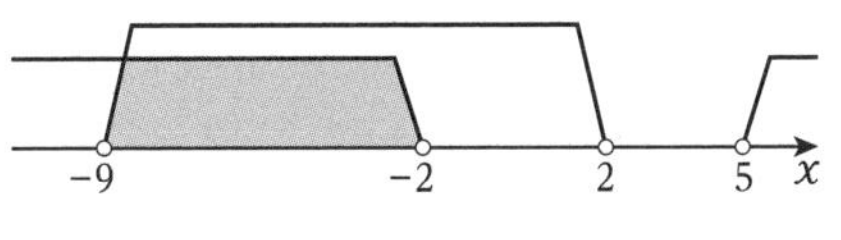

$-9<x<-2$…③
以上，②，③より，

$$\begin{cases} a>1 \text{ のとき，} x<-9,\ 5<x \\ 0<a<1 \text{ のとき，} -9<x<-2 \end{cases}$$ …答

第5節 常用対数

演習問題 99 p.227

考え方 常用対数をとり，その値の整数部分に着目します。

(1) $\log_{10}20^{11}=11\log_{10}(2\times10)$
$=11(\log_{10}2+\log_{10}10)$
$=11(0.3010+1)$
$=14.311$

よって，$14\leqq\log_{10}20^{11}<15$
$10^{14}\leqq20^{11}<10^{15}$ ←大きいほう
であるから，**15 桁の数** …答

(2) $\log_{10}6^{10}=10\log_{10}(2\times3)$
$=10(\log_{10}2+\log_{10}3)$
$=10(0.3010+0.4771)$
$=7.781$

よって，$7\leqq\log_{10}6^{10}<8$
$10^7\leqq6^{10}<10^8$ ←大きいほう
であるから，**8 桁の数** …答

(3) $\log_{10}5^{17}=17\log_{10}\frac{10}{2}$
$=17(\log_{10}10-\log_{10}2)$ ←$\log_a\frac{M}{N}=\log_aM-\log_aN$
$=17(1-0.3010)$
$=11.883$

よって，$11\leqq\log_{10}5^{17}<12$
$10^{11}\leqq5^{17}<10^{12}$ ←大きいほう
であるから，**12 桁の数** …答

演習問題 100 p.230

考え方 常用対数をとり，その値の整数部分に着目します。

(1) $\log_{10}\left(\frac{1}{3}\right)^{30}=\log_{10}3^{-30}$
$=-30\log_{10}3$
$=-30\times0.4771$
$=-14.313$

$-15 \leqq \log_{10}\left(\frac{1}{3}\right)^{30} < -14$

$10^{-15} \leqq \left(\frac{1}{3}\right)^{30} < 10^{-14}$

であるから，**小数第 15 位** …答

小さいほうの絶対値

(2) $\log_{10}\left(\frac{5}{72}\right)^{15}$

$= 15\log_{10}\frac{5}{72}$

$= 15\left\{\log_{10}\frac{10}{2} - \log_{10}(2^3 \cdot 3^2)\right\}$

$= 15\{1 - \log_{10}2 - (3\log_{10}2 + 2\log_{10}3)\}$

$= 15(1 - 4\log_{10}2 - 2\log_{10}3)$

$= 15(1 - 4 \times 0.3010 - 2 \times 0.4771)$

$= 15 \times (-1.1582)$

$= -17.373$

$-18 \leqq \log_{10}\left(\frac{5}{72}\right)^{15} < -17$

$10^{-18} \leqq \left(\frac{5}{72}\right)^{15} < 10^{-17}$

であるから，

小数第 18 位 …答

小さいほうの絶対値

演習問題 101 p.232

考え方 n 乗した数の一の位の数字は規則性に着目します。

$\log_{10}3^{800} = 800\log_{10}3$

$= 800 \times 0.4771$

$= 381.68$

よって，$381 \leqq \log_{10}3^{800} < 382$

$10^{381} \leqq 3^{800} < 10^{382}$

であるから，**382 桁の数** …答

大きいほう

$\log_{10}3^{800} = 381.68$

$= 381 + 0.68$

ここで，

$\log_{10}4 = \log_{10}2^2 = 2\log_{10}2 = 0.6020$

$\log_{10}5 = \log_{10}\frac{10}{2} = \log_{10}10 - \log_{10}2$

$= 1 - 0.3010 = 0.6990$

であるから，

$\log_{10}4 \leqq 0.68 < \log_{10}5$ ←連続する整数を真数とする対数ではさむ

↓各辺に381を加える

$\log_{10}4 + 381 \leqq 381.68 < \log_{10}5 + 381$

↓ $\log_{10}4 + 381 = \log_{10}4 + \log_{10}10^{381}$

$\log_{10}4 \cdot 10^{381} \leqq \log_{10}10^{381.68} < \log_{10}5 \cdot 10^{381}$

$\log_{10}4 \cdot 10^{381} \leqq \log_{10}3^{800} < \log_{10}5 \cdot 10^{381}$

$4 \cdot 10^{381} \leqq 3^{800} < 5 \cdot 10^{381}$ ←底が1より大きいので同じ向き

となるので，**最高位の数字は 4** …答

また，

$3^1 = 3,\ 3^2 = 9,\ 3^3 = 27,\ 3^4 = 81,\ 3^5 = 243$

であるから，3^nの一の位の数字は 3，9，7，1 の繰り返しであるとわかる。よって，

$800 \div 4 = 200$ ←4つの繰り返しがぴったり200回

であるから，

3^{800} の**一の位の数字は 1** …答

↑繰り返しのいちばん最後の数

第6章 微分法と積分法

第1節 微分係数と導関数

演習問題 102 p.235

考え方 $x=a$ において連続である関数ならば，$x=a$ を代入した値に近づきます。

(1) $\displaystyle\lim_{x\to1}(2x-7)=2\cdot1-7$

$=-5$ …答 ←$x=1$を代入した値に近づく

(2) $\displaystyle\lim_{x\to-2}(2x^2-5x)=2\cdot(-2)^2-5\cdot(-2)$

$=18$ …答 ←$x=-2$を代入した値に近づく

(3) $\displaystyle\lim_{a\to-1}\frac{-a^2+a+2}{a}$

$\displaystyle=\lim_{a\to-1}\frac{-(-1)^2+(-1)+2}{-1}$

$=0$ …答 ←$a=-1$を代入した値に近づく

演習問題 103 p.236

考え方 $\frac{0}{0}$になる極限では，約分をしてから代入を考えます。

(1) $\displaystyle\lim_{x\to-3}\frac{x^2-9}{x+3}=\lim_{x\to-3}\frac{(x+3)(x-3)}{x+3}$

$=-3-3$ ←約分してから代入

$=-6$ …答

(2) $\displaystyle\lim_{t\to1}\frac{2t^2-t-1}{t^2-3t+2}=\lim_{t\to1}\frac{(2t+1)(t-1)}{(t-2)(t-1)}$

$\displaystyle=\frac{2\cdot1+1}{1-2}$ ←約分してから代入

$=-3$ …答

(3) $\displaystyle\lim_{h\to0}\frac{1}{h}\left(\frac{3}{h+1}-3\right)$

$\displaystyle=\lim_{h\to0}\frac{1}{h}\left(\frac{3-3(h+1)}{h+1}\right)$ ←通分する

$\displaystyle=\lim_{h\to0}\frac{-3h}{h(h+1)}=\frac{-3}{0+1}$ ←約分してから代入

$=-3$ …答

演習問題 104 p.240

1

考え方 (3)(4) x が a から $a+h$ まで変化するときの平均変化率の，h を限りなく 0 に近づけると $x=a$ における微分係数になります。

(1) $\displaystyle\frac{f(3)-f(2)}{3-2}=\frac{3^3-2^3}{1}=19$ …答

(2) $\displaystyle\frac{f(1)-f(-5)}{1-(-5)}$

$\displaystyle=\frac{(-1^3-3\cdot1^2+4\cdot1-4)-\{-(-5)^3-3\cdot(-5)^2+4\cdot(-5)-4\}}{6}$

$\displaystyle=\frac{-30}{6}=-5$ …答

(3) $\displaystyle f'(1)=\lim_{h\to0}\frac{f(1+h)-f(1)}{h}$

$\displaystyle=\lim_{h\to0}\frac{(1+h)^2+3(1+h)+4-(1^2+3\cdot1+4)}{h}$

$\displaystyle=\lim_{h\to0}\frac{h(h+5)}{h}$ ←$\frac{0}{0}$の形

$\displaystyle=\lim_{h\to0}(h+5)$ ←約分してから代入

$=5$ …答

(4) $f(x)=(3x+2)(x-4)=3x^2-10x-8$

であるから，

$\displaystyle f'(-1)=\lim_{h\to0}\frac{f(-1+h)-f(-1)}{h}$

$\displaystyle=\lim_{h\to0}\frac{3(-1+h)^2-10(-1+h)-8-\{3\cdot(-1)^2-10\cdot(-1)-8\}}{h}$

$\displaystyle=\lim_{h\to0}\frac{h(3h-16)}{h}$ ←$\frac{0}{0}$の形

$\displaystyle=\lim_{h\to0}(3h-16)$ ←約分してから代入

$=-16$ …答

2

考え方 点 $(a,\ f(a))$ における接線の傾きは，微分係数 $f'(a)$ に等しくなります。

(1) $\displaystyle f'(0)=\lim_{h\to0}\frac{f(0+h)-f(0)}{h}$

$\displaystyle=\lim_{h\to0}\frac{(2h^2-2h+1)-1}{h}$ ←$f(0)=1$

$\displaystyle=\lim_{h\to0}\frac{h(2h-2)}{h}$ ←$\frac{0}{0}$の形

$=\lim_{h\to 0}(2h-2)$ ←約分してから代入

$=\mathbf{-2}$ …答

(2) $f'(2)=\lim_{h\to 0}\frac{f(2+h)-f(2)}{h}$

$=\lim_{h\to 0}\frac{(2+h)^3+3(2+h)^2+2(2+h)+7-(2^3+3\cdot 2^2+2\cdot 2+7)}{h}$

$=\lim_{h\to 0}\frac{h(h^2+9h+26)}{h}$ ←$\frac{0}{0}$の形

$=\lim_{h\to 0}(h^2+9h+26)$ ←約分してから代入

$=\mathbf{26}$ …答

演習問題 105 p.242

考え方 微分係数の定義と同じ式になるので，$\frac{0}{0}$の形になります。

(1) $f'(x)=\lim_{h\to 0}\frac{f(x+h)-f(x)}{h}$

$=\lim_{h\to 0}\frac{(x+h)^2+4(x+h)-(x^2+4x)}{h}$

$=\lim_{h\to 0}\frac{h(2x+h+4)}{h}$ ←$\frac{0}{0}$の形

$=\lim_{h\to 0}(2x+h+4)$ ←約分してから代入

$=\mathbf{2x+4}$ …答

(2) $f'(x)=\lim_{h\to 0}\frac{f(x+h)-f(x)}{h}$

$=\lim_{h\to 0}\frac{-(x+h)^3-3(x+h)^2+6-(-x^3-3x^2+6)}{h}$

$=\lim_{h\to 0}\frac{h(-3x^2-3xh-h^2-6x-3h)}{h}$ ←$\frac{0}{0}$の形

$=\lim_{h\to 0}(-3x^2-3xh-h^2-6x-3h)$ ←約分してから代入

$=\mathbf{-3x^2-6x}$ …答

(3) $f'(x)=\lim_{h\to 0}\frac{f(x+h)-f(x)}{h}$

$=\lim_{h\to 0}\frac{7-7}{h}$ ← $f(x)$ は常に 7

$=\lim_{h\to 0}0$

$=\mathbf{0}$ …答 ←定数関数の導関数は常に0

演習問題 106 p.245

考え方 特に指示がない場合は，微分公式を用いて微分します。

(1) $f'(x)=3(x^2)'+4(x)'-(5)'$

$=3\cdot 2x^{2-1}+4\cdot 1\cdot x^{1-1}-0$

$=\mathbf{6x+4}$ …答

(2) $f'(x)=-5(x^3)'+(x^2)'-5(x)'+(3)'$

$=-5\cdot 3x^{3-1}+2x^{2-1}-5\cdot 1\cdot x^{1-1}+0$

$=\mathbf{-15x^2+2x-5}$ …答

(3) $f'(x)=\frac{2}{3}(x^3)'-\frac{3}{4}(x^2)'+\frac{1}{2}(x)'+(1)'$

$=\frac{2}{3}\cdot 3x^{3-1}-\frac{3}{4}\cdot 2x^{2-1}+\frac{1}{2}\cdot 1\cdot x^{1-1}+0$

$=\mathbf{2x^2-\frac{3}{2}x+\frac{1}{2}}$ …答

(4) $f(x)=(x-2)(x^2+3x+8)$

$=x^3+x^2+2x-16$ であるから，←まず展開

$f'(x)=(x^3)'+(x^2)'+2(x)'-(16)'$

$=3x^{3-1}+2x^{2-1}+2\cdot 1\cdot x^{1-1}-0$

$=\mathbf{3x^2+2x+2}$ …答

第2節 接線の方程式

演習問題 107 p.247

1

考え方 接線の傾きを求めるために，まず導関数を求めます。

(1) $f(x)=2x^2+1$ とおくと，$f'(x)=4x$ である。$f'(1)=4$ であるから，点 A$(1,3)$ における接線の方程式は，

$y-3=4(x-1)$

$\mathbf{y=4x-1}$ …答

(2) $f(x)=-2x^3-x^2+2x-3$ とおくと，

$f'(x)=-6x^2-2x+2$ である。

$f'(-1)=-2$であるから，点A$(-1,\ -4)$ における接線の方程式は，

$y-(-4)=-2\{x-(-1)\}$

$\mathbf{y=-2x-6}$ …答

2

考え方 接線の傾きを求めるために，まず導関数を求めます。

$f(x)=x^3-3x^2+2$ とおくと，
$f'(x)=3x^2-6x$ である。
(1)接点の x 座標を t とすると，接線の傾きは $f'(t)=3t^2-6t$ である。条件より傾きは9であるから，

$f'(t)=9$
$3t^2-6t=9$
$(t+1)(t-3)=0$
$t=-1,\ 3$ ←接点のx座標

$f(-1)=-2$ であるから，点 $(-1,\ -2)$ における接線の方程式は，

$y-(-2)=9\{x-(-1)\}$
$\boldsymbol{y=9x+7}$ …答

$f(3)=2$ であるから，点 $(3,\ 2)$ における接線の方程式は，

$y-2=9(x-3)$
$\boldsymbol{y=9x-25}$ …答

(2)接点の x 座標を t とすると，接線の傾きは $f'(t)=3t^2-6t$ である。x 軸に平行な接線は傾きが0であるから，

$f'(t)=0$
$3t^2-6t=0$
$t^2-2t=0$
$t(t-2)=0$
$t=0,\ 2$ ←接点のx座標

$f(0)=2$ であるから，点 $(0,\ 2)$ における接線の方程式は，

$y-2=0\cdot(x-0)$
$\boldsymbol{y=2}$ …答

$f(2)=-2$ であるから，点 $(2,\ -2)$ における接線の方程式は，

$y-(-2)=0\cdot(x-2)$
$\boldsymbol{y=-2}$ …答

(3)接点の x 座標を t とすると，接線の傾きは $f'(t)=3t^2-6t$ であるから，

$f'(t)=3t^2-6t=3(t-1)^2-3$

よって，$t=1$ で最小値-3をとる。つまり，接点の x 座標が1のとき，傾きは最小値-3になる。$f(1)=0$ であるから，点 $(1,\ 0)$ における接線の方程式は，

$y-0=-3\cdot(x-1)$
$\boldsymbol{y=-3x+3}$ …答

演習問題 108 p.249

1

考え方 (2, 8) は曲線上の点ですが，接点とは断っていません。よって，接点を文字でおいて接線の方程式を求めます。

$f(x)=x^3$ とおくと，$f'(x)=3x^2$ である。
接点の座標を $(t,\ t^3)$ とおくと接線の方程式は，

$y-t^3=3t^2(x-t)$ ……①

これが $(2,\ 8)$ を通るので代入すると，

$8-t^3=3t^2(2-t)$
$2t^3-6t^2+8=0$
$t^3-3t^2+4=0$
$(t+1)(t-2)^2=0$
$t=-1,\ 2$ ←接点のx座標

これらを①に代入して，接線の方程式を求める。
(i) **$t=-1$ のとき接線の方程式は，**

$y-(-1)=3(x+1)$
$\boldsymbol{y=3x+2}$ …答

(ii) **$t=2$ のとき接線の方程式は，**

$y-8=12(x-2)$
$\boldsymbol{y=12x-16}$ …答

2

考え方 (3, 8) は曲線上の点ではありません。つまり，接点ではありません。

$f(x)=x^3-2x^2+3x-1$ とおくと，
$f'(x)=3x^2-4x+3$ である。
接点の座標を

$(t,\ t^3-2t^2+3t-1)$ ……①

とおくと接線の方程式は，

$y-(t^3-2t^2+3t-1)$
$=(3t^2-4t+3)(x-t)$ ……②

これが $(3,\ 8)$ を通るので代入すると，

$8-(t^3-2t^2+3t-1)=(3t^2-4t+3)(3-t)$
$2t^3-11t^2+12t=0$
$t(2t-3)(t-4)=0$
$t=0,\ \frac{3}{2},\ 4$ ←接点のx座標

それぞれ①に代入して**接点の座標**を求めると，

$\left(0,\ -1\right),\ \left(\frac{3}{2},\ \frac{19}{8}\right),\ (4,\ 43)$ …答

(i) **接点の座標が $(0,\ -1)$ のとき，**

$f'(0)=3$ であるから**接線の方程式**は，

$y-(-1)=3(x-0)$

よって，$y=3x-1$ …答

次に，接点以外の共有点の座標を求める。

$y=f(x)$ と接線の方程式を連立して，

$x^3-2x^2+3x-1=3x-1$
$x^3-2x^2=0$
$x^2(x-2)=0$ ←$x=0$で接しているのでx^2を因数にもつ

$x\neq0$ より，$x=2$

よって，**接点以外の共有点の座標は，**

$(2,\ 5)$ …答

Point 上のように，共有点の座標を求めるためには連立して因数分解を考えます。このとき，「接点の x 座標＝重解」であることを利用して因数分解することができます。重解をもつ場合，接点の x 座標を t とすると，因数分解したときに $(x-t)^2$ の因数をもつことになります。

(ii) **接点の座標が $\left(\frac{3}{2},\ \frac{19}{8}\right)$ のとき，**

$f'\left(\frac{3}{2}\right)=\frac{15}{4}$ であるから**接線の方程式**は，

$y-\frac{19}{8}=\frac{15}{4}\left(x-\frac{3}{2}\right)$

よって，$y=\frac{15}{4}x-\frac{13}{4}$ …答

次に，接点以外の共有点の座標を求める。

$y=f(x)$ と接線の方程式を連立して，

$x^3-2x^2+3x-1=\frac{15}{4}x-\frac{13}{4}$
$x^3-2x^2-\frac{3}{4}x+\frac{9}{4}=0$
$\left(x-\frac{3}{2}\right)^2(x+1)=0$ ←$x=\frac{3}{2}$で接しているので$\left(x-\frac{3}{2}\right)^2$を因数にもつ

$x\neq\frac{3}{2}$ より，$x=-1$

よって，**接点以外の共有点の座標は，**

$(-1,\ -7)$ …答

(iii) **接点の座標が $(4,\ 43)$ のとき，**

$f'(4)=35$ であるから**接線の方程式**は，

$y-43=35(x-4)$

よって，$y=35x-97$ …答

次に，接点以外の共有点の座標を求める。

$y=f(x)$ と接線の方程式を連立して，

$x^3-2x^2+3x-1=35x-97$
$x^3-2x^2-32x+96=0$
$(x-4)^2(x+6)=0$ ←$x=4$で接しているので$(x-4)^2$を因数にもつ

$x\neq4$ より，$x=-6$

よって，**接点以外の共有点の座標は，**

$(-6,\ -307)$ …答

演習問題 109 p.251

1

考え方 2曲線が接する条件は，「接点を共有する」「接線の傾きが一致する」

$f(x)=x^3,\ g(x)=x^2+ax+b$ とおくと，

$f'(x)=3x^2,\ g'(x)=2x+a$

$y=f(x)$ と $y=g(x)$ は $x=1$ における点を共有するので，

$f(1)=g(1)$
$1=a+b+1$

よって，$a+b=0$ ……①

$y=f(x)$ と $y=g(x)$ は $x=1$ における接線の傾きが等しいので，

$f'(1)=g'(1)$

$3=a+2$

よって，$a=1$ ……②

①，②より，$\boldsymbol{a=1,\ b=-1}$ …答

2

考え方 曲線と直線が接する場合も，2曲線が接するときの考え方が利用できます。

$f(x)=ax^3$，$g(x)=x-1$ とおくと，

$f'(x)=3ax^2$，$g'(x)=1$

$y=f(x)$ と $y=g(x)$ が $x=t$ で接しているとする。

$y=f(x)$ と $y=g(x)$ は $x=t$ における点を共有するので，

$f(t)=g(t)$

$at^3=t-1$ ……①

$y=f(x)$ と $y=g(x)$ は $x=t$ における接線の傾きが等しいと考えて，

$f'(t)=g'(t)$

$3at^2=1$ ……②

②より，$t\neq0$ であるから，

$a=\dfrac{1}{3t^2}$ ……③

①に代入することにより，

$\dfrac{1}{3t^2}\cdot t^3=t-1$

$t=\dfrac{3}{2}$

③より，$\boldsymbol{a=\dfrac{4}{27}}$ …答

また，**接点の座標**は，

$(t,\ g(t))=(t,\ t-1)=\left(\dfrac{3}{2},\ \dfrac{1}{2}\right)$ …答

第3節 関数の増減

演習問題 110 p.255

考え方 導関数 $f'(x)$ の符号変化を，$y=f'(x)$ のグラフで考えます。

(1) $f'(x)=-2x+6$

よって，$f(x)=-x^2+6x+4$ の増減表は次の通り。

x	…	3	…
$f'(x)$	+	0	−
$f(x)$	↗	極大	↘

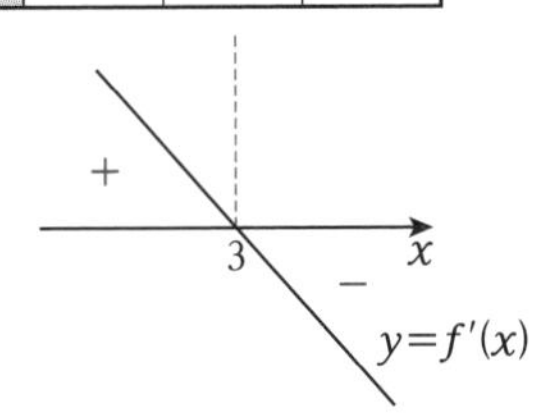

増減表より，**$x\leqq3$ で増加し，$3\leqq x$ で減少する** …答

また，**$x=3$ で極大値 13，極小値はない** …答

(2) $f'(x)=6x^2-6x=6x(x-1)$

よって，$f(x)=2x^3-3x^2+3$ の増減表は次の通り。

x	…	0	…	1	…
$f'(x)$	+	0	−	0	+
$f(x)$	↗	極大	↘	極小	↗

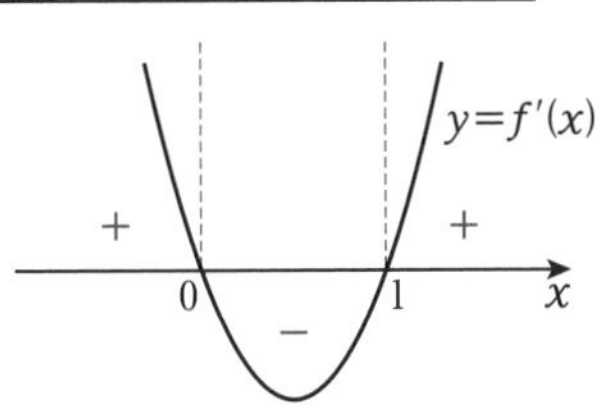

増減表より，**$x\leqq0$，$1\leqq x$ で増加し，$0\leqq x\leqq1$ で減少する** …答

また，**$x=0$ で極大値 3，$x=1$ で極小値 2** …答

(3) $f'(x)=3x^2-16x+5=(3x-1)(x-5)$

よって，$f(x)=x^3-8x^2+5x+1$ の増減表は次の通り。

x	$\cdots$	$\frac{1}{3}$	$\cdots$	5	$\cdots$
$f'(x)$	$+$	0	$-$	0	$+$
$f(x)$	↗	極大	↘	極小	↗

増減表より，**$x \leqq \frac{1}{3}$，$5 \leqq x$ で増加し，$\frac{1}{3} \leqq x \leqq 5$ で減少する** …答

また，**$x=\frac{1}{3}$ で極大値 $\frac{49}{27}$，$x=5$ で極小値 -49** …答

演習問題 111 p.257

考え方　導関数 $f'(x)$ の符号変化を，$y=f'(x)$ のグラフで考えます。

(1) $f(x)=\frac{1}{3}x^3-2x^2+3x-1$ とおくと，

$f'(x)=x^2-4x+3=(x-1)(x-3)$
$f'(x)=0$ となる x は，$x=1$，3 ←1

よって，$f(x)$ の増減表は次のようになる。

x	$\cdots$	1	$\cdots$	3	$\cdots$
$f'(x)$	$+$	0	$-$	0	$+$
$f(x)$	↗	極大	↘	極小	↗

←2

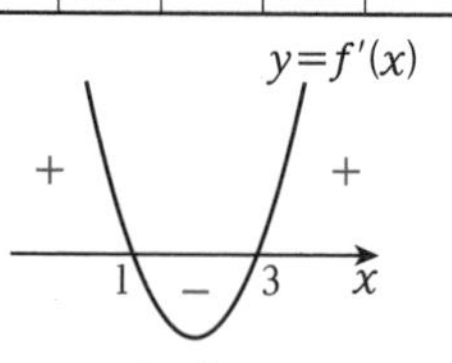

また，$x=1$ で極大値 $\frac{1}{3}$，$x=3$ で極小値 -1，y 軸との共有点は $f(0)=-1$ ←3

以上より，**グラフは次の図**のようになる。

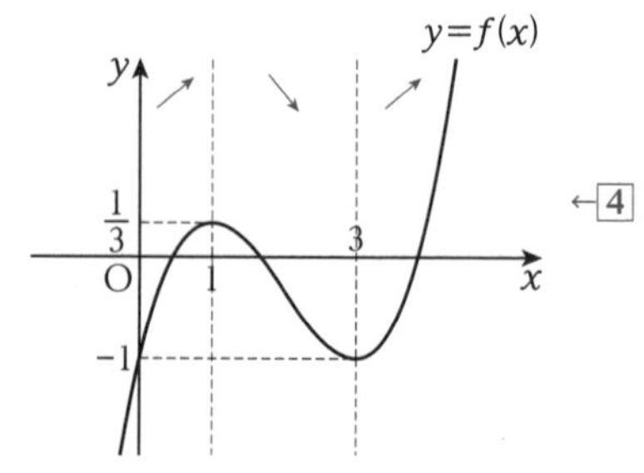

←4

(2) $f(x)=-x^3+3x^2-2$ とおくと，

$f'(x)=-3x^2+6x=-3x(x-2)$
$f'(x)=0$ となる x は，$x=0$，2 ←1

よって，$f(x)$ の増減表は次のようになる。

x	$\cdots$	0	$\cdots$	2	$\cdots$
$f'(x)$	$-$	0	$+$	0	$-$
$f(x)$	↘	極小	↗	極大	↘

←2

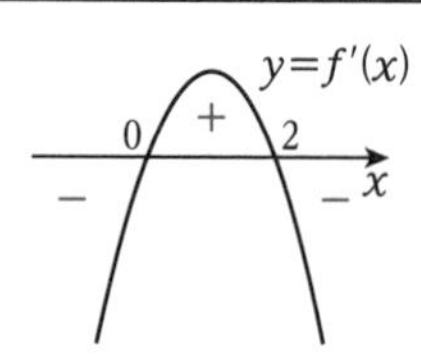

また，$x=0$ で極小値 -2，$x=2$ で極大値 2 ←3

以上より，**グラフは次の図**のようになる。

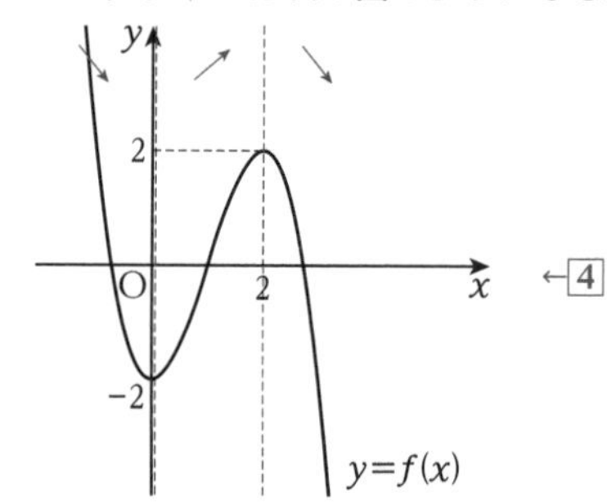

←4

(3) $f(x)=x^3+3x^2-4$ とおくと，

$f'(x)=3x^2+6x=3x(x+2)$
$f'(x)=0$ となる x は，$x=-2$，0 ←1

よって，$f(x)$ の増減表は次のようになる。

x	$\cdots$	-2	$\cdots$	0	$\cdots$
$f'(x)$	$+$	0	$-$	0	$+$
$f(x)$	↗	極大	↘	極小	↗

←2

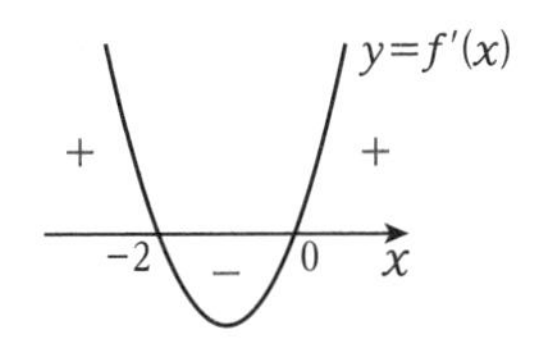

また，$x=-2$ で極大値 0，$x=0$ で極小値 −4 ←3

以上より，**グラフは次の図**のようになる。

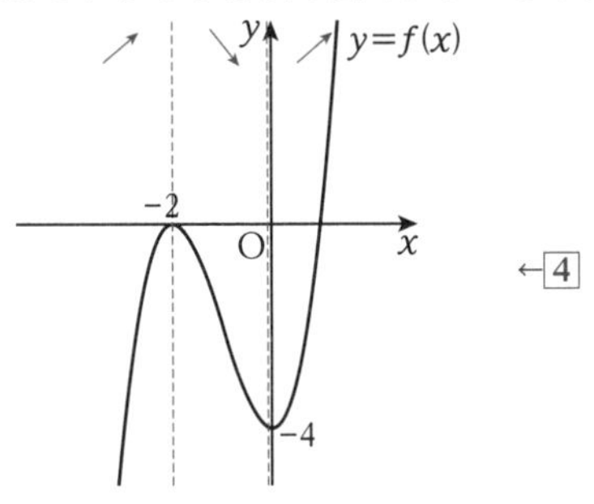

←4

(4) $f(x)=3x^4+4x^3-12x^2+15$ とおくと，

$f'(x)=12x^3+12x^2-24x=12x(x+2)(x-1)$

$f'(x)=0$ となる x は，$x=-2$，0，1 ←1

よって，$f(x)$ の増減表は次のようになる。

x	⋯	−2	⋯	0	⋯	1	⋯
$f'(x)$	−	0	+	0	−	0	+
$f(x)$	↘	極小	↗	極大	↘	極小	↗

↑2

また，$x=-2$ で極小値 −17，$x=0$ で極大値 15，$x=1$ で極小値 10 ←3

以上より，**グラフは次の図**のようになる。

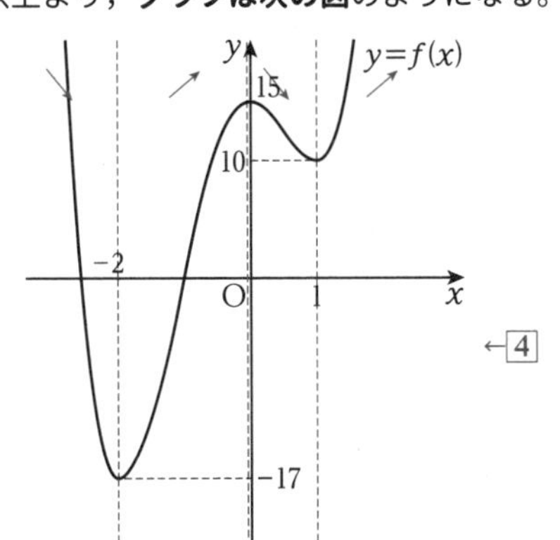

←4

Point 4 次関数の増減表の $f'(x)$ の符号の決定方法はいろいろ存在します。

<方法Ⅰ>

$f'(x)$ のグラフの形状がわかりにくいため，適当な x の値を代入して調べることができます。例えば，$x=-2$ より小さい範囲の符号は，$x=-3$ を代入することにより，

$$f'(-3)=12\cdot(-3)\cdot(-1)\cdot(-4)$$
$$=-144<0$$

とわかります。

<方法Ⅱ>

x の正負で場合を分ければ，残りは $(x+2)(x-1)$ となるので 2 次不等式として処理できます。

例えば，$x(x+2)(x-1)>0$ となる x の値の範囲は，

(i) $x>0$ のとき，$(x+2)(x-1)>0$ であるから，この 2 次不等式を解くと，$x<-2$，$1<x$

$x>0$ との共通部分を考えて，$1<x$

(ii) $x<0$ のとき，$(x+2)(x-1)<0$ であるから，この 2 次不等式を解くと，$-2<x<1$

$x<0$ との共通部分を考えて，$-2<x<0$

以上より，$x(x+2)(x-1)>0$ となる x の値の範囲は，$-2<x<0$，$1<x$ と求められます。

<方法Ⅲ>

一般に，3 次関数 $y=ax^3+\cdots$ のグラフは，a の正負で大まかな形が次のようになるとわかっています。

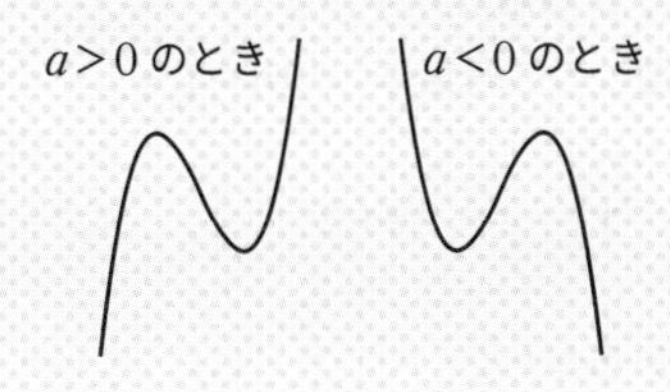

このことから$f'(x)=12x(x+2)(x-1)$のグラフの大まかな形は次のようになると考えることができます。

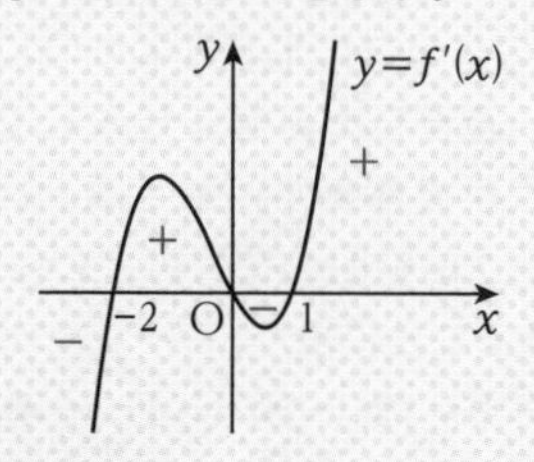

演習問題 112 p.259

考え方 導関数 $f'(x)$ の符号変化を，$y=f'(x)$ のグラフで考えます。

(1) $f(x)=\frac{1}{3}x^3-x^2+2x+1$ とおくと，

$f'(x)=x^2-2x+2$ ←[1]

$f'(x)=0$ より，$x^2-2x+2=0$

この方程式の判別式を D とすると，

$\frac{D}{4}=(-1)^2-1\cdot2=-1<0$

よって，実数解をもたない。つまり，$f'(x)$ は常に正であるから，増減表は次のようになる。

x	$\cdots$
$f'(x)$	$+$
$f(x)$	↗

←[2]

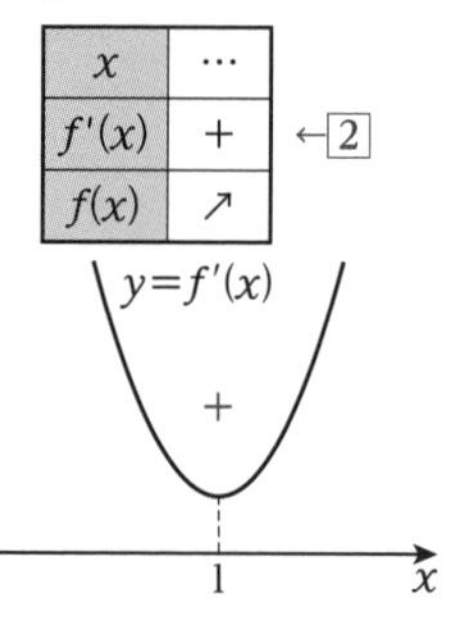

また，極値は存在しない。
y 軸との共有点は，$f(0)=1$ ←[3]

さらに，

$f'(x)=x^2-2x+2$
$\quad=(x-1)^2+1$

であるから，

$y=f'(x)$ のグラフの頂点の x 座標は，$x=1$

また，$f(1)=\frac{7}{3}$であるから，**グラフは次の図**のようになる。

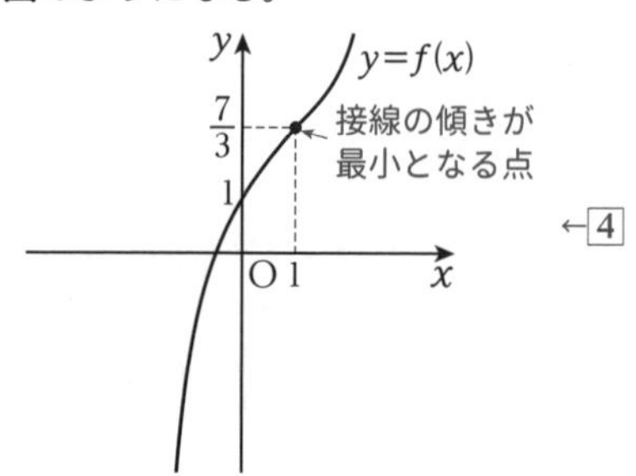

←[4]

(2) $f(x)=-\frac{1}{3}x^3+2x^2-4x-2$ とおくと，

$f'(x)=-x^2+4x-4=-(x-2)^2$

$f'(x)=0$ となる x は，$x=2$ ←[1]

$f(2)=-\frac{14}{3}$であるから，$f(x)$ の増減表は次のようになる。

x	$\cdots$	2	$\cdots$
$f'(x)$	$-$	0	$-$
$f(x)$	↘	$-\frac{14}{3}$	↘

←[2]

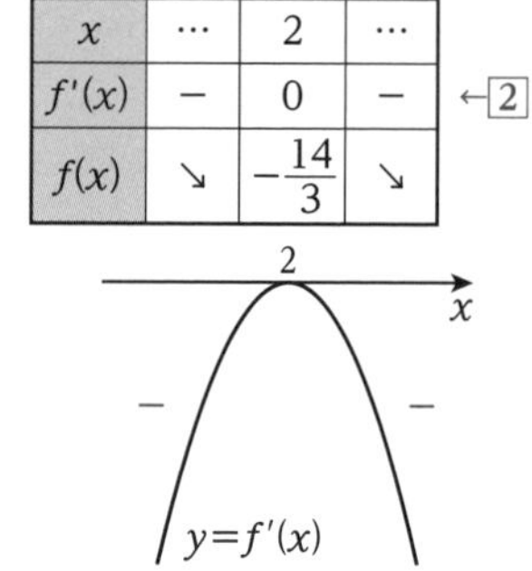

また，極値は存在しない。
y 軸との共有点は，$f(0)=-2$ ←[3]

以上より，**グラフは次の図**のようになる。

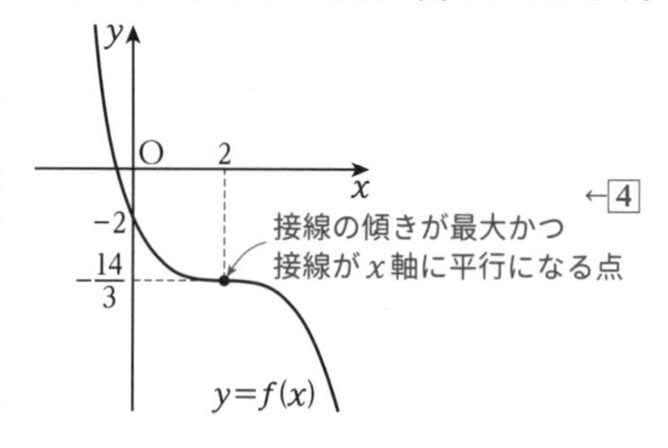

←[4]

演習問題113 p.260

考え方 最大・最小問題は，グラフをかいて考えるのが基本です。

(1) $f'(x)=3x^2-3=3(x+1)(x-1)$ であるから，$f'(x)=0$ となる x は，$x=-1$，1

よって，$f(x)$ の増減表は次のようになる。

定義域の端点も増減表に記入

x	-2	$\cdots$	-1	$\cdots$	1	$\cdots$	3
$f'(x)$		$+$	0	$-$	0	$+$	
$f(x)$	0	↗	極大 4	↘	極小 0	↗	20

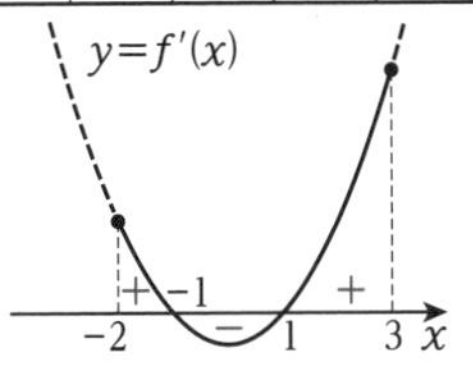

また，$x=-1$ で極大値 4，$x=1$ で極小値 0

以上より，グラフは次の図のようになる。

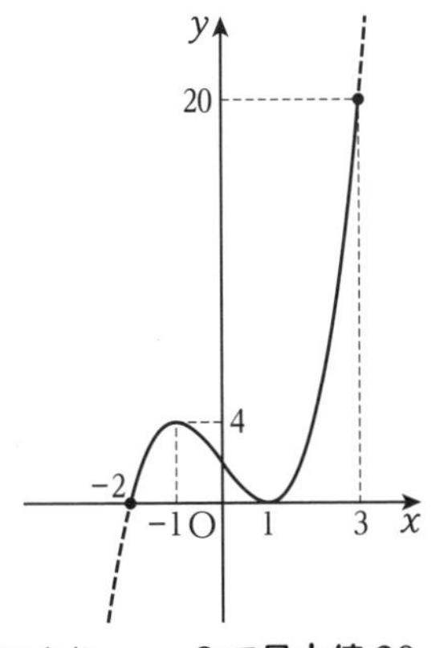

グラフより，**$x=3$ で最大値 20，**

$x=-2$，1 で最小値 0 …答

Point 最大値・最小値は端点の y 座標か極値に現れるので，y 軸との共有点は調べる必要はありません。

(2) $f'(x)=-x^2+3x-2=-(x-1)(x-2)$ であるから，$f'(x)=0$ となる x は，

$x=1$，2

よって，$f(x)$ の増減表は次のようになる。

定義域の端点も増減表に記入

x	0	$\cdots$	1	$\cdots$	2	$\cdots$	4
$f'(x)$		$-$	0	$+$	0	$-$	
$f(x)$	-3	↘	極小 $-\dfrac{23}{6}$	↗	極大 $-\dfrac{11}{3}$	↘	$-\dfrac{25}{3}$

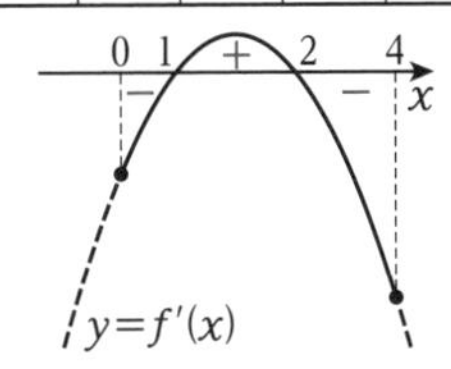

また，$x=1$ で極小値 $-\dfrac{23}{6}$，$x=2$ で極大値 $-\dfrac{11}{3}$

以上より，グラフは次の図のようになる。

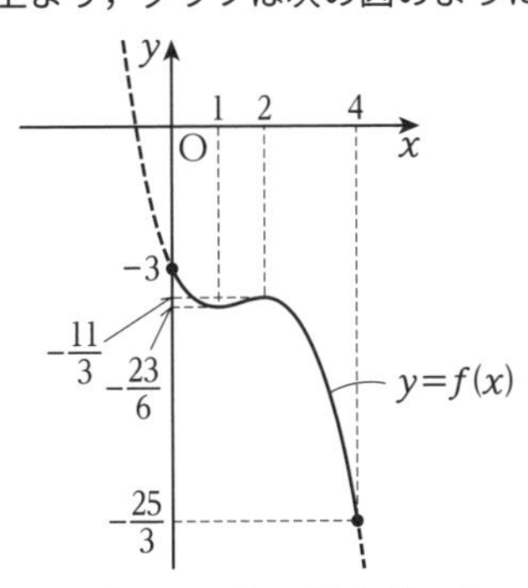

グラフより，**$x=0$ で最大値 -3，**

$x=4$ で最小値 $-\dfrac{25}{3}$ …答

(3) $f'(x)=-3x^2-6x=-3x(x+2)$ であるから，$f'(x)=0$ となる x は，

$x=-2$，0 ←$x=-2$は定義域外

よって，$f(x)$ の増減表は次のようになる。

定義域の端点も増減表に記入

x	-1	$\cdots$	0	$\cdots$	2
$f'(x)$		$+$	0	$-$	
$f(x)$	3	↗	極大 5	↘	-15

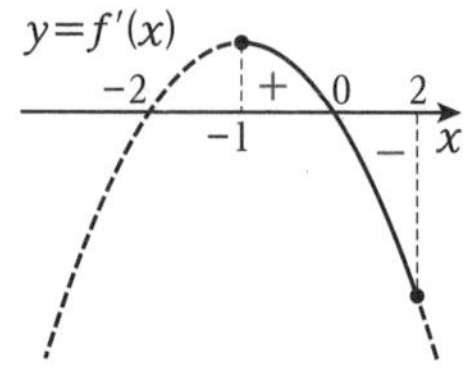

また，$x=0$ で極大値 5

以上より，グラフは次の図のようになる。

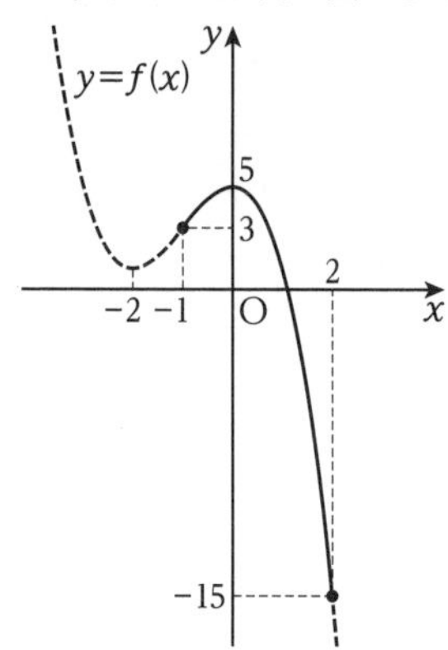

グラフより，**$x=0$ で最大値 5，**

$x=2$ で最小値 −15 …答

(4) $f'(x)=3x^2-6x+4$ であるから，

$f'(x)=0$ より，

$3x^2-6x+4=0$

この方程式の判別式を D とすると，

$\frac{D}{4}=(-3)^2-3\cdot4$

$=-3<0$

よって，実数解をもたない。つまり，$f'(x)$ は常に正であるから，増減表は次のようになる。

x	-1	$\cdots$	1
$f'(x)$		$+$	
$f(x)$	-7	↗	3

+

$y=f'(x)=3(x-1)^2+1>0$

−1　1　x

また，極値は存在しない。

以上より，グラフは次の図のようになる。

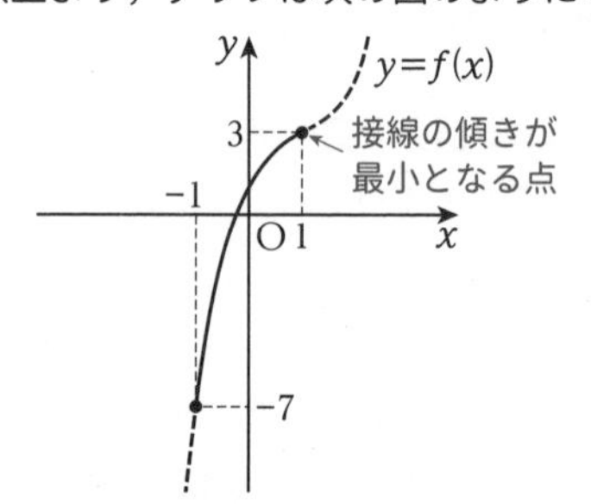

グラフより，**$x=1$ で最大値 3，**

$x=-1$ で最小値 −7 …答

演習問題 114　p.263

1

考え方　方程式 $f(x)=0$ の実数解 ⟺ $y=f(x)$ のグラフと x 軸の共有点の x 座標

方程式 $x^3-3x^2+1=0$ の異なる実数解の個数

⟺ 関数 $y=x^3-3x^2+1$ のグラフと直線 $y=0$（x 軸）の異なる共有点の個数

$f(x)=x^3-3x^2+1$ とおくと，

$f'(x)=3x^2-6x=3x(x-2)$ であるから，

$f'(x)=0$ となる x は，

$x=0$，2

よって，$f(x)$ の増減表は次のようになる。

x	$\cdots$	0	$\cdots$	2	$\cdots$
$f'(x)$	$+$	0	$-$	0	$+$
$f(x)$	↗	極大 1	↘	極小 −3	↗

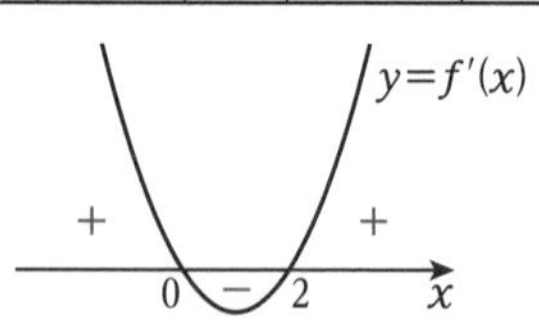

また，$x=0$ で極大値 1，$x=2$ で極小値 −3

以上より，グラフは次の図のようになる。

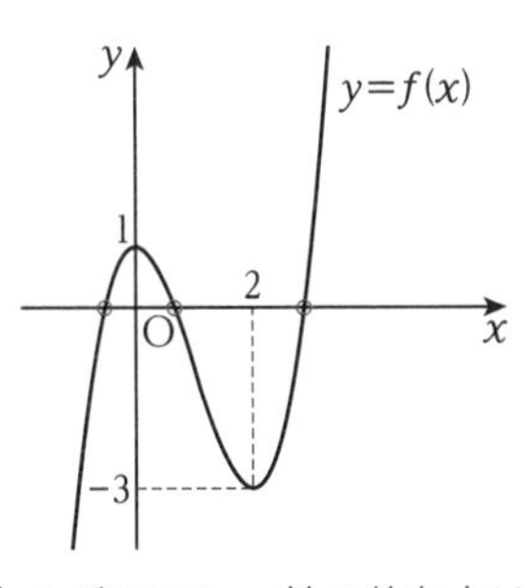

$y=f(x)$ のグラフと x 軸の共有点は 3 個であるから，

実数解は 3 個 …答

2

考え方　方程式 $f(x)=k$ の実数解 ⟺ $y=f(x)$ のグラフと直線 $y=k$ の共有点の x 座標

方程式 $2x^3-3x^2+4-a=0$ が，異なる 2 つの実数解をもつ

⟺ 方程式 $2x^3-3x^2+4=a$ が，異なる 2 つの実数解をもつ　←文字定数は分離する

⟺ 関数 $y=2x^3-3x^2+4$ のグラフと直線 $y=a$ が，異なる 2 つの共有点をもつ

$f(x)=2x^3-3x^2+4$ とおくと，

$f'(x)=6x^2-6x=6x(x-1)$ であるから，

$f'(x)=0$ となる x は，

$x=0,\ 1$

よって，$f(x)$ の増減表は次のようになる。

x	…	0	…	1	…
$f'(x)$	+	0	−	0	+
$f(x)$	↗	極大 4	↘	極小 3	↗

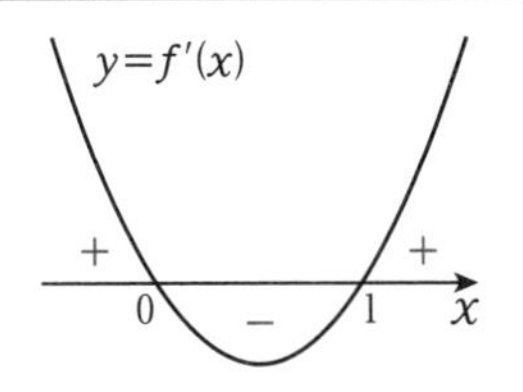

また，$x=0$ で極大値 4，$x=1$ で極小値 3

以上より，グラフは次の図のようになる。

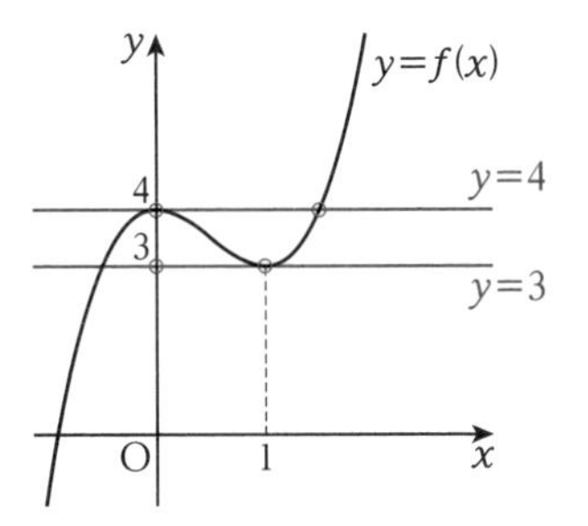

$y=f(x)$ のグラフと直線 $y=a$ が，異なる 2 つの共有点をもつための a の値は，

$\boldsymbol{a=3,\ 4}$ …答

3

考え方　方程式 $f(x)=k$ の実数解 ⟺ $y=f(x)$ のグラフと直線 $y=k$ の共有点の x 座標

方程式 $x^3-3x+k=0$ の異なる実数解の個数

⟺ 方程式 $-x^3+3x=k$ の異なる実数解の個数　←文字定数は，係数が正の形で分離する

⟺ 関数 $y=-x^3+3x$ のグラフと直線 $y=k$ の異なる共有点の個数

$f(x)=-x^3+3x$ とおくと，

$f'(x)=-3x^2+3=-3(x+1)(x-1)$ であるから，$f'(x)=0$ となる x は，

$x=-1,\ 1$

よって，$f(x)$ の増減表は次のようになる。

x	…	−1	…	1	…
$f'(x)$	−	0	+	0	−
$f(x)$	↘	極小 −2	↗	極大 2	↘

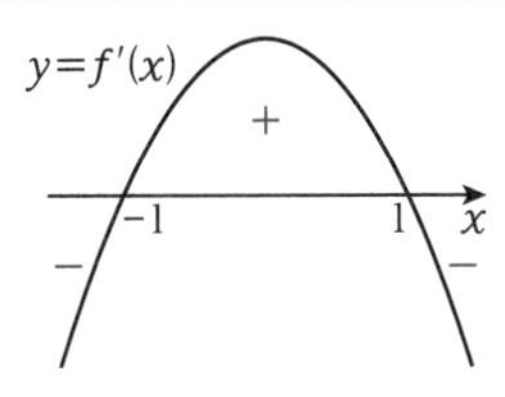

また，

$x=-1$ で極小値 −2，$x=1$ で極大値 2

y 軸との共有点は，$f(0)=0$

以上より，グラフは次の図のようになる。

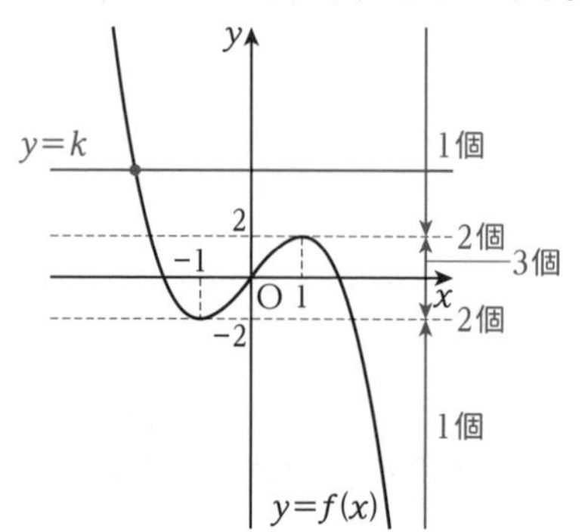

$y=f(x)$ のグラフと直線 $y=k$ の異なる共有点の個数を数えて，

$$\begin{cases} k>2,\ k<-2 \text{ のとき } 1 \text{ 個} \\ k=\pm 2 \text{ のとき } 2 \text{ 個} \\ -2<k<2 \text{ のとき } 3 \text{ 個} \end{cases}$$ …答

また同様にして，

方程式 $x^3-3x+k=0$ のすべての解が 0 以上 3 以下となる

$\Longleftrightarrow$ 関数 $y=-x^3+3x$ のグラフと直線 $y=k$ の共有点の x 座標がすべて 0 以上 3 以下となる

$f(3)=-18$ であるから，グラフよりこの条件を満たすのは，

$-18 \leqq k < -2$ …答

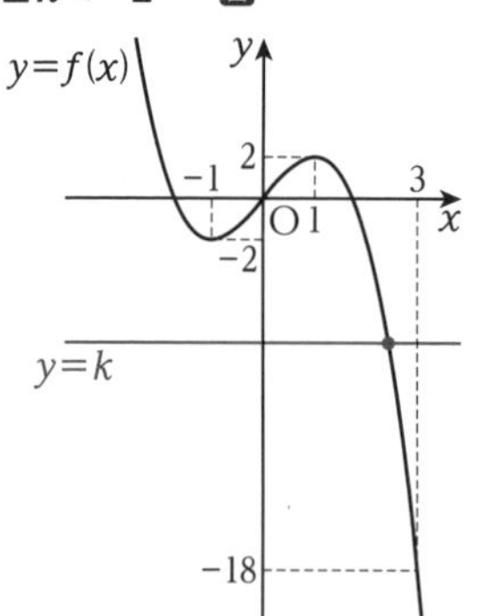

演習問題 115 p.265

1

考え方 グラフをかき，x 軸を含む上側にあることを示します。

$f(x)=x^3+4-3x^2=x^3-3x^2+4$ とおくと，$x \geqq 0$ のとき $f(x) \geqq 0$ を示せばよい。つまり，$y=f(x)$ のグラフが $x \geqq 0$ の範囲で x 軸を含む上側にあることを示せばよい。

$f'(x)=3x^2-6x=3x(x-2)$ であるから，

$f'(x)=0$ となる x は，

$x=0,\ 2$

よって，$f(x)$ の増減表は次のようになる。

x	0	…	2	…
$f'(x)$	0	−	0	+
$f(x)$	4	↘	極小 0	↗

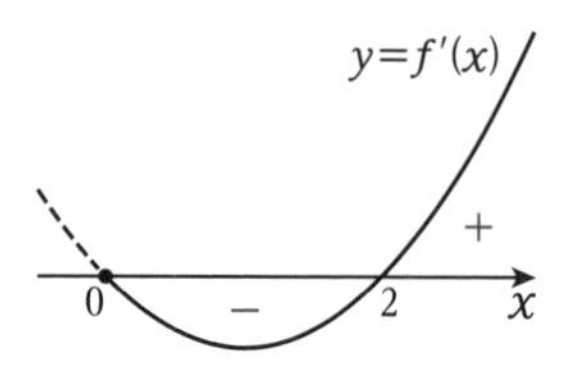

以上より，$y=f(x)$ のグラフは次の図のようになる。

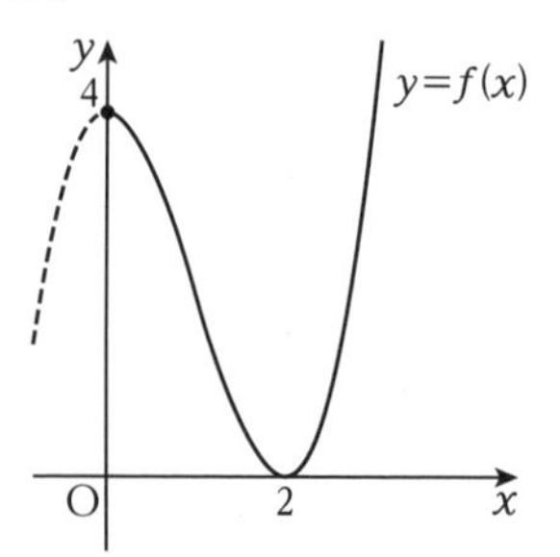

$x \geqq 0$ において $x=2$ で最小値 0 であるから，

$f(x) \geqq 0$

よって，$x \geqq 0$ において，

$x^3-3x^2+4 \geqq 0$

であるから，

$x^3+4 \geqq 3x^2$ 〔証明終わり〕

2

考え方 グラフをかき，$0 \leqq x \leqq 3$ の範囲で x 軸より上側にあることを示します。

$f(x)=x^3-2x^2+2$ とおくと，$0 \leqq x \leqq 3$ のとき $f(x)>0$ を示せばよい。つまり，$y=f(x)$ のグラフが $0 \leqq x \leqq 3$ の範囲で x 軸より上側にあることを示せばよい。

$f'(x)=3x^2-4x=x(3x-4)$ であるから，

$f'(x)=0$ となる x は，$x=0$，$\frac{4}{3}$

よって，$f(x)$ の増減表は次のようになる。

x	0	…	$\frac{4}{3}$	…	3
$f'(x)$	0	$-$	0	$+$	
$f(x)$	2	↘	極小$\frac{22}{27}$	↗	11

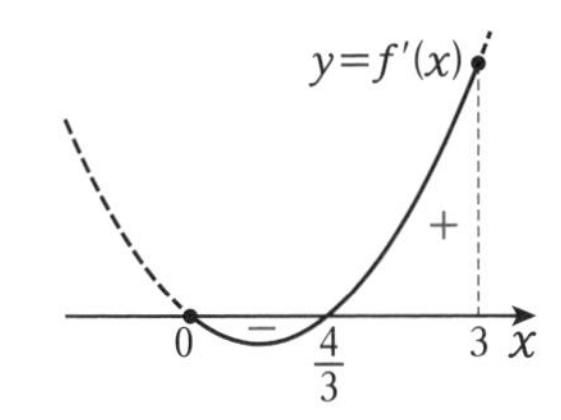

以上より，$y=f(x)$ のグラフは次の図のようになる。

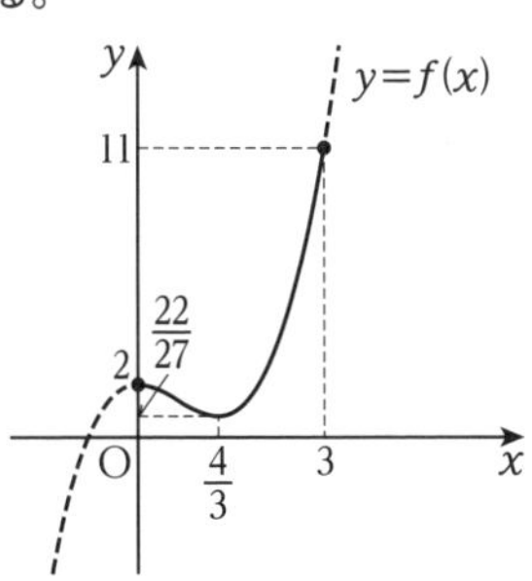

$0 \leqq x \leqq 3$ において $x=\frac{4}{3}$ で最小値 $\frac{22}{27}$ であるから，$f(x) \geqq \frac{22}{27}$，つまり，$f(x)>0$

よって，$0 \leqq x \leqq 3$ において

$x^3-2x^2+2>0$ 〔証明終わり〕

第5節 不定積分と定積分

演習問題 116 p.269

1

考え方 答えの式を微分してもとの式に戻ることも確認しましょう。

(1) $\int 7x\,dx=7\int x\,dx=7\cdot\frac{1}{2}x^2+C$

$=\boldsymbol{\frac{7}{2}x^2+C}$ …答

(2) $\int(-x+2)dx=-\int x\,dx+2\int 1\,dx$

$=\boldsymbol{-\frac{1}{2}x^2+2x+C}$ …答

(3) $\int(2x^3+x^2-5x+2)dx$

$=2\int x^3dx+\int x^2dx-5\int x\,dx+2\int 1\,dx$

$=2\cdot\frac{1}{4}x^4+\frac{1}{3}x^3-5\cdot\frac{1}{2}x^2+2x+C$

$=\boldsymbol{\frac{1}{2}x^4+\frac{1}{3}x^3-\frac{5}{2}x^2+2x+C}$ …答

(4) $\int(x+1)(x+2)dx=\int(x^2+3x+2)dx$ ← まず展開

$=\int x^2dx+3\int x\,dx+2\int 1\,dx$

$=\frac{1}{3}x^3+3\cdot\frac{1}{2}x^2+2x+C$

$=\boldsymbol{\frac{1}{3}x^3+\frac{3}{2}x^2+2x+C}$ …答

2

考え方 微分の逆の計算が積分です。

(1)積分定数を C とする。

$f(x)=\int f'(x)dx$

$=\int(8x^3-15x^2+7)dx$

$=8\int x^3dx-15\int x^2dx+7\int 1\,dx$

$=8\cdot\frac{1}{4}x^4-15\cdot\frac{1}{3}x^3+7x+C$

$=2x^4-5x^3+7x+C$

ここで，

$f(3)=44$

$162-135+21+C=44$

$C=-4$

よって，$\boldsymbol{f(x)=2x^4-5x^3+7x-4}$ …答

(2)積分定数を C とする。

$$F(x)=\int f(x)dx \quad \leftarrow F'(x)=f(x)$$
$$=\int(3x^3-2x^2+5x-3)dx$$
$$=3\int x^3dx-2\int x^2dx+5\int xdx-3\int 1dx$$
$$=3\cdot\frac{1}{4}x^4-2\cdot\frac{1}{3}x^3+5\cdot\frac{1}{2}x^2-3x+C$$
$$=\frac{3}{4}x^4-\frac{2}{3}x^3+\frac{5}{2}x^2-3x+C$$

ここで，

$$F(1)=0$$
$$\frac{3}{4}-\frac{2}{3}+\frac{5}{2}-3+C=0$$
$$C=\frac{5}{12}$$

よって，

$$\boldsymbol{F(x)=\frac{3}{4}x^4-\frac{2}{3}x^3+\frac{5}{2}x^2-3x+\frac{5}{12}} \text{ …答}$$

3

考え方　$f'(x)$ は曲線 $y=f(x)$ 上の点 $(x,\ y)$ における接線の傾きを表す。

題意より，$f'(x)=3x^2-4x$ である。これより，積分定数を C とすると，

$$f(x)=\int f'(x)dx$$
$$=\int(3x^2-4x)dx$$
$$=3\int x^2dx-4\int xdx$$
$$=3\cdot\frac{1}{3}x^3-4\cdot\frac{1}{2}x^2+C$$
$$=x^3-2x^2+C$$

点 $(1,\ -1)$ を通るので代入すると，

$$-1=1^3-2\cdot1^2+C$$
$$C=0$$

よって，$\boldsymbol{f(x)=x^3-2x^2}$ …答

演習問題 117 p.271

考え方　不定積分を求めて，「上代入－下代入」

(1) $\displaystyle\int_1^2 3x^2dx=\left[3\cdot\frac{1}{3}x^3\right]_1^2$ ←不定積分を求める

$$=\left[x^3\right]_1^2$$
$$=2^3-1^3$$
（上代入－下代入）
$$=\boldsymbol{7} \text{ …答}$$

(2) $\displaystyle\int_{-2}^1(-4x^3+4x^2-3)dx$

$$=\left[-4\cdot\frac{1}{4}x^4+4\cdot\frac{1}{3}x^3-3x\right]_{-2}^1$$ ←不定積分を求める
$$=\left[-x^4+\frac{4}{3}x^3-3x\right]_{-2}^1$$
$$=\underbrace{\left(-1^4+\frac{4}{3}\cdot1^3-3\cdot1\right)-\left\{-(-2)^4+\frac{4}{3}\cdot(-2)^3-3\cdot(-2)\right\}}_{\text{上代入－下代入}}$$
$$=-\frac{8}{3}-\left(-\frac{62}{3}\right)$$
$$=\boldsymbol{18} \text{ …答}$$

(3) $\displaystyle\int_0^2(x^2+1)(x^2-3)dx$

$$=\int_0^2(x^4-2x^2-3)dx$$ ←まず展開する
$$=\left[\frac{1}{5}x^5-2\cdot\frac{1}{3}x^3-3x\right]_0^2$$ ←不定積分を求める
$$=\underbrace{\left(\frac{1}{5}\cdot2^5-\frac{2}{3}\cdot2^3-3\cdot2\right)-0}_{\text{上代入－下代入}}$$
$$=\boldsymbol{-\frac{74}{15}} \text{ …答}$$

演習問題 118 p.276

考え方　積分区間に着目します。

(1) $\displaystyle\int_{-1}^2(x^2+2x)dx-\int_3^2(x^2+2x)dx$

↓ $\displaystyle\int_b^a f(x)dx=-\int_a^b f(x)dx$

$$=\int_{-1}^2(x^2+2x)dx+\int_2^3(x^2+2x)dx$$

↓ $\displaystyle\int_a^c f(x)dx+\int_c^b f(x)dx=\int_a^b f(x)dx$

$$=\int_{-1}^3(x^2+2x)dx$$
$$=\left[\frac{1}{3}x^3+2\cdot\frac{1}{2}x^2\right]_{-1}^3$$
$$=\left(\frac{1}{3}\cdot3^3+3^2\right)-\left\{\frac{1}{3}\cdot(-1)^3+(-1)^2\right\}$$
$$=18-\frac{2}{3}$$
$$=\boldsymbol{\frac{52}{3}} \text{ …答}$$

(2) $\int_{-4}^{4}(x^3-x^2-x+4)dx$

$=\int_{-4}^{4}x^3dx-\int_{-4}^{4}x^2dx-\int_{-4}^{4}xdx+4\int_{-4}^{4}1dx$

↓ $\int_{-a}^{a}x^{n(奇数)}dx=0,\ \int_{-a}^{a}x^{n(偶数)}dx=2\int_{0}^{a}x^n dx$

$=-2\int_{0}^{4}x^2dx+8\int_{0}^{4}1dx$

$=-2\left[\frac{1}{3}x^3\right]_0^4+8\left[x\right]_0^4$

$=-\mathbf{\frac{32}{3}}$ …答

演習問題 119 p.277

考え方　定積分と微分法の関係式を用います。

両辺を x で微分すると，

$f'(x)=\frac{d}{dx}\int_{-2}^{x}(t^2+t-2)dt$　 $\frac{d}{dx}\int_{a}^{x}f(t)dt=f(x)$

$=x^2+x-2$

$=(x+2)(x-1)$

よって，$f(x)$ の増減表は次のようになる。

x	…	-2	…	1	…
$f'(x)$	$+$	0	$-$	0	$+$
$f(x)$	↗	極大	↘	極小	↗

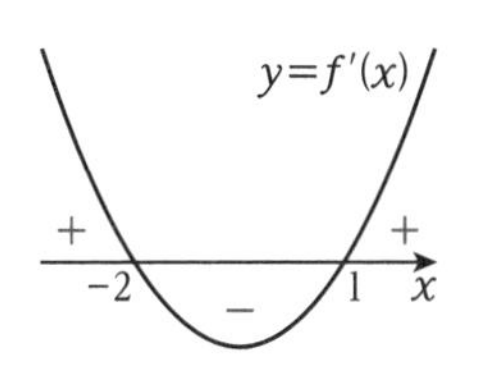

極大値は，

$f(-2)=\int_{-2}^{-2}(t^2+t-2)dt$　 $\int_{a}^{a}f(t)dt=0$

$=0$

極小値は，

$f(1)=\int_{-2}^{1}(t^2+t-2)dt$

$=\left[\frac{1}{3}t^3+\frac{1}{2}t^2-2t\right]_{-2}^{1}=-\frac{9}{2}$

よって，**$x=-2$ で極大値 0，**

$x=1$ で極小値 $-\frac{9}{2}$ …答

演習問題 120 p.278

考え方　積分区間のいずれか一方が変数 x を含んでいる点に注意しましょう。

(1)両辺を x で微分すると，

$\frac{d}{dx}\int_{a}^{x}f(t)dt$

$=\frac{d}{dx}(x^3-5x^2+2x+8)$　 $\frac{d}{dx}\int_{a}^{x}f(t)dt=f(x)$

$f(x)=3x^2-10x+2$ …答

また，与式に $x=a$ を代入すると，

$\int_{a}^{a}f(t)dt=a^3-5a^2+2a+8$　 因数定理より，$(a+1)$ を因数にもつ

$\int_{a}^{a}f(t)dt=(a+1)(a^2-6a+8)$　 $\int_{a}^{a}f(t)dt=0$

$0=(a+1)(a-2)(a-4)$

$a=-1，2，4$ …答

(2) $\int_{x}^{1}f(t)dt=2x^2+x+a$

↓ $\int_{b}^{a}f(x)dx=-\int_{a}^{b}f(x)dx$

$-\int_{1}^{x}f(t)dt=2x^2+x+a$　←文字は区間の上端へ

$\int_{1}^{x}f(t)dt=-2x^2-x-a$

両辺を x で微分すると，

$\frac{d}{dx}\int_{1}^{x}f(t)dt=\frac{d}{dx}(-2x^2-x-a)$　 $\frac{d}{dx}\int_{a}^{x}f(t)dt=f(x)$

$f(x)=-4x-1$ …答

また，与式に $x=1$ を代入すると，

$\int_{1}^{1}f(t)dt=2\cdot1^2+1+a$　 $\int_{a}^{a}f(t)dt=0$

$0=3+a$

$a=-3$ …答

演習問題 121 p.279

考え方　定積分の上端と下端が定数のとき，その定積分の結果は定数になります。

(1) $\int_{0}^{1}f(t)dt=A$（A は定数）……①とおくと，

与式は，$f(x)=x^2+x+2A$ ……②

ここで，

$A=\int_0^1 f(t)dt$ であったから，←①の式に着目

$$A=\int_0^1 f(t)dt$$
$$=\int_0^1 (t^2+t+2A)dt$$
②より，$f(t)=t^2+t+2A$
$$=\left[\frac{1}{3}t^3+\frac{1}{2}t^2+2At\right]_0^1$$
$$=\frac{5}{6}+2A$$

つまり，$A=\frac{5}{6}+2A$ であるから，

$$A=-\frac{5}{6}$$

これを②に代入して，

$$\boldsymbol{f(x)=x^2+x-\frac{5}{3}}$$ …答

(2) $\int_0^1 f(t)dt=A$（A は定数）……①とおくと，

与式は，$f(x)=2x^2+Ax+1$ ……②

ここで，

$A=\int_0^1 f(t)dt$ であったから，←①の式に着目

$$A=\int_0^1 f(t)dt$$
$$=\int_0^1 (2t^2+At+1)dt$$
②より，$f(t)=2t^2+At+1$
$$=\left[\frac{2}{3}t^3+\frac{1}{2}At^2+t\right]_0^1$$
$$=\frac{5}{3}+\frac{1}{2}A$$

つまり，$A=\frac{5}{3}+\frac{1}{2}A$ であるから，

$$A=\frac{10}{3}$$

これを②に代入して，

$$\boldsymbol{f(x)=2x^2+\frac{10}{3}x+1}$$ …答

第6節 定積分と面積

演習問題 122 p.281

考え方 x 軸との上下関係に注意します。

(1) $y=x^2+2x-5=(x+1)^2-6$ で，

$x=-2$，0 で $y=-5$ であるから，求める部分は，次の図の色のついた部分である。

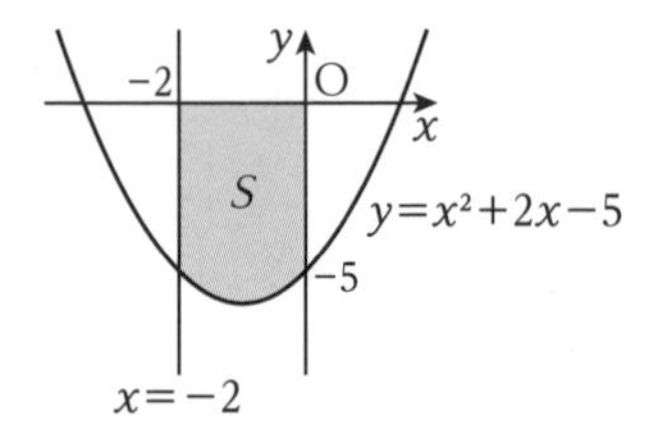

$$S=\int_{-2}^{0}\{-(x^2+2x-5)\}dx$$
←x 軸より下側なのでマイナスをつける
$$=\int_{-2}^{0}(-x^2-2x+5)dx$$
$$=\left[-\frac{1}{3}x^3-x^2+5x\right]_{-2}^{0}$$
$$=\boldsymbol{\frac{34}{3}}$$ …答

(2) $y=-2x^2+7x-3=-(2x-1)(x-3)$

であるから，x 軸との共有点の x 座標は，

$$x=\frac{1}{2},\ 3$$

よって，求める部分は，次の図の色のついた部分である。

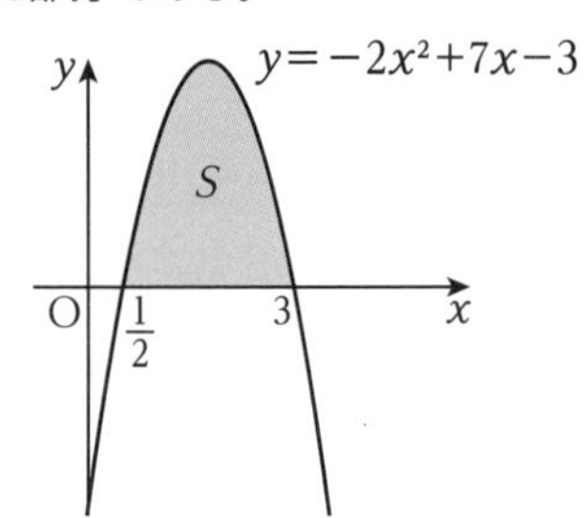

$$S=\int_{\frac{1}{2}}^{3}(-2x^2+7x-3)dx$$
←x 軸より上側なのでそのまま積分
$$=\left[-\frac{2}{3}x^3+\frac{7}{2}x^2-3x\right]_{\frac{1}{2}}^{3}$$
$$=\boldsymbol{\frac{125}{24}}$$ …答

(3) $y=x^3-6x^2+5x=x(x-1)(x-5)$ であるから，x 軸との共有点の x 座標は，

$$x=0,\ 1,\ 5$$

x 軸との共有点が3つあるので，極値がある3次関数である。また，x^3 の係数が正であるから，グラフは次の図のようになる。

求める部分は，図の色のついた部分の合計である。

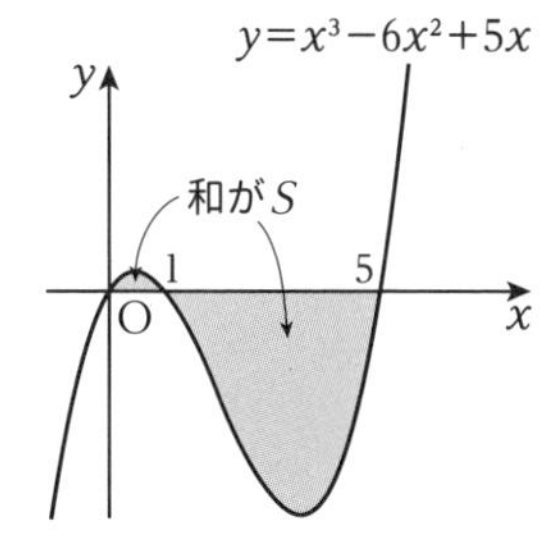

$S=\underline{\int_0^1 (x^3-6x^2+5x)dx}$

↖x 軸より上側なのでそのまま積分

$+\underline{\int_1^5 \{-(x^3-6x^2+5x)\}dx}$

↖x 軸より下側なのでマイナスを付ける

$=\left[\frac{1}{4}x^4-2x^3+\frac{5}{2}x^2\right]_0^1+\left[-\frac{1}{4}x^4+2x^3-\frac{5}{2}x^2\right]_1^5$

$=\frac{3}{4}+32$

$=\mathbf{\frac{131}{4}}$ …答

演習問題 123 p.283

考え方 2つのグラフの上下関係に着目します。

(1) 2つのグラフの交点の x 座標は，2つのグラフの式を連立して，

$2x^2-3x+1=-x+5$

$2x^2-2x-4=0$

$2(x+1)(x-2)=0$　よって，$x=-1, 2$

したがって，求める部分は図の色のついた部分である。

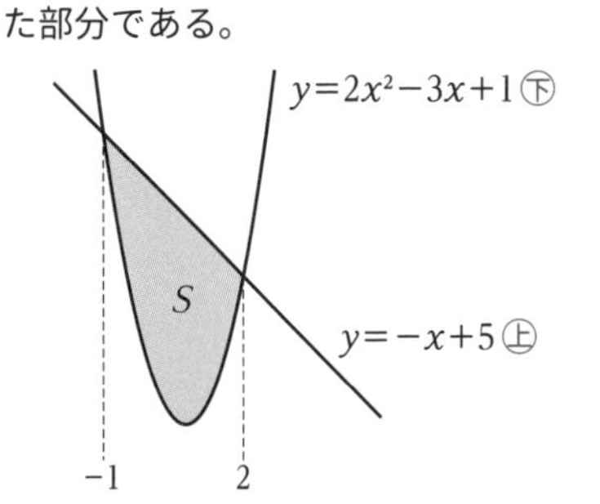

$S=\underline{\int_{-1}^2 \{(-x+5)-(2x^2-3x+1)\}dx}$

↖「上の関数－下の関数」の積分

$=\int_{-1}^2 (-2x^2+2x+4)dx$

$=\left[-\frac{2}{3}x^3+x^2+4x\right]_{-1}^2$

$=\mathbf{9}$ …答

Point 2つのグラフの間の面積を求めるのに，x 軸や y 軸の位置は関係ないので，図示する必要はありません。

(2) 2つのグラフの交点の x 座標は，2つのグラフの式を連立して，

$x^2-x+2=-x^2+2x+1$

$2x^2-3x+1=0$

$(2x-1)(x-1)=0$

よって，$x=\frac{1}{2}, 1$

したがって，求める部分は図の色のついた部分である。

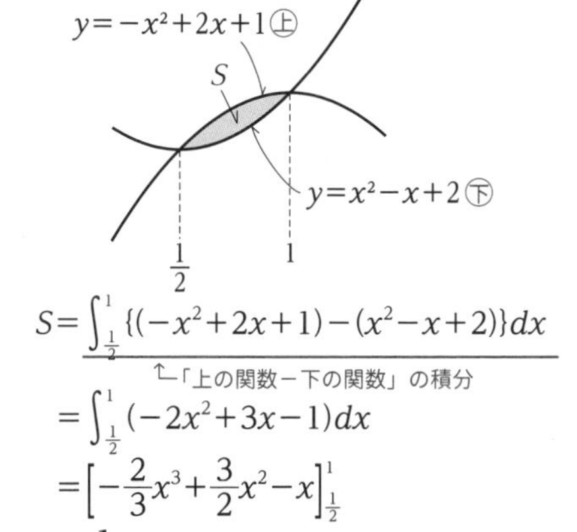

$S=\underline{\int_{\frac{1}{2}}^1 \{(-x^2+2x+1)-(x^2-x+2)\}dx}$

↖「上の関数－下の関数」の積分

$=\int_{\frac{1}{2}}^1 (-2x^2+3x-1)dx$

$=\left[-\frac{2}{3}x^3+\frac{3}{2}x^2-x\right]_{\frac{1}{2}}^1$

$=\mathbf{\frac{1}{24}}$ …答

演習問題 124 p.285

考え方 まず，接線の方程式を求めます。

(1) $f(x)=-x^2+1$ とおくと，$f'(x)=-2x$ である。$f(-1)=0$ より，点 $(-1, 0)$ に

おける接線の方程式は，

$y-0=f'(-1)\{x-(-1)\}$ ←$f'(-1)=2$

$y=2x+2$

よって，求める部分は図の色のついた部分である。

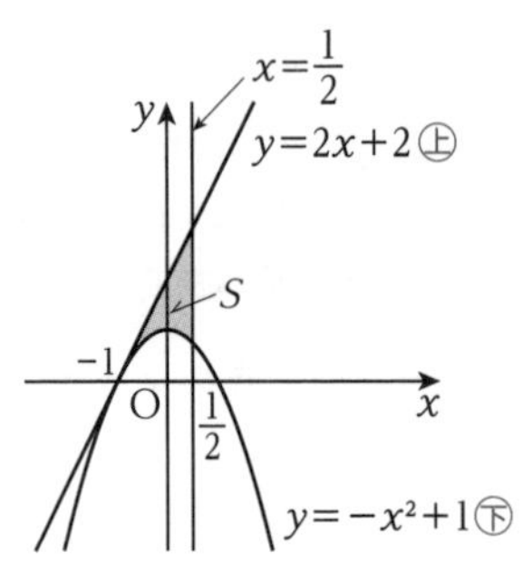

$$S=\int_{-1}^{\frac{1}{2}}\{(2x+2)-(-x^2+1)\}dx$$

↑「上の関数－下の関数」の積分

$$=\int_{-1}^{\frac{1}{2}}(x^2+2x+1)dx=\left[\frac{1}{3}x^3+x^2+x\right]_{-1}^{\frac{1}{2}}$$

$$=\mathbf{\frac{9}{8}}$$ …答

(2) $f(x)=x^2-x+2$ とおくと，$f'(x)=2x-1$ である。$f(2)=4$ より，点 (2，4) における接線の方程式は，

$y-4=f'(2)(x-2)$ ←$f'(2)=3$

$y=3x-2$

よって，求める部分は図の色のついた部分である。

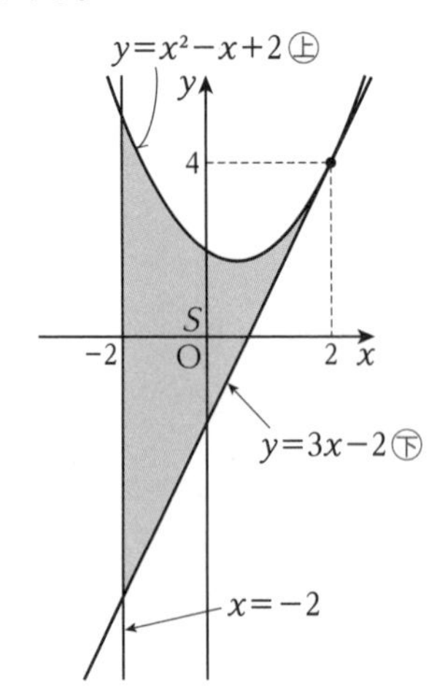

$$S=\int_{-2}^{2}\{(x^2-x+2)-(3x-2)\}dx$$

↑「上の関数－下の関数」の積分

$$=\int_{-2}^{2}(x^2-4x+4)dx$$

↓ $\int_{-a}^{a}x^{n(\text{奇数})}dx=0,\ \int_{-a}^{a}x^{n(\text{偶数})}dx=2\int_{0}^{a}x^n dx$

$$=2\int_{0}^{2}(x^2+4)dx$$

$$=2\cdot\left[\frac{1}{3}x^3+4x\right]_{0}^{2}$$

$$=\mathbf{\frac{64}{3}}$$ …答